Oldenbourgs Lehr- und Handbücher der Wirtschafts- und Sozialwissenschaften

Bisher erschienene Werke:

Altrogge, Investition, 4. A.
Bamberg · Baur, Statistik, 12. A.
von Böventer · Illing, Einführung in die Mikroökonomie, 9. A.
Bohnet, Finanzwissenschaft: Grundlagen staatlicher Verteilungspolitik, 2. A.
Brümmerhoff, Finanzwissenschaft, 8. A.
Bühner, Betriebswirtschaftliche Organisationslehre, 10. A.
Cezanne, Grundzüge der Makroökonomik, 7. A.
Cezanne · Franke, Volkswirtschaftslehre, 7. A.
Domschke, Logistik: Transport, 4. A.
Domschke, Logistik: Rundreisen und Touren, 4. A.
Domschke · Drexl, Logistik: Standorte, 4. A.
Frerich, Sozialpolitik, 3. A.
Gehrels, Außenwirtschaftstheorie, 2. A.
Hammer, Unternehmensplanung, 7. A.
Hanssmann, Einführung in die Systemforschung, 4. A.
Hanssmann, Quantitative Betriebswirtschaftslehre, 4. A.
Hauptmann, Mathematik für Betriebs- und Volkswirte, 3. A.
Holub · Schnabl, Input-Output-Rechnung: Input-Output-Analyse
Holub · Schnabl, Input-Output-Rechnung: Input-Output-Tabellen, 3. A.
Krug · Nourney · Schmidt, Wirtschafts- und Sozialstatistik, 6. A.
May, Ökonomie für Pädagogen, 12. A.
Meyer · Müller-Siebers · Ströbele, Wachstumstheorie, 2. A.
Oberhofer, Wahrscheinlichkeitstheorie, 3. A.
Oechsler, Personal und Arbeit – Einführung in die Personalwirtschaft, 7. A.
Peters · Brühl · Stelling, Betriebswirtschaftslehre, 12. A.
Schertler, Unternehmensorganisation, 7. A.
Schneider, Allgemeine Betriebswirtschaftslehre, 3. A.
Tiede, Beschreiben mit Statistik – Verstehen
Tiede · Voß, Schließen mit Statistik – Verstehen

Betriebswirtschaftslehre

Einführung

Begründet
von
Prof. Dr. Sönke Peters
und fortgeführt
von
Prof. Dr. Rolf Brühl
Prof. Dr. Johannes N. Stelling

12., durchgesehene Auflage

R. Oldenbourg Verlag München Wien

Bibliografische Information Der Deutschen Bibliothek

Die Deutsche Bibliothek verzeichnet diese Publikation in der Deutschen Nationalbibliografie; detaillierte bibliografische Daten sind im Internet über <http://dnb.ddb.de> abrufbar

Rosenheimer Straße 145, D-81671 München
Telefon: (089) 45051-0
www.oldenbourg-verlag.de

Gedruckt auf säure- und chlorfreiem Papier
Druck: R. Oldenbourg Graphische Betriebe Druckerei GmbH

ISBN 3-486-57685-2

Vorwort
zur elften Auflage

Der Absatz der 10. Auflage ging derart rasch vor sich, daß wir uns darauf beschränken konnten, den gesamten Text kritisch durchzusehen.

Vorwort
zur zehnten Auflage

Das Lehrbuch wendet sich in erster Linie an Studierende der Wirtschaftswissenschaften im Grundstudium, darüber hinaus an alle anderen Studierenden, die sich über Grundlagen der Betriebswirtschaftslehre informieren wollen. Es kann als Lehr- und Lernunterlage an Universitäten, Fachhochschulen und Berufsakademien sowie weiterer Bildungseinrichtungen verwendet werden. Daneben kann es von jedem, der an grundlegenden betriebwirtschaftlichen Sachverhalten interessiert ist, gelesen werden, ohne daß dazu Vorkenntnisse erforderlich sind.

Die zehnte Auflage wurde gegenüber der neunten Auflage insbesondere im dritten, fünften, sechsten und siebten Teil an die aktuellen gesetzlichen Vorschriften angepaßt. Im ersten Teil erfolgte eine Überarbeitung der wissenschaftlichen Grundlagen, im fünften Teil wurde ein Fallbeispiel zu den Investitionsrechenverfahren und ein neuer Abschnitt zur Personalwirtschaft hinzugefügt.

Für ihre Unterstützung bei der Manuskripterstellung und -überarbeitung danken wir Frau Gabriele Krautschick. Herrn Dipl.-Volksw. Martin M. Weigert vom Oldenbourg Verlag danken wir für die ausgezeichnete Zusammenarbeit.

Vorwort
zur siebten Auflage

Prof. Dr. Sönke Peters hat die siebte Auflage seiner Betriebswirtschaftlehre leider nicht mehr erlebt. Er verstarb nach kurzer, schwerer Krankheit. Mit ihm ging ein akademischer Lehrer, der es verstand, Generationen von Studenten aller Fachrichtungen der Technischen Universität Berlin fundierte Kenntnisse der Betriebswirtschaftslehre anschaulich nahezubringen. Dieses Buch und die darauf aufbauenden Lehrveranstaltungn lagen ihm daher sehr am Herzen. Wir als seine ehemaligen Assistenten hatten mit ihm jahrelang vertrauensvoll und harmonisch zusammengearbeitet. Dehalb haben wir dem Wunsch des Verlages, dieses Buch fortzuführen, gerne entsprochen.

Die siebte Auflage wurde gegenüber der sechsten Auflage insbesondere im dritten, sechsten und siebten Teil an die aktuellen gesetzlichen Vorschriften angepaßt. Im sechsten Teil erfolgte eine gründliche Überarbeitung des intern orientierten betrieblichen Rechnungswesens, wobei die Teilsysteme Kostenarten-, Kostenstellen- und Kostenträgerrechnung erweitert und die Erlösrechnung und die Plankostenrechnung zusätzlich berücksichtigt wurden.

Inhalt

Vorwort V

1. Teil: Die Betriebswirtschaftslehre als Teilbereich der Wirtschaftswissenschaften 1

1. Was ist Wissenschaft? 1
2. Erkenntnisobjekt der Wirtschaftswissenschaften 3
   21. Güterknappheit und Wirtschaftlichkeitsprinzip 3
   22. Betriebswirtschaftslehre und Volkswirtschaftslehre 5
   23. Der Betrieb als Erkenntnisobjekt der Betriebswirtschaftslehre 6
3. Die Erkenntnisziele der Betriebswirtschaftslehre 8
4. Methoden betriebswirtschaftlicher Erkenntnisgewinnung 10
5. Gliederungen der Betriebswirtschaftslehre 13

2. Teil: Der Betrieb als System 17

1. Kennzeichnung des Betriebes als System 17
2. Das Führungssystem 18
   21. Differenzierung des Systems Betrieb 18
   22. Das Zielsystem 20
   23. Das Planungs- und Kontrollsystem 23
   24. Das Informationssystem 30
   25. Das Controllingsystem 31
3. Das Ausführungssystem 32
4. Modelldarstellung des Systems Betrieb 35

3. Teil: Der konstitutionelle Rahmen des Betriebes 39

1. Vorbemerkungen 39
2. Die Rechtsform des Betriebes 39
   21. Grundlagen und Abgrenzung 39
   22. Das Einzelunternehmen 43
   23. Die Offene Handelsgesellschaft 44
   24. Die Kommanditgesellschaft 45
   25. Die Gesellschaft mit beschränkter Haftung 46
   26. Die Aktiengesellschaft 47
3. Der Zusammenschluß von Unternehmen 49
   31. Inhalt und Ausgestaltung betrieblicher Zusammenschlüsse 49

32. Formen der Kooperation ... 51
33. Formen der Konzentration ... 53
4. Der Standort des Betriebes ... 55
41. Standort und Standortlehre ... 55
42. Standortfaktoren ... 56

4. Teil: Der institutionelle Rahmen des Betriebes ... 61

1. Die Betriebsgröße ... 61
2. Die Organisation des Betriebes ... 65
21. Begriff und Wesen der Organisation ... 65
22. Die Aufbauorganisation ... 67
23. Die Ablauforganisation ... 71

5. Teil: Betriebliche Funktionsbereiche ... 75

1. Finanzierung ... 75
11. Begriff und Inhalt der Finanzierung ... 75
12. Der Kapitalbedarf ... 76
13. Das finanzielle Gleichgewicht ... 77
14. Die Finanzierungsarten ... 79
141. Die Innenfinanzierung ... 79
142. Die Außenfinanzierung ... 82
2. Investition ... 88
21. Der Investitionsbegriff ... 88
22. Investitionsarten ... 89
23. Ziele des Investors ... 92
24. Die Investitionsentscheidung ... 93
25. Die Investitionsrechnung ... 96
3. Beschaffung ... 106
31. Abgrenzung zwischen Investition und Beschaffung ... 106
32. Der Beschaffungsbedarf ... 108
33. Beschaffung und Lagerhaltung ... 111
34. Die optimale Bestellmenge ... 115
4. Leistungserstellung ... 119
41. Die Leistung des Betriebes ... 119
42. Die Leistungserstellung als Kombinationsprozeß ... 121
43. Die Bedeutung der elementaren Produktionsfaktoren ... 123
431. Die Bedeutung der Betriebsmittel ... 123
432. Die Bedeutung der Leistungsobjekte ... 125

44. Formen der betrieblichen Leistungserstellung 127
45. Verfahren der Leistungserstellung 129
451. Begriff und Einteilung 129
452. Organisationsformen der Leistungserstellung 130
453. Leistungserstellungstypen 131
46. Leistungserstellung und Leistungsverwertung 133
5. Leistungsverwertung 136
51. Kennzeichnung der Leistungsverwertung 136
52. Marktforschung 137
53. Das absatzpolitische Instrumentarium 141
54. Preispolitische Instrumente 143
541. Gestaltung der Preisforderung 143
542. Gestaltung der Konditionen 146
55. Präferenzpolitische Instrumente 147
551. Produkt- und Programmgestaltung 147
552. Prozeßgestaltung 149
553. Gestaltung der Distribution 151
554. Gestaltung der Kommunikation 153
6. Personal 156
61. Menschliche Arbeit als Produktionsfaktor 156
62. Personalbeschaffung und -auswahl 159
63. Personalentwicklung 162
64. Aufbau von Vergütungssystemen 165

6. Teil: Das betriebliche Rechnungswesen 173

1. Begriff und Gliederung des betrieblichen Rechnungswesens 173
11. Inhalt und Aufgaben des betrieblichen Rechnungswesens 173
12. Grundbegriffe des betrieblichen Rechnungswesens 174
13. Gliederung des betrieblichen Rechnungswesens 176
2. Das extern orientierte betriebliche Rechnungswesen 177
21. Inhalt und Aufgabe des externen Rechnungswesens 177
22. Systematik der Rechnungslegungsvorschriften im Handelsrecht 178
23. Größenabhängige Vorschriften für Kapitalgesellschaften 178
24. Die Grundsätze ordnungsmäßiger Buchführung und Bilanzierung 180
25. Die Finanzbuchhaltung 181
26. Inventur und Inventar 184
27. Der Jahresabschluß 185
271. Umfang und Zielsetzung des Jahresabschlusses 185

272. Aufbau und Inhalt des Jahresabschlusses ... 186
2721. Die Bilanz ... 186
2722. Die Gewinn- und Verlustrechnung ... 200
2723. Der Anhang ... 203
2724. Besonderheiten des Konzernabschlusses ... 204
28. Der Lagebericht ... 206
29. Prüfungs- und Offenlegungspflichten ... 206
3. Das intern orientierte betriebliche Rechnungswesen ... 209
31. Inhalt und Aufgabe des internen Rechnungswesens ... 209
32. Der Kostenbegriff und der Erlösbegriff ... 210
33. Kosten- und Erfolgsrechnungssysteme ... 213
34. Die Teilsysteme der Kosten- und Erfolgsrechnung ... 215
341. Überblick ... 215
342. Kostenartenrechnung ... 217
343. Kostenstellenrechnung ... 220
344. Kostenträgerrechnung ... 222
345. Erlösrechnung ... 225
346. Die kurzfristige Erfolgsrechnung ... 227
35. Die Deckungsbeitragsrechnung ... 229
36. Die Plankostenrechnung ... 232

7. Teil: Die Besteuerung des Unternehmens ... 241

1. Vorbemerkung ... 241
2. Die wichtigsten deutschen Steuerarten ... 241
3. Allgemeine Kennzeichnung der Besteuerung ... 243
4. Einzelne Steuerarten ... 244
41. Einkommensteuer ... 244
42. Kirchensteuer ... 246
43. Körperschaftsteuer ... 246
44. Gewerbesteuer ... 249
45. Vermögensteuer ... 250
46. Umsatzsteuer ... 250

Sachwortregister ... 255

1. Teil: Die Betriebswirtschaftslehre als Teilbereich der Wirtschaftswissenschaften

1. Was ist Wissenschaft?

Zweck der Wissenschaften ist es, die Welt in der wir Menschen leben, besser zu **erkennen** und sie mit dieser Kenntnis nach unseren Wünschen zu **gestalten**. Es hat sich im Lauf der Menschheitsgeschichte gezeigt, daß sich gesellschaftlicher und wissenschaftlicher Fortschritt gegenseitig befruchten. Dies ist sicherlich ein Grund, warum die Förderung von Wissenschaft als wichtige Aufgabe in einer Gesellschaft anerkannt ist. Wie läßt sich jedoch erkennen, ob etwas nichtwissenschaftlich oder wissenschaftlich ist? Eines der wichtigsten Kriterien ist die **Überprüfbarkeit** von Aussagen. Von einer wissenschaftlichen Aussage wird erwartet, daß sie von anderen Wissenschaftlern nachvollzogen werden kann. Wenn ein Wissenschaftler behauptet, daß in Betrieben, die nur auf Gewinnmaximierung achten, ein schlechtes Betriebsklima herrscht, mit hohem Krankenstand, ständigem Wechsel von Personal usw., dann muß er aufzeigen, an welchen Betrieben er dies untersucht hat, wie er sie ausgewählt hat und mit welchen Methoden er dies untersucht hat. Wissenschaftliche Kenntnisse unterscheiden sich von Alltagswissen also nicht in der inhaltlichen Aussage, sondern durch die Art, wie sie ermittelt und begründet werden. Wenn Sie mit mehreren Bekannten in der Eckkneipe sitzen und diese Behauptung über gewinnmaximierende Betriebe aufstellen und alle zustimmend nicken, kann die Aussage zwar wahr sein, trotzdem ist sie nicht wissenschaftlich. Ohne eine ausreichende Begründung wird aus dieser Stammtischweisheit keine wissenschaftliche Aussage. Sie könnten allerdings versuchen, den ersten Schritt zur Wissenschaft zu gehen, indem Sie diese Aussage als Hypothese aufstellen. **Hypothesen** sind Aussagen, die unter dem Vorbehalt stehen, daß sie überprüft werden müssen, um als wahr zu gelten. Wie Sie zu einer Aussage kommen, ist folglich streng davon zu trennen, wie Sie diese Aussage begründen. Ob Sie die Hypothese nach einer Diskussion in einer Kneipe oder durch Lektüre wissenschaftlicher Literatur zum Betriebsklima aufgestellt haben, ist für die Begründung, auf die es letztlich ankommt, völlig unerheblich.

Aus diesen einleitenden Sätzen zur Wissenschaft folgt allgemein, daß sich jede Wissenschaft in systematischer Weise unter Verwendung geeigneter Methoden mit einem bestimmten abgegrenzten Gegenstandsgebiet befaßt, um Erkenntnisse über dieses Gebiet zu gewinnen. Das bestimmte abgegrenzte Gegenstandsgebiet einer Wissenschaft wird als ihr **Erkenntnisobjekt** bezeichnet, die damit verfolgten Zwecke bilden ihre **Erkenntnisziele**. Mit den zur Erkenntnisgewinnung zu verwendenden geeigneten Methoden beschäftigt sich die **Methodologie** (= Lehre von den Methoden), die ihrem Wesen nach zunächst eine interdisziplinäre metawissenschaftliche Disziplin darstellt. Da aber nicht alle Methoden als Erkenntniswege in allen Wissenschaften gleichermaßen sinnvoll zu verwenden sind, meist aber in einer Wissenschaft auch nicht nur eine Methode zur Erkenntnisgewinnung herangezogen werden kann, haben sich in vielen Fällen Einzelmethodologien als Methodenlehren für einzelne Wissenschaften herausgebildet. In der Darstellung 1-1 werden die drei Elemente der Wissenschaft an einem Beispiel aufgezeigt.

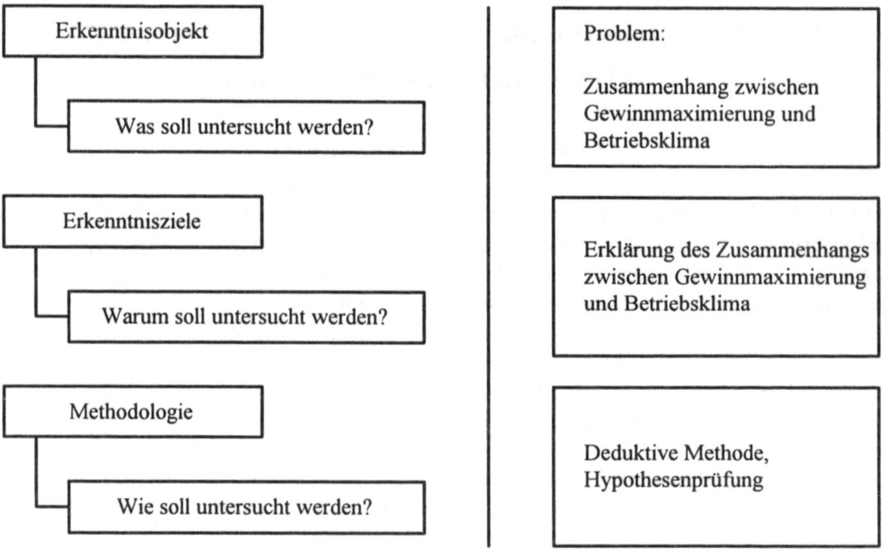

Darstellung 1-1: Elemente der Wissenschaft

In dem Beispiel der Darstellung 1-1 ist ein spezifisches Problem ausgesucht worden, daß ein betriebswirtschaftlicher Forscher für eine Untersuchung wählen kann. In diesem ersten Teil des Lehrbuchs sollen die drei Elemente verwendet werden, um die Betriebswirtschaftslehre als Wissenschaftsdisziplin näher zu charakterisieren.

Die Menge der betriebenen Wissenschaften und wissenschaftlichen Disziplinen ist sehr umfangreich und heterogen. Daher erscheint es nützlich, am Anfang wissenschaftlicher Arbeit gleichsam als Standortbestimmung die Position der eigenen Wissenschaft im Gesamtsystem der Wissenschaften festzulegen. Mit Hilfe der drei Elemente Erkenntnisobjekt, Erkenntnisziel und Methodologie läßt sich jede Wissenschaft beschreiben.

Als kennzeichnendes Merkmal für eine derartige Festlegung wird im allgemeinen das Erkenntnisobjekt herangezogen, seine Auswahl ist primär eine praktische Frage der Wissenschaftsorganisation. Sie richtet sich in erster Linie nach den Problemen, die untersucht werden sollen, und läßt sich daher nicht wissenschaftlich begründen. Ob die richtige Auswahl getroffen wird, ergibt sich aus der Menge an gehaltvollen Hypothesen, die sich auf Grundlage des Erkenntnisobjektes entwickeln lassen, und kann somit nur im Nachhinein festgestellt werden.

Wie kommen wir zu gehaltvollen betriebswirtschaftlichen Hypothesen? Da die Betriebswirtschaftslehre ihre Erkenntnisobjekte in der gesellschaftlichen Realität hat, muß der betriebswirtschaftliche Forscher Probleme von realen Betrieben untersuchen. Gleichgültig, welches Erkenntnisziel er verfolgt, d. h., ob er betriebswirtschaftliche Phänomene erklären will oder ob er bei der Lösung von betriebswirtschaftlichen Problemen Entscheidungshilfe leisten will, immer muß er die betriebliche Realität in der Gesellschaft beachten. Diese Betrachtung teilen sich die Wirtschaftswissenschaften mit einer Reihe von weiteren Sozialwissenschaften, die sich von den Naturwissenschaften abgrenzen lassen. (Darstellung 1-2 zeigt nur einen Ausschnitt des Systems der Wissenschaften)

Die **Naturwissenschaften** beschäftigen sich mit der gesamten Natur einschließlich des Menschen, soweit er selbst Bestandteil der Natur ist, ihre Ziele sind die Erforschung der Natur und das Entdecken von Naturgesetzen, um die Vorgänge in der Natur zu erklären und sie für den Menschen nutzbar zu machen.

Die Gegenstandsgebiete der **Sozialwissenschaften** entstehen nicht ohne menschliches Zutun; es handelt sich bei ihnen um Sachverhalte, die **vom** Menschen und **für** den Menschen ersonnen, entwickelt, eingeführt, verändert und gegebenenfalls wieder aufgegeben werden. Damit sind diese Gegenstandsgebiete der menschlichen Beeinflussung ausgesetzt, sie sind abhängig von den verfolgten Zielen und von den Verhaltensweisen des denkenden und handelnden Menschen, und sie sind deswegen im Zeitablauf veränderbar.

Die **Wirtschaftswissenschaften** stellen ein Teilgebiet der Sozialwissenschaften dar, weil die Phänomene des Wirtschaftens, die ihr Gegenstandsgebiet ausmachen, sich auf Entscheidungen und Handlungen von Menschen in sozialen Systemen beziehen, wobei die Besonderheiten dieses Verhaltens in den nächsten Abschnitten geklärt wird.

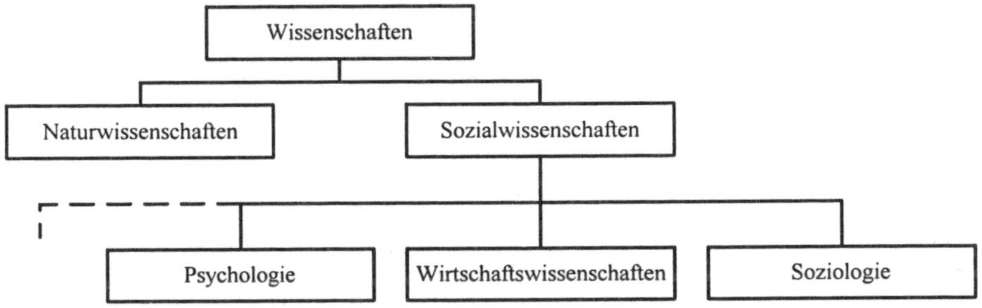

Darstellung 1-2: Die Wirtschaftswissenschaften im System der Wissenschaften

Mit Hilfe der drei Elemente Erkenntnisobjekt, Erkenntnisziele und Methodologie wird in den folgenden Abschnitten aufgezeigt, welche Gegenstände die Wirtschaftswissenschaften und die Betriebswirtschaftslehre untersuchen, welche Ziele bei betriebswirtschaftlicher Forschung verfolgt werden und welches methodische Vorgehen gewählt werden kann.

2. Erkenntnisobjekt der Wirtschaftswissenschaften

21. Güterknappheit und Wirtschaftlichkeitsprinzip

Die Wirtschaftswissenschaften sind durch ihr gemeinsames Erkenntnisobjekt, das Wirtschaften, gekennzeichnet. Vor einer weiteren Beschäftigung mit den Wirtschaftswissenschaften oder Teilbereichen aus ihnen gilt es daher zu klären, was unter **Wirtschaften** verstanden werden soll. Die Tatsache, daß der Begriff fester

Bestandteil der täglichen Umgangssprache ist, macht eine solche Klärung nicht einfacher, sondern eher sogar schwieriger.

Ausgangspunkt aller Überlegungen zur Erklärung des Begriffs Wirtschaften ist die Tatsache, daß es einerseits **menschliche Bedürfnisse** und andererseits Güter gibt, die zur Befriedigung der jeweiligen Bedürfnisse geeignet sind. Diese Bedürfnisbefriedigung ermöglicht zum einen die Existenz des Menschen, zum anderen steigert sie sein Wohlbefinden. Ein Problem des Wirtschaftens gäbe es nicht, wenn alle zur uneingeschränkten Befriedigung aller Bedürfnisse benötigten Güter vorhanden wären. Güter, für welche dies gilt, werden als **freie Güter** bezeichnet. Diese Eigenschaft der unbeschränkten Verfügbarkeit weisen aber nur sehr wenige Güter auf, bei fast allen zur Befriedigung menschlicher Bedürfnisse geeigneten Gütern handelt es sich um **knappe Güter**, d. h. um Güter, die im Hinblick auf die zu befriedigenden Bedürfnisse nur in beschränktem Umfang zur Verfügung stehen. In dieser den Regelfall darstellenden Situation ergibt sich die Notwendigkeit zum Wirtschaften, da ein **Spannungsverhältnis** zwischen den menschlichen Bedürfnissen auf der einen Seite und den zur Befriedigung dieser Bedürfnisse geeigneten Gütern auf der anderen Seite besteht. Dieses Spannungsverhältnis kann sich auf die qualitative, die quantitative, die örtliche oder die zeitliche Komponente der Bedürfnisse und der Güter beziehen. Es ist wegen der unbeschränkten Vielfalt und des unbeschränkten Umfanges der menschlichen Bedürfnisse stets auf die Knappheit der zur Verfügung stehenden Güter zurückzuführen. Diese **Knappheit** zwingt zu Überlegungen darüber, welche der unbeschränkt vorhandenen Bedürfnisse mit welchen der nur beschränkt zur Verfügung stehenden Güter befriedigt werden sollen. Dabei werden die notwendigen Überlegungen um so komplizierter, je mehr der genannten Komponenten der Bedürfnisse und der Güter berücksichtigt werden.

Das aufgezeigte Problem der Zuordnung von knappen Gütern auf zu befriedigende Bedürfnisse stellt ein Entscheidungsproblem dar, welches das Gegenstandsgebiet der Wirtschaftswissenschaften verkörpert. Damit läßt sich **Wirtschaften** inhaltlich erklären als **Entscheiden**, und zwar als das Entscheiden oder Disponieren über knappe Güter im Hinblick auf ihre direkte oder indirekte Verwendung zur Befriedigung menschlicher Bedürfnisse. Die tatsächliche Verwendung der Güter in Form der Produktion (indirekte Verwendung zur Bedürfnisbefriedigung) oder Konsumtion (direkte Verwendung zur Bedürfnisbefriedigung) ist demzufolge nur die Realisation der zuvor getroffenen Entscheidungen und damit im Gegensatz zum allgemeinen Sprachgebrauch nicht Wirtschaften. Wirtschaften ist nur das Entscheiden über Produktion und Konsumtion, **Produzieren** und **Konsumieren** sind die dem Wirtschaften zeitlich nachgelagerten **Realisationsprozesse**.

Da nur knappe Güter dem Wirtschaften unterliegen, erscheint es vernünftig, stets so zu wirtschaften - entscheiden -, daß die Wirksamkeit der Güterverwendung möglichst hoch ist. Dies ist dann der Fall, wenn entweder ein bestimmter Nutzen im Sinne von Bedürfnisbefriedigung mit einem minimalen Einsatz knapper Güter oder mit einem bestimmten Einsatz knapper Güter ein maximaler Nutzen im Sinne von Bedürfnisbefriedigung realisiert wird. Beide Formulierungen, die als **Minimal-** oder **Sparsamkeitsprinzip** bzw. als **Maximal-** oder **Ergiebigkeitsprinzip** bezeichnet werden, verkörpern das sogenannte **ökonomische** oder **Wirtschaftlichkeitsprinzip**, das die wirtschaftliche Version des für das menschliche Handeln allgemeingültigen **Rationalprinzips** darstellt. Weder das Wirtschaftlichkeitsprinzip noch das allgemeine Rationalprinzip stellen aber Erklärungsmodelle des wirtschaftlichen oder des allgemeinen menschlichen Verhaltens dar, sondern beide fordern lediglich ein bestimmtes Verhalten. Bezogen auf das Wirtschaften heißt diese Forderung, knappe Güter sind entsprechend dem Wirtschaftlichkeitsprinzip zu verwenden.

Wirtschaften als das Entscheiden über die Verwendung knapper Güter zur Befriedigung menschlicher Bedürfnisse auf der normativen Basis des ökonomischen oder Wirtschaftlichkeitsprinzips ist das **gemeinsame Erkenntnisobjekt** der Wirtschaftswissenschaften, wobei diese üblicherweise in die beiden Hauptdisziplinen **Betriebswirtschaftslehre** und **Volkswirtschaftslehre** und in Neben-, Nachbar- oder Hilfsdisziplinen wie beispielsweise Wirtschaftsgeschichte, Wirtschaftsgeographie, Wirtschaftsrecht und andere untergliedert werden. Auf letztere wird im folgenden nicht eingegangen werden.

22. Betriebswirtschaftslehre und Volkswirtschaftslehre

Die Betriebswirtschaftslehre und die Volkswirtschaftslehre (Nationalökonomie) untersuchen als Teildisziplinen der Wirtschaftswissenschaften beide das Erkenntnisobjekt Wirtschaften, allerdings unter verschiedenen Blickwinkeln. Die **Betriebswirtschaftslehre** sieht ihre **Aufgabe** darin, das Wirtschaften, wie es sich in Betrieben vollzieht, zu **beschreiben** und zu **erklären**, um unter Zugrundelegung erkannter Zusammenhänge, Regelmäßigkeiten sowie Gesetzmäßigkeiten über die in Betrieben ablaufenden Prozesse **Empfehlungen für wirtschaftliches Verhalten** zur bestmöglichen Verwirklichung verfolgter betrieblicher Zielsetzungen zu entwickeln. Bei der Erfüllung dieser Aufgabe geht sie in ihren Untersuchungen über den betrachteten Betrieb nur insoweit hinaus, als dies aufgrund der aktuellen oder potentiellen wirtschaftlichen Beziehungen des Betriebes zu anderen Wirtschaftseinheiten, etwa zu Lieferanten oder Nachfragern, erforderlich ist. Untersuchungsgegenstand der Betriebswirtschaftslehre bleibt aber immer der einzelne Betrieb als Wirtschaftseinheit. Eine Betrachtung des übergeordneten gesamtwirtschaftlichen Ganzen oder von dessen Teilen erfolgt nur in einem solchen Ausmaß, wie dem aus der Sicht der einzelnen Wirtschaftseinheit Betrieb eine Bedeutung zugemessen wird.

Im Gegensatz zur Betriebswirtschaftslehre untersucht die **Volkswirtschaftslehre** das Erkenntnisobjekt Wirtschaften auf übergeordneter, auf gesamtwirtschaftlicher Ebene, wobei diese durch die Wirtschaft eines Volkes, eines Staates oder eines Staatenverbandes (z. B. der Europäischen Union) gegeben sein kann. Die Volkswirtschaftslehre betrachtet dabei die **gesamtwirtschaftlichen Zusammenhänge** der durch regelmäßigen Austausch von Leistungen miteinander verbundenen und wegen gegenseitiger Abhängigkeiten über Angebot und Nachfrage aufeinander angewiesenen Wirtschaftseinheiten. Dabei ist das gesamtwirtschaftliche Ganze mehr als nur die Summe der in ihm enthaltenen Wirtschaftseinheiten. Aus diesem Grunde ergeben sich auch auf gesamtwirtschaftlicher Ebene Probleme, die als solche und in der betreffenden Form in den Einzelwirtschaften nicht auftreten. Zu denken ist in diesem Zusammenhang beispielsweise an die vier zentralen volkswirtschaftlichen Problemstellungen angemessene Beschäftigung, Preisstabilität, angemessenes Wirtschaftswachstum und außenwirtschaftliches Gleichgewicht, die als magisches Viereck bezeichnet werden und die in der Bundesrepublik Deutschland als Ziele staatlicher Wirtschaftspolitik im Gesetz zur Förderung der Stabilität und des Wachstums der Wirtschaft festgelegt sind.

Wenngleich sich Betriebswirtschaftslehre und Volkswirtschaftslehre mit demselben Erkenntnisobjekt auseinandersetzen, so handelt es sich bei ihnen doch um grundverschiedene Teildisziplinen innerhalb der Wirtschaftswissenschaften. Diese Tatsache ist darauf zurückzuführen, daß sie sich mit in unterschiedlicher Weise **spezifizierten Erkenntnisobjekten**, d. h. unterschiedlichen Ausprägungen des Phänomens Wirtschaften, beschäftigen. Aus diesem Grunde ist auch der häufig erhobenen Forderung nach einer Vereinigung der beiden Teildisziplinen zu einer einheitlichen Wirtschaftswissenschaft zu widersprechen. Dadurch müßten zwangsläufig die unterschiedlichen Ansatzpunkte wissenschaftlicher Erkenntnisgewinnung aufgegeben werden, und es könnten folglich spezifische Erkenntnisse wie im Falle der logischen Trennung der beiden Teildisziplinen aufgrund unterschiedlich spezifizierter Erkenntnisobjekte nicht mehr gewonnen werden.

Es kann kein Zweifel darüber bestehen, daß es zwischen Betriebswirtschaftslehre und Volkswirtschaftslehre Veränderungen gibt, also Untersuchungsgebiete, die Gegenstand der Betrachtung in beiden wirtschaftswissenschaftlichen Teildisziplinen sind. Diese Schnittflächen werden besonders deutlich, wenn man die traditionelle Unterteilung der volkswirtschaftlichen Theorie in eine **mikroökonomische** und eine **makroökonomische Theorie** betrachtet. Dabei ist aber zu beachten, daß die mikroökonomische Theorie zu einer Zeit entstanden ist, in der es die Betriebswirtschaftslehre als eigenständige wirtschaftswissenschaftliche Teildisziplin noch gar nicht gab. Dementsprechend unterscheiden sich mikroökonomische Theorie und Betriebswirtschaftslehre auch grundlegend in ihren Begriffsinhalten. Die mikroökonomische Theorie geht nämlich bei ihren Untersuchungen im Gegensatz zur Betriebswirtschaftslehre nicht von der Wirtschaftseinheit Betrieb aus, sondern sie betrachtet den einzelnen Betrieb aus der Sicht des Marktes als dem Zusammentreffen von Angebot und Nachfrage. Somit betrachtet sie beide Bestandteile des Marktes, das Angebot wie die Nachfrage, und analysiert Bedingungen eines Gleichgewichts zwischen diesen Marktkomponenten. Gegenstand betriebswirtschaftlicher Untersuchungen hingegen ist jeweils nur einer der beiden Bestandteile, also Angebot oder Nachfrage. Darüber hinaus wird nach dem zielgerechten wirtschaftlichen Verhalten des Betriebes gefragt, wenn dieser Teil des Marktes oder sein Verhalten bekannt sind. In der makroökonomischen Theorie werden aggregierte Wirtschaftssubjekte (Sektoren) einer Volkswirtschaft untersucht.

23. Der Betrieb als Erkenntnisobjekt der Betriebswirtschaftslehre

Es ist gesagt worden, daß sich die Betriebswirtschaftslehre mit dem Wirtschaften, wie es sich in Betrieben als Wirtschaftseinheiten vollzieht, beschäftigt. **Betriebe** sind eine besondere Erscheinungsform von Wirtschaftseinheiten oder Einzelwirtschaften, denen als zweite Erscheinungsform die (privaten und öffentlichen) **Haushalte** gegenüberstehen. Beide Erscheinungsformen verdanken ihre Existenz der Tatsache, daß die moderne Wirtschaft eine arbeitsteilige Wirtschaft darstellt. **Arbeitsteilung** bedeutet, daß der einzelne zur Befriedigung seiner Bedürfnisse Güter verwendet, die von anderen hergestellt worden sind, und er seinerseits Güter herstellt, die andere zur Befriedigung ihrer Bedürfnisse verwenden sollen. Mit der

Arbeitsteilung entstehen **Tauschbeziehungen**, wobei der Tausch von Gütern unmittelbar erfolgen kann, in der modernen Wirtschaft aber in der Regel mittelbar unter Einschaltung eines allgemein anerkannten Tauschmittels, des Geldes, stattfindet.

Haushalte sind dabei diejenigen aus der Arbeitsteilung hervorgegangenen Wirtschaftseinheiten, in denen sich die **Konsumtion** vollzieht, in denen also Güter zur Befriedigung menschlicher Bedürfnisse (Konsumgüter) verbraucht werden. Um diese Konsumgüter erwerben zu können, stellen die Haushalte ihre Arbeitskraft zur Verfügung. **Betriebe** sind demgegenüber diejenigen Wirtschaftseinheiten, in denen die **Produktion** erfolgt, von denen also Güter in Form von Sach- und Dienstleistungen für den Bedarf Dritter erstellt und am Markt zum Tausch angeboten werden. Die Betriebswirtschaftslehre beschäftigt sich mit diesen produzierenden Einzelwirtschaften und ihrem Wirtschaften, während sie die Haushalte im allgemeinen nicht zum Gegenstand ihrer Betrachtungen macht. Ungeachtet dieser Abgrenzung können eine Reihe von Erkenntnissen der Betriebswirtschaftslehre auch für Haushalte verwendet werden, denn auch in Haushalten wird über knappe Güter entschieden.

Die in der Realität vorzufindenden Betriebe weisen aber neben wirtschaftlichen Eigenschaften noch eine Vielzahl anderer Eigenschaften auf. Daher sind die Betriebe der Realität Erfahrungsobjekt nicht nur der Betriebswirtschaftslehre, sondern auch anderer wissenschaftlicher Disziplinen, z. B. der Volkswirtschaftslehre, der Rechtswissenschaft, der Soziologie oder der Arbeitswissenschaft. Der Betrieb als Erkenntnisobjekt der Betriebswirtschaftslehre entsteht aus dem Erfahrungsobjekt Betrieb auf dem Wege der **Abstraktion**, indem durch isolierende Vernachlässigung alle wirtschaftlich nicht relevanten Eigenschaften von der Betrachtung ausgeschlossen werden. Die **Isolation** ist notwendig, um die Komplexität des realen Sachverhaltes Betrieb zu reduzieren und ihn dadurch einer einzelwissenschaftlichen Betrachtung zugänglich zu machen. Durch die isolierende Abstraktion wird ein bestimmter Aspekt des zu untersuchenden Gegenstandes hervorgehoben, alle anderen vernachlässigt. Betritt ein betriebswirtschaftlicher Forscher die Werkshallen eines Automobilbetriebs, dann interessieren ihn nicht die technischen Eigenschaften der Maschinen, sondern ob sie wirtschaftlich eingesetzt werden. Auch wird er nicht untersuchen, wie die Raumbedingungen - Lufttemperatur, -feuchtigkeit - auf die Leistung der Arbeitskräfte wirken. Sind das aber nicht zwei Einflußgrößen, die sich auf die Wirtschaftlichkeit auswirken? Entscheiden nicht die technischen Eigenschaften von Maschinen oder die Leistungsfähigkeit der Arbeitskräfte über die Wirtschaftlichkeit von Betrieben? Die Antwort auf diese Fragen kann nur ein deutliches Ja sein. Trotzdem interessiert den betriebswirtschaftlichen Forscher nur der wirtschaftliche Aspekt, auch in der Wissenschaft gilt die Arbeitsteilung. Wenn daher ein Forschungsproblem Kenntnisse anderer Fachdisziplinen notwendig sind, so kann dem durch eine interdisziplinäre Forschungsgruppe begegnet werden.

Auf dem geschilderten Wege der isolierenden Abstraktion entsteht der Betrieb als Erkenntnisobjekt der Betriebswirtschaftslehre. Eigentlich müßte dieses unter Beachtung der vorgenommenen Isolation von allen wirtschaftlich nicht relevanten Eigenschaften des realen Erfahrungsobjektes Betrieb **Betriebswirtschaft** heißen. Diese Bezeichnung hat auch der sich mit ihm beschäftigenden wirtschaftswissenschaftlichen Teildisziplin ihren Namen gegeben. Dennoch ist diese inhaltlich exakte Benennung ihres Erkenntnisobjektes in der Betriebswirtschaftslehre allgemein nicht üblich, und daher wird sie auch im vorliegenden Lehrbuch nicht vorgenommen. Das Erkenntnisobjekt der Betriebswirtschaftslehre als ein lediglich gedankliches Gebilde wird im weiteren also **Betrieb** genannt werden, obwohl damit tatsächlich die Betriebswirtschaft gemeint ist.

Der Betrieb stellt eine Wirtschaftseinheit dar, die Güter in Form von Sach- und Dienstleistungen für den Bedarf Dritter erstellt und am Markt zum Tausch anbietet. Damit erfüllt der Betrieb eine gesamtwirtschaftliche Aufgabe, indem er in der arbeitsteiligen Wirtschaft zur Befriedigung menschlicher Bedürfnisse direkt oder indirekt beiträgt. Diese Aufgabe des Betriebes wird als **Sachziel** des Betriebes bezeichnet. Sie ist ein invariantes Merkmal aller in der Realität existierenden Wirtschaftseinheiten, die durch das Erkenntnisobjekt der Betriebswirtschaftslehre abgebildet werden. Mit dieser Festlegung ihres Erkenntnisobjektes werden die Haushalte als lediglich konsumierende Wirtschaftseinheiten hier von den Betrachtungen der Betriebswirtschaftslehre als Untersuchungsgegenstand ausgeschlossen.

Betriebe werden - zumindest in einer marktwirtschaftlichen Ordnung - nicht um dieser gesamtwirtschaftlichen Aufgabe willen gegründet und unterhalten, sondern ihre Eigentümer setzen sie ein, um damit andere Ziele zu erreichen. Derartige Ziele können im privatwirtschaftlichen Bereich beispielsweise das Streben nach Gewinn, das Erreichen bestimmter Wachstumsraten, die Sicherung von Arbeitsplätzen, die Gewinnung wirtschaftlichen oder politischen Einflusses und andere mehr sein. Dieser Beweggrund, um dessentwillen ein Betrieb gegründet und unterhalten wird, wird als **Formalziel** des Betriebes bezeichnet. Das Formalziel kann in einer einzelnen Zielsetzung, aber auch in einer Kombination mehrerer einzelner Zielsetzungen bestehen. Das Sachziel stellt das Mittel zum Erreichen des Formalziels dar, und damit müssen alle betrieblichen Aktivitäten zur Erstellung von Gütern in Form von Sach- und Dienstleistungen und deren Verwertung am Markt am jeweils verfolgten Formalziel ausgerichtet werden.

Neben dem bislang stets verwendeten Begriff Betrieb für das Erkenntnisobjekt der Betriebswirtschaftslehre treten in der Literatur immer wieder die Begriffe Unternehmen und Unternehmung auf, so daß es notwendig erscheint, auf die möglicherweise unterschiedlichen Begriffsinhalte an dieser Stelle kurz einzugehen. Zuvor sei jedoch festgestellt, daß in diesem Lehrbuch die Begriffe Betrieb und **Unternehmen** als Synonym für das Erkenntnisobjekt der Betriebswirtschaftslehre verwendet werden, während die **Unternehmung** als eine historische Erscheinungsform des Betriebes in marktwirtschaftlichen Systemen verstanden wird, die durch die drei Merkmale Selbstbestimmung des Wirtschaftsplanes (**Autonomieprinzip**), Streben nach Gewinn (**erwerbswirtschaftliches Prinzip**) und **Prinzip des Privateigentums** an den Produktionsmitteln gekennzeichnet ist. Damit sind die Begriffe Betrieb und Unternehmen inhaltlich umfassender als der Begriff Unternehmung: jede Unternehmung ist ein Betrieb, aber nicht jeder Betrieb ist eine Unternehmung (*Gutenberg, Mellerowicz, Wöhe*).

3. Die Erkenntnisziele der Betriebswirtschaftslehre

Im einleitenden Abschnitt werden die drei Elemente einer Wissenschaft - Erkenntnisobjekt, Erkenntnisziel und Methoden - vorgestellt. Nachdem festgelegt ist, womit sich die Betriebswirtschaftslehre beschäftigt, ist nun die Frage zu beantworten, welche **Erkenntnisziele** sie verfolgt. Ziele der Erkenntnis (Wissenschaftsziele) geben an, warum wir etwas über die Welt wissen wollen. Wissenschaft zu betreiben, ist kein Selbstzweck, vielmehr erwarten wir von neuen Erkenntnissen, daß sie unsere Ziele erfüllen. Es kann zwar beobachtet werden, daß im allgemeinen unter den an der wissenschaftlichen Erkenntnisgewinnung Beteiligten eine weitgehende Übereinstimmung über die in der jeweiligen wissenschaftlichen Disziplin zu erzielenden Erkenntnisse besteht. Aus dieser Tatsache darf aber nicht geschlossen werden, daß das betreffende Erkenntnisziel den Wissenschaftlern von außen vorgegeben würde. Sie sind grundsätzlich frei in der Wahl ihres individuellen Erkenntniszieles, und wenn unter den Beteiligten eine weitgehende Übereinstimmung über das in einer wissenschaftlichen Disziplin anzustrebende Erkenntnisziel besteht, dann ist dies nur auf Gründe der Gewohnheit, Einsicht oder Zweckmäßigkeit zurückzuführen.

In der Betriebswirtschaftslehre lassen sich heute **drei Erkenntnisziele** beobachten, die sich schlagwortartig als Beschreiben, Erklären und Gestalten charakterisieren lassen.

Die **Beschreibung** in der Betriebswirtschaftslehre hat die Aufgabe, die tatsächlichen Gegebenheiten in Betrieben der Realität zu erfassen, es werden Informationen über Betriebe in der Realität gesammelt, geordnet und übersichtlich dargestellt. Die Deskription besteht in der wirklichkeitsgetreuen Abbildung, eine über das Beobachtete hinausgehende Erkenntnisgewinnung ist auf diesem Wege nicht möglich. Sie ist damit eine Vorstufe zum zweiten Erkenntnisziel, betriebswirtschaftliche Erklärungen zu erarbeiten. Beispielsweise beschreibt ein betriebswirtschaftlicher Forscher alle unterschiedlichen Kostenarten, die in einem Betrieb auftreten wie Materialkosten, Betriebsmittelkosten, Personalkosten. Er ist damit allerdings nicht in der Lage, zu erklären, warum die Kosten in welcher Höhe entstanden sind.

Entsprechend der funktionalen Definition ihres Erkenntnisobjektes Betrieb als einer Wirtschaftseinheit, die Güter in Form von Sach- und Dienstleistungen für den Bedarf Dritter erstellt und am Markt zum Tausch anbietet, besteht das theoretische Erkenntnisziel der Betriebswirtschaftslehre darin, die Gegebenheiten und Geschehnisse in der Wirtschaftseinheit Betrieb zu **erklären**. Das spezifizierte Erkenntnisobjekt besteht hierbei in der Struktur des Betriebes und den in ihm ablaufenden Prozessen. Die Betriebswirtschaftslehre will hier Erkenntnisse über den **Betriebsaufbau** und den **Betriebsprozeß** als die Gesamtheit der im Betrieb ablaufenden einzelnen Prozesse gewinnen und diese in einem System von Aussagen, einer Theorie, zusammenfassen. Dieses theoretische Erkenntnisziel kann als die **erklärende Aufgabe der Betriebswirtschaftslehre** bezeichnet werden. Wenn von Erklärung gesprochen wird, erwarten wir Antworten auf Warum-Fragen. Zwar ist es interessant zu erfahren, daß über die Hälfte der Fusionen in den letzten Jahren gescheitert sind. Ein betriebswirtschaftlicher Forscher wird jedoch die Gründe hierfür herausfinden wollen.

Das dritte Erkenntnisziel der Betriebswirtschaftslehre ergibt sich aus der Tatsache, daß jeder reale Betrieb zur Erreichung eines bestimmten Formalziels gegründet und unterhalten wird. Aus diesem Grunde muß es auch eine Aufgabe der Betriebswirtschaftslehre sein, Wege zur zielgerechten **Gestaltung** des Betriebsgeschehens zu entwickeln und aufzuzeigen. Das Erkenntnisziel in diesem pragmatisch orientierten Bereich besteht demzufolge in einer Ausrichtung der Erkenntnisgewinnung an **Handlungszielen** des Betriebes und in der Ableitung von zielgerechten

Handlungsregeln. In diesem Zusammenhang ist allerdings zu beachten, daß die entsprechenden Erkenntnisse für das im Wege der isolierenden Abstraktion gewonnene Erkenntnisobjekt Betrieb der Betriebswirtschaftslehre erzielt werden; es darf daher nicht angenommen und nicht verlangt werden, daß diese Erkenntnisse ohne weiteres auf einen konkreten Betrieb der Realität und dessen Probleme angewendet werden können. Zwar lassen sich aus den umfangreichen Fallzahlen vergangene Fusionen Faktoren für Erfolg und Mißerfolg erkennen, ein garantiertes Erfolgskonzept als Handlungsregel läßt sich daraus jedoch nicht ableiten. Das pragmatische Erkenntnisziel läßt sich im Gegensatz zu den ersten beiden Zielen, die eher als **theoretische** Aufgaben der Betriebswirtschaftslehre charakterisiert werden können, als die **technologische Aufgabe der Betriebswirtschaftslehre** bezeichnen.

Zwischen den drei Erkenntniszielen der Betriebswirtschaftslehre besteht ein Zusammenhang, und zwar dergestalt, daß die Erfüllung der theoretischen Aufgaben Voraussetzung für die Bewältigung der technologischen Aufgabe ist. Diese Aussage darf allerdings nicht dahingehend verstanden werden, daß die theoretischen Aufgaben erst vollständig bearbeitet sein müssen, bevor an die Lösung der technologischen Aufgabe herangegangen werden kann. Es reicht vielmehr aus, die theoretischen Aufgaben nur teilweise zu erfüllen, um anschließend in den betreffenden Teilbereichen bereits die Bewältigung der technologischen Aufgabe in Angriff nehmen zu können. Die geschilderte Vorgehensweise, die letztlich einen ständigen Wechsel zwischen den verschiedenen Erkenntniszielen bedeutet, ist in der allgemein zu beobachtenden Praxis der betriebswirtschaftlichen Forschung häufig anzutreffen.

Im vorliegenden Lehrbuch wird seinem Charakter einer Einführung in die Betriebswirtschaftslehre entsprechend nur die ersten beiden Erkenntnisziele der Betriebswirtschaftslehre, also nur ihre theoretischen Aufgaben, Grundlage der Betrachtungen sein. Allenfalls am Rande und dann auch nur in Ansätzen werden Überlegungen hinsichtlich der technologischen Aufgabe angestellt werden. Diese Beschränkung ist sinnvoll durchführbar, während der umgekehrte Weg - Lösung der technologische Aufgabe ohne Beachtung der theoretischen Aufgaben - im Bereich der Betriebswirtschaftslehre zwangsläufig zu sinnleeren Ergebnissen führen müßte, da Handlungsregeln entworfen würden, ohne daß die ihnen zugrundeliegenden Sachverhalte erklärt wären.

4. Methoden betriebswirtschaftlicher Erkenntnisgewinnung

Neben Erkenntnisobjekt und Erkenntnisziel gehören zur Kennzeichnung einer Wissenschaft oder wissenschaftlichen Disziplin die von ihr verwendeten Methoden zur Erkenntnisgewinnung. Unter **Methode** wird dem griechischen Ursprung „Weg zu etwas" entsprechend ein strukturiertes Verfahren, insbesondere das geregelte Vorgehen der Wissenschaft im Hinblick auf ein Ziel verstanden. Ein solches Vorgehen bei der wissenschaftlichen Erkenntnisgewinnung wird einerseits gefordert, um den wissenschaftlichen Arbeitsaufwand durch Vermeidung zufälligen und planlosen Suchens auf ein angemessenes Maß zu beschränken. Andererseits soll durch die Verwendung strukturierter Verfahren sichergestellt werden, daß die gewonnenen **Erkenntnisse** intersubjektiv **nachprüfbar** sind, um dadurch ihren wissenschaftlichen Charakter zu gewährleisten.

Wissenschaftlich bedeutend ist die **induktive Methode,** sie besteht im Schließen von besonderen auf allgemeine Sätze (Induktionsschluß). Ausgehend von tatsächlich beobachteten Sachverhalten wird unter Abstraktion von mehr oder weniger belanglosen Einzelheiten über die typischen Erscheinungen auf allgemeingültige Erklärungen der Wirklichkeit, also auch der nicht beobachteten, geschlossen. Ein betriebswirtschaftlicher Forscher beobachtet in vier Betrieben A, B, C und D, daß bei steigenden Produktionsmengen die Kosten steigen. Er formuliert darauf hin eine allgemeine Aussage: Wenn in Betrieben die Produktionsmenge steigt, dann steigen die Kosten. Die induktive und die nachfolgend zu beschreibende deduktive Methode werden meist als alternative Vorgehensweise der Erkenntnisgewinnung beschrieben. Wenn mit *Popper* in dem Entdeckungs- und Begründungszusammenhang unterschieden wird, können beide Methoden im Forschungsprozeß eingesetzt werden. Die Induktion dient dann dem Forscher als Methode, um Hypothesen zu entwickeln (Entdeckungszusammenhang), die dann mit Hilfe der deduktiven Methode überprüft werden können (Begründungszusammenhang). Eine bekannte induktive Vorgehensweise ist die empirische Statistik mit ihrem Schluß von der beobachteten Stichprobe auf die nicht beobachtete oder gar unbekannte Grundgesamtheit.

Die deduktive Methode besteht im Schließen von allgemeinen auf besondere Sätze (Deduktionsschluß). Je nach dem Charakter der als Ausgangspunkt verwendeten allgemeinen Sätze läßt sich zwischen der axiomatisch-deduktiven und der hypothetisch-deduktiven Methode unterscheiden. Auf den ersten Blick scheidet die **axiomatisch-deduktive Methode** als wissenschaftliche Vorgehensweise zur Erkenntnisgewinnung in der Betriebswirtschaftslehre aus, da es hier vermeintlicherweise keine Axiome als Sätze, die eines Beweises nicht fähig sind und keines Beweises bedürfen, gibt; diese Methode ist jedoch eng mit der Modellbildung verbunden, die zum Schluß dieses Abschnitts behandelt wird. Aus diesem Grunde bedeutet deduktives Arbeiten in der Betriebswirtschaftslehre die Verwendung der **hypothetisch-deduktiven Methode**. Ausgangspunkt der vorzunehmenden Deduktionsschlüsse ist hier eine Hypothese oder ein System von Hypothesen, wobei eine Hypothese eine Aussage darstellt, die geeignet erscheint, beobachtete Erscheinungen zu erklären, die aber noch nicht als die einzig mögliche und gültige Erklärung erwiesen worden ist. Deduktiv aus Hypothesen gewonnene Aussagen sind unter der Voraussetzung fehlerfreier Ableitung streng logische, denknotwendige Urteile, deren Wahrheitsgehalt nur an der empirischen Bewährung der zugrundeliegenden Hypothesen hängt, nicht aber an ihrer Ableitung. Ein Deduktionsschluß besteht aus den Prämissen (im Beispiel A_1 und A_2) und der Konklusion (im Beispiel B).

A_1	Wenn die Produktionsmenge steigt, dann steigen die Kosten.	(Prämissen)
A_2	Die Produktionsmenge steigt.	
B	Die Kosten steigen.	(Konklusion)

Darstellung 1-3: Beispiel zum Deduktionsschluß

Das Beispiel zeigt einen einfachen Deduktionsschluß, er besteht aus zwei Prämissen: Erstens einer Hypothese (Theorie, Gesetz), die als Wenn-Dann-Aussage formuliert ist, zum zweiten eine Beobachtung (sogenannte Randbedingung), eine steigende Produktionsmenge. Aus der Hypothese (1. Prämisse), daß immer wenn die Produktionsmenge steigt, auch die Kosten steigen, und der Beobachtung (2. Prämisse), daß in einem Betrieb die Produktionsmenge steigt, wird geschlossen, daß die Kosten im Betrieb steigen.

Die Hypothese kann nur an der Realität bezüglich ihrer Wahrheit gemessen werden; nur die Empirie kann eine Hypothese vorläufig bestätigen (nicht falsifizieren) oder endgültig widerlegen (falsifizieren), wobei eine Hypothese so lange aufrechterhalten wird, bis sie falsifiziert worden ist. Je länger eine Hypothese nicht falsifiziert wird, desto höher wird der ihr zugeschriebene Wahrheitsgehalt, obwohl sie weiterhin falsifizierbar bleibt. *Popper* fordert die **Falsifizierbarkeit** als Merkmal der Wissenschaftlichkeit für alle Sätze auch für den Bereich der Sozialwissenschaften und bezeichnet objektiv nicht widerlegbare Sätze als nicht wissenschaftlich oder metaphysisch. Ein Beispiel hierfür: Wenn der Hahn kräht auf dem Mist, ändert sich das Wetter oder es bleibt, wie es ist. Diese Aussage ist nicht falsifizierbar.

Die **Überprüfung von Hypothesen** an der Realität stellt nicht einen einmaligen Akt, sondern einen meist sehr zeitraubenden Untersuchungsprozeß dar. So muß die Hypothese des Beispiels operationalisiert werden: welche Betriebe sind zu untersuchen, welche Kostenarten steigen. Soll die Aussage nur für Industriebetriebe überprüft werden, dann werden auch nur sie untersucht. Da aber nicht alle Industriebetriebe aufgesucht werden können, muß eine Auswahl erfolgen (Stichprobe). Es müssen dann adäquate Methoden der Datenerhebung ausgewählt werden, für das Beispiel bietet sich eine Dokumentenanalyse (Unterlagen des Rechnungswesens) in Verbindung mit Interviews an. Nach der Datenerhebung folgt die Auswertung und Interpretation der Ergebnisse, aus denen sich eventuell die Bestätigung der Hypothese ergibt.

Die in den Wirtschaftswissenschaften verwendeten Hypothesen werden häufig in Form von Modellen formuliert. Ein **Modell** stellt eine vereinfachte Abbildung der Realität dar. Solche vereinfachten Abbildungen sind zur Erkenntnisgewinnung in der Betriebswirtschaftslehre notwendig, da die betriebliche Realität von einem so hohen Komplexitätsgrad ist, daß ihre vollständige Erfassung in allen Bestandteilen und Beziehungen nicht geleistet werden kann. Ein betriebswirtschaftliches Modell als vereinfachter Ausgangspunkt zur Anwendung der deduktiven Methode entsteht allein auf Grund von Denkprozessen. Es stellt daher im Gegensatz zum gegenständlichen Modell des Naturwissenschaftlers lediglich ein gedankliches oder **Denkmodell** dar. Wenn ein betriebswirtschaftlicher Forscher von Annahmen ausgeht, die zwar für sein Modell geeignet sind, mit der Realität jedoch nichts zu tun haben, dann verwendet er die Modellbildung entsprechend der axiomatisch-deduktiven Methode. Dies sollte für betriebswirtschaftliche Forschungen, die sich auf die Realität von Betrieben beziehen, nur ein erster Schritt im Forschungsprozeß sein. Um die Modellanalyse auch im Sinne der hypothetisch-deduktiven Methode nutzen zu können, müssen die im Modell verwendeten Annahmen (Hypothesen) an der Realität überprüft werden.

Die wissenschaftliche Problematik der modellanalytischen Vorgehensweise zur betriebswirtschaftlichen Erkenntnisgewinnung besteht außerdem in der bei der Modellkonstruktion zur Anwendung kommenden **ceteris-paribus-Klausel**. Diese beschreibt das Verfahren, in einem Modell bestimmte funktionale Beziehungen zwischen ausgewählten (unabhängigen und abhängigen) variablen Größen darzustellen, während alle anderen Größen der zugrundeliegenden betrieblichen Realität (explizit oder implizit) als konstant angenommen werden. Ohne eine solche Annahme wäre eine Modellbildung kaum möglich, da die Zusammenhänge im Betrieb zu komplex sind. Beispielsweise lassen sich für ein Modell der Unternehmensplanung nicht die Beschaffung, Produktion und der Absatz mit allen ihren Möglichkeiten in einem Modell abbilden. Es wird in der Regel eine oder mehrere Bereiche konstant gehalten. Diese mit der Realität ersichtlich in der Regel nicht übereinstimmende Annahme führt zwangsläufig dazu, daß die streng logisch - häufig unter Verwendung mathematischer Verfahren - gewonnenen Erkenntnisse meist nicht unmittelbar in der betrieblichen Praxis Anwendung finden können. Diese Tatsache darf aber nicht dazu führen, die Modellanalyse als wissenschaftliche Vorgehensweise zur Erkenntnisgewinnung in der Betriebswirtschaftslehre generell abzulehnen. Sie verlangt jedoch auf der anderen Seite, so gewonnene betriebswirtschaftliche Erkenntnisse vor ihrer Anwendung auf ihre Relevanz für den jeweiligen konkreten Fall zu überprüfen.

5. Gliederungen der Betriebswirtschaftslehre

Die Betriebswirtschaftslehre als wirtschaftswissenschaftliche Disziplin ist darauf gerichtet, Erkenntnisse über ihr Erkenntnisobjekt Betrieb als gedankliches Abbild **aller** real existierenden Wirtschaftseinheiten, die Güter in Form von Sach- und Dienstleistungen für den Bedarf Dritter erstellen und am Markt zum Tausch anbieten, zu gewinnen. Dabei erstreckt sich diese Erkenntnisgewinnung einerseits auf den Betriebsaufbau und den Betriebsprozeß und andererseits auf die Ableitung von zielgerechten Handlungsregeln. Erkenntnisobjekt und Erkenntnisziel der Betriebswirtschaftslehre sind in dieser allgemeinen Form so komplex und so heterogen, daß es aus denkökonomischen Gründen geraten erscheint, Differenzierungen sowohl hinsichtlich des Erkenntnisobjektes als auch hinsichtlich des Erkenntniszieles vorzunehmen. Auf diese Weise werden besser überschaubare und damit zugänglichere Problembereiche gewonnen. Die Gliederung in die **erklärende** und in die **technologische Aufgabe der Betriebswirtschaftslehre** ist in diesem Zusammenhang zuvor schon angesprochen worden, und es ist darauf hingewiesen worden, daß in diesem Lehrbuch nur die erklärende Aufgabe Gegenstand der Betrachtung sein wird.

Eine zweite Gliederung unterscheidet auf der einen Seite die **Allgemeine Betriebswirtschaftslehre** und auf der anderen Seite die **Besonderen** oder **Speziellen Betriebswirtschaftslehren**. Dabei befaßt sich die Allgemeine Betriebswirtschaftslehre mit den Sachverhalten und Problemen, die allen Betrieben unabhängig von ihren jeweils konkreten Ausprägungen gemeinsam sind, und versucht, so zu einem generell gültigen Aussagensystem zu gelangen. Das vorliegende Lehrbuch ist im Sinne der Allgemeinen Betriebswirtschaftslehre konzipiert, wobei bisweilen jedoch direkt oder indirekt die Verhältnisse in einem Industrieunternehmen zugrundegelegt werden. Diese Betrachtungsweise ist für die Allgemeine Betriebswirtschaftslehre typisch, da in ihrer historischen Entwicklung der Betriebswirtschaftslehre der Industriebetrieb den Verhältnissen in der wirtschaftlichen Realität entsprechend stets als Paradigma des Betriebes gedient hat.

Die Besonderen oder Speziellen Betriebswirtschaftslehren beschäftigen sich im Gegensatz zur Allgemeinen Betriebswirtschaftslehre mit den spezifischen Problemen in den Betrieben der einzelnen Wirtschaftszweige. Sie werden deshalb auch in einer Gliederung **nach branchenbezogenen Gesichtspunkten** als **Wirtschaftszweiglehren** bezeichnet. Zu ihnen gehören neben anderen die Industriebetriebslehre, die Handelsbetriebslehre, die Bankbetriebslehre, die Versicherungsbetriebslehre, die Verkehrsbetriebslehre, die Betriebswirtschaftslehre der Genossenschaften und die Wirtschaftslehre der öffentlichen Betriebe. In einem nächsten Schritt kann eine Spezielle Betriebswirtschaftslehre dann durch eine weitere Differenzierung des Wirtschaftszweiges nochmals untergliedert werden, so beispielsweise die Verkehrsbetriebslehre in die Betriebswirtschaftslehren des Luftverkehrs, des Seeverkehrs, der Binnenschiffahrt, des Eisenbahnverkehrs, des Güterkraftverkehrs, des öffentlichen Personennahverkehrs und des Nachrichtenverkehrs.

Eine dritte Gliederung der Betriebswirtschaftslehre unterscheidet gegenüber der eben beschriebenen nach branchenbezogenen Gesichtspunkten nach **funktionalen Gesichtspunkten**, d. h., sie knüpft an den verschiedenen im Betrieb auszuübenden Tätigkeiten oder Funktionen an, wobei üblicherweise nur die betrieblichen Hauptfunktionen oder Haupttätigkeitsgebiete zur Gliederung herangezogen werden. Hierbei handelt es sich vor allem um die Unternehmensführung (Planung, Kontrolle, Organisation), die Finanzwirtschaft (Finanzierung und Investition), die Beschaffung, die Leistungserstellung (Produktion), die Leistungsverwertung (Absatz), die Personalwirtschaft und das Rechnungswesen.

Eine besondere Beachtung sollte abschließend noch der **Betriebswirtschaftlichen Steuerlehre** geschenkt werden, da diese weder durch die Gliederung nach institutionalen noch durch die nach funktionalen Gesichtspunkten erfaßt wird. Gegenstand dieses Teilbereichs der Betriebswirtschaftslehre sind die Auswirkungen der verschiedenen Steuern auf den Betrieb und die darauf basierenden betrieblichen Entscheidungen, die auf eine Minimierung der Steuerbelastung gerichtet sind (*Wöhe*). Gleiches wie für die Betriebswirtschaftliche Steuerlehre gilt auch für das **Wirtschaftsprüfungs-(Revisions-) und Treuhandwesen**, das ebenfalls außerhalb der nach institutionalen und funktionalen Gesichtspunkten vorgenommenen Einteilung der Betriebswirtschaftslehre in besondere oder spezielle Untersuchungsbereiche steht. Sein Gegenstand ist nicht der Prüfungs- und Beratungsbetrieb, sondern die Überwachung (Kontrolle und Prüfung) und Beratung des Betriebes (*Wöhe*). Dennoch ist auch das Wirtschaftsprüfungs- und Treuhandwesen wie die Betriebswirtschaftliche Steuerlehre als Teilbereich der Betriebswirtschaftslehre aufzufassen.

Fragen zur Lernkontrolle:

1. Durch welche Elemente läßt sich jede Wissenschaft beschreiben?
2. Kennzeichnen Sie die Stellung der Wirtschaftswissenschaften im System der Wissenschaften.
3. Welches sind die Komponenten, die zu einem Spannungsverhältnis zwischen den menschlichen Bedürfnissen und den zu ihrer Befriedigung geeigneten Gütern führen?
4. Was ist unter dem Begriff Wirtschaften zu verstehen?
5. Erläutern Sie das Wirtschaftlichkeitsprinzip und verdeutlichen Sie seine Ausprägungsformen.

6. Welche Aufgaben werden der Betriebswirtschaftslehre und der Volkswirtschaftslehre gestellt?
7. Welchen grundlegenden Unterschied bezüglich des Erkenntnisobjektes Betrieb weisen die mikroökonomische Theorie und die Betriebswirtschaftslehre auf?
8. Warum ist die Vorgehensweise der isolierenden Abstraktion zur Gewinnung des Erkenntnisobjektes der Betriebswirtschaftslehre notwendig?
9. Grenzen Sie die Einzelwirtschaften Betrieb und Haushalt gegeneinander ab.
10. Wie werden in der Literatur die Begriffe Betrieb, Unternehmen und Unternehmung inhaltlich gegeneinander abgegrenzt?
11. Worin besteht die gesamtwirtschaftliche Aufgabe des Betriebes, und in welcher Beziehung stehen Sachziel und Formalziel zueinander?
12. Was verstehen Sie unter der erklärenden, was unter der technologischen Aufgabe der Betriebswirtschaftslehre?
13. Erläutern Sie die Beschreibung als wissenschaftliche Methode. Unterscheiden Sie zwischen der induktiven und deduktiven Methode. Erläutern Sie an einem Beispiel den deduktiven Schluß mit der hypothetisch-deduktiven Methode.
14. Was ist nach Popper das wichtigste Merkmal von Aussagen im Bereich der empirischen Wissenschaften?
15. Was ist ein Modell, und welche Bedeutung besitzen Modelle für die Gewinnung betriebswirtschaftlicher Erkenntnisse?
16. Gliedern Sie die Betriebswirtschaftslehre nach verschiedenen Gesichtspunkten.

Literaturhinweise zum 1. Teil:

Cezanne, Wolfgang/Franke, Jürgen, Volkswirtschaftslehre, Eine Einführung, 7. Aufl., München, Wien 1996

Diederich, Helmut, Allgemeine Betriebswirtschaftslehre, 7. Aufl., Stuttgart, Berlin, Köln, 1992

Kosiol, Erich, Die Unternehmung als wirtschaftliches Aktionszentrum, Reinbek bei Hamburg, 1972

Raffée, Hans, Grundprobleme der Betriebswirtschaftslehre, Göttingen, 1974

Schierenbeck, Henner, Grundzüge der Betriebswirtschaftslehre, 13. Aufl., München, Wien, 1998

Schweitzer, Marcell, Gegenstand und Methoden der Betriebswirtschaftslehre, in: F. X. Bea, E. Dichtl und M. Schweitzer (Hrsg.), Allgemeine Betriebswirtschaftslehre, Band 1: Grundfragen, 7. Aufl., Stuttgart, 1997, S. 23-80

Wöhe, Günter, Einführung in die Allgemeine Betriebswirtschaftslehre, 19. Aufl., München, 1996

2. Teil: Der Betrieb als System

1. Kennzeichnung des Betriebes als System

Im Abschnitt 23. des vorangegangenen ersten Teiles dieses Lehrbuches ist der Betrieb als Erkenntnisobjekt der Betriebswirtschaftslehre als eine Wirtschaftseinheit gekennzeichnet worden, die Güter in Form von Sach- und Dienstleistungen für den Bedarf Dritter erstellt und am Markt zum Tausch anbietet. Dieses Sachziel verkörpert die gesamtwirtschaftliche Aufgabe des Betriebes. Die vorgenommene Kennzeichnung des Betriebes stellt eine **funktionale Begriffsbestimmung** und damit Abgrenzung der Wirtschaftseinheit Betrieb gegenüber anderen Wirtschaftseinheiten dar. Im folgenden wird es darum gehen, aufgrund dieser funktionalen sichtweise die Wirtschaftseinheit Betrieb zu beschreiben. Dies wird unter Zuhilfenahme der in der **allgemeinen Systemtheorie** verwendeten Denkansätze geschehen.

"Unter einem System verstehen wir eine geordnete Menge von Elementen, zwischen denen irgendwelche Beziehungen bestehen oder hergestellt werden können." (*Ulrich*) Demnach ist jeder Betrieb ein System, denn er besteht aus einer Menge von Elementen und einem Netz sie verbindender Beziehungen. Eine erste Typologie geht auf *Beer* zurück, der zwischen einfachen, komplexen, und äußerst komplexen Systemen unterscheidet. Ein äußerst komplexes System weist einen so hohen Grad von Kompliziertheit auf, daß es präzise und detailliert nicht mehr vollständig beschrieben werden kann. Zu seiner Beschreibung muß demzufolge ein Modell im Sinne einer vereinfachenden Abbildung herangezogen werden. Jeder Betrieb ist in diesem Sinne ein äußerst komplexes System. Die zweite, ebenfalls von *Beer* stammende Einteilung unterscheidet zwischen determinierten und probabilistischen Systemen, wobei ein System als probabilistisch bezeichnet wird, wenn es keine streng detaillierte Voraussage über sein zukünftiges Verhalten zuläßt. Da jeder Betrieb diese Eigenschaft ersichtlich aufweist, kann der Betrieb als ein **äußerst komplexes, probabilistisches System** gekennzeichnet werden. Diese Tatsache hat für die Betriebswirtschaftslehre und ihre Möglichkeiten der Gewinnung von Erkenntnissen über den Betrieb bedeutsame Konsequenzen.

Eine weitere Klassifizierung unterscheidet innerhalb der Systeme zwischen natürlichen und künstlichen Systemen, wobei letztere von Menschen geschaffene Systeme darstellen. Zu ihnen gehören ideelle und materielle Systeme. Eine besondere Klasse der materiellen Systeme wird durch die soziotechnischen Systeme gebildet, d. h. Systeme, die als Elemente sowohl Menschen als auch Sachgegenstände aufweisen. In diesem Sinne stellt jeder Betrieb ein soziotechnisches System dar. Weiterhin ist zwischen geschlossenen und offenen Systemen zu unterscheiden, wobei offene Systeme die Eigenschaft aufweisen, daß sie bzw. ihre Elemente über Beziehungen mit Elementen außerhalb des Systems, d. h. mit der Umwelt des Systems, verbunden sind. Aufgrund des Sachziels muß jeder Betrieb zwangsläufig ein offenes System sein, da nur vermittels Marktbeziehungen, also Beziehungen zwischen dem Betrieb und seiner Umwelt, eine Realisierung des Sachziels möglich ist. Schließlich ist darauf hinzuweisen, daß die Realisierung des Sachziels immer nur erfolgt, um das Formalziel, um dessentwillen der Betrieb gegründet und unterhalten wird, zu erreichen. Künstliche Systeme, die aufgrund ihrer Konstruktion durch den Menschen immer zweckorientiert sind, werden als zielgerichtete Systeme bezeichnet, wenn sie die soeben herausgestellte Eigenschaft der Betriebe aufweisen. Damit läßt sich nach der oben erfolgten ersten Kennzeichnung des Betriebes als ein äußerst komplexen probabilistischen System der Betrieb als Erkenntnisobjekt der Betriebswirtschaftslehre weiter als ein **zielgerichtetes, offenes und soziotechnisches System** beschreiben.

Schließlich ist noch auf den von *Ulrich* verwendeten Begriff **Regelsystem** im Zusammenhang mit der Betrachtung des Betriebes als System hinzuweisen. Regelsysteme sind Systeme, in denen das Phänomen **Regelung** zu beobachten ist, das im Mittelpunkt der Betrachtungen in der **Kybernetik** steht (*Wiener*). Regelung setzt sich aus den Komponenten **Steuerung** und **Rückkopplung** zusammen. Steuerung bedeutet das Treffen von Entscheidungen und das Erteilen von Anweisungen zu ihrer Realisation, mit anderen Worten also **Führung**. Rückkopplung beinhaltet dagegen, daß die Ergebnisse der Realisation an die Steuerungsinstanz zurückgemeldet werden und dort als Istwerte mit den vorgegebenen Sollwerten verglichen werden (**Kontrolle**). Systeme, die ihr verfolgtes Ziel über Steuerungs- und Rückkopplungsvorgänge zu erreichen suchen, werden als selbststeuernde Systeme bezeichnet. Da derartige Vorgänge in allen Betrieben beobachtet werden können, läßt sich der Betrieb als Erkenntnisobjekt der Betriebswirtschaftslehre abschließend noch als **selbststeuerndes System** kennzeichnen.

2. Das Führungssystem

21. Differenzierung des Systems Betrieb

Wenn anerkannt wird, daß es sich bei jedem Betrieb um ein äußerst komplexes System handelt, also ein System, das als solches präzise und detailliert nicht vollständig beschrieben werden kann, dann ist es für den Zweck der Erkenntnisgewinnung über das System Betrieb notwendig, dieses System in Teilsysteme zu zerlegen. Eine derartige Zerlegung eines Systems in Teil- oder Subsysteme wird als **Systemdifferenzierung** bezeichnet. Die entsprechenden Teil- oder Subsysteme entstehen dadurch, daß zusätzlich zu den konstituierenden Eigenschaften des Gesamtsystems weitere Merkmale in die Betrachtung einbezogen werden, in denen sich die Teil- oder Subsysteme unterscheiden. Der Zweck der Systemdifferenzierung besteht darin, Teil- oder Subsysteme eines Ausgangssystems zu schaffen, die aufgrund eines höheren Grades an Konkretisierung einen geringeren Grad an Komplexität aufweisen als das zugrundegelegte Gesamtsystem. **Funktional** läßt sich das Gesamtsystem beispielsweise nach den betrieblichen Hauptfunktionen in die Teil- oder Subsysteme Unternehmensführung, Finanzwirtschaft, Beschaffung, Leistungserstellung, Leistungsverwertung und Personalwirtschaft sowie betriebliches Rechnungswesen differenzieren.

Es wird zunächst eine sehr grobe Differenzierung des Systems Betrieb vorgenommen, und zwar die in sein **Führungssystem** und sein **Ausführungssystem**. Diese Klassifikation des Systems Betrieb ist vollständig, d. h. jedes Element des Systems gehört entweder dem Führungssystem oder dem Ausführungssystem an.

Bei der Darstellung des Führungsprozesses wird als Grundlage eine Charakterisierung nach Aufgaben (Funktionen) verwendet. Das **Führungssystem** beinhaltet bei einer prozessualen Betrachtung als Elemente die Menge aller Führungstätigkeiten im Unternehmen; sie werden hier nur kurz charakterisiert, da sie in diesem Teil noch ausführlich behandelt werden. Die **Zielbildung** umfaßt alle Tätigkeiten, bei denen die gewünschten und anzustrebenden Zukunftszustände ermittelt und festgelegt werden. **Planung** ist ein systematischer Entscheidungsprozeß, in dem die Handlungsalternativen ermittelt, prognostiziert sowie bewertet werden und abschließend eine Alternative gwwählt wird. Die **Organisation** ist das integrative Strukturieren des Unternehmens. Den Abschluß dieser Phasenfolge bildet die **Kontrolle**; sie untersucht das Verhältnis zwischen dem geplanten und dem realisierten Ergebnis. Diese Phasenfolge hat rein sachlogischen Charakter und macht keine Aussagen über in der Realität ablaufende Führungsprozesse. Das Führungssystem wird dann z. B. in die funktionalen Subsysteme Ziel-, Planungs-, Organisations- und Kontrollsystem unterteilt. Die **funktionale Betrachtung** orientiert sich an den Aufgaben und deren sachlogischen Zusammenhängen, im Gegensatz zu einer **institutionalen Sichtweise**, die die Aufgabenträger und deren organisatorische Zusammenhänge in den Mittelpunkt stellt. Dieses **Führungssystem** wird heute auch mit dem Begriff Managementsystem oder kurz **Management** des Betriebes belegt.

Das **Informationssystem** wird als ein weiteres Teilsystem des Führungssystems betrachtet. Dabei wird insbesondere auf den Zusammenhang mit dem Planungssystem hingewiesen und eine entsprechende Abstimmung zwischen beiden Systemen gefordert. Alle Führungsprozess sind informationsverarbeitende Prozesse; jede Phase benötiget Informationen, verarbeitet sie und gibt sie wieder ab. Informationen als Input für diesen Prozeß und jede einzelne Prozeßstufe sind also unabdingbare Voraussetzung aller Aktivitäten. Die Frage nach der Einordnung des Informationssystems läßt sich mit der Zwecksetzung eines solchen Systems beantworten. Das Ziel des Informationssystems ist allgemein die **Bereitstellung** der benötigten **Informationen** für alle Entscheidungen und Handlungen im Unternehmen, und zwar sowohl Ausführungs- als auch Führungshandlungen.

Diesem Führungssystem, in dem sich das Wirtschaften in Form des Entscheidens vollzieht, steht als zweites Teil- oder Subsystem das **Ausführungssystem** gegenüber, in dem die im Führungssystem getroffenen Entscheidungen in Handlungen umgesetzt werden. Dementsprechend besteht das Ausführungssystem des Betriebes aus der Gesamtheit der die im Führungssystem getroffenen Entscheidungen umsetzenden Realisationsprozesse sowie der Gesamtheit der zugehörigen Aufgabenträger. Es sei an dieser Stelle noch einmal darauf hingewiesen, daß es sich bei den im Ausführungssystem ablaufenden Prozessen nicht um Wirtschaften handelt, sondern daß hier lediglich die dem im Führungssystem erfolgten Wirtschaften zeitlich nachgelagerten Realisationsprozesse als Umsetzungen der getroffenen Entscheidungen stattfinden.

In der Darstellung 2-1 sind die Teilsysteme im Betrieb aufgezeigt, die durch Systemdifferenzierung gewonnen wurden. Ausgehend von diesem Schaubild wird in diesem Teil jedes einzelne Teil- bzw. Subsystem erläutert. Dabei sei schon hier darauf hingewiesen, daß die Aufgabe der Organisation im 4. Teil dieses Lehrbuches behandelt wird.

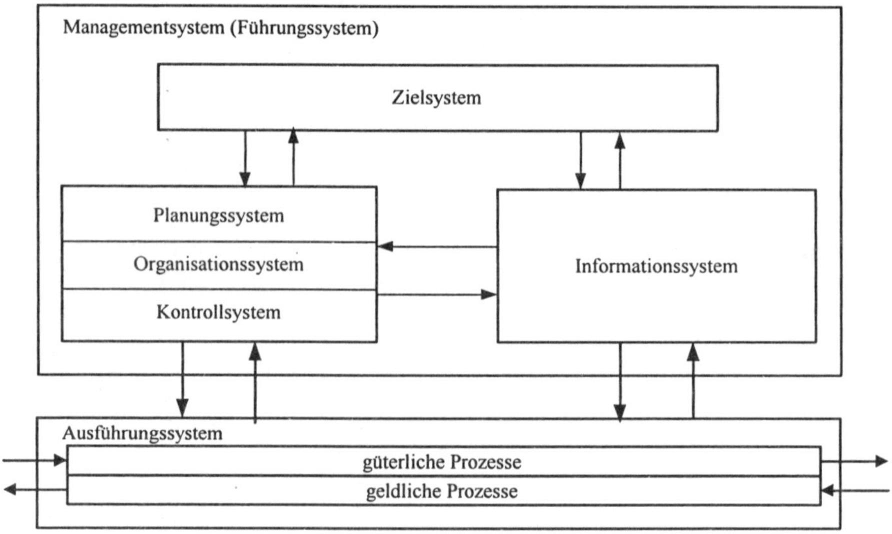

Darstellung 2-1: Teilsysteme des Führungssystems

22. Das Zielsystem

Das Zielsystem des Betriebes verkörpert wie jedes System eine Menge von Elementen, zwischen denen Beziehungen bestehen oder hergestellt werden können. Die Elemente des Zielsystems sind die einzelnen verfolgten Ziele, die Beziehungen zwischen diesen Elementen bringen die Wirkungen bzw. Wechselwirkungen zwischen den einzelnen Zielen zum Ausdruck.

Das oberste vom Betrieb verfolgte Ziel, um dessen Erreichung willen er von seinen Eigentümern gegründet und unterhalten wird, kann grundsätzlich in **drei Komponenten** zerlegt werden, nämlich in die leistungswirtschaftliche, die finanzwirtschaftliche und die soziale Zielsetzung (*Ulrich*). Aus dieser Tatsache folgt, daß es in jedem Unternehmen leistungswirtschaftliche, finanzwirtschaftliche und soziale Ziele gibt, wobei jedoch in jedem realen Betrieb der leistungswirtschaftlichen oder der finanzwirtschaftlichen Zielsetzung ein mehr oder weniger stark ausgeprägter Primat eingeräumt wird. Es sei an dieser Stelle im Zusammenhang mit der Betrachtung des Betriebes als eines zielgerichteten Systems darauf hingewiesen, daß die in der Betriebswirtschaftslehre vielfach unterstellte monistische Zielsetzung der ausschließlichen Gewinnerzielung in der Regel eine zu stark vereinfachte Abbildung der betrieblichen Realität darstellt.

Die **leistungswirtschaftliche Zielsetzung** des Betriebes steht in einem engen Zusammenhang zu seinem Sachziel, der Erstellung und Verwertung von Leistungen für den Bedarf Dritter. Sie beinhaltet in erster Linie die Markt und Produktziele des Betriebes. Dabei geht es bei der Festlegung der **Marktziele**

- „um die Bestimmung der Märkte und Marktsegmente, die bearbeitet werden sollen,

- um die Bestimmung der Marktstellung, die in diesen Segmenten erreicht werden soll,
- um die Bestimmung des anzustrebenden Umsatzvolumens.“ (*Ulrich*)

Demgegenüber handelt es sich bei der Festlegung der **Produktziele**

- „um die Bestimmung der Art der Produkte, die erzeugt und/oder bereitgestellt werden sollen,
- um die Festlegung der Qualitätsniveaus für diese Produkte,
- um die Bestimmung der Produktmengen, die erstellt werden sollen.“ (*Ulrich*)

Die leistungswirtschaftliche Zielsetzung weist immer dann eine besondere Bedeutung auf, wenn dem Betrieb von seinen Eigentümern oder auch in Fällen der Konzessionierung bestimmter Wirtschaftsbereiche vom Konzessionsgeber die Erstellung bestimmter Leistungen, gegebenenfalls in einem Umfang, der sich an einem erwarteten Bedarf oder an einer auftretenden Nachfrage ausrichtet, vorgegeben wird. Die leistungswirtschaftliche Zielsetzung dominiert die anderen betrieblichen Zielsetzungen vor allem in öffentlichen Betrieben, die einen öffentlich-rechtlichen Grundauftrag zu erfüllen haben. Als Beispiele für derartige Betriebe können Versorgungsunternehmen genannt werden, beispielsweise im Energiebereich (Elektrizitätswerke, Gaswerke) oder im Verkehrsbereich (Betriebe des öffentlichen Personennahverkehrs), aber auch im Gesundheitswesen (Krankenhausbetriebe) oder im öffentlich-rechtlichen Kreditgewerbe (Landesbanken, Sparkassen).

Die **finanzwirtschaftliche Zielsetzung** des Betriebes berücksichtigt die Tatsache, daß ein Betrieb sein Sachziel und damit auch seine leistungswirtschaftliche Aufgabe nur erfüllen kann, wenn er im Betriebsprozeß Faktoren wie Grundstücke, Gebäude, Maschinen, Materialien und Stoffe sowie menschliche Arbeit einsetzt.. Diese Faktoren müssen im allgemeinen am Markt gegen Entgelt erworben werden, und jeder Betrieb wird bemüht sein, den entsprechenden finanziellen Einsatz durch die Verwertung der von ihm erstellten Leistungen am Markt auszugleichen (**Kostendeckung**). Dabei werden sich privatwirtschaftliche Unternehmen bzw. Unternehmer in der Regel nicht mit einem bloßen Ausgleich ihres Einsatzes zufriedengeben, sondern sie werden darüber hinaus einen Gewinn erwarten, dessen Notwendigkeit aus der Bereitstellung anderweitig verwendbarer Zahlungsmittel, aus der Risikoübernahme und aus der Erbringung von Arbeitsleistungen als Unternehmer abgeleitet wird. Die Messung des **Erfolg**es gehört daher zu einer der wichtigsten Aufgaben des Rechnungswesens und wird im 6. Teil dieses Lehrbuchs behandelt. Neben der Erfolgsmessung muß ein Betrieb auch jederzeit in der Lage sein, den Zahlungsverpflichtungen nachzukommen, die **Liquidität** ist aus diesem Grund eine weiter wichtige finanzwirtschaftliche Zielsetzung. Eine Zielsetzung, die von nordamerikanischen Unternehmen zuerst eingeführt wurde und jetzt auch in Europa zunehmend Anhänger findet, ist der **Shareholder-Value**. Auch er soll den Erfolg des Unternehmens messen, allerdings auf eine neuartige Weise: nicht mehr das Rechnungswesen ist der Gradmesser, sondern die Finanzmärkte insbesondere die Börse an der die Aktien des Unternehmens gehandelt werden. Der Erfolg wird aus der Sicht der Aktionäre (shareholder) bewertet, für diese Gruppe muß sich der Erfolg letztlich in der Gewinnausschüttung oder in einer Wertsteigerung ihrer Aktien niederschlagen.

Die **soziale Zielsetzung** des Betriebes schließlich resultiert aus der Tatsache, daß jeder Betrieb einerseits Bestandteil der menschlichen Gesellschaft ist und andererseits selbst eine "Gesellschaft" im Sinne einer Gruppierung von Menschen darstellt. Aus dieser Umschreibung ergibt sich, daß der Betrieb zum einen eine nach außen gerichtete (externe) soziale Zielsetzung und zum anderen eine nach innen gerichtete (interne) soziale Zielsetzung verfolgen muß. Die externe soziale Zielsetzung beinhaltet, daß der Betrieb als offenes System in seinen Zwecken, Verhaltensweisen und gegebenenfalls auch Zielsetzungen die Bedürfnisse und Anliegen der ihm umgebenden Gesellschaft berücksichtigen muß. Beispielhaft sind hier die Probleme des Umweltschutzes und der sorgsamen Verwendung natürlicher Ressourcen zu nennen. Die interne soziale Zielsetzung dagegen stellt darauf ab, daß der Betrieb als soziales System bei der Bildung seiner Zweck- und Zielsetzungen auch die Wünsche und Erwartungshaltungen der ihm als Elemente angehörenden Menschen in angemessener Weise zu berücksichtigen hat. Hier können als Beispiele die Fragen der Mitbestimmung bzw. Mitwirkung der Arbeitnehmer, der Arbeitsplatzsicherung, der Arbeitsgestaltung sowie der betrieblichen Altersversorgung genannt werden.

Nachdem auf die drei Komponenten eines jeden betrieblichen Zielsystems eingegangen worden ist, ohne daß dabei allerdings auf die verschiedenen Elemente innerhalb jeder einzelnen Komponente ausführlicher Bezug genommen werden konnte, ist es nun erforderlich, im Sinne der Systemdefinition die Beziehungen zwischen Zielen als Elementen eines Zielsystems zu betrachten, die bestehen oder hergestellt werden können. Dabei wird zwischen komplementären, konkurrierenden und indifferenten Zielen einerseits sowie zwischen Ober-, Zwischen- und Unterzielen andererseits unterschieden.

Zwei Zielsetzungen innerhalb eines Zielsystems stehen in **komplementärer** Beziehung zueinander, wenn ein höherer Zielerreichungsgrad bezüglich des einen Ziels mit einem höheren Ausmaß an Erreichung des anderen Ziels verbunden ist. Dagegen liegt **Konkurrenz** zwischen zwei Zielsetzungen eines Zielsystems vor, wenn ein höherer Zielerreichungsgrad bezüglich des einen Ziels zur Folge hat, daß eine Minderung des Ausmaßes an Erreichung des anderen Ziels eintritt. (Ein Sonderfall der Zielkonkurrenz ist mit der **Zielantinomie** gegeben; hier schließt die Verwirklichung des einen Ziels mit welchem Ausmaß an Zielerreichung auch immer jegliche Realisation des anderen Ziels aus.) Schließlich besteht zwischen zwei Zielsetzungen eines Zielsystems eine **indifferente** oder **neutrale** Beziehung, wenn das Ausmaß der Erreichung des einen Ziels keinerlei Einfluß auf den Zielerreichungsgrad bezüglich des anderen Ziels nimmt.

Die Unterscheidung von **Ober-, Zwischen-** und **Unterzielen** stellt auf die hierarchischen Beziehungen zwischen Zielen ab. In diesem Falle werden die verschiedenen Zielsetzungen eines Zielsystems aufgrund zwischen ihnen bestehender **Mittel-Zweck-Beziehungen** miteinander verknüpft. Wenn eine Zielsetzung ein Oberziel bezüglich einer anderen Zielsetzung darstellt, dann besteht offensichtlich eine Mittel-Zweck-Beziehung zwischen beiden dergestalt, daß das Erreichen des untergeordneten Ziels ein Mittel zum Zweck des Erreichens des übergeordneten Ziels verkörpert. Derartige Mittel-Zweck-Beziehungen können in realen Zielsystemen über eine Mehrzahl von Stufen in der Weise bestehen, daß eine zunächst übergeordnete Zielsetzung in der nächsten Stufe selbst wieder einer nachfolgenden Zielsetzung untergeordnet ist und diese Kette sich fortsetzt, bis das letzte oberste Ziel erreicht ist.

Im Hinblick auf dieses **letzte oberste Ziel** eines Unternehmens bestehen in der Betriebswirtschaftslehre nach wie vor Unklarheiten. Es erscheint ersichtlich, daß die drei aufgezeigten Zielkomponenten in Form der leistungswirtschaftlichen, der finanzwirtschaftlichen und der sozialen Zielsetzung im Hinblick auf dieses letzte oberste Ziel nur Mittelcharakter aufweisen. Damit ist aber über seinen Inhalt noch nichts ausgesagt. Ohne in die Diskussion um das oberste Unternehmensziel einzutreten, sei an dieser Stelle in vereinfachter Weise angenommen, daß als oberstes Ziel vom Betrieb ein Streben nach Nutzen aller direkt und indirekt am Zielbildungsprozeß Beteiligten verfolgt wird. Dieses Streben nach Nutzen stellt gewiß eine sehr abstrakte Zielformulierung dar, bildet aber in zahlreichen Ansätzen einen logisch zu begründenden Versuch, zu einer einheitlichen Grundlage des betrieblichen Zielsystems zu gelangen (*Ulrich*).

23. Das Planungs- und Kontrollsystem

Ein Entscheidungsprozeß bzw. Planungsprozeß ist als ein informationsverarbeitender Prozeß bezeichnet worden, an dessen Ende die Auswahl einer Möglichkeit des Verhaltens in einer Situation steht, die mehrere (mindestens zwei) Möglichkeiten des Verhaltens zuläßt. Wird eine Situation, die mehrere Möglichkeiten des Verhaltens zuläßt und die Notwendigkeit der Auswahl einer dieser Möglichkeiten beinhaltet, als **Entscheidungssituation** bezeichnet und werden die verschiedenen Möglichkeiten des Verhaltens **Entscheidungsalternativen** genannt, dann stellt ein Entscheidungsprozeß den Prozeß der Auswahl einer unter den Entscheidungsalternativen einer Entscheidungssituation dar.

Jeder Entscheidungsprozeß läuft in mehreren aufeinanderfolgenden Phasen ab. Die Analyse dieser einzelnen Phasen verfolgt den Zweck, alle im Ablauf eines Entscheidungsprozesses auftretenden Teilaufgaben nach logischen Gesichtspunkten zu ordnen, um so zu einer für die Qualität der zu treffenden Entscheidung wichtigen Organisierbarkeit des Entscheidungsprozesses zu gelangen (*Heinen*). Dabei wird eine Unterteilung des Entscheidungsprozesses in die drei Stufen oder Phasen der Anregung, der Suche und der Optimierung für ausreichend gehalten.

In der **Anregungsphase**, dem Beginn des Entscheidungsprozesses, geht es zunächst darum festzulegen, daß überhaupt ein zu lösendes Entscheidungsproblem vorliegt. Die Bedeutung der Anregungsphase im Entscheidungsprozeß ist sehr unterschiedlich. Sie wird erheblich wichtiger sein, wenn es sich um einen einmaligen Entscheidungsprozeß von großer Tragweite wie etwa den im Zusammenhang mit einer Standortentscheidung handelt, als wenn ein häufig wiederkehrender Entscheidungsprozeß mit Routinecharakter wie beispielsweise der im Zusammenhang mit der Festlegung eines bestimmten Produktionsablaufes vorliegt.

In der sich an die Anregungsphase anschließenden **Suchphase** gilt es, die einzelnen Bestandteile der Entscheidungssituation zu bestimmen. Es handelt sich dabei in erster Linie um die Ermittlung der **Entscheidungsalternativen**, daneben aber um die genaue Festlegung der verfolgten **Zielsetzung** sowie um die Bestimmung aller **Entscheidungsparameter** der betreffenden Entscheidungssituation, die die zu treffende Entscheidung beeinflussen, von denen aber angenommen wird, daß sie von der Entscheidung unabhängig sind. Der Suchphase kommt im Entscheidungsprozeß eine überragende Bedeutung zu, da sich Fehler oder Versäumnisse, die hier begangen werden, später kaum korrigieren lassen; sie wirken sich unmittelbar auf die Qualität der zu treffenden Entscheidung aus.

Der Entscheidungsprozeß findet seinen Abschluß in der **Optimierungsphase**. In ihr geht es darum, die in der Suchphase ermittelten Entscheidungsalternativen unter Berücksichtigung der als relevant erkannten Entscheidungsparameter im Hinblick auf die verfolgte betriebliche Zielsetzung zu bewerten, um dann diejenige Entscheidungsalternative auszuwählen, die als zielwirksamste das höchste Maß an Zielerfüllung verspricht. Die Entscheidungstheorie stellt eine Vielzahl von Entscheidungsverfahren zur Verfügung, die in Abhängigkeit von der Struktur der jeweiligen konkreten Entscheidungssituation herangezogen werden können, um die optimale Entscheidungsalternative zu bestimmen.

Betriebliche Entscheidungsprozesse können sich in zweifacher Weise vollziehen. Zum einen kann ein Entscheidungsprozeß unvorbereitet, aufbauend im wesentlichen auf Erfahrung (Routine) und Intuition oder Emotion durchgeführt werden. In diesen Fällen wird vor allem auf eine sorgfältige Analyse der zugrundeliegenden Entscheidungssituation verzichtet. Die Entscheidung wird in Anlehnung an frühere ähnlich gelagerte Entscheidungssituationen getroffen. Ein Entscheidungsprozeß, der auf diese Weise abläuft, wird als **Improvisation** bezeichnet (*Peters*). Obgleich das Gesagte geeignet sein könnte, eine negative Einstellung gegenüber der Improvisation zu erzeugen, darf die Bedeutung der Improvisation für die betriebliche Entscheidungsfindung nicht unterschätzt werden. Insbesondere der Zeitdruck, unter dem manche Entscheidungen getroffen werden müssen, zwingt zu improvisierendem Entscheidungsverhalten.

Zum anderen aber gibt es im Betrieb Entscheidungsprozesse, die sich dadurch auszeichnen, daß in ihnen im Gegensatz zur Improvisation eine sehr sorgfältige und genaue Analyse der Entscheidungssituation vorgenommen wird und der Prozeß der Auswahl der optimalen Entscheidungsalternative unter Verwendung geeigneter exakter Lösungsmethoden erfolgt, wie sie etwa vom Operations Research zur Verfügung gestellt werden. Solche Entscheidungsprozesse, die methodisch, also systematisch und rational im Hinblick auf ein verfolgtes Ziel ablaufen, werden als **Planung** bezeichnet. Damit wird die **Systematik des Vorgehens** bei der Entscheidungsfindung als **Wesensmerkmal der Planung** angesehen.

Planung ist demzufolge ein systematisch durchgeführter Entscheidungsprozeß. Diese Kennzeichnung dürfte dem Sprachgebrauch der Unternehmenspraxis weitgehend entsprechen, denn als Planung wird dort im allgemeinen nur diejenige Art der Entscheidungsfindung verstanden, die relativ aufwendig, formalisiert und institutionalisiert ist. Da die Betriebswirtschaftslehre rationales oder intendiert rationales Verhalten der Entscheidungsträger im Unternehmen unterstellt, kommt hier der Planung eine erheblich höhere Bedeutung zu als der Improvisation. Es soll allerdings nicht geleugnet werden, daß die Improvisation in manchen Entscheidungssituationen als Ergänzung oder gar als Ersatz der betrieblichen Planung im hier verstandenen Sinne notwendig und nützlich sein kann.

Die vorgenommene Kennzeichnung der betrieblichen Planung nimmt nur auf ihren **formalen Charakter** in Form des zugrundeliegenden Entscheidungsprozesses Bezug; dies erscheint jedoch nicht ausreichend, vielmehr ist auch der **materielle**

Charakter der betrieblichen Planung zu berücksichtigen. In diesem Sinne kann Planung als ein systematisches zukunftsbezogenes Durchdenken und Festlegen von Zielen, Maßnahmen, Mitteln und Wegen zur zukünftigen Zielerreichung verstanden werden (*Wild*). So verstanden ist die betriebliche Planung ein unentbehrliches Instrument der Unternehmensführung, ohne dessen Einsatz eine langfristige Existenzsicherung des Betriebes nicht gewährleistet werden kann. Die hieraus folgende Bedeutung der Planung für die betriebliche Zielerreichung ist vor allem auf zwei Ursachen zurückzuführen, den Zwang zur Planung einerseits und die Möglichkeiten der Planung andererseits.

Der **Zwang zur Planung** ergibt sich vor allem aus der zunehmenden Dynamik und Komplexität der Unternehmensumwelt, darüber hinaus aus der steigenden Differenziertheit der Unternehmen. Die beispielhaft genannten Gründe zwingen die Unternehmensleitung, die immer komplizierter werdenden Entscheidungsprobleme in systematischer und rationaler Weise zu behandeln, da Fehlentscheidungen unter den genannten Aspekten für das Unternehmen verheerende Folgen haben können, die kaum wieder zu beheben sind. Neben dem aufgezeigten Zwang zur Planung sind aber bezüglich der Bedeutung der betrieblichen Planung auch die gegebenen **Möglichkeiten der Planung** in die Betrachtung einzubeziehen. Die Entwicklung geeigneter Planungsverfahren bzw. Planungsinstrumente sowie eine immer leistungsfähigere elektronische Datenverarbeitung haben dazu geführt, daß heute auch komplexe betriebliche Entscheidungsprobleme systematisch analysiert werden können, um dann rational diejenige Entscheidungsalternative auszuwählen, die den höchstmöglichen Erfüllungsgrad im Hinblick auf das verfolgte Zielsystem zu erbringen verspricht.

Die betriebliche Planung vollzieht sich wegen der Komplexität der zugrundeliegenden Realität im Regelfall unter Verwendung von Modellen als vereinfachten Abbildungen der Realität. Die verwendeten Modelle müssen zwangsläufig Entscheidungsmodelle sein, da sie andernfalls das Aufsuchen der optimalen Entscheidung über die Lösung des Modells nicht zuließen. Der Ablauf der betrieblichen Planung unter Verwendung von Entscheidungsmodellen läßt sich in seiner typischen Struktur durch die folgende Abbildung beschreiben:

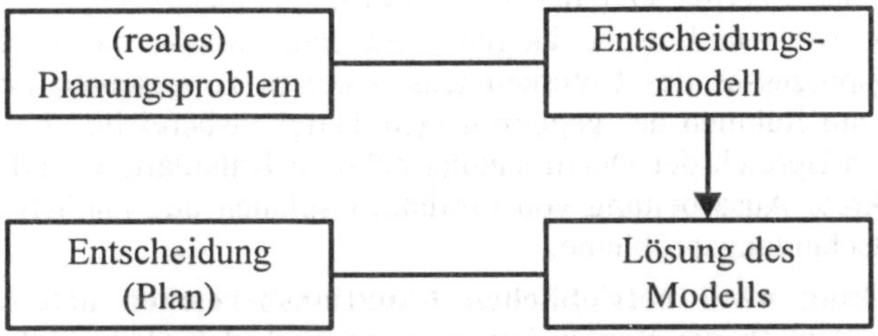

Darstellung 2-2: Der Ablauf der betrieblichen Planung

Demnach beginnt die betriebliche Planung mit dem Erkennen des realen Planungsproblems. Dieses wird vereinfacht in einem Entscheidungsmodell abgebildet, da die Komplexität des realen Problems seine vollständige Erfassung nicht zuläßt. Die Vereinfachung besteht darin, daß alle für unwesentlich gehaltenen Bestandteile des realen Problems aus der Betrachtung herausgelassen werden. Es werden also damit im Entscheidungsmodell ausschließlich die für wesentlich gehaltenen Bestandteile des realen Planungsproblems abgebildet. Das Entscheidungsmodell kann grundsätzlich verbal oder formal, insbesondere mathematisch formuliert sein. Auf die Formulierung des Entscheidungsmodells folgt seine Lösung. Je nach Art der Modellformulierung kann die Lösung des Modells auf verbal-logischem Wege oder unter Verwendung formaler, insbesondere mathematischer Lösungsverfahren (Algorithmen) erfolgen. Die gewonnene Modellösung ist dann schließlich Grundlage der zu treffenden Entscheidung, des zu verabschiedenden Planes. Hierbei ist zu berücksichtigen, daß das Entscheidungsmodell lediglich eine vereinfachte Abbildung des zugrundeliegenden realen Planungsproblems darstellt. Bei der Übertragung der Modellösung in die Realität sind also insbesondere die nicht für wesentlich gehaltenen Bestandteile des realen Problems kritisch im Hinblick auf ihre Beeinflussung der gefundenen Lösung des Entscheidungsmodells zu überprüfen.

In der betriebswirtschaftlichen Literatur ist es üblich, die betriebliche Planung nach verschiedenen Kriterien einzuteilen, um so zu besser überschaubaren und zu durchdringenden **Teilbereichen der betrieblichen Planung** zu gelangen. Von besonderer Bedeutung sind in diesem Zusammenhang die Einteilung nach Planungsstufen, die Einteilung nach betrieblichen Funktionsbereichen und die Einteilung nach der Fristigkeit der Planung.

Die **Einteilung nach Planungsstufen** unterscheidet zwischen strategischer, taktischer und operativer Planung (*Ackoff*) oder Strategieplanung, Rahmenplanung und Detailplanung (*Diederich*). In der **Strategieplanung** sind Probleme zu lösen, die das Unternehmen als Ganzes betreffen und die daher von der obersten Führungsinstanz nicht delegiert werden können. Unterhalb der Strategieplanung ist **die taktische oder Rahmenplanung** anzusiedeln, in der die strategischen Entscheidungen bereits als Entscheidungsparameter oder Rahmenbedingungen Beachtung finden müssen. Gegenstand der Rahmenplanung ist sehr häufig die betriebliche Struktur; ein Teil dieser Entscheidungen liegt im Bereich der Organisation. Die dritte Planungsstufe wird durch die **operative oder Detailplanung** gebildet. Sie führt zu Entscheidungen, die die Durchführung bzw. Ausführung betreffen, wobei die Entscheidungen der Strategie- und Rahmenplanung als Entscheidungsparameter zu berücksichtigen sind. „Durchführungsentscheidungen nehmen in der Regel den größten Teil der Energie und der Aufmerksamkeit eines Unternehmens in Anspruch. Diese Art von Entscheidungen dient dem Zweck, die Wirksamkeit des Umwandlungsprozesses des Unternehmens maximal zu gestalten oder die Wirtschaftlichkeit im Rahmen des gegenwärtigen Tätigkeitsbereiches zu maximieren.“ (*Ansoff*) In den Bereich der Detailplanung gehören Kalkulation der Preisforderungen, die konkrete Ausarbeitung von Produktionsplänen und ähnlich gelagerte betriebliche Entscheidungsprobleme.

Die **Einteilung nach betrieblichen Funktionsbereichen** unterscheidet üblicherweise im Bereich der Realisationsprozesse nach den Hauptfunktionen Finanzierung, Investition, Beschaffung, Leistungserstellung (Produktion), und Leistungsverwertung (Absatz). Jede derartige betriebliche Teilbereichsplanung erfolgt zwangsläufig auf der Ebene der operativen oder Detailplanung, da sich Entscheidungen aus der Rahmenplanung oder insbesondere aus der Strategieplanung nicht auf betriebliche Funktionsbereiche beschränken lassen, d. h., eine jede betriebliche Teilbereichsplanung der oben genannten Art muß sich innerhalb übergreifender und koordinierender Strategie und gegebenenfalls Rahmenplanungen vollziehen (*Diederich*). Bezüglich des Inhaltes der genannten Hauptfunktionsbereiche, dessen Kenntnis notwendige Voraussetzung für das Erkennen von dort auftretenden Planungsproblemen und für deren Lösung ist, sei auf die Ausführungen im fünften Teil des vorliegenden Lehrbuches verwiesen.

Die Einteilung nach der Fristigkeit der Planung stellt auf den zeitlichen Bezugsrahmen der betrieblichen Planung ab, der als **Planungshorizont** bezeichnet wird. Es wird üblicherweise zwischen langfristiger, mittelfristiger und kurzfristiger Planung unterschieden. Zu den Aufgaben der **kurzfristigen Planung**, die einen Planungshorizont von bis zu einem Jahr aufweist, gehört es, die Erreichung der konkreten Periodenziele durch optimalen Einsatz von Menschen und Sachmitteln sowie durch rechtzeitige und zweckmäßige Dispositionen sicherzustellen. Dazu zählt einmal die Aufstellung von Budgets und Kostenplänen, zum anderen fallen beispielsweise die Produktionsplanung, die Werbeplanung oder die Einkaufsplanung in den Bereich der kurzfristigen Planung. Die **mittelfristige Planung** stellt den verbindenden Übergang von der kurz- zur langfristigen Planung dar. Sie beinhaltet die Festlegung konkreter Unternehmensziele, aber auch von Zielen für betriebliche Teilbereiche sowie die Aufstellung von Maßnahmenplänen (Aktionsprogrammen) mitsamt der zugehörigen Budgetierung. Die **langfristige Planung** schließlich mit einem Planungshorizont von mehr als drei, häufig mehr als fünf Jahren hat drei Teilaufgaben zum Gegenstand: die Aufstellung konkreter langfristiger Ziele und Strategien für den Gesamtbetrieb, die Aufstellung langfristiger Strukturbudgets, mit denen eine ausgeglichene Entwicklung aller Teilbereiche angestrebt wird, und - abgeleitet aus Zielen, Strategien und Budgets - die Auslösung und Entwicklung von Maßnahmenplänen oder Projektplänen (*Hill*).

Kontrollprozesse sind als informationsverarbeitende Prozesse bezeichnet worden, die auf die Prüfung der Übereinstimmung zwischen in der Planung gesetzten **Soll-Werten** und in der Realisation erzielten **Ist-Werten** gerichtet sind. Dabei wird üblicherweise der Kontrolle auch die Analyse von auf diesem Wege festgestellten **Soll-Ist-Abweichungen** zugerechnet. Die Notwendigkeit der Durchführung von Kontrollen ergibt sich aus der Tatsache, daß Planung immer auf die Zukunft bzw. zukünftiges Verhalten gerichtet ist, denn Vergangenheit und Gegenwart lassen sich nicht mehr planen. Aus diesem Grunde ist jede Planung mit **Unsicherheit** belastet, da die Zukunft für den Menschen niemals vollständig vorhersehbar ist. Daher muß in der Planung grundsätzlich mit Annahmen über zukünftige Gegebenheiten bzw. zukünftiges Geschehen gearbeitet werden.

Obwohl durch eine Verbesserung der Informationsverarbeitung große Anstrengungen unternommen werden, die Unsicherheit in die Ansätze der betrieblichen Planung immer stärker einzubeziehen, muß doch erkannt werden, daß derartige Ansätze die Qualität der Planungsentscheidungen zwar zu verbessern vermögen, daß sie aber nicht verhindern können, daß Abweichungen zwischen den in der Planung gesetzten und demzufolge angestrebten Soll-Werten und den in der Planrealisation erzielten Ist-Werten auftreten. Wegen dieser niemals auszuschließenden Möglichkeit des Auftretens von Soll-Ist-Abweichungen und deren Bedeutung für die betriebliche Zielerreichung sowie für nachfolgende Entscheidungsprozesse ist ihre Feststellung und Analyse in Form der Durchführung von Kontrollen notwendig. Damit besitzt die Kontrolle den Charakter einer Informationsquelle für die Unternehmensführung (*Frese*).

Wesentlicher Bestandteil der Kontrolle ist die **Abweichungsanalyse**. Ihr Gegenstand ist eine genaue Eingrenzung der (internen oder externen) Störfaktoren, die die Erreichung der in der Planung gesetzten und daher angestrebten Soll-Werte verhindert haben. Diese Störfaktoren sind auch als **Abweichungsursachen** zu bezeichnen. Sie können unterschieden werden in

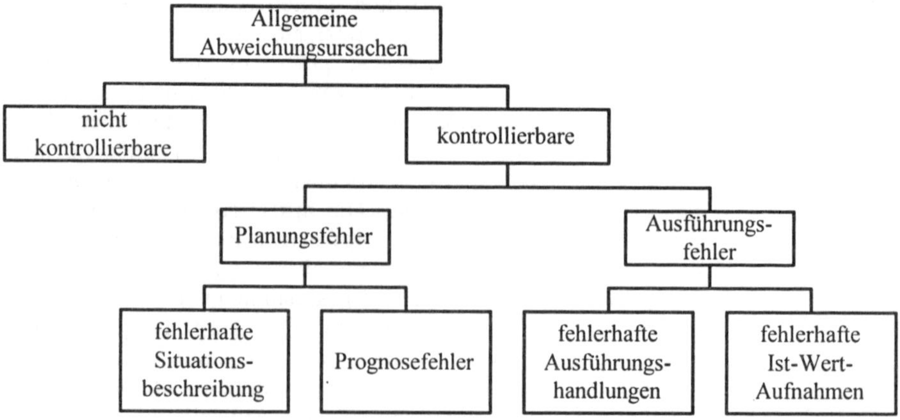

Darstellung 2-3: Systematik allgemeiner Abweichungsursachen

Im Hinblick auf den Gegenstand der Kontrolle ist zwischen Ergebnis und Prozeßkontrolle zu unterscheiden. In der **Ergebniskontrolle** werden angestrebte und tatsächlich erzielte Ergebnisse **bereits abgelaufener Realisationsprozesse** einander gegenübergestellt. Hierbei handelt es sich zunächst um die herkömmliche Form der Kontrolle (**feed back control**). Diese Form der Kontrolle ist allerdings nur in solchen Fällen sinnvoll als alleinige Vorgehensweise zu verwenden, in denen in relativ rascher Folge annähernd gleichartige Prozesse mit geringem Risiko ablaufen, da dann die Kontrollergebnisse zu einer unmittelbaren Verbesserung nachfolgender Realisationsprozesse beitragen können und überdies aufgetretene Abweichungen im allgemeinen keine schwerwiegenden Konsequenzen beinhalten. Eine moderne Form der Ergebniskontrolle besteht darin, der Kontrolle anstelle der tatsächlich erzielten Ist-Werte zeitlich vorgelagert prognostizierte Ergebniswerte, d. h. Wird-Werte, zugrundezulegen. Ein derartiger Soll-Wird-Vergleich wird im Gegensatz zum herkömmlichen Soll-Ist-Vergleich als **feed forward control** bezeichnet. Diese Form der Kontrolle, die darauf gerichtet ist, Störfaktoren schon vor ihrem Einwirken oder zu Beginn dieses Einwirkens auf den Realisationsprozeß zu erkennen und die von ihnen ausgehende Beeinflussung des Prozeßergebnisses zu prognostizieren, besitzt den Vorteil, daß auf erkannte Störfaktoren reagiert werden kann, bevor ein nicht erwünschtes Prozeßergebnis eingetreten ist. Als Reaktionsmöglichkeiten bieten sich die rechtzeitige Beseitigung des Störfaktors, die Neutralisierung des Störfaktors durch seiner Wirkung entgegengesetzte Maßnahmen oder schließlich die Anpassung des Soll-Wertes oder der Verzicht auf die Planrealisation an, wenn weder eine Beseitigung noch eine Neutralisierung des Störfaktors möglich oder wirtschaftlich vertretbar erscheint (*Neuhof*). Der Soll-Wird-Vergleich als feed forward control spielt eine besondere Rolle im Rahmen der **Planfortschrittskon-**

trolle, wobei allerdings vorausgesetzt werden muß, daß der zugrundeliegende Plan in einzelne Planabschnitte auflösbar ist.

In der **Prozeßkontrolle** werden im Gegensatz zur Ergebniskontrolle Soll-Ist-Informationen über einen **noch laufenden Realisationsprozeß** ermittelt und verarbeitet. Prozeßkontrollen können in zweifacher Weise durchgeführt werden. Zum einen kann der zu kontrollierende Realisationsprozeß in eine **Menge von Teilprozessen** zerlegt und für jeden Teilprozeß ein zugehöriger Soll-Wert als angestrebtes Teilergebnis bestimmt werden. Die Prozeßkontrolle stellt sich dann als eine Abfolge von **(Teil-)Ergebniskontrollen** dar. Stellen sich dabei nicht gewünschte Soll-Ist-Abweichungen heraus, so besteht unter Umständen die Möglichkeit, im verbleibenden Teilprozeß korrigierend so einzuwirken, daß an dessen Ende der in der Planung festgelegte Soll-Wert für den gesamten Realisationsprozeß doch noch erreicht wird. Zum anderen kann eine Prozeßkontrolle als **permanente Kontrolle (real time control)** durchgeführt werden, indem während des Ablaufes eines Realisationsprozesses faktisch in jedem Augenblick eine Soll-Ist-Gegenüberstellung vorgenommen wird. In der betrieblichen Praxis kann eine solche permanente Kontrolle entweder in Form menschlicher Kontrolle durch den Einsatz ständigen Aufsichtspersonals oder in der Form maschineller Datenverarbeitung erfolgen.

Die vorstehenden Ausführungen haben gezeigt, daß die Aufgabe der Kontrolle in erster Linie darin besteht festzustellen, ob die betriebliche Tätigkeit im Hinblick auf das Erreichen von in der Planung festgelegten und anzustrebenden Soll-Werten erfolgreich war. Darüber hinaus hat sie im Falle des Auseinanderfallens von Soll- und Ist-Werten die Aufgabe, im Wege der Abweichungsanalyse die Ursachen für aufgetretene Soll-Ist-Abweichungen aufzudecken. Die Bereitstellung von Informationen der genannten Art durch die Kontrolle hat aber für den Betrieb nur dann einen Wert, wenn diese Informationen **Lernprozesse** auszulösen in der Lage sind, die sich positiv auf die Ergebnisqualität nachfolgender betrieblicher Betätigungen auswirken.

Zu Beginn dieses zweiten Teils des vorliegenden Lehrbuches ist bereits kurz auf die Betrachtung des Systems Betrieb als Regelsystem hingewiesen worden. Regelsysteme sind Systeme, die durch Regelungsprozesse beherrscht werden, wobei ein Regelungsprozeß die Bestandteile Planung, Realisation und Kontrolle aufweist. Die Kontrolle als derjenige Bestandteil des Regelungsprozesses, der die Ergebnisse von Planung (Soll-Werte) und Realisation (Ist-Werte) miteinander vergleicht und festgestellte Abweichungen analysiert, meldet die entsprechenden Informationen an die für Planung und Realisation zuständigen betrieblichen Instanzen zurück und stellt auf diese Weise durch Rückkopplung die Anpassungsfähigkeit des Betriebes an veränderte externe oder interne Gegebenheiten sicher. Nur über eine entsprechende Anpassung besitzt der Betrieb die Möglichkeit, sein verfolgtes Ziel dauerhaft bestmöglich zu verwirklichen.

Im Zusammenhang mit der Kontrolle ist abschließend noch auf eine **Abgrenzung** einzugehen, und zwar auf die zwischen **Kontrolle und Revision**. Kontrolle und Revision (Prüfung) bilden zusammengenommen die betriebliche Führungsfunktion **Überwachung**. Die Abgrenzung zwischen den beiden Teilfunktionen wird heute allgemein dergestalt vorgenommen, daß bei der **Kontrolle** die Überwachung durch die mit der Realisation der Planungsentscheidung unmittelbar oder mittelbar befaßten Personen vorgenommen wird. Eine **Revision oder Prüfung** liegt dagegen dann vor, wenn eine Überwachungsmaßnahme von einer Person durchgeführt wird, die vom zu überwachenden Realisationsprozeß oder Verantwortungsbereich weder direkt noch indirekt abhängig ist (*Wöhe*), oder mit anderen Worten wenn der Soll-Ist-Vergleich und die Abweichungsanalyse von Personen durchgeführt werden, die weder an der Vorgabe der Soll-Werte noch an der Realisation der Ist-Werte beteiligt waren (*Neuhof*).

24. Das Informationssystem

Das Informationssystem als ein weiteres Subsystem des Führungsssystems hat die Aufgabe, das Planungs- und Kontrollsystem mit den Informationen auszustatten, die dieses für die Erfüllung seiner Aufgaben benötigt. Darüber hinaus ist eine wichtige Aufgabe des betrieblichen Informationssystem auch damit gegeben, die Umwelt des Betriebes bzw. Teile dieser Umwelt mit Informationen über den Betrieb zu beliefern, die für die verschiedenartigen Austauschbeziehungen zwischen dem Betrieb und dieser Umwelt von Bedeutung sind.

Das Informationssystem des Betriebes muß im Hinblick auf seine Analyse differenziert werden, d. h. in Teil- oder Subsysteme zerlegt werden, weil es ohne eine derartige Systemdifferenzierung einer detaillierteren Erkenntnisgewinnung nicht zugänglich wäre.

Eine erste Unterscheidung betrifft dabei die im betrieblichen Informationssystem beschafften, bearbeiteten und gegebenenfalls gespeicherten Informationen. Bei ihnen kann es sich um qualitative oder um quantitative bzw. quantifizierbare Informationen handeln. Sofern es sich um **quantitative** und **quantifizierbare Informationen** handelt, sind diese Informationen Gegenstand eines Teil- oder Subsystems des betrieblichen Informationssystems, das als **Unternehmensrechnung** bezeichnet wird. Unter Unternehmensrechnung wird dementsprechend ein **quantitatives Modell** des Wirtschaftsgeschehens verstanden, das sich zwischen dem Betrieb und seiner Umwelt sowie innerhalb des Betriebes vollzieht. Die besondere Bedeutung der Unternehmensrechnung als Subsystem des betrieblichen Informationssystems resultiert in erster Linie aus der Tatsache, daß nur die Unternehmensrechnung diejenigen Informationen aufbereiten und bereitstellen kann, die für eine Verarbeitung mit Hilfe des technischen Instrumentariums der elektronischen Datenverarbeitung geeignet sind. Mit dieser Aussage soll die Relevanz qualitativer oder nicht quantifizierbarer Informationen für die Unternehmensführung keinesfalls geleugnet werden; es ist lediglich darauf hinzuweisen, daß sich Planung und Kontrolle als die wesentlichen Prozesse im Planungs- und Kontrollsystem heute in der betrieblichen Praxis in zunehmendem Maße des Hilfsmittels elektronische Datenverarbeitung bedienen und damit auf Informationen aus der Unternehmensrechnung angewiesen sind.

Die Unternehmensrechnung als quantitatives Modell des Wirtschaftsgeschehens innerhalb des Betriebes sowie zwischen ihm und seiner Umwelt weist zwar insofern eine **Homogenität** auf, als alle in ihr enthaltenen Informationen quantitativer, also zahlenmäßiger Natur sind, aber es besteht bezüglich dieser Informationen dennoch eine beträchtliche **Heterogenität**, da die betreffenden Zahlengrößen in einer Vielzahl unterschiedlicher Dimensionen gemessen werden. Diese Tatsache hat zur Folge, daß die **Vergleichbarkeit** sowie die **Verdichtungsmöglichkeit** im Sinne einer Zusammenfassung von Informationen nur stark eingeschränkt gegeben sind. Da diese Möglichkeiten aber für die Informationsverwendung im Rahmen der Unternehmensführung von erheblicher Bedeutung sind, ist innerhalb der Unternehmensrechnung ein Subsystem gebildet worden, das als **betriebliches Rechnungswesen** bezeichnet wird.

Das betriebliche Rechnungswesen ist als Subsystem der Unternehmensrechnung zunächst naturgemäß auch ein quantitatives Modell des Wirtschaftsgeschehens innerhalb des Betriebes sowie zwischen dem Betrieb und seiner Umwelt, aber es ist darüber hinaus dadurch gekennzeichnet, daß in ihm auch Homogenität bezüglich der berücksichtigten Informationen in der Weise besteht, daß die betreffenden Zahlengrößen in einer einheitlichen Dimension, nämlich in Geld gemessen werden. Damit kann das betriebliche Rechnungswesen als Subsystem der Unternehmensrechnung verstanden werden als ein **monetäres Modell** des Wirtschaftsgeschehens innerhalb des Betriebes sowie zwischen dem Betrieb und seiner Umwelt.

Der hervorragenden Bedeutung des betrieblichen Rechnungswesens als Informationsquelle für die Unternehmensführung wird im vorliegenden Lehrbuch dadurch Rechnung getragen, daß ihm der 6. Teil der Ausführungen gewidmet ist.

25. Das Controllingsystem

In den beiden vorangegangenen Abschnitten sind das Zielsystem, Planungs- und Kontrollsystem sowie das Informationssystem als Subsysteme des betrieblichen Führungssystems dargestellt worden. Diese Subsysteme entstehen auf dem Wege der Systemdifferenzierung. Diese Systemdifferenzierung bringt wie jede Zerlegung eines Systems in Teilsysteme das Erfordernis der Abstimmung zwischen den entstehenden Subsystemen mit sich, wenn eine bestmögliche Aufgabenerfüllung bzw. Zielerreichung des Ausgangssystems sichergestellt werden soll. Alle zur Bewältigung dieser **Abstimmungsaufgabe zwischen Zielsystem, Planungs- und Kontrollsystem sowie Informationssystem** erforderlichen Stellen, Prozesse und Instrumente sind zwar Elemente des betrieblichen Führungssystems, aber sie gehören weder dem Ziel-, Planungs- und Kontrollsystem noch dem Informationssystem an, sondern sie bilden vielmehr ein viertes Subsystem innerhalb des betrieblichen Führungssystems.

Dieses dritte Subsystem unterscheidet sich allerdings von den beiden zuvor behandelten Subsystemen in der Hinsicht, daß es nicht wie das Planungs- und Kontrollsystem und das Informationssystem ein isoliertes Subsystem innerhalb des betrieblichen Informationssystems verkörpert, sondern daß es diese beiden Subsysteme überlappend zum Teil mit umfaßt. Diese Tatsache läßt sich darauf zurückführen, daß eine Abstimmung zwischen Systemen durch ein von diesen Systemen isoliertes System stets nur in unvollkommener Weise vorgenommen werden kann. Abstimmung bzw. Koordination muß immer als interaktiver Prozeß ablaufen, wenn sie erfolgreich sein soll; sie kann nicht allein im Wege einseitiger Berichte oder Anordnungen vollzogen werden, es ist vielmehr **Kommunikation** im Sinne wechselseitigen Informationstransfers notwendig. Aus diesem Grunde ist es erforderlich, daß ein Abstimmungs- oder Koordinationssystem die Systeme, die aufeinander abgestimmt bzw. die koordiniert werden sollen, wenigstens teilweise als Bestandteile enthält.

Das angesprochene Subsystem des betrieblichen Informationssystems, dessen Aufgabe in der Abstimmung oder **Koordination** von Planungs- und Kontrollsystem und Informationssystem bzw. innerhalb dieser beiden Systeme besteht, wird als **Controllingsystem** oder auch kurz als **Controlling** bezeichnet. Das Controllingsystem verkörpert nach dem Gesagten zunächst ein Subsystem des betrieblichen Führungssystems. Insofern stellt Controlling im Betrieb eine Führungs- oder Managementaufgabe dar.

Wenn das Controllingsystem als ein **Kommunikationssystem** mit der Aufgabe der Abstimmung oder Koordination von Planungs- und Kontrollsystem und Informationssystem innerhalb des betrieblichen Führungssystems gekennzeichnet wird, dann ist es notwendig, diese Aufgabe des Controllings näher zu beschreiben. Dazu ist es zunächst erforderlich, auf die Tatsache hinzuweisen, daß die Aufgabe der Abstimmung oder Koordination von Planungs- und Kontrollsystem und Informationssystem unter Berücksichtigung des betrieblichen Zielsystems, d. h. **zielorientiert**, zu erfüllen ist.

Die Abstimmungsaufgabe des Controllings ist die systembildende und die systemkoppelnde Koordination von Planungs- und Kontrollsystem mit dem Informationssystem. Unter **systembildender Koordination** wird dabei die abgestimmte Bildung zusammenhängender oder verknüpfter Teilsysteme verstanden, während **systemkoppelnde Koordination** die wechselseitige Abstimmung bestehender Teilsysteme bedeutet. Im Hinblick auf das Controlling geht es also einerseits um den Entwurf und die Implementierung des Planungs- und Kontrollsystems und des Informationssystems in abgestimmter Weise (systembildende Koordination) sowie andererseits um die laufende Abstimmung und Anpassung der informationellen Prozesse innerhalb und zwischen diesen beiden Subsystemen des betrieblichen Informationssystems (systemkoppelnde Koordination).

Damit kann Controlling abschließend wie folgt beschrieben werden: Controlling bildet als Kommunikationssystem ein Subsystem des betrieblichen Führungssystems, dessen Funktion in der systembildenden und systemkoppelnden Koordination von Planungs- und Kontrollsystem und Informationssystem im Hinblick auf eine bestmögliche Realisation des unternehmerischen Zielsystems besteht.

3. Das Ausführungssystem

Im Abschnitt 21 dieses Teils wurde das System Betrieb in das **Führungssystem** und das **Ausführungssystem** differenziert. Die im Ausführungssystem ablaufenden **Realisationsprozesse** setzen im Führungssystem getroffene wirtschaftliche Entscheidungen als Ergebnis informationsverarbeitender Prozesse in beobachtbares Handeln um. Die Beschäftigung mit diesen Realisationsprozessen, die einerseits geldlicher und andererseits güterlicher Natur sind, ist aus folgendem Grund notwendig: es sind die Realisationsprozesse, auf die sich das Wirtschaften als das Entscheiden über die Verwendung knapper Mittel richtet, so daß also zielgerechtes Wirtschaften die Kenntnis dieser Prozesse voraussetzt.

Die Unterscheidung zwischen **geldlichen** und **güterlichen** Prozessen im Bereich der Realisationsprozesse erfolgt, weil in der modernen Wirtschaft der aufgrund der allgemeinen Arbeitsteilung notwendige Austausch von Wirtschaftsgütern regelmäßig nur mittelbar unter Einschaltung eines allgemein anerkannten Tauschmittels, des Geldes, stattfindet. Der Betrieb bezahlt also für die zur Erstellung von Leistungen benötigten Güter in Geld, und er gibt die von ihm erstellten Leistungen für den Bedarf Dritter nur im Tausch gegen Geld ab.

Aus diesen Gründen verkörpern die im Betrieb und die zwischen dem Betrieb und seiner Umwelt ablaufenden Realisationsprozesse regelmäßig eine Abfolge wechselnder geldlicher und güterlicher Prozesse. Im folgenden sollen diese geldlichen und güterlichen Prozesse und der Zusammenhang zwischen ihnen in kurzer Form beschrieben und modellhaft dargestellt werden. Als konkretes Bezugsobjekt der Realität wird dabei aus Gründen der Anschaulichkeit der generellen Vorgehensweise in der Allgemeinen Betriebswirtschaftslehre folgend ein Industriebetrieb zugrundegelegt, der seine Leistungen für den anonymen Markt erstellt.

Ein Betrieb vermag seinen Zweck, Güter in Form von Sach- und Dienstleistungen für den Bedarf Dritter zu erstellen und am Markt zum Tausch anzubieten, nur zu realisieren, wenn er seinerseits über Güter verfügt, die er zur Erfüllung des Sachziels einsetzen kann. Diese Güter wird er im Regelfall von außen, d. h. von anderen Wirtschaftseinheiten, die diese Güter zum Tausch anbieten, in den Betrieb hereinholen müssen. Dafür wird er in der modernen Wirtschaft Zahlungsmittel hinzugeben haben. Diese Zahlungsmittel sind bei der Gründung eines Unternehmens, aber auch bei anderen Anlässen wie etwa einer Erweiterung des Betriebes dem Unternehmen von außen zuzuführen. Das geschieht, indem Eigentümer oder Kreditgeber dem Betrieb Zahlungsmittel zur Verfügung stellen. Die Beschaffung und Bereitstellung dieser Zahlungsmittel wird als **Außenfinanzierung** bezeichnet. Sie bildet den ersten der hier zu betrachtenden Prozesse, und zwar einen geldlichen Prozeß in Form des Zuflusses von Zahlungsmitteln.

Die nun im Betrieb vorhandenen Zahlungsmittel können am Markt in Güter, die zur Erstellung von Gütern in Form von Sach- und Dienstleistungen benötigt werden, umgewandelt werden. Dieser Umwandlungsprozeß wird **Investition** genannt. Er ist einerseits mit dem Abfluß von Zahlungsmitteln aus dem Betrieb als einem geldlichen Prozeß, andererseits mit dem Zufluß von Gütern in Form von Sach- und Dienstleistungen, den Investitionsobjekten, in den Betrieb hinein als einem güterlichen Prozeß verbunden. Dieser güterliche Zufluß in den Betrieb wird als **Beschaffung** bezeichnet.

Der nach der Hereinnahme der beschafften Güter in den Betrieb einsetzende Prozeß ist auf die Realisation des ersten Teiles des Sachziels, nämlich auf die Erstellung von Gütern in Form von Sach- und Dienstleistungen für den Bedarf Dritter gerichtet. Dieser güterliche Prozeß wird **Leistungserstellung** oder in der am Industriebetrieb orientierten Terminologie **Produktion** genannt. Die Leistungserstellung verkörpert wie die Investition einen Umwandlungsprozeß, und zwar die Umwandlung von Gütern niederer Ordnung in solche höherer Ordnung (*Menger*). Die Ordnung von Gütern wird dabei durch ihre Konsumnähe bestimmt, so daß ausschließlich für die Konsumtion bestimmte Güter (**Konsumgüter**), die also nicht für den Einsatz in nachfolgenden Leistungserstellungsprozessen vorgesehen sind, **Güter höchster Ordnung** darstellen.

Nachdem die Leistungserstellung abgeschlossen ist, kann der Prozeß des Tausches der erstellten Güter in Form von Sach- und Dienstleistungen am Markt einsetzen. Dieser Prozeß bildet erneut einen Umwandlungsprozeß, und zwar werden die vom Unternehmen erstellten Leistungen in Zahlungsmittel umgewandelt. Dieser Umwandlungsprozeß heißt **Leistungsverwertung**, er wird häufig auch **Absatz** genannt. Er ist einerseits mit dem Abfluß von Leistungen aus dem Betrieb als einem güterlichen Prozeß, der als **Vertrieb** oder **Distribution** bezeichnet wird, andererseits mit dem Zufluß von Zahlungsmitteln in den Betrieb als einem geldlichen Prozeß aus dem **Verkauf** der betrieblichen Leistungen am Markt verbunden.

Diese dem Betrieb zufließenden Zahlungsmittel finden in zweifacher Richtung Verwendung. Erstens fließen sie wieder aus dem Betrieb heraus, und zwar als Gegenleistungen für die zuvor erfolgte Außenfinanzierung in Form von Gewinnausschüttungen an die Eigentümer sowie von Zins- und Tilgungszahlungen an die Kreditgeber. Zweitens verbleiben sie im Unternehmen und übernehmen dort die Funktion, die oben den auf dem Wege der Außenfinanzierung zugeflossenen Zahlungsmitteln zugeschrieben worden ist, d. h., sie stehen zur Verfügung, um erneut zur Erfüllung des Sachziels benötigte Güter in den Betrieb hereinzuholen. Diese Art der Bereitstellung von Zahlungsmitteln für betriebliche Zwecke wird im Gegensatz zur Außenfinanzierung als **Innenfinanzierung** bezeichnet.

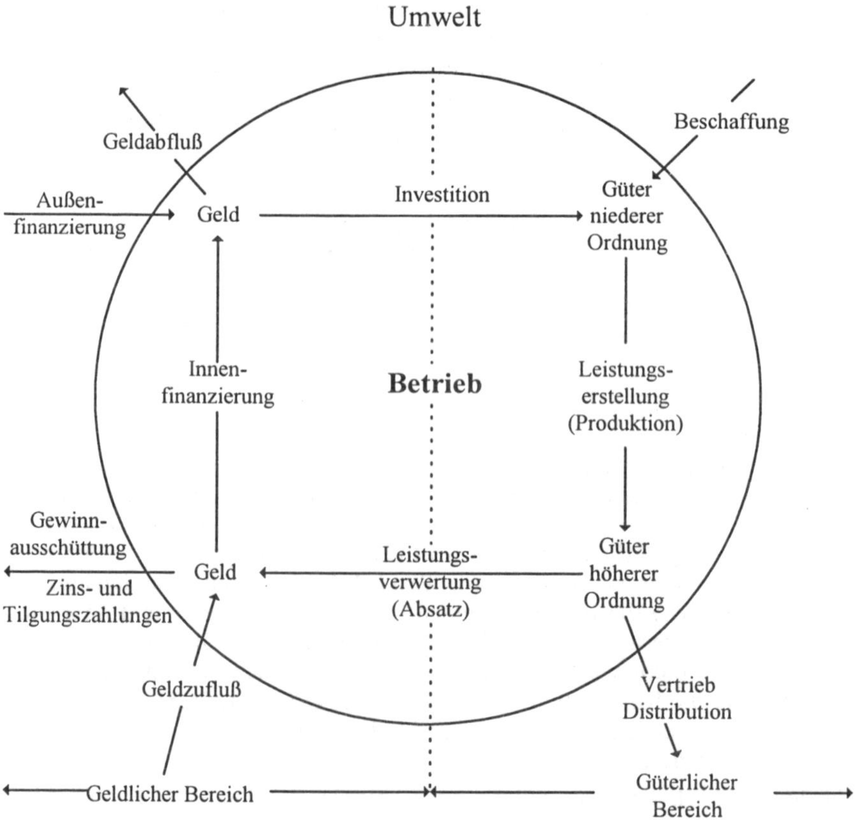

Darstellung 2-4: Die geldlichen und güterlichen Prozesse des Betriebes

Die Zusammenhänge zwischen den verschiedenen aufgezeigten geldlichen und güterlichen Prozessen sind in der Darstellung 2-4 in übersichtlicher Form dargestellt, wobei deutlich wird, daß sich das gesamte betriebliche Geschehen in einem geldlichen und einem güterlichen Bereich vollzieht. Die beiden Bereiche werden ersichtlich durch die Umwandlungsprozesse der Investition einerseits und der Leistungsverwertung andererseits miteinander verknüpft.

4. Modelldarstellung des Systems Betrieb

Zum Abschluß der Ausführungen dieses zweiten Teils zum Betrieb als System soll nun eine modellhafte Darstellung dieses Systems entwickelt werden. Dazu wird zunächst von der gröbsten Differenzierung des Betriebes in sein Führungssystem und sein Ausführungssystem ausgegangen, wobei letzteres die güterlichen und geldlichen Prozesse als Realisationsprozesse enthält. Das Führungssystem stellt dagegen dasjenige Subsystem des Betriebes dar, in dem sich das Wirtschaften vollzieht. Es beinhaltet seinerseits mehrere Teilsysteme, nämlich das Zielsystem, das Organisationssystem. das Planungs- und Kontrollsystem sowie das Informationssystem, wobei in der Darstellung 2-5 auf die Darstellung des Organisationssystem

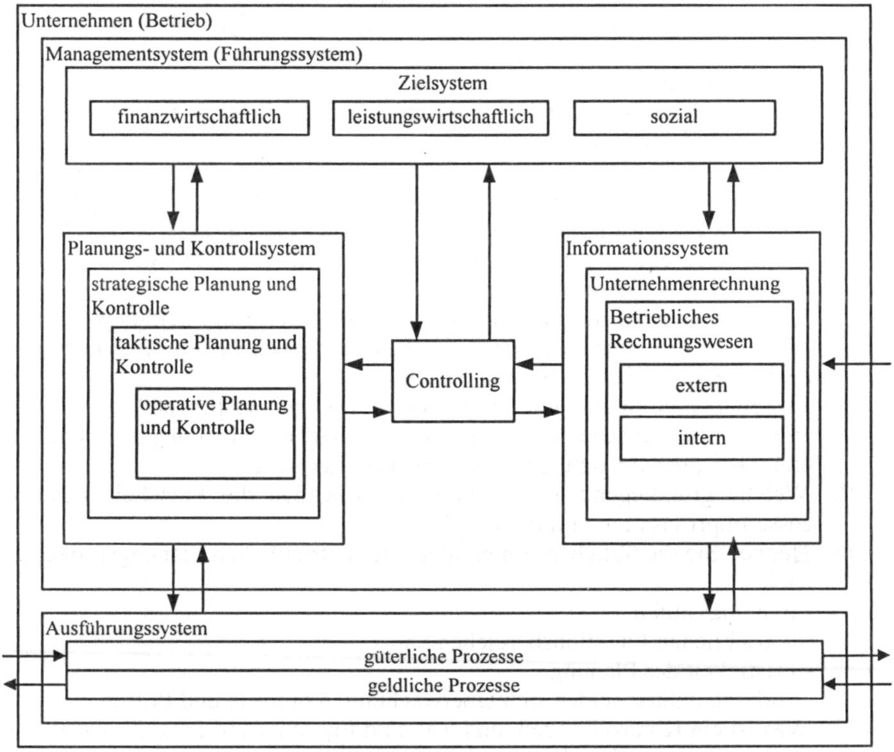

Darstellung 2-5: Modelldarstellung des Systems Betrieb

verzichtet wurde. Das Zielsystem weist dabei für alle Teilsysteme eine Steuerungsfunktion auf. Des weiteren wird das Planungssystem mit dem Kontrollsystem verbunden, um ihre besondere inhaltliche Nähe zu betonen. Dem Planungs- und Kontrollsystem steht ein Informationssystem gegenüber, daß es mit entsprechenden Informationen versorgen soll. Diese beiden Teilsysteme sind sodann weiter untergliedert worden, und zwar das Planungs- und Kontrollsystem mit den Stufen strategische Planung und Kontrolle, taktische Planung und Kontrolle, operative Planung und Kontrolle sowie das Informationssystem in die Unternehmensrechnung und das betriebliche Rechnungswesen, wobei dieses als für die Unternehmensführung besonders wichtiges Teilsystem die Kosten- und Erfolgsrechnung enthält. Weiterhin ist das Controllingsystem als ein weiteres Subsystem des Führungssystems dargestellt worden, dessen Aufgabe in der systembildenden und koppelnden Koordination von Planungs- und Kontrollsystem und Informationssystem besteht. Es ist darauf hingewiesen worden, daß dieses Subsystem kein isoliertes Teilsystem des Informationssystems verkörpert, sondern daß das Controllingsystem als Kommunikationssystem die beiden anderen Subsysteme überlappend zum Teil mit umfaßt.

Fragen zur Lernkontrolle:

1. Was verstehen Sie unter einem System?
2. Erläutern Sie die verschiedenen Eigenschaften des Systems Betrieb.
3. Nennen Sie in einer groben Differenzierung des Systems Betrieb seine beiden hauptsächlichen Teilsysteme, und beschreiben Sie die in diesen ablaufenden Prozesse.
4. Durch welche Bestandteile und Beziehungen läßt sich das betriebliche Zielsystem kennzeichnen?
5. Welche Beziehungen bestehen Ihrer Meinung nach zwischen den drei Komponenten eines jeden betrieblichen Zielsystems?
6. Stellen Sie die Teilsysteme des betrieblichen Führungssystems und die in ihnen ablaufenden Prozesse dar, erläutern Sie die Beziehungen dieser Teilsysteme zueinander.
7. Verdeutlichen Sie die strukturelle Verbindung von Entscheidungs-, Realisations- und Kontrollprozessen. Welche Aufgaben haben Kommunikationsprozesse in diesem Zusammenhang?
8. In welche Phasen unterteilt Heinen den Entscheidungsprozeß?
9. Was ist eine Entscheidungssituation, was sind Entscheidungsalternativen, und wie ist der Entscheidungsprozeß charakterisiert?
10. Welche grundlegenden Merkmale kennzeichnen die Entscheidungsprozesse Improvisation und Planung?
11. Nennen Sie die üblichen Einteilungen der betrieblichen Planungsprozesse nach
    - Planungsstufen,
    - betrieblichen Funktionsbereichen und
    - Fristigkeit der Planung.
12. Wodurch unterscheiden sich Überwachung, Kontrolle und Prüfung?
13. Was ist ein Kontrollprozeß, und was sind Ergebnis und Prozeßkontrollen?
14. Erklären Sie den Begriff Abweichungsanalyse.
15. Geben Sie eine Systematik von Abweichungsursachen.

16. Wodurch unterscheiden sich die herkömmliche Form der Kontrolle (feed back control) und die moderne Form der Kontrolle (feed forward control)?
17. Charakterisieren Sie die Teilsysteme des Informationssystems.
18. Erläutern Sie den Begriff Controlling, und kennzeichnen Sie das Controllingsystem als Teilsystem des betrieblichen Informationssystems.

Literaturhinweise zum 2. Teil:

Ackoff, Russel L., Unternehmensplanung, München, Wien 1972
Ansoff, H. Igor, Management-Strategie, München, 1966
Diederich, Helmut, Allgemeine Betriebswirtschaftslehre, 7. Aufl., Stuttgart, Berlin, Köln, 1992
Frese, Erich, Kontrolle und Unternehmensführung, Wiesbaden, 1968
Heinen, Edmund, Das Zielsystem der Unternehmung, Wiesbaden, 1966
Hill, Wilhelm, Unternehmungsplanung, 2. Aufl., Stuttgart, 1971
Horváth, Péter, Controlling, 7. Aufl., München, 1999
Neuhof, Bodo, Unternehmensführung, in: E. Krabbe (Hrsg.), Leitfaden zum Grundstudium der Betriebswirtschaftslehre, 6. Aufl., Gernsbach, 1998, S. 55-193
Peters, Sönke, Planung, in: W. Müller und J. Krink (Hrsg.), Rationelle Betriebswirtschaft, Neuwied 1973
Streitferdt, Lothar, Entscheidungsregeln zur Abweichungsauswertung, Würzburg, Wien, 1983
Ulrich, Hans, Die Unternehmung als produktives soziales System, 2. Aufl., Bern, Stuttgart, 1970
Wild, Jürgen, Grundlagen der Unternehmungsplanung, Reinbek bei Hamburg, 1974

3. Teil: Der konstitutionelle Rahmen des Betriebes

1. Vorbemerkungen

Jeder Betrieb als eine Wirtschaftseinheit, die Güter in Form von Sach- und Dienstleistungen für den Bedarf Dritter erstellt und am Markt zum Tausch anbietet, bedarf eines bestimmten Rahmens, innerhalb dessen sich die betrieblichen Aktivitäten zur Realisierung des Sachziels und damit zur bestmöglichen Erreichung des Formalziels vollziehen können. Dieser Rahmen wird durch grundlegende Entscheidungen, die auch als **konstitutive Entscheidungen** (*Steiner*) bezeichnet werden, festgelegt. Eine solche Festlegung hat zwangsläufig im Zusammenhang mit der Gründung eines Unternehmens zu erfolgen. In den verschiedenen Entwicklungsphasen des Betriebes können aber ebenfalls konstitutive Entscheidungen zur Veränderung seines konstitutionellen Rahmens notwendig werden, um durch Anpassung formalzielgerechte Bedingungen für die betriebliche Tätigkeit zu schaffen. Auch die Entscheidung über die Beendigung der Unternehmenstätigkeit, d. h. die Auflösung des Betriebes mit anschließender Liquidation, gehört in den Bereich der konstitutiven Entscheidungen.

Die wesentlichen Merkmale des konstitutionellen Rahmens sind die **Rechtsform des Betriebes**, ein möglicher **Unternehmenszusammenschluß** und der **Standort des Betriebes**. Auf diese drei Merkmale wird im folgenden ausführlicher eingegangen werden.

2. Die Rechtsform des Betriebes

21. Grundlagen und Abgrenzung

Jeder Betrieb als Wirtschaftseinheit zur Erstellung von Gütern in Form von Sach- und Dienstleistungen stellt eine Organisations- und Koordinationseinheit einer Mehrzahl von am Wirtschaftsprozeß beteiligten Individuen dar. Zu ihnen zählen in erster Linie die Eigentümer, die Manager und die Arbeitnehmer. Daneben ist jeder Betrieb in einer Marktwirtschaft mit anderen Wirtschaftseinheiten über mannigfache Austauschbeziehungen geldlicher, güterlicher und informationeller Art verbunden. Zur Regelung der Beziehungen zwischen den Individuen innerhalb der Wirtschaftseinheit Betrieb und derer zwischen den durch Austauschbeziehungen miteinander verbundenen Wirtschaftseinheiten werden vom Gesetzgeber im Rahmen der bestehenden Rechtsordnung verschiedene Grundtypen möglicher Rechtsformen angeboten, aus denen der Betrieb im Einzelfall die seinem Formalziel entsprechende mittels einer konstitutiven Entscheidung auszuwählen hat.

Im folgenden werden nur die **Rechtsformen unbegrenzter Anwendbarkeit** eingehender behandelt werden. Damit fallen solche Rechtsformen aus der Betrachtung heraus, die im Hinblick auf ihre Anwendbarkeit von vornherein nur für bestimmte betriebliche Betätigungen konzipiert worden sind; hierzu zählen beispielsweise die nur begrenzt anwendbaren Rechtsformen Bergrechtliche Gewerkschaft, Partenreederei und Versicherungsverein auf Gegenseitigkeit (VVaG).

Jede Rechtsform weist eine Reihe von Merkmalen auf, die bei der Wahl der Rechtsform des Betriebes zu beachten sind und deren wichtigste durch die folgenden gegeben sind:

(1) Rechtsgestaltung, insbesondere Haftung,
(2) Leitungsbefugnis,
(3) Gewinn- und Verlustbeteiligung,
(4) Finanzierungsmöglichkeiten,
(5) Steuerbelastung,
(6) Aufwendungen in Verbindung mit der Rechtsform,
(7) Publizitätsverpflichtung,
(8) Mitbestimmung der Arbeitnehmer.

Bei der notwendigen Berücksichtigung aller dieser Faktoren bei der Rechtsformenwahl ist die Tatsache von Bedeutung, daß sie überwiegend nicht oder nur schwer zu quantifizieren sind. Aus diesem Grunde bietet sich als Verfahren zur Auswahl der zu realisierenden Rechtsform die **Nutzwertanalyse** an. Diese ist immer dann besonders angebracht, wenn bei den Entscheidungsträgern multidimensionale Zielsetzungen bestehen und nicht alle Entscheidungskonsequenzen monetär quantifizierbar sind (*Steiner*).

Die Rechtsformen lassen sich einteilen in solche des privaten Rechts und solche des öffentlichen Rechts, wobei eine Voraussetzung der letzteren darin besteht, daß sich in ihnen geführte Betriebe im Eigentum der öffentlichen Hand befinden müssen. Innerhalb der privatrechtlichen Formen kann wiederum unterschieden werden nach Einzelunternehmen, Personengesellschaften und Kapitalgesellschaften sowie Mischformen. Innerhalb der öffentlich-rechtlichen Formen ist dagegen die Unterscheidung zwischen solchen ohne eigene Rechtspersönlichkeit und solchen mit eigener Rechtspersönlichkeit zu treffen. Eine zusammenfassende Darstellung der genannten Klassen von Rechtsformen mitsamt ihren konkreten Ausprägungen vermittelt die nachfolgende Darstellung 3-1.

Im folgenden werden die fünf betriebswirtschaftlich besonders bedeutenden Rechtsformen ausführlicher behandelt, zuvor soll jedoch eine kurze Darstellung der übrigen in der Übersicht genannten Rechtsformen in ihren charakteristischen Merkmalen gegeben werden.

Die **Gesellschaft bürgerlichen Rechts** (BGB-Gesellschaft) ist nach § 705 BGB ein Zusammenschluß von natürlichen oder juristischen Personen zur Förderung der Erreichung eines gemeinsamen Zweckes. Die BGB-Gesellschaft wird durch einen formlosen Gesellschaftsvertrag begründet, sie kann nicht ins Handelsregister eingetragen werden. Die Gesellschafter haften persönlich mit ihrem gesamten Privatvermögen. Die Gesellschaft bürgerlichen Rechts wird häufig als Rechtsform für Gelegenheitsgesellschaften zur Durchführung gewisser wirtschaftlicher Betätigungen für beschränkte Zeit erwählt, beispielsweise für das Konsortium, die Arbeitsgemeinschaft, das Kartell oder die Interessen- bzw. Gewinngemeinschaft.

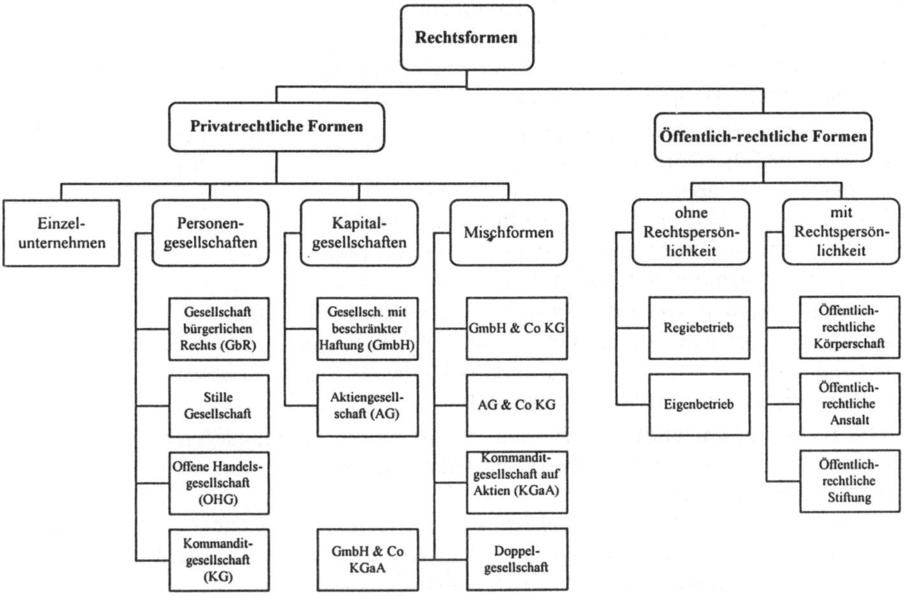

Darstellung 3-1: Die Rechtsformen der Betriebe

Die **Stille Gesellschaft** besteht nur als **Innengesellschaft**, d. h., die Einlage des stillen Gesellschafters geht in das Vermögen des anderen Gesellschafters oder der anderen Gesellschafter über, und Außenstehenden bleibt die Existenz des stillen Gesellschafters verborgen. Dieser muß stets am Gewinn des Unternehmens beteiligt werden, eine Beteiligung an entstehenden Verlusten kann vertraglich ausgeschlossen werden.

Unter den Mischformen zwischen Personen und Kapitalgesellschaften ist wegen ihrer weiten Verbreitung vor allem die **GmbH & Co KG** zu erwähnen. Sie ist ihrer rechtlichen Konstruktion nach eine Personengesellschaft in der Form einer Kommanditgesellschaft, an der allerdings eine Kapitalgesellschaft in der Rechtsform der Gesellschaft mit beschränkter Haftung die Rolle des Komplementärs übernimmt. Bei **der GmbH & Co KG im engeren Sinne** sind die Gesellschafter der GmbH gleichzeitig die Kommanditisten der KG, und es gibt keine weiteren Gesellschafter. Durch die Konstruktion einer GmbH & Co KG wird erreicht, daß die Haftung aller am Unternehmen beteiligten natürlichen Personen auf ihre Kapitaleinlage beschränkt bleibt. Weiterhin kann diese Rechtsform aus steuerlichen Erwägungen vorteilhaft sein, da die Gewinnanteile der Kommanditisten, wenn sie in der Gesellschaft zurückbehalten werden, nur deren individueller Einkommensteuerbelastung unterliegen, nicht aber wie in der reinen GmbH zur Körperschaftsteuer herangezogen werden. Die **AG & Co KG** unterscheidet sich von der GmbH & Co KG in der Hauptsache nur dadurch, daß hier eine Aktiengesellschaft die Rolle des Komplementärs übernimmt.

Die **Kommanditgesellschaft auf Aktien (KGaA)** stellt eine Kombination aus Kommandit- und Aktiengesellschaft dar, wobei sie als juristische Person jedoch der Aktiengesellschaft näher steht als der Kommanditgesellschaft. Mindestens einer der

Gesellschafter muß allerdings den Gesellschaftsgläubigern gegenüber unbeschränkt persönlich haften. Die Haftung der Kommanditisten, der Kommandit-Aktionäre, ist dagegen auf ihre in Aktien verbrieften Kapitaleinlagen beschränkt. Die Geschäftsführung steht wie in der KG den Komplementären zu, das Organ der Kommandit-Aktionäre ist die Hauptversammlung.

Eine jüngere Entwicklung unter den Mischformen stellt die **GmbH & Co KGaA** dar. Hier wird die Rolle des Komplementärs der KGaA von einer juristischen Person, der GmbH, übernommen. Diese Rechtsform hat gegenüber den Personengesellschaften den Vorteil, daß die Haftung aller am Unternehmen beteiligten natürlichen Personen auf ihre Kapitaleinlage beschränkt bleibt. Außerdem bestehen bessere Finanzierungsmöglichkeiten durch die Verbriefung der Kapitaleinlagen in Aktien. Da die Leitung von der Komplementärs-GmbH übernommen wird, gilt diese Führung als durchsetzungsstärker als ein vom Aufsichtsrat kontrollierter Vorstand einer AG. Somit könnte sich die GmbH & Co KGaA als praktikable Rechtsform für die mittelständische Wirtschaft etablieren.

Die **Doppelgesellschaft** besteht aus zwei rechtlich selbständigen Gesellschaften, an denen in der Regel dieselben Gesellschafter beteiligt sind. In einigen Fällen handelt es sich bei dem einen Teil des Unternehmens um eine Personengesellschaft, bei dem anderen dagegen um eine Kapitalgesellschaft. Aber auch die Aufteilung in zwei Kapitalgesellschaften kommt in der Praxis vor. Sehr oft entsteht eine Doppelgesellschaft aus einem zuvor in einer einheitlichen Rechtsform geführten Betrieb unter Aufrechterhaltung seiner wirtschaftlichen Einheit auf dem Wege der **Betriebsaufspaltung**. Doppelgesellschaften werden häufig zum Zwecke des Erreichens einer geringeren Steuerbelastung gegründet, daneben spielen aber auch Gesichtspunkte wie Haftungsbeschränkung, Risikobegrenzung und Vermögenssicherung eine Rolle. Gerade unter diesen Aspekten sind auch eine Aufspaltung in mehrere Gesellschaften sinnvoll, so beispielsweise in eine Verwaltungs-GmbH, Produktions-GmbH und Vertriebs-GmbH.

Die im folgenden zu behandelnden öffentlich-rechtlichen Formen sind im Eigentum der öffentlichen Hand befindlichen Betrieben vorbehalten und insofern von begrenzter Anwendbarkeit; andererseits gilt aber nicht, daß alle im Eigentum der öffentlichen Hand befindlichen Betriebe zwingend in einer dieser Rechtsformen geführt werden müssen, sie können durchaus auch in Rechtsformen des privaten Rechts geführt werden.

Unter den öffentlich-rechtlichen Formen ohne eigene Rechtspersönlichkeit ist zunächst der **Regiebetrieb** (Verwaltungsbetrieb) als administrativ und wirtschaftlich unselbständiger Betrieb zu erwähnen. Er ist Bestandteil der Verwaltung seiner Trägerkörperschaft und eng an deren Haushaltsplan gebunden. Reine Regiebetriebe sind außerhalb kleiner Gemeinden kaum anzutreffen. Sie sind nur für solche wirtschaftlichen Betätigungen geeignet, die keine schnellen Anpassungen an häufige Veränderungen innerhalb des Betriebes oder seiner Umwelt erfordern und meist auch mit einem Rechnungswesen auskommen, das sich auf die einfache Kameralistik beschränkt (*Diederich*).

Der **Eigenbetrieb** als verselbständigter Regiebetrieb besitzt ebenfalls keine eigene Rechtspersönlichkeit, d. h., er kann als solcher nicht am Rechtsverkehr teilnehmen, aber er weist im Gegensatz zum Regiebetrieb administrative und wirtschaftliche Selbständigkeit auf. Dadurch besitzt er den Vorteil einer größeren Flexibilität, er ist aus seiner Trägerkörperschaft herausgelöst. Damit entfällt die strenge Bindung an deren Haushaltsplan. Das Rechnungswesen kann in kaufmännischer Form oder als gehobene Kameralistik durchgeführt werden. Eigenbetriebe finden sich in der Realität insbesondere als **kommunale Eigenbetriebe**, und zwar vor allem im Bereich der Verkehrs und der Versorgungswirtschaft.

Die zweite Gruppe der öffentlich-rechtlichen Unternehmensformen bilden diejenigen mit eigener Rechtspersönlichkeit. Sie werden als juristische Personen des öffentlichen Rechts geführt und weisen unter den Betrieben, die sich im Eigentum der öffentlichen Hand befinden, das höchste Maß an Selbständigkeit gegenüber der öffentlichen Verwaltung auf. Die **Körperschaft** oder **Anstalt** des Öffentlichen Rechts stellt keine allgemeine Rechtsform dar, sondern jede einzelne derartige Körperschaft oder Anstalt wird durch Gesetz mit besonderen Satzungsbestimmungen für ein konkretes öffentliches Sachziel errichtet. Beispiele für öffentlich-rechtliche Körperschaften sind etwa die Ortskrankenkassen und die Bundesversicherungsanstalt für Angestellte, für öffentlich-rechtliche Anstalten die Landesbanken und öffentlichen Bausparkassen auf kommunaler Ebene. Neben Körperschaften und Anstalten des öffentlichen Rechts steht als dritte Unternehmensform dieser Gruppe die öffentlich-rechtliche **Stiftung**. Sie entsteht als juristische Person des öffentlichen Rechts durch einen Stiftungsakt. Beispiele für öffentlich-rechtliche Stiftungen werden durch die Stiftung Volkswagenwerk zur Förderung von Wissenschaft und Technik in Forschung und Lehre und durch die Stiftung Preußischer Kulturbesitz in Berlin gegeben. Art und Zusammensetzung der Organe von Körperschaft, Anstalt und Stiftung (Leitungsorgan, Aufsichtsorgan) sowie die Rechte des jeweiligen Trägers hängen von der gewünschten Einflußnahme der öffentlichen Hand ab und sind dementsprechend geregelt (*Wöhe, Diederich*).

22. Das Einzelunternehmen

Beim Einzelunternehmen ist der Einzelunternehmer als **Inhaber** alleiniger Eigentümer des Betriebes. Die Rechtsform des Einzelunternehmens ist die in der Bundesrepublik Deutschland am weitesten verbreitete, nach der letzten in der Bundesrepublik Deutschland durchgeführten und ausgewerteten Arbeitsstättenzählung vom 25.5.1987 wurden 83,9% aller Betriebe mit 31,5% aller Beschäftigten in dieser Rechtsform geführt. Der Einzelunternehmer haftet seinen Gläubigern allein und unbeschränkt mit seinem Gesamtvermögen. Für die Haftung ist eine Unterscheidung zwischen Privat und Geschäftsvermögen juristisch belanglos. Auf der anderen Seite besitzt der Einzelunternehmer auch allein alle Entscheidungs und Leitungsbefugnisse, es sei denn, er ist durch wirtschaftliche Schwierigkeiten in die Abhängigkeit eines Kreditgebers geraten, der seinen Kredit nur gegen die zeitweilige Einräumung gewisser Mitspracherechte zu gewähren bereit ist (*Wöhe*). Da der Inhaber des Einzelunternehmens alle Risiken aus der betrieblichen Tätigkeit, insbesondere alle entstehenden Verluste allein trägt, steht ihm auch der gesamte Gewinn uneingeschränkt zu. Die Höhe des **Eigenkapitals** ist durch das Vermögen des Einzelunternehmers begrenzt; eine Erhöhung des Eigenkapitals kann nur über einbehaltene Gewinne vorgenommen werden. Die Kapitalbeschaffung auf dem Wege der Kreditfinanzierung ist vor allem bezüglich langfristiger Darlehen oftmals mit Schwierigkeiten verbunden, da das Schicksal des Einzelunternehmens untrennbar mit dem seines Inhabers verbunden ist. Sein Tod kann die Auflösung des Betriebes zur

Folge haben. Die Fremdkapitalgeber verknüpfen u.a. daher die Gewährung langfristiger Kredite häufig mit der Einräumung gewisser Mitsprache und Kontrollrechte für die Dauer der Kreditlaufzeit. Damit wird aber ein wesentliches Charakteristikum des Einzelunternehmens, die Wahrnehmung aller Entscheidungs und Leitungsbefugnisse allein und ausschließlich durch den Inhaberunternehmer, in einschränkender Weise unmittelbar berührt. Der erwirtschaftete Gewinn des Einzelunternehmens unterlag im Jahr 1999 (2000) der **Einkommensteuer** mit einem Steuersatz von 0 bis 45% (43%) je nach Höhe des persönlichen zu versteuernden Einkommens des Einzelunternehmers. Dabei ist es gleichgültig, ob der erwirtschaftete Gewinn entnommen oder für Finanzierungszwecke im Betrieb zurückbehalten wird. Aufwendungen in Verbindung mit der Rechtsform Einzelunternehmen entstehen nicht, da ihre Gründung formlos erfolgt und in der Regel als Einzelkaufmann lediglich eine Eintragung im Handelsregister notwendig ist. Die **Firma** als der Name des Einzelunternehmens muß entsprechend § 18 HGB zur Kennzeichnung des Kaufmanns geeignet sein. Als Firma sind Personen-, Sach- und Phantasiefirmen zulässig. Eine Publizitätsverpflichtung (Veröffentlichungszwang für Jahresabschluß und Lagebericht) gilt nach dem sogenannten **Publizitätsgesetz** von 1969 (berichtigt 1970) nur für solche Einzelunternehmen, auf die an mindestens drei aufeinanderfolgenden Bilanzstichtagen jeweils wenigstens zwei der drei folgenden Merkmale zutreffen: Bilanzsumme über 125 Mio. DM, Umsatzerlöse über 250 Mio. DM, Beschäftigtenzahl jährlich durchschnittlich über 5000. Die Mitbestimmung der Arbeitnehmer im Einzelunternehmen ist durch das **Betriebsverfassungsgesetz** von 1972 in der Fassung vom 23. Dezember 1988 geregelt, das für alle Betriebe mit mindestens fünf wahlberechtigten Arbeitnehmern die Bildung eines **Betriebsrates** vorsieht, dem auf betrieblicher Ebene gewisse Anhörungs-, Mitsprache- und Mitbestimmungsrechte eingeräumt sind.

23. Die Offene Handelsgesellschaft

Die Offene Handelsgesellschaft (OHG) stellt eine Gesellschaft in Form des Zusammenschlusses von mindestens zwei natürlichen Personen dar, deren Zweck nach § 105 HGB auf den Betrieb eines Handelsgewerbes unter gemeinschaftlicher Firma gerichtet ist. Sie entsteht durch Abschluß eines Gesellschaftsvertrages und Eintragung ins **Handelsregister**. Die Gesellschafter einer OHG haften den Gesellschaftsgläubigern jeder für sich wie Einzelunternehmer, d. h. unbeschränkt mit ihrem Gesamtvermögen. Die OHG besitzt keine eigene Rechtspersönlichkeit, aber eine **relative Rechtsfähigkeit**; diese versetzt sie in die Lage, selbständig unter ihrer Firma am Rechtsverkehr teilzunehmen. Die Firma muß aus dem Namen mindestens eines Gesellschafters und einem Zusatz bestehen, der das Gesellschaftsverhältnis zum Ausdruck bringt. Die Gesellschafter einer OHG sind nach § 114 HGB allesamt zur Leitung des Unternehmens berechtigt und verpflichtet, wobei im Gesellschaftsvertrag jedoch einzelne Gesellschafter von der **Geschäftsführung** ausgeschlossen oder entbunden werden können. **Die Verteilung eines erwirtschafteten Gewinns** erfolgt nach § 121 HGB in der Weise, daß zunächst jeder Gesellschafter eine Verzinsung seiner Kapitaleinlage in Höhe von 4% erhält, ein verbleibender Rest wird **nach Köpfen** aufgeteilt. Im Gesellschaftsvertrag kann eine andere Art der Gewinnverteilung vorgesehen werden; dies wird insbesondere dann der Fall sein, wenn es an der Unternehmensleitung beteiligte und unbeteiligte Gesellschafter gibt. Die

Höhe des Eigenkapitals ist wie beim Einzelunternehmen durch das Vermögen der Gesellschafter begrenzt; eine über einbehaltene Gewinne hinausgehende Erhöhung ist nur durch die im allgemeinen wegen der damit verbundenen Mitspracherechte nicht erwünschte Aufnahme zusätzlicher Gesellschafter möglich. Die Beschaffung langfristigen **Fremdkapitals** ist in der Regel mit geringeren Schwierigkeiten als im Einzelunternehmen verbunden, da das Schicksal der OHG nicht an das eines einzelnen, sondern mehrerer Gesellschafter geknüpft ist. Aus diesem Grunde ist hier die Kreditwürdigkeit wegen des Vorhandenseins mehrerer unbeschränkt haftender Gesellschafter vergleichsweise hoch. Die Besteuerung erwirtschafteter Gewinne entspricht der beim Einzelunternehmen, d. h., die zugewiesenen Gewinnanteile ob entnommen oder einbehalten - unterliegen der Einkommensteuer mit einem Steuersatz, der wiederum von den persönlichen Einkünften des einzelnen Gesellschafters abhängig ist. Aufwendungen in Verbindung mit der Rechtsform OHG entstehen im allgemeinen nur im Zusammenhang mit der Gründung, weil hier notarielle Beurkundungen, etwa des **Gesellschaftsvertrages**, notwendig sind. Bezüglich Publizitätsverpflichtung und Mitbestimmung der Arbeitnehmer gilt das bei der Rechtsform Einzelunternehmen Gesagte analog.

24. Die Kommanditgesellschaft

Wie die OHG stellt auch die Kommanditgesellschaft (KG) eine Gesellschaft in Form des Zusammenschlusses von mehreren natürlichen Personen dar, deren Zweck mit dem der OHG übereinstimmt. In den Rechtsformen OHG, KG und GmbH & Co KG wurden in der Bundesrepublik Deutschland im Jahre 1987 4,9% aller Betriebe mit 20,6% aller Beschäftigten geführt. Der wesentliche Unterschied der KG gegenüber der OHG besteht in der Tatsache, daß sie zwei Arten von Gesellschaftern aufweist, und zwar einerseits die **Komplementäre**, die wie Einzelunternehmer den Gesellschaftsgläubigern unbeschränkt mit ihrem Gesamtvermögen haften, und andererseits die **Kommanditisten**, deren Haftung sich auf die Höhe ihrer eingezahlten oder einzuzahlenden Kapitaleinlage beschränkt. Eine KG besitzt mindestens einen Komplementär und einen Kommanditisten. Gleich der OHG verfügt die KG über relative Rechtsfähigkeit, sie kann also selbständig unter ihrer Firma am Rechtsverkehr teilnehmen. Die Firma muß wiederum den Namen mindestens eines Gesellschafters, und zwar eines Komplementärs, und einen Zusatz enthalten, der Auskunft über die Rechtsform KG gibt; der Name eines Kommanditisten darf nicht Bestandteil der Firma sein. Die Leitung des Unternehmens wird im Falle der KG nach § 164 HGB allein den Komplementären zugewiesen, jedoch kann auch hier im Gesellschaftsvertrag eine andere Regelung vorgesehen werden. Wenn die KG Gewinn erwirtschaftet, so wird dieser nach § 168 HGB wie bei der OHG in der Weise verteilt, daß zunächst alle Gesellschafter eine Verzinsung ihrer Kapitaleinlagen in Höhe von 4% erhalten, ein verbleibender Rest ist **angemessen** aufzuteilen. Hier ist eine Regelung über den Gesellschaftsvertrag unbedingt notwendig, da die vorgesehene Gewinnverteilung die aufgrund der für Komplementäre und Kommanditisten unterschiedlichen Haftung ungleiche Risikoübernahme und die Beteiligung bzw. Nichtbeteiligung an der Unternehmensleitung berücksichtigen sollte. Die Höhe des Eigenkapitals ist einerseits wie bei der OHG durch das Vermögen der persönlich haftenden Gesellschafter, der Komplementäre, andererseits durch die Höhe der Kommanditeinlagen begrenzt. Eine über einbehaltene Gewinne hinausgehende Erhöhung des Eigenkapitals ist durch die mit denselben Problemen wie bei der OHG verbundene Aufnahme zusätzlicher Gesellschafter als Komplementäre möglich; daneben kann eine Erhöhung der bestehenden Kommanditeinlagen oder eine Aufnahme neuer Kommanditisten vorgenommen werden. Die Haftungsbeschränkung führt in diesem Fall zu einer gewissen Erleichterung der Eigenkapitalbeschaffung. Die Beschaffung von langfristigem Fremdkapital ist hier ähnlich gelagert wie bei der OHG, also im wesentlichen abhängig vom Privatvermögen der Komplementäre; dennoch wird der KG eine relativ geringere Kreditwürdigkeit zugesprochen, und zwar wegen der nur beschränkten Haftung auf der Seite der Kommanditisten (*Schierenbeck*). Die Besteuerung erwirtschafteter Gewinne unterliegt derselben Regelung wie beim Einzelunternehmen und bei der OHG. Auch die Aufwendungen in Verbindung mit der Rechtsform KG entsprechen denen, die bei der OHG entstehen, abgesehen von möglichen Aufwendungen für die Verbriefung von Kommanditanteilen. Bezüglich Publizitätsverpflichtung und Mitbestimmung der Arbeitnehmer bestehen bei der KG keine Unterschiede zu den Rechtsformen OHG und Einzelunternehmen.

25. Die Gesellschaft mit beschränkter Haftung

Die Gesellschaft mit beschränkter Haftung (GmbH) stellt im Gegensatz zu den bisher ausführlicher behandelten Rechtsformen in Form von Zusammenschlüssen natürlicher Personen mit relativer Rechtsfähigkeit als Kapitalgesellschaft eine **juristische Person mit eigener Rechtspersönlichkeit** dar. In der Bundesrepublik Deutschland wurden im Jahre 1987 10,5% aller Betriebe mit 25,9% aller Beschäftigten in der Rechtsform GmbH geführt. Die Firma einer GmbH kann **Personen- oder Sachfirma** sein, sie muß aber den Zusatz "mit beschränkter Haftung" beinhalten. Die Beteiligung der **Gesellschafter** an der GmbH erfolgt durch Einlagen auf das **Stammkapital**. Zur Gründung einer GmbH ist wenigstens ein Gesellschafter erforderlich, das Stammkapital beträgt mindestens 25.000,- EUR (50.000,- DM), und seine kleinste Stückelung ist auf 100 EUR,- (500,- DM) festgelegt. Eine unbeschränkte persönliche Haftung von Gesellschaftern gibt es bei der GmbH nicht, die Haftung der GmbH gegenüber den Gesellschaftsgläubigern ist immer auf das Gesellschaftsvermögen beschränkt. Die GmbH ist als Rechtsform vorwiegend für **kleine und mittlere Betriebe** geeignet, deren Eigentümer ihre Haftung auf ihre Kapitaleinlagen beschränken wollen. Ihrem Wesen nach weist die GmbH als Kapitalgesellschaft deutliche Züge einer Personengesellschaft auf, so wie eine KG bis zu einem gewissen Grade Wesenszüge einer Kapitalgesellschaft trägt. Das äußert sich vor allem im Hinblick auf die Leitung der GmbH. Da ihr als einer juristischen Person die natürliche Handlungsfähigkeit fehlt, müssen ihr durch die Rechtsordnung natürliche Personen zur Verfügung gestellt werden, die in ihrem Namen handeln und sie nach außen vertreten. Diese Aufgabe fällt bei der GmbH den **Geschäftsführern** zu, die von der **Gesellschafterversammlung** bestellt, entlastet und abberufen und vom **Aufsichtsrat**, sofern ein solcher in der Satzung oder nach der Rechtsordnung vorgesehen ist, kontrolliert werden. Die Geschäftsführer der GmbH können gleichzeitig Gesellschafter sein (Gesellschafter-Geschäftsführer); hierin wird die enge Beziehung der GmbH zu den Personengesellschaften besonders deutlich. Geschäftsführer, Gesellschafterversammlung und gegebenenfalls Aufsichtsrat bilden die **Organe der GmbH**. Die Verteilung erwirtschafteter Gewinne erfolgt bei der GmbH auf Beschluß der Gesellschafterversammlung **grundsätzlich nach Kapitalanteilen**. Die Höhe des Eigenkapitals ist bei der GmbH durch die Höhe des Stammkapitals zuzüglich der Kapitalrücklage und der Gewinnrücklagen begrenzt, eine Erhöhung des Stammkapitals ist entweder aufgrund einer beschränkten oder unbeschränkten **Nachschußpflicht** der Gesellschafter, die in der Satzung festgeschrieben sein muß, oder durch eine Erhöhung der Stammeinlagen der Gesellschafter bzw. die Aufnahme neuer Gesellschafter möglich. Für den zweiten Fall gilt das bezüglich OHG und KG Gesagte in ähnlicher Weise. Bezüglich der Beschaffung langfristigen Fremdkapitals ist wie bei der KG und stärker noch wegen der ausnahmslos beschränkten Haftung der Gesellschafter von einer geringeren Kreditwürdigkeit auszugehen (*Schierenbeck*). Die Besteuerung von in der GmbH entstandenen Gewinnen erfolgt in unterschiedlicher Weise bei einbehaltenen und ausgeschütteten Gewinnen. Einbehaltene Gewinne unterlagen im Jahr 1999 (2000) der **Körperschaftsteuer** mit einem Steuersatz von 40% (40%). Ausgeschüttete Gewinne werden zunächst zur Körperschaftsteuer mit einem Steuersatz von 30% herangezogen, die Gesellschafter versteuern sodann die an sie ausgeschütteten Gewinnanteile mit ihrem persönlichen Einkommensteuersatz, wobei die zuvor durch die GmbH abgeführte Körperschaftsteuer ebenso wie die gezahlte **Kapitalertragsteuer** zur Vermeidung einer **Doppelbesteuerung** bei der Ermittlung der Zahlschuld in Anrechnung gebracht wird (**Anrechnungsverfahren**). Zur Publizität ist eine GmbH als Kapitalgesellschaft grundsätzlich verpflichtet, der Umfang der Publizitätsverpflichtung ist entsprechend ihrer Größenklasse nach §§ 325ff. HGB bestimmt. Bezüglich der Mitbestimmung der Arbeitnehmer gilt zunächst wieder das Betriebsverfassungsgesetz von 1972, das die Arbeitnehmer einer GmbH mit mehr als 500 Mitarbeitern berechtigt, ein Drittel der Mitglieder des dazu notwendigerweise zu bildenden Aufsichtsrates zu stellen, darüber hinaus aber noch das **Mitbestimmungsgesetz** von 1976, das auf ein in der Rechtsform GmbH geführtes Unternehmen anzuwenden ist, wenn dieses mehr als 2.000 Arbeitnehmer beschäftigt und kein Montanunternehmen ist. Kernpunkt dieses Gesetzes ist die Verpflichtung für die GmbH, einen Aufsichtsrat zu bilden und diesen paritätisch mit Vertretern der Gesellschafter und der Arbeitnehmer zu besetzen, und zwar je nach Zahl der durchschnittlich Beschäftigten mit 12, 16 oder 20 Mitgliedern.

26. Die Aktiengesellschaft

Die Aktiengesellschaft (AG) verkörpert wie die GmbH als Kapitalgesellschaft eine juristische Person mit eigener Rechtspersönlichkeit. Sie ist die geeignete und gebräuchliche Rechtsform für **große und größte Unternehmen**. Im Jahre 1987 wurden in der Bundesrepublik Deutschland deshalb nur 0,1% aller Betriebe mit allerdings 14,5% aller Beschäftigten in der Rechtsform AG geführt. Die Firma einer AG ist in der Regel eine **Sachfirma**, d. h., der Name des Unternehmens gibt Auskunft über die Art der betrieblichen Tätigkeit, er muß zudem den Zusatz "Aktiengesellschaft" enthalten. Die Beteiligung der Eigentümer der AG, der **Aktionäre**, erfolgt durch den Erwerb von Anteilen, von Aktien, des **Grundkapitals**. Zur Gründung einer AG ist mindestens ein Gründungsaktionär erforderlich, das Grundkapital muß einen Mindestnennbetrag von 50.000,- EUR (100.000,- DM) aufweisen. Die Aktien können als Nennbetragsaktien oder als Stückaktien ausgegeben werden. Der Mindestbetrag je Nennbetragsaktie lautet auf 1,- EUR (5,- DM); Stückaktien sind am

Grundkapital im gleichen Umfang beteiligt, deren Anteil am Grundkapital muß je Stück mindestens 1,- EUR (5,- DM) betragen. Wie bei der GmbH gibt es auch bei der AG keine unbeschränkte persönliche Haftung, vielmehr haftet gegenüber den Gesellschaftsgläubigern nur die AG mit ihrem Gesellschaftsvermögen.

Es sind drei **Organe der AG** zu unterscheiden: der Vorstand, der Aufsichtsrat und die Hauptversammlung. Der **Vorstand** führt die Geschäfte der AG, dabei ist er nicht an Weisungen des Aufsichtsrates oder der Hauptversammlung gebunden. Es findet also eine strenge Trennung zwischen den Eigentümern des Unternehmens und der Unternehmensleitung statt. Der **Aufsichtsrat** bestellt den Vorstand für höchstens fünf Jahre, wobei Wiederbestellung zulässig ist, und kontrolliert die Tätigkeit des Vorstandes. Entsprechend den aktienrechtlichen Vorschriften hat der Aufsichtsrat mindestens drei, höchstens 21 Mitglieder, wobei nach dem Betriebsverfassungsgesetz von 1972 ein Drittel der Mitglieder von den Arbeitnehmern zu wählen ist. In Aktiengesellschaften, die dem Mitbestimmungsgesetz von 1976 unterliegen, besteht der Aufsichtsrat je nach Zahl der durchschnittlich Beschäftigten aus 12, 16 oder 20 Mitgliedern, er ist paritätisch mit Vertretern der Anteilseigner und der Arbeitnehmer zu besetzen. Die **Hauptversammlung** der AG beschließt die Bestellung des Aufsichtsrates für die Dauer von maximal vier Jahren, soweit dessen Mitglieder nicht entsandt oder von den Arbeitnehmern als deren Vertreter gewählt werden, beschließt über die Verwendung des Bilanzgewinns, entlastet Vorstand und Aufsichtsrat, bestellt die Abschlußprüfer, beschließt Satzungsänderungen, entscheidet über Kapitalerhöhungen und -herabsetzungen und über die Auflösung der Gesellschaft. Die Verteilung erwirtschafteter und auszuschüttender Gewinne erfolgt auf Beschluß der Hauptversammlung grundsätzlich nach Kapitalanteilen.

Das Eigenkapital einer AG wird aus dem in seiner Höhe festgelegten Grundkapital und den Kapital sowie Gewinnrücklagen gebildet. Die AG besitzt aufgrund der Stückelung des Grundkapitals in kleine Einheiten, die Aktien, im Vergleich zu den anderen Rechtsformen die besten Möglichkeiten der Eigenkapitalbeschaffung. Aus der Tatsache, daß die Zahl der Aktionäre praktisch nicht begrenzt ist und der Nennbetrag der einzelnen Aktie im allgemeinen relativ niedrig ist, können größte Kapitalbeträge aufgebracht werden. Dieser Vorteil ergibt sich darüber hinaus insbesondere durch die **Fungibilität** der Aktien, d. h., ein Aktionär kann in der Regel im Gegensatz zu den Gesellschaftern anderer Rechtsformen sein Beteiligungsverhältnis jederzeit durch Verkauf seiner Aktien beenden, wobei ein solcher Verkauf an den Börsen oder über die Banken erfolgt. Eine **Kapitalerhöhung** erfolgt auf Beschluß der Hauptversammlung im Wege der ordentlichen Kapitalerhöhung durch die Ausgabe junger Aktien. Diese jungen Aktien werden zunächst den bisherigen Aktionären zum Kauf angeboten, damit diese eine Veränderung der Beteiligungsverhältnisse verhindern können. Wenn sie sich nicht zum Kauf entschließen, können sie ihr **Bezugsrecht** veräußern. Der Wert des Bezugsrechtes stellt den Vermögensverlust dar, den die bisherigen Aktionäre dadurch erleiden, daß die jungen Aktien im allgemeinen zu einem Kurs ausgegeben werden, der unterhalb dessen der alten Aktien liegt, und sich nach der durchgeführten Kapitalerhöhung ein einheitlicher Kurs zwischen dem der jungen und dem der alten Aktien bildet. Bezüglich der Beschaffung langfristigen Fremdkapitals liegt zwar wie bei der GmbH der Fall ausnahmslos beschränkter Haftung der Gesellschafter (Aktionäre) vor, es ist aber von einer größeren Kreditwürdigkeit der AG auszugehen, dies insbesondere wegen des aufgrund strenger rechtlicher Vorschriften beträchtlich verbesserten Gläubigerschutzes (*Schierenbeck*).

Die steuerliche Behandlung des von der AG erwirtschafteten Gewinns entspricht derjenigen bei der GmbH. Die AG wird als juristische Person zur Körperschaftsteuer herangezogen, und zwar mit dem Satz von 40% auf die einbehaltenen Gewinne. Die ausgeschütteten Gewinne unterliegen bei den Aktionären der Einkommensteuer, wobei auf die zu zahlende Einkommensteuer die von der AG einbehaltene Körperschaftsteuer in Höhe von 30% und die Kapitalertragsteuer angerechnet werden.

Die Aufwendungen in Verbindung mit der Rechtsform AG sind zunächst einmal artgleich mit denen bei der GmbH, hinzu kommen bei der Gründung die Aufwendungen für Druck und Ausgabe der Aktien, für Prospekte und für die Gründungsprüfung. Die Verpflichtung zur Publizität, d. h. zur Veröffentlichung von Jahresabschluß und gegebenenfalls Lagebericht, besteht ausnahmslos für alle Aktiengesellschaften; der Umfang der Publizitätsverpflichtung ist wiederum wie bei allen Kapitalgesellschaften in Abhängigkeit von der jeweiligen Größenklasse geregelt. Diese Veröffentlichung erfolgt zum Schutze der Gläubiger und der Aktionäre, darüber hinaus aber auch - vor allem bei großen und größten Aktiengesellschaften - im Interesse der Allgemeinheit. Bezüglich der Mitbestimmung der Arbeitnehmer gilt das bei der GmbH Gesagte für die AG entsprechend, wobei hier naturgemäß die von der Zahl der Mitarbeiter abhängige Bildung eines Aufsichtsrates entfällt, da der Aufsichtsrat ein rechtsformimmanentes Organ der AG ist. Im übrigen sind die wesentlichen Aspekte der Mitbestimmung in der AG bereits im Zusammenhang mit der Kennzeichnung des Organs Aufsichtsrat dargestellt worden. Die Mitbestimmung der Arbeitnehmer auf betrieblicher Ebene nach dem Betriebsverfassungsgesetz von 1972 unterscheidet sich in der AG grundsätzlich nicht von der in anderen Gesellschaftsformen.

3. Der Zusammenschluß von Unternehmen

31. Inhalt und Ausgestaltung betrieblicher Zusammenschlüsse

Die Bildung von Unternehmenszusammenschlüssen in einer Marktwirtschaft bedeutet ein Abweichen von dem dort grundsätzlich gültigen Prinzip, daß jede Wirtschaftseinheit auf sich allein gestellt sein soll und die Beziehungen zwischen den Wirtschaftseinheiten hauptsächlich durch den Markt geregelt werden sollen. Der Zusammenschluß von Einzelbetrieben zu größeren Wirtschaftseinheiten in welcher Form auch immer bedeutet nämlich stets, daß bestimmte Beziehungen zwischen ihnen einerseits und zwischen ihnen und allen anderen Wirtschaftseinheiten andererseits auf andere Weise als durch den Markt geregelt werden. Für die Vornahme solcher Zusammenschlüsse gibt es unterschiedliche Beweggründe. Diese lassen sich jedoch im allgemeinen unter der Absicht subsumieren, die insgesamt von den einzelnen Betrieben verfolgten Ziele mittels des Unternehmenszusammenschlusses besser zu verwirklichen. Als Beweggründe werden im einzelnen genannt: **Erhöhung der Produktivität** durch Rationalisierung und damit Kostensenkung in der größeren Wirtschaftseinheit, **Verbesserung der Marktposition** gegenüber Abnehmern, Lieferanten oder Kreditgebern, **Minderung des Risikos** für den einzelnen

Betrieb durch Risikoverteilung auf alle beteiligten Betriebe und schließlich **Erringung einer wirtschaftlichen Machtposition** durch Einschränkung des Wettbewerbs (*Wöhe*).

Nicht zusammengeschlossene Unternehmen sind rechtlich und wirtschaftlich selbständig. Jede Form des Zusammenschlusses von Betrieben führt dazu, daß diese Selbständigkeit in einem bestimmten Umfang eingeschränkt oder aufgehoben wird. Nach dem Grad der Aufgabe der betrieblichen Selbständigkeit lassen sich zwei grundlegende Formen des Zusammenschlusses von Unternehmen unterscheiden, die Kooperation und die Konzentration.

Unter **Kooperation** werden die Formen von Unternehmenszusammenschlüssen verstanden, bei denen die beteiligten Betriebe rechtlich und wirtschaftlich selbständig bleiben, wirtschaftlich allerdings nur in denjenigen Bereichen, die nicht Gegenstand der durch Vertrag oder Absprache geregelten Zusammenarbeit sind. Eine gewisse Aufgabe der wirtschaftlichen Selbständigkeit ist damit also Wesensmerkmal der Kooperation, da ohne sie eine abgestimmte Zusammenarbeit nicht möglich ist.

Dagegen beinhaltet der Begriff **Konzentration** diejenigen Formen von betrieblichen Zusammenschlüssen, bei denen die beteiligten Betriebe ihre wirtschaftliche Selbständigkeit uneingeschränkt aufgeben. Im Extremfall, der Verschmelzung oder Fusion von Unternehmen, erfolgt sogar auch eine Aufgabe der rechtlichen Selbständigkeit. Hauptmerkmal der Konzentration von Betrieben ist damit das Vorliegen einer **einheitlichen wirtschaftlichen Leitung**, unter der die zusammengeschlossenen Unternehmen stehen.

Zusammenschlüsse von Unternehmen können in horizontaler oder in vertikaler Form erfolgen. Von einem **horizontalen** Zusammenschluß wird gesprochen, wenn die sich zusammenschließenden Betriebe derselben Produktions- oder Handelsstufe angehören. Ein **vertikaler** Zusammenschluß dagegen ist dann gegeben, wenn die sich zusammenschließenden Betriebe Bestandteile hintereinander gelagerter Produktions- oder Handelsstufen sind. Horizontale oder vertikale Zusammenschlüsse von Unternehmen in reiner Form können **organische** oder **homogene** Zusammenschlüsse genannt werden, während die in der Realität weit häufiger anzutreffenden Mischformen als **anorganische** oder **heterogene** Unternehmenszusammenschlüsse bezeichnet werden.

Die Funktionsbereiche, in denen sich Betriebe zur besseren Verwirklichung der verfolgten Ziele zusammenschließen, können relativ eng begrenzt sein, es kann sich dabei aber auch um die Gesamtheit der betrieblichen Tätigkeiten handeln. Ein übliches Ordnungsmerkmal für diese Bereiche sind die **betrieblichen Hauptfunktionen** Finanzierung, Investition und Beschaffung, Leistungserstellung sowie Leistungsverwertung. Maßnahmen zur Verbesserung der betrieblichen Zielerreichung in diesen Bereichen durch den Zusammenschluß von Unternehmen können sein: Erhöhung der Eigenkapitalbasis, Erweiterung der Fremdfinanzierungsmöglichkeiten durch Stärkung der Kreditwürdigkeit, gemeinsame Nutzung großer und kapitalintensiver Investitionsobjekte in kleinen und mittleren Betrieben (*Wöhe*), Verbesserung der Einkaufsbedingungen durch Bedarfszusammenfassung, Ausschaltung des Nachfragerwettbewerbs bei der Beschaffung, Aufteilung der Leistungsarten auf die zusammengeschlossenen Unternehmen und damit Produktivitätssteigerung durch Spezialisierung, Normung, und Typung der Erzeugnisse, gemeinsame Entwicklung neuer Produkte und neuer Produktionsverfahren, Zusammenarbeit in der Grundlagenforschung, Stärkung der Position der zusammengeschlossenen Betriebe auf ihren Absatzmärkten durch Ausschaltung der Angebotskonkurrenz, Marktaufteilung, Verabredung gemeinsamer Konditionen, gemeinsamer Kundendienst (*Diederich*).

32. Formen der Kooperation

Betriebliche Zusammenschlüsse in Form der Kooperation entstehen im Wege der Vereinbarung durch Vertrag oder Absprache über den Gegenstandsbereich der Zusammenarbeit. Es wird zwischen den lockeren Formen der Kooperation und dem Kartell unterschieden.

Als lockere Formen der Kooperation sind in erster Linie die Interessengemeinschaft, die Arbeitsgemeinschaft und das Konsortium zu nennen. Unter einer **Interessengemeinschaft** wird im weitesten Sinne "eine vertragliche Verbindung der Interessen zweier oder mehrerer Personen zu einem gemeinsamen Ziel" verstanden (*Wöhe*). Wesentliches Kennzeichen ist es, daß es sich um die Zusammenfassung gemeinschaftlicher Interessen selbständig bleibender Unternehmen handelt. Als eine Interessengemeinschaft im engeren Sinne wird eine solche angesehen, die auf die Vergemeinschaftung von Gewinnen und Verlusten der beteiligten Betriebe gerichtet ist (Gewinnpoolung, Gewinngemeinschaft). Interessengemeinschaften entstehen in der Regel als horizontale Unternehmenszusammenschlüsse.

Eine **Arbeitsgemeinschaft** bildet wie das nachfolgend zu behandelnde Konsortium eine **Gelegenheitsgesellschaft**. Sie stellt den Zusammenschluß von rechtlich und wirtschaftlich selbständigen Betrieben zur gemeinschaftlichen Lösung einer bestimmten Aufgabe oder zur gemeinschaftlichen Erfüllung eines einzigen Werkvertrages oder Werklieferungsvertrages oder einer begrenzten Zahl solcher Verträge dar. Arbeitsgemeinschaften sind in erster Linie im Baugewerbe anzutreffen. Sie werden gebildet, wenn die Anforderungen eines Großauftrages die produktionstechnischen oder finanziellen Möglichkeiten eines einzelnen Unternehmens übersteigen oder wenn ein einzelnes Unternehmen allein nicht zur Übernahme des mit einem derartigen Auftrag verbundenen Risikos bereit ist. Arbeitsgemeinschaften werden im allgemeinen wie Interessengemeinschaften als horizontale Unternehmenszusammenschlüsse gebildet.

Das **Konsortium** verkörpert als Gelegenheitsgesellschaft wie die Arbeitsgemeinschaft einen Unternehmenszusammenschluß zur Erfüllung einer bestimmten, genau abgegrenzten Aufgabe, der nach Erfüllung der Aufgabe wieder aufgelöst wird. In der Praxis am häufigsten anzutreffen sind Bankenkonsortien, deren Aufgaben in erster Linie in der Übernahme und Veräußerung von Aktien oder Schuldverschreibungen bei Gründungs- oder Erweiterungsfinanzierungen bestehen.

Eine strengere Form der Kooperation bildet der Zusammenschluß von Unternehmen zu einem **Kartell**. Das Kartell ist eine Zusammenarbeit mehrerer Betriebe, im allgemeinen auf horizontaler Basis, die rechtlich und wirtschaftlich selbständig bleiben, auf vertraglicher Grundlage, wobei der Kartellvertrag die **Verpflichtung** zu bestimmtem Tun oder Unterlassen enthält. Es hat im allgemeinen die rechtliche Form einer Gesellschaft bürgerlichen Rechts und damit keine eigene Rechtspersönlichkeit. Kartelle werden in erster Linie zum Zwecke der Marktbeherrschung durch

Beseitigung oder Einschränkung des Wettbewerbs gebildet, um nicht erwünschte Wettbewerbsverzerrungen zu verhindern, ist das Tätigwerden von Kartellen in der Bundesrepublik Deutschland staatlich geregelt, und zwar durch das **Gesetz gegen Wettbewerbsbeschränkungen (GWB)**. Nach § 1 GWB gilt: "Vereinbarungen zwischen miteinander im Wettbewerb stehenden Unternehmen, Beschlüsse von Unternehmensvereinigungen und aufeinander abgestimmte Verhaltensweisen, die eine Verhinderung, Einschränkung oder Verfälschung des Wettbewerbs bezwecken oder bewirken, sind verboten." Kartelle sind also in der Bundesrepublik Deutschland **grundsätzlich verboten**.

Es gibt allerdings **Ausnahmen** von diesem generellen Kartellverbot, für die das Bundeskartellamt in Berlin bzw. der Bundesminister für Wirtschaft zuständig sind. Die ausgenommenen Kartellarten zerfallen in die Gruppe der anmeldepflichtigen Kartelle und in die Gruppe der erlaubnispflichtigen Kartelle.

Die **anmeldepflichtigen** Kartelle werden durch die folgenden Kartellarten gebildet:

- **Konditionenkartelle**, die gemeinsame Bedingungen hinsichtlich der Zahlungsfristen, der Lieferungsart, der Garantieleistungen und dergleichen zum Gegenstand haben;
- **Rabattkartelle**, die Vereinbarungen über Mengen oder Gesamtumsatzrabatte oder Preisnachlässe für die Übernahme bestimmter Funktionen im Rahmen der Leistungsverwertung als echte Leistungsentgelte beinhalten;
- **Spezialisierungskartelle**, die auf eine Rationalisierung wirtschaftlicher Vorgänge durch Spezialisierung gerichtet sind;
- **Normen- und Typenkartelle**, mit denen eine Vereinheitlichung von Einzelheiten bezüglich Abmessungen, Formen und Qualitäten sowie von Endprodukten in ihren Ausführungsformen angestrebt wird;
- **Kooperationserleichterungen** für kleine und mittlere Unternehmen (Mittelstandskartelle), wenn durch deren zwischenbetriebliche Zusammenarbeit der Markt nicht wesentlich beeinträchtigt, ihre Leistungsfähigkeit aber gefördert wird.

Die genannten Kartellarten sind grundsätzlich zulässig, sie müssen aber beim Bundeskartellamt angemeldet werden und unterliegen dessen Aufsicht für die Zeitdauer ihres Bestehens.

Die **erlaubnispflichtigen** Kartelle setzen sich aus den folgenden Kartellarten zusammen:

- **Strukturkrisenkartelle**, die eine planmäßige Anpassung der Kapazitäten der beteiligten Unternehmen an eine veränderte Marktsituation zum Gegenstand haben, soweit diese Änderung auf eine nachhaltige Verringerung der Nachfrage zurückzuführen ist und die Interessen der Gesamtwirtschaft angemessen berücksichtigt wird.
- **Rationalisierungskartelle**, sofern diese über Spezialisierungs-, Normungs- und Typungskartelle inhaltlich hinausgehen und die angestrebte Rationalisierung geeignet ist, die Leistungsfähigkeit oder Wirtschaftlichkeit der beteiligten Unternehmen in technischer, betriebswirtschaftlicher oder organisatorischer Beziehung wesentlich zu heben und dadurch die Befriedigung des Bedarfs zu verbessern, ohne daß der Rationalisierungserfolg jedoch in einem unangemessenen Verhältnis zu der damit verbundenen Wettbewerbsbeschränkung steht.

Für diese Kartellarten gilt, daß die entsprechenden Kooperationsvereinbarungen erst dann realisiert werden dürfen, wenn dem Antrag auf Zulassung des Kartells vom Bundeskartellamt oder vom Bundesminister für Wirtschaft entsprochen worden ist.

Es gibt Betriebe, die hinsichtlich der Kooperation in Form eines Kartellvertrages nicht dem Gesetz gegen Wettbewerbsbeschränkungen unterliegen, und zwar handelt es sich dabei um solche, auf die aufgrund ihrer Eigenart die marktwirtschaftlichen Prinzipien nicht oder nicht in vollem Umfang zutreffen (**Bereichsausnahmen**). Zu diesen Betrieben zählen beispielsweise die land- und forstwirtschaftlichen Erzeugervereinigungen.

33. Formen der Konzentration

Betriebliche Zusammenschlüsse in Form der Konzentration entstehen im Gegensatz zu denen der Kooperation dadurch, daß die beteiligten Unternehmen ihre wirtschaftliche Selbständigkeit aufgeben und sich einer **einheitlichen wirtschaftlichen Leitung** unterstellen. Dies kann durch Erwerb einer Mehrheitsbeteiligung an einem untergeordneten Betrieb oder durch Abschluß eines **Beherrschungsvertrages** erfolgen. Bleibt dabei die rechtliche Selbständigkeit des untergeordneten Betriebes erhalten, so wird die entsprechende Konzentrationsform als Konzern bezeichnet, wird dagegen auch die rechtliche Selbständigkeit aufgegeben, so liegt die Konzentrationsform der Verschmelzung oder Fusion vor.

Ein **Konzern** ist der Zusammenschluß von Konzernunternehmen. Ein Konzernunternehmen stellt nach dem Aktiengesetz (§ 15 AktG) eine der fünf Arten von verbundenen Unternehmen dar; neben dem Konzern sind dies im Mehrheitsbesitz stehende Unternehmen und mit Mehrheit beteiligte Unternehmen, abhängige und herrschende Unternehmen, wechselseitig beteiligte Unternehmen sowie Vertragsteile eines Unternehmensvertrages. Innerhalb einer Konzerntypologie kann zwischen **Unterordnungskonzern** (Zusammenschluß als herrschendes und abhängiges oder beherrschtes Unternehmen) und **Gleichordnungskonzern** (Unabhängigkeit der zusammengeschlossenen Unternehmen untereinander) unterschieden werden. Eine dritte Form ist die **Holding-Gesellschaft**. Die Holding ist ein ausgelagertes Leitungsorgan mit eigener Rechtspersönlichkeit. Sie hat selbst kein eigenes Produkt- und Absatzprogramm, sondern ihr Unternehmenszweck besteht in der Leitung und Verwaltung der von ihr beherrschten Unternehmen.

Die Bildung von Konzernen ist in der Bundesrepublik Deutschland grundsätzlich zulässig. Der Abschluß eines Konzernvertrages gilt allerdings als Zusammenschluß im Sinne des Gesetzes gegen Wettbewerbsbeschränkungen. Demzufolge kann das Bundeskartellamt die Konzernbildung im Wege der Zusammenschlußkontrolle unter bestimmten Umständen untersagen. Derartige Zusammenschlüsse sind unverzüglich anzuzeigen. Die Zusammenschlußkontrolle findet Anwendung, wenn weltweit die beteiligten Unternehmen insgesamt Umsatzerlöse von mehr als 1 Milliarde DM und mindestens ein beteiligtes Unternehmen im Inland Umsatzerlöse von mehr als 50 Millionen DM erzielt haben. Insbesondere sind bei der Zusammenschlußanzeige die Marktanteile anzugeben, die im Geltungsbereich des Gesetzes oder in einem wesentlichen Teil mindestens 20% erreichen. Ist zu erwarten, daß durch den Zusammenschluß eine marktbeherrschende Stellung erreicht oder verstärkt wird, und weisen die beteiligten Unternehmen nicht nach, daß durch den Zusammenschluß auch Verbesserungen der Wettbewerbsbedingungen eintreten und diese die Nachteile der Marktbeherrschung überwiegen, so verbietet das Bundeskartellamt den Zusammenschluß. Ein bereits vollzogener Zusammenschluß, den das Bundeskartellamt untersagt hat, ist aufzulösen. Die Auflösung kann allerdings auch darin bestehen, die Wettbewerbsbeschränkung auf andere Weise als durch Wiederherstellung des früheren Zustandes zu beseitigen. Wenn im Einzelfall die Wettbewerbsbeschränkung von gesamtwirtschaftlichen Vorteilen des Zusammenschlusses aufgewogen, der Zusammenschluß durch ein überragendes Interesse der Allgemeinheit gerechtfertigt und die marktwirtschaftliche Ordnung durch das Ausmaß der Wettbewerbsbeschränkung nicht gefährdet wird, so kann der Bundesminister für Wirtschaft auf Antrag die Erlaubnis zu dem Zusammenschluß erteilen (**Ministererlaubnis**), auch wenn dieser vom Bundeskartellamt untersagt worden ist. Die Erlaubnis kann dabei mit Beschränkungen und Auflagen verbunden werden.

Die Ausgestaltung der einheitlichen wirtschaftlichen Leitung hängt davon ab, um welche Art von Konzern es sich handelt. Liegt ein Unterordnungskonzern vor, so wird das herrschende Unternehmen die Leitung des Konzerns übernehmen. Handelt es sich dagegen um einen Gleichordnungskonzern, so wird die Leitung des Konzerns entweder von einem der zusammengeschlossenen Betriebe wahrgenommen oder von einem ausgegliederten Führungsorgan ausgeübt; im zweiten Falle wird als Leitungseinrichtung aus Haftungsgründen meistens eine Kapitalgesellschaft gebildet. Eine andere Möglichkeit zur Realisierung der einheitlichen wirtschaftlichen Leitung besteht darin, die einzelnen Unternehmensleitungen personell miteinander zu verflechten, im Grenzfall in Form einer völligen Identität der Personen (*Diederich*).

Unter Voraussetzungen, die im Aktiengesetz und seinem Einführungsgesetz angegeben sind, wird der Konzern in der Bundesrepublik Deutschland besonderen Pflichten unterworfen, und zwar in erster Linie, um die in ihm bestehenden Zusammenhänge für die Anteilseigner (Aktionäre), die Gläubiger und die Öffentlichkeit transparent zu machen. Das Instrument dazu sind die Vorschriften über die **Konzernrechnungslegung** in Form des Konzernabschlusses (Konzernbilanz, Konzern-Gewinn und -Verlustrechnung, Konzernanhang) und des Konzernlageberichtes. Dabei ersetzen Konzernabschluß und -lagebericht nicht die Einzelabschlüsse und die einzelnen Lageberichte der im Konzern zusammengeschlossenen Unternehmen, sondern sie sind zusätzlich zu diesen zu erstellen. Von wesentlicher Bedeutung ist dabei vor allem, daß die Konzernbilanz nicht durch Addition der jeweils einzelnen Positionen der Einzelbilanzen der Konzernunternehmen entsteht, sondern daß Aufrechnungen vorzunehmen sind, um Doppelzählungen zu verhindern, z. B. Aufrechnung von bei der Obergesellschaft ausgewiesenen Beteiligungen gegen die entsprechenden Teile des Eigenkapitals der Untergesellschaften oder Aufrechnung von Forderungen und Verbindlichkeiten unter den Konzernunternehmen (**Bilanzkonsolidierung**).

Die **Fusion** oder Verschmelzung stellt diejenige Zusammenschlußform dar, bei der die zusammengeschlossenen Betriebe unter Aufgabe ihrer rechtlichen und wirtschaftlichen Selbständigkeit zu einem einzigen, seinerseits naturgemäß rechtlich und wirtschaftlich selbständigen Unternehmen vereinigt werden. Bei diesem Vorgang sind zwei unterschiedliche Erscheinungsformen zu betrachten, die im Aktiengesetz als **Verschmelzung durch Neubildung** und **Verschmelzung durch Aufnahme** bezeichnet werden.

Der erste Fall ist gegeben, wenn die fusionierenden Unternehmen nach der Verschmelzung alle nicht mehr existieren, sondern in einem neu gebildeten Betrieb aufgehen. Handelt es sich bei den bisherigen Unternehmen und dem neu gebildeten Betrieb um Aktiengesellschaften, so verläuft der Prozeß der Fusion in der Weise, daß die Aktionäre der bisherigen Gesellschaften ihre Aktien gegen Aktien der neuen Gesellschaft eintauschen. Die Verschmelzung durch Neubildung ist nur zulässig, wenn alle sich vereinigenden Unternehmen mindestens zwei Jahre im Handelsregister eingetragen waren. Handelt es sich bei ihnen um Aktiengesellschaften, muß die Fusion in den jeweiligen Hauptversammlungen mit Dreiviertelmehrheit beschlossen werden.

Der zweite Fall der Fusion besteht darin, daß ein Unternehmen sein Vermögen als Ganzes auf ein anderes, bereits bestehendes Unternehmen überträgt. Handelt es sich bei den beteiligten Unternehmen um Aktiengesellschaften, dann werden die Aktionäre der aufgenommenen und damit untergegangenen Gesellschaft mit Aktien der aufnehmenden Gesellschaft entschädigt, da ihre bisherigen Aktien durch die Fusion gegenstands- und damit wertlos geworden sind.

Das Aktiengesetz regelt lediglich die Fusion von Kapitalgesellschaften, betriebswirtschaftlich bezieht sich der Begriff Fusion oder Verschmelzung aber auf alle Unternehmen, unabhängig von der Rechtsform, in der sie geführt werden. Bei der Erweiterung der Betrachtung auf Einzelunternehmen und Personengesellschaften ist aber zu beachten, daß es hier das Institut der Gesamtrechtsnachfolge nicht gibt. Die beteiligten Betriebe müssen einzeln liquidiert und ihr Vermögen und ihre Schulden müssen einzeln übertragen werden.

Auch die Fusion oder Verschmelzung gilt als Zusammenschluß von Unternehmen im Sinne des Gesetzes gegen Wettbewerbsbeschränkungen. Daher sind auch bei einer Fusion wie bei der Konzernbildung die Vorschriften dieses Gesetzes zu beachten. Diese entsprechen aber bezüglich der Fusion denen, die im Zusammenhang mit der Bildung von Konzernen dargestellt worden sind, so daß hier auf die dort gemachten Ausführungen verwiesen werden kann.

4. Der Standort des Betriebes

41. Standort und Standortlehre

Der Standort des Betriebes ist ebenso wie seine Rechtsform oder eine bestimmte Form des Zusammenschlusses Bestandteil des konstitutionellen Rahmens eines Betriebes. Dies gilt insbesondere deshalb, weil die Entscheidung für den betrieblichen Standort wegen ihrer **dauerhaften Wirkung** eindeutig konstitutiven Charakter aufweist. Das Problem der Standortwahl stellt sich naturgemäß bei der **Unternehmensgründung**, sodann aber auch bei einer **Unternehmensverlagerung** oder bei einer **Standortspaltung** durch Errichtung von Zweigniederlassungen, von Filialen bzw. von anderen Betriebsstätten. Es gibt im Extremfall die Erscheinung, daß eine einmal getroffene Standortentscheidung unter wirtschaftlichen Gesichtspunkten überhaupt nicht mehr revidiert werden kann.

Unter dem Standort des Betriebes wird derjenige Ort innerhalb eines Wirtschaftsraumes verstanden, an dem sich seine Verwaltungs- und Fertigungsstätten, seine Lager und anderen Baulichkeiten befinden. Dabei können Teile des Betriebes unterschiedliche Standorte aufweisen, wenn beispielsweise Werke oder Auslieferungslager an verschiedenen Orten untergebracht sind. Daneben besitzen die einzelnen Gegenstände des Betriebes noch je für sich einen eigenen Standort innerhalb des Betriebes oder eines Teiles davon (**innerbetrieblicher Standort**). Aus diesem Grunde ist bei einer genaueren Analyse zwischen dem Betriebsstandort, den Betriebsstätten-Standorten und den Standorten der einzelnen betrieblichen Faktoren zu unterscheiden (*Diederich*).

Die **betriebswirtschaftliche Standortlehre** beschäftigt sich mit den Fragen der Standortwahl aus der Sicht des einzelnen Betriebes. Volkswirtschaftliche Fragestellungen wie die Verteilung von Unternehmen im Raum und Faktorallokation unter gesamtwirtschaftlichen Zielsetzungen sowie die Schaffung regionaler Gleichgewichte bleiben dabei außer Ansatz. Im Rahmen der in diesem Lehrbuch behandelten erklärenden Aufgabe der Betriebswirtschaftslehre beschränkt sich die Darstellung der Standortlehre auf die **Standortfaktorenlehre**, in der alle potentiellen Standortfaktoren erfaßt, systematisiert und in ihrer Bedeutung analysiert werden. Die gestaltenden Ansätze der **Standortplanung** demgegenüber bauen auf der Standortfaktorenlehre auf und wollen Handlungsanweisungen für eine der Zielsetzung des jeweiligen Betriebes optimal entsprechende Standortwahl zur Verfügung stellen.

42. Standortfaktoren

Der Begriff Standortfaktor geht auf *Alfred Weber* (1909) zurück, der unter einem Standortfaktor „einen seiner Art nach scharf abgegrenzten Vorteil, der für eine wirtschaftliche Tätigkeit dann eintritt, wenn sie sich an einem bestimmten Ort oder auch generell an Plätzen bestimmter Art vollzieht“ versteht, wobei der Vorteil eines Ortes als die Möglichkeit angesehen wird, „den als Ganzes betrachteten Produktions- und Absatzprozeß eines bestimmten industriellen Produkts nach irgend einer Richtung billiger durchzuführen als anderswo.“ Im Gegensatz zur Begriffsbildung *Webers* erscheint es jedoch sinnvoller, anstelle eines Vorteils, der ja nur durch den Vergleich zweier Größen bestimmt werden kann, allgemeiner die mögliche Einflußnahme auf die Standortentscheidung als kennzeichnendes Merkmal des Standortfaktors heranzuziehen. Damit ist dann als Standortfaktor eine Einflußgröße zu bezeichnen, die von Ort zu Ort unterschiedlich auf die verschiedenen Komponenten der betrieblichen Zielsetzung, z. B. auf die Kosten und die Erlöse, einwirken kann und deshalb gegebenenfalls von Relevanz für die betriebliche Standortwahl ist.

Die Standortfaktoren lassen sich nach verschiedenen Gesichtspunkten einteilen; eine mögliche Klassifikation, die alle wesentlichen Standortfaktoren enthält, unterscheidet Einflußgrößen der Beschaffungsmärkte und der Absatzmärkte, Einflußgrößen der staatlichen Rahmenbedingungen sowie natürliche Einflußgrößen (*Steiner*).

Einflußgrößen der Beschaffungsmärkte beziehen sich auf die Beschaffbarkeit von Grundstücken und Gebäuden, Anlagegütern, Roh-, Hilfs- und Betriebsstoffen, Arbeitskräften, Energie sowie Transportmöglichkeiten. Bei Grundstücken und

Gebäuden geht es darum, ob diese in der verlangten Qualität vorhanden sind, auf welchem Niveau sich Kaufpreise und Mieten bewegen, welche Ausdehnungsmöglichkeiten für spätere Betriebserweiterungen gegeben sind und ob zukünftige Rechtseingriffe in zu schaffende Eigentums oder Besitzverhältnisse zu erwarten sind. Die Beschaffbarkeit von Anlagegütern wie beispielsweise Maschinen oder maschinellen Anlagen beinhaltet die Frage nach deren Angebot, Lieferung und Unterhaltung (Service, Wartung, Pflege). Bezüglich der immer wieder neu einzusetzenden Roh-, Hilfs- und Betriebsstoffe ist deren örtliche Verfügbarkeit einschließlich der Einkaufspreise von besonderer Bedeutung, während bei den Arbeitskräften die Frage ihrer Verfügbarkeit nach Qualität und Quantität sowie die Höhe des zu zahlenden Arbeitsentgeltes eine vorrangige Rolle spielt. Die Energiebeschaffung hat heute keine wesentliche Bedeutung mehr, da die allgemein verwendete Elektrizität praktisch überall zu fast gleichen Kosten bezogen werden kann. Eine Ausnahme bilden Unternehmen, die auf Kohle als Energieträger angewiesen sind und daher die Kosten des Transports der Kohle berücksichtigen müssen. Transportmöglichkeiten bilden einen wichtigen Standortfaktor bei solchen Betrieben, die verkehrsorientiert sind und aus diesem Grunde Standorte bevorzugen, die die gewünschten oder benötigten Verkehrsverbindungen aufweisen (See- oder Flughäfen, Verkehrsknotenpunkte, Umschlagplätze zwischen Land und Binnenschiffverkehr).

Einflußgrößen der Absatzmärkte nehmen Bezug auf das Absatzpotential des Standortes, auf die Absatztransportkosten und -zeit sowie auf die Absatzkontakte. Beim Absatzpotential geht es um die Fragen nach Bedarf und Kaufkraft, die aus Abnehmerdichte, -struktur und -verhalten zu ermitteln sind, aber auch um das aktuelle oder potentielle Vorhandensein konkurrierender Anbieter. Absatztransportkosten und -zeit, die oftmals eng miteinander korreliert sind, sprechen trotz starker Internationalisierung der Geschäftsbeziehungen auch heute noch vielfach gegen eine zu starke räumliche Trennung des Betriebsstandortes von den Absatzmärkten des Unternehmens, wenn es sich bei den abzusetzenden Leistungen des Betriebes nicht um besonders hochwertige oder konkurrenzlose Güter handelt oder sehr gute Verkehrsverbindungen bestehen. Absatzkontakte als Standortfaktor beinhalten die Frage nach der Verfügbarkeit von Absatzmittlern wie Agenten, Maklern oder Vertretern.

Einflußgrößen der staatlichen Rahmenbedingungen werden in erster Linie durch in Abhängigkeit vom gewählten Standort **unterschiedliche steuerliche Belastungen** des Betriebes gebildet. Derartige Unterschiede gibt es aufgrund der verschiedenartigen Steuersysteme naturgemäß in erster Linie im internationalen Bereich, sie treten aber durchaus auch im nationalen Bereich auf. Für die Bundesrepublik Deutschland lassen sich nach *Wöhe* drei Gruppen von **standortbedingten Steuerdifferenzierungen** unterscheiden:

- Steuerdifferenzierungen, die durch das Steuersystem bedingt sind;
- Steuerdifferenzierungen, die eine Folge dezentraler Finanzverwaltung sind;
- Steuerdifferenzierungen, die durch die Steuerpolitik geschaffen werden.

Ein Beispiel für die erste Gruppe wird durch die **Realsteuern** (Gewerbesteuer, Grundsteuer) gegeben. Diese sind zwar bundeseinheitlich geregelt, den Gemeinden, für die sie die wichtigste Quelle zur Deckung ihrer Ausgaben bilden, ist aber das Recht eingeräumt worden, die **Hebesätze** der Realsteuern entsprechend ihrem Finanzbedarf jährlich neu festzusetzen. In die zweite Gruppe fallen die **Ermessens-**

spielräume, die es den Finanzverwaltungen der Länder gestatten, die Steuergesetze unterschiedlich auszulegen und anzuwenden. Als Beispiel für die dritte Gruppe können die **Steuervergünstigungen für Investitionen in den neuen Bundesländern** herangezogen werden.

Neben die steuerliche Belastung können als weitere Einflußgrößen der staatlichen Rahmenbedingungen standortabhängige **Gebühren** treten, des weiteren die **Rechts- und Wirtschaftsordnung**, die aber bezüglich beispielsweise der Ausgestaltung der Unternehmensverfassung, der Eigentümerrechte und der Mitbestimmung mehr im internationalen als im nationalen Bereich der Bundesrepublik Deutschland als Standortfaktor eine Rolle spielt. Schließlich sind hier **Auflagen und Beschränkungen** etwa in Form von Umweltschutzvorschriften, Gewerbeaufsichtsvorschriften oder Einschränkungen im Kapitaltransfer und in der Konvertierung von Währungen sowie staatliche Förderungsmaßnahmen in Form von **Subventionen** zu nennen (*Steiner*).

Natürliche Einflußgrößen werden einerseits durch geologische Bedingungen (Vorkommen von Bodenschätzen oder Bebaubarkeit von Grund und Boden) und andererseits durch Umweltbedingungen (Klimaverhältnisse oder Verfügbarkeit und Qualität von Wasser) dargestellt.

Es kann nicht allgemein gesagt werden, welchen der genannten Standortfaktoren welche Bedeutung zuzumessen ist. Diese Frage wird vielmehr von Betrieb zu Betrieb unterschiedlich zu beantworten sein. Je nachdem, welchem Standortfaktor oder welcher Gruppe von gleichartigen Standortfaktoren die überragende Bedeutung zugeordnet wird, kann von Material- oder Rohstofforientierung, Arbeitsorientierung, Abgabenorientierung, Kraft- oder Energieorientierung, Verkehrsorientierung, Umweltorientierung und Absatzorientierung gesprochen werden. In den meisten Fällen der Realität wird aber nicht eine einseitige Orientierung an einem Standortfaktor oder an einer Gruppe gleichartiger Standortfaktoren zu beobachten sein, d. h., es wird z. B. kaum rein arbeitsorientierte Standorte von Betrieben geben, sondern die Betriebe werden sich bezüglich ihres Standortes an allen von ihnen für wesentlich gehaltenen Standortfaktoren oder Gruppen gleichartiger Standortfaktoren orientieren, während die für unwesentlich erachteten in entsprechenden Überlegungen vernachlässigt werden.

Fragen zur Lernkontrolle:

1. Was sind konstitutive Entscheidungen?
2. Worin erblicken Sie die wesentlichen Merkmale einer jeden Rechtsform?
3. Nennen Sie die privatrechtlichen Formen des Betriebes.
4. Was wird unter den Begriffen Gelegenheitsgesellschaft, Innengesellschaft und Doppelgesellschaft verstanden?
5. Beschreiben Sie Einzelunternehmen, OHG und KG hinsichtlich Haftung, Leitungsbefugnis, Finanzierungsmöglichkeiten, Steuerbelastung des Gewinns und Aufwendungen in Verbindung mit der Rechtsform.
6. Durch welche Rechtsmerkmale sind alle Kapitalgesellschaften gekennzeichnet?
7. Nennen Sie die gesetzlichen und satzungsmäßigen Organe der GmbH.

8. Erläutern Sie im Hinblick auf die GmbH die Begriffe Stammkapital, Stammeinlage sowie beschränkte und unbeschränkte Nachschußpflicht.
9. Welche Aufgaben haben die einzelnen Organe der AG?
10. Was ist unter der Fungibilität der Aktien zu verstehen, und worin liegt ihre Bedeutung?
11. Nach welchem Verfahren erfolgt bei der AG eine ordentliche Kapitalerhöhung?
12. Erläutern Sie das steuerliche Anrechnungsverfahren, mit dem die Doppelbesteuerung des von Kapitalgesellschaften ausgeschütteten Gewinns vermieden wird.
13. Wodurch sind horizontale, vertikale, homogene und heterogene Unternehmenszusammenschlüsse gekennzeichnet?
14. Was ist ein Kartell, und welche Kartellarten kennen Sie?
15. Unter welchen Umständen hat das Bundeskartellamt eine Konzernbildung im Zuge der Fusionskontrolle zu untersagen?
16. Durch welche Möglichkeiten läßt sich die einheitliche wirtschaftliche Leitung im Unterordnungs- bzw. im Gleichordnungskonzern realisieren?
17. Nach welchen Kriterien lassen sich die Standortfaktoren klassifizieren?
18. Systematisieren und erläutern Sie die standortbedingten Steuerdifferenzierungen.

Literaturhinweise zum 3. Teil:

Bea, Franz Xaver, Entscheidungen des Unternehmens, in: F. X. Bea, E. Dichtl und M. Schweitzer (Hrsg.), Allgemeine Betriebswirtschaftslehre, Band 1: Grundfragen, 7. Aufl., Stuttgart, 1997, S. 376-507

Diederich, Helmut, Allgemeine Betriebswirtschaftslehre, 7. Aufl., Stuttgart, Berlin, Köln, 1992

Schierenbeck, Henner, Grundzüge der Betriebswirtschaftslehre, 13. Aufl., München, Wien, 1998

Steiner, Manfred, Konstitutive Entscheidungen, in: Vahlens Kompendium der Betriebswirtschaftslehre, Band 1, 4. Aufl., München, 1999, S. 57-105

Wöhe, Günter, Einführung in die Allgemeine Betriebswirtschaftslehre, 19. Aufl., München, 1996

4. Teil: Der institutionelle Rahmen des Betriebes

1. Die Betriebsgröße

Ein wichtiges Merkmal zur Kennzeichnung eines Systems neben den bisher genannten ist seine Größe. Dies rührt insbesondere daher, daß im allgemeinen ein direkter Zusammenhang zwischen der Größe eines Systems und seiner **Beherrschbarkeit** besteht, d. h., je größer ein System ist, desto schwerer wird es in der Regel zu beherrschen sein. Problematisch ist allerdings in vielen Fällen die Messung der Größe, da es sich bei ihr oftmals nicht um ein eindimensionales Merkmal wie die menschliche Körperlänge in cm oder die flächenhafte Ausdehnung eines Gebietes in qkm, sondern um ein mehrdimensionales Merkmal handelt. In solchen Fällen entsteht die Aufgabe, entweder die verschiedenen zu messenden Dimensionen in einem einheitlichen Maß zusammenzufassen oder wenn dies nicht möglich erscheint eine Dimension allein oder einige Dimensionen nebeneinander zur Messung der Größe heranzuziehen.

In einem vorigen Abschnitt ist der Betrieb als System gekennzeichnet worden. Die dort herangezogenen verschiedenen Merkmale zur genaueren Spezifikation des Systems Betrieb lassen es schwierig erscheinen, die Betriebsgröße mittels eines einheitlichen eindimensionalen Maßes in eindeutiger und objektiver Weise zu bestimmen. Dennoch ist es in Theorie und Praxis allgemein üblich, die Menge aller Betriebe in die Gruppen **Groß-, Mittel- und Kleinunternehmen**, gegebenenfalls sogar noch **Kleinstunternehmen**, einzuteilen. Die Schwierigkeiten, eine solche Einteilung mittels objektiv begründbarer Kriterien in eindeutiger Weise vorzunehmen, dürfen aber nicht dazu führen, auf eine derartige Klassifikation gänzlich zu verzichten. Es gibt nämlich durchaus grundlegende betriebswirtschaftliche **Besonderheiten**, die **betriebsgrößenspezifisch** sind. In diesem Zusammenhang sei auf das im zweiten Teil dieses Lehrbuches angesprochene Publizitätsgesetz von 1969 verwiesen, das die drei Kriterien Bilanzsumme, Umsatzerlöse und Beschäftigtenzahl heranzieht, um eine Gruppierung aller Unternehmen, die nicht in der Rechtsform einer Kapitalgesellschaft geführt werden, in nicht-publizitätspflichtige und publizitätspflichtige (= große) Betriebe vorzunehmen.

In der Literatur wird zwischen quantitativen und qualitativen Kriterien zur Kennzeichnung der Betriebsgröße unterschieden. Als gebräuchlichste **quantitative Abgrenzungskriterien** werden dabei etwa genannt:

Potentialgrößen:

- Anzahl der Beschäftigten bzw.
- Anzahl der verfügbaren Arbeitsstunden pro Periode,
- Anzahl der Aggregate verschiedener Art bzw.
- Anzahl der Aggregatstunden pro Periode,
- Anlagevermögen,
- Umlaufvermögen,
- Bilanzsumme,
- Raum oder Fläche,

Güter- und Wertestromgrößen:

- Ausstoßmenge pro Periode,
- Faktoreinsatzmenge pro Periode,
- Kosten oder Aufwendungen pro Periode,
- Erlöse oder Erträge pro Periode,
- Gewinn pro Periode (*Bloech*).

Es erscheint einsichtig, daß die Heranziehung des vollständigen Kriterienkatalogs zur Klassifizierung der Menge aller Unternehmen nach der Betriebsgröße nicht nur mit Schwierigkeiten verbunden wäre, sondern auch zu unerwünschten Ergebnissen führen könnte. So erscheint es durchaus möglich, daß ein Betrieb, der bezüglich der überwiegenden Zahl der Kriterien zur Gruppe der mittleren oder gar der kleinen Unternehmen gehörte, dieser nicht schlüssig zugewiesen werden könnte, weil er bezüglich eines Kriteriums zur Gruppe der Großunternehmen zu zählen wäre.

Die aufgezeigte Problematik hat dazu geführt, daß aus der Menge der möglichen quantitativen Abgrenzungskriterien meist nur die **Beschäftigtenzahl** und die **Umsatzerlöse**, bisweilen noch wie auch im Publizitätsgesetz ergänzt um die **Bilanzsumme**, als Kriterien zur Klassifikation nach der Betriebsgröße herangezogen werden.

Die nächste Aufgabe, die sich stellt, ist die **Bestimmung der Schwellenwerte** zwischen Klein- und Mittel- sowie Mittel- und Großbetrieben bezüglich der heranzuziehenden Abgrenzungskriterien. Die Lösung dieser Aufgabe ist ungleich schwieriger als die erste, da hier einerseits erhebliche subjektive Einflüsse wirksam werden, die einer objektiven Begründbarkeit der gewählten Werte hinderlich entgegenstehen. Andererseits ist in diesem Zusammenhang zu beachten, daß derartige Schwellenwerte in starkem Maße wirtschaftszweigabhängig sind. Betriebe, die aufgrund bestimmter quantitativer Kriterien in einem Wirtschaftszweig bereits als Großunternehmen anzusehen sind, können unter Anwendung derselben Kriterien in einem anderen Wirtschaftszweig durchaus nur die Bedeutung von Mittelbetrieben aufweisen.

Die zuletzt genannte Schwierigkeit läßt es nicht sinnvoll erscheinen, unter Verwendung der beiden quantitativen Kriterien Beschäftigtenzahl und Umsatzerlöse Schwellenwerte zur Abgrenzung zwischen Klein- und Mittel- sowie Mittel- und Großbetrieben für die Gesamtheit der Betriebe in der Bundesrepublik Deutschland vorzuschlagen. Es wird vielmehr dem Vorschlag von *Pfohl* und *Kellerwessel* gefolgt, die eine Differenzierung nach sechs Wirtschaftszweigen (Branchen) vornehmen und innerhalb dieser wirtschaftszweigspezifische Schwellenwerte zur Kategorisierung in Klein-, Mittel- und Großbetriebe angeben.

Im Gegensatz zu der hier verfolgten Vorgehensweise unternimmt Schierenbeck den Versuch, mit Hilfe der drei quantitativen Kriterien Beschäftigtenzahl, Bilanzsumme und Umsatzerlöse eine allgemeine Klassifikation aller Unternehmen in Klein-, Mittel- und Großbetriebe zu erstellen.

Die Abgrenzung von Großunternehmen gegenüber Klein- und Mittelbetrieben ist hier aufgrund der im Publizitätsgesetz genannten Schwellenwerte vorgenommen worden. Die oben aufgezeigte Abgrenzungsproblematik wird in dieser Vorgehensweise sehr deutlich, wenn beispielhaft ein Handelsbetrieb mit 800 Beschäftigten, einer Bilanzsumme von 50 Mio. DM und Umsatzerlösen in Höhe von 200 Mio. DM betrachtet wird. Dieses Unternehmen wäre nach der vorstehenden Klassifikati-

Wirtschaftszweig und Kategorie	Schwellenwerte bezüglich Beschäftigtenzahl	bezüglich Umsatzerlöse
Industrie		
Kleinbetrieb	bis 49	bis 2 Mio. DM
Mittelbetrieb	50 bis 499	2 bis 25 Mio. DM
Großbetrieb	500 und mehr	über 25 Mio. DM
Handwerk		
Kleinbetrieb	bis 2	bis 100.000 DM
Mittelbetrieb	3 bis 49	100.000 bis 2 Mio. DM
Großbetrieb	50 und mehr	über 2 Mio. DM
Großhandel		
Kleinbetrieb	bis 9	bis 1 Mio. DM
Mittelbetrieb	10 bis 199	1 bis 50 Mio. DM
Großbetrieb	200 und mehr	über 50 Mio. DM
Einzelhandel		
Kleinbetrieb	bis 2	bis 500.000 DM
Mittelbetrieb	3 bis 99	500.000 bis 10 Mio. DM
Großbetrieb	100 und mehr	über 10 Mio. DM
Verkehr		
Kleinbetrieb	bis 2	bis 100.000 DM
Mittelbetrieb	3 bis 49	100.000 bis 2 Mio. DM
Großbetrieb	50 und mehr	über 2 Mio. DM
Dienstleistungen		
Kleinbetrieb	bis 2	bis 100.000 DM
Mittelbetrieb	3 bis 49	100.000 bis 2 Mio. DM
Großbetrieb	50 und mehr	über 2 Mio. DM

Darstellung 4-1: Beispiel einer wirtschaftszweigspezifischen Festlegung von Schwellenwerten zur Abgrenzung zwischen Klein-, Mittel- und Großbetrieben nach den quantitativen Kriterien Beschäftigtenzahl und Umsatzerlöse

Schwellenwerte / Größenklasse	bezüglich Beschäftigtenzahl	bezüglich Bilanzsumme	bezüglich Umsatzerlöse
Kleinbetrieb	bis 19	bis 0,5 Mio. DM	bis 1 Mio. DM
Mittelbetrieb	20 bis 5000	0,5 bis 125 Mio. DM	1 bis 250 Mio. DM
Großbetrieb	über 5000	über 125 Mio. DM	über 250 Mio. DM

Darstellung 4-2: Bildung von Unternehmensgrößenklassen nach *Schierenbeck*

on als ein Mittelbetrieb zu bezeichnen, obwohl es in der Wirtschaftspraxis der Bundesrepublik Deutschland eines der größten in der Handelsbranche (Branchendurchschnitt 1970: 5,6 Beschäftigte) darstellte. Eine Übersicht zu den verschiedenen Größenklassen am Kriterium des Umsatzes zeigt die Darstellung 4-3.

Unternehmen mit ... DM Umsatz	Deutschland			
	Unternehmen		Umsatz	
	abs.	in %	in Mill. DM	in %
25.000 bis 50.000	356.903	12,8	13.171,7	0,2
50.000 bis 100.000	461.851	16,6	33.612,0	0,5
100.000 bis 500.000	1.109.352	39,8	267.363,0	4,1
500.000 bis 1 Mill.	340.691	12,2	241.161,4	3,7
1 Mill. bis 5 Mill.	395.647	14,2	829.126,8	12,7
5 Mill. bis 25 Mill.	96.987	3,5	991.585,1	15,2
25 Mill. bis 100 Mill.	19.570	0,7	903.062,9	13,8
100 Mill. und mehr	6.073	0,2	3.265.660,6	49,9
INSGESAMT	**2.787.074**	**100,0**	**6.544.743,6**	**100,0**

Darstellung 4-3: Unternehmens- und Umsatzgrößenstruktur in Deutschland 1994
(Quelle: Bundesministerium für Wirtschaft)

Neben quantitativen können auch **qualitative Abgrenzungskriterien** zur Klassifikation der Betriebe nach ihrer Größe herangezogen werden. In der Literatur werden in diesem Bereich vorwiegend zwei Merkmale herangezogen, um Klein- und Mittelbetriebe von Großunternehmen zu unterscheiden. Es handelt sich bei ihnen einerseits um das Merkmal **Eigentümerunternehmer** und andererseits um das Merkmal **Nichtemissionsfähigkeit**. Das Merkmal Eigentümerunternehmer besagt, daß sich die Kapitalanteile des Unternehmens unabhängig von seiner Rechtsform ganz oder zum größten Teil im Eigentum des Unternehmers oder mehrerer weniger Unternehmer befinden und daß das Unternehmen vom Eigentümer oder den Eigentümern mit Hilfe weniger leitender Mitarbeiter voll überschaut und in allen Unternehmensfunktionen maßgeblich mitgeleitet werden kann. Das Merkmal Nichtemissionsfähigkeit beinhaltet hingegen, daß das Unternehmen aufgrund seiner Rechtsform und seiner quantitativ geringen Größe nicht in der Lage ist, seinen Kapitalbedarf durch die Begebung (Emission) von Eigen- oder Fremdkapitaltiteln, insbesondere also von Aktien oder Industrieobligationen, zu decken.

Mit diesen beiden qualitativen Kriterien lassen sich bis zu einem gewissen Grade Klein- und Mittelbetriebe von Großunternehmen abgrenzen, eine weitergehende Differenzierung zwischen Klein- und Mittelbetrieben läßt sich auf diesem Wege dagegen nur schwer vornehmen. Bezüglich des Merkmals Nichtemissionsfähigkeit werden Klein- und Mittelbetriebe in der Regel gleichzusetzen sein. Hinsichtlich des Merkmals Eigentümerunternehmer lassen sich allerdings graduelle Unterschiede dergestalt feststellen, daß das Eigentümerunternehmertum um so ausgeprägter ist, je kleiner der Betrieb ist. Eine Grenzziehung zwischen Klein- und Mittelbetrieb mit Hilfe dieses qualitativen Kriteriums allein erscheint jedoch nicht möglich.

Zusammenfassend sei bemerkt, daß eine Klassifikation der Menge aller Betriebe in Klein-, Mittel- und Großbetriebe in allgemeiner Form eine kaum lösbare Aufgabe darstellt. Diese Tatsache ist darauf zurückzuführen, daß die Betriebsgröße nur mehrdimensional gemessen werden kann und daß Schwellenwerte nur wirtschaftszweigspezifisch sinnvoll angegeben werden können. Dennoch muß festgestellt werden, daß betriebsgrößenabhängige Problemstellungen eine Klassifikation verlangen. Hilfsmittel zur Vornahme einer derartigen Klassifikation können im konkreten Untersuchungsfall die angeführten **quantitativen und qualitativen** Abgrenzungskriterien sein.

2. Die Organisation des Betriebes

21. Begriff und Wesen der Organisation

Der Betrieb als Erkenntnisobjekt der Betriebswirtschaftslehre ist als System gekennzeichnet worden, also als eine Menge von Elementen mit einem Netz sie verbindender Beziehungen, Dieses System ist zielgerichtet, sein Ziel wurde als das Formalziel bezeichnet. Das Erreichen des Formalziels wird über die Realisierung des Sachziels, die Erstellung von Gütern in Form von Sach- und Dienstleistungen für den Bedarf Dritter und deren Angebot am Markt zum Tausch, angestrebt. Damit das Formalziel bestmöglich erreicht wird, ist es notwendig, daß die Elemente des Systems Betrieb nicht unverbunden nebeneinander oder nur in ungeregelten Beziehungen zueinander stehen, sondern in einer dem verfolgten Ziel entsprechenden Weise zusammengefügt sind. *Kosiol* spricht in diesem Zusammenhang von einer gefügehaften Ordnung des Betriebes.

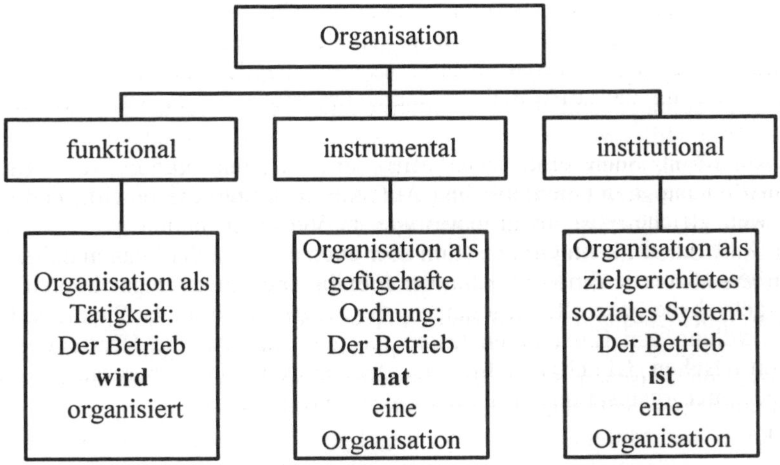

Darstellung 4-4: Die verschiedenen Inhalte des Organisationsbegriffs

Die Herstellung dieser gefügehaften Ordnung als eine **strukturierende Gestaltung des Betriebes** wird als **Organisieren** oder als Organisation im Sinne von Tätigkeit bezeichnet. Das Ergebnis dieser Tätigkeit, also die **gefügehafte Ordnung des Betriebes** als bewußte Anordnung der Elemente des Systems Betrieb und Festlegung der Beziehungen der Elemente untereinander, wird als die **Organisation des Betriebes** gekennzeichnet (*Diederich*). Bisweilen wird auch der Betrieb selbst als ein zielgerichtetes soziales System eine Organisation genannt.

Es ist demnach zwischen dem funktionalen, dem instrumentalen und dem institutionalen Organisationsbegriff zu unterscheiden.

Wenn die Organisation hier als Bestandteil des institutionellen Rahmens des Betriebes betrachtet wird, dann soll der Organisationsbegriff im instrumentalen Sinne einer gefügehaften Ordnung des Betriebes verstanden werden. In diesem Sinne ist die **Organisation** das **Ergebnis von betrieblichen Regelungen** (Anordnungen), die von genereller Art sind und eine dauerhafte, zumindest für einen längeren Zeitraum gültige strukturierende Wirkung aufweisen. Dagegen werden betriebliche Regelungen, die provisorischer Natur sind und nur eine vorläufige, d. h. auf kurze Sicht gültige strukturierende Wirkung haben, als **Improvisation** bezeichnet und solche, die nur fallweise getroffen werden und damit keine strukturiende Wirkung beinhalten, als **Disposition.**

Die betriebswirtschaftliche Organisationslehre unterscheidet aus methodischen Gründen in der Regel zwischen Aufbauorganisation und Ablauforganisation. Die **Aufbauorganisation** hat die Elemente des Systems und ihre Beziehungen untereinander zum Gegenstand; sie geht von der Gesamtaufgabe des Unternehmens aus, zerlegt diese und ordnet einzelne Aufgaben Aufgabenträgern zu. Weiterhin befaßt sie sich mit den Aufgaben, Kompetenz und Verantwortungsbereichen von Personen und Personengruppen sowie mit der Organisationsform des Gesamtunternehmens. Sie kann deshalb auch als **Gebildestruktur** bezeichnet werden. Gegenstand der **Ablauforganisation** sind dagegen die materiellen und immateriellen Arbeitsprozesse im Betrieb in ihrem räumlichen und zeitlichen Verlauf. Sie wird aus diesem Grunde auch **Prozeßstruktur** genannt. Damit bezieht sich die Aufbauorganisation also in erster Linie auf die institutionelle Gliederung des Unternehmens in aufgabenteilige Einheiten und deren Abstimmung aufeinander, die Ablauforganisation demgegenüber auf die strukturelle Ordnung der Prozesse des Aufgabenvollzuges (*Diederich*).

Organisation im Sinne einer dauerhaften, strukturierten Ordnung führt zu einer Vereinheitlichung in der betrieblichen Aufgabenerfüllung. Sie bewirkt damit **Stabilität**, weil gleiche Fälle im Ergebnis wie im Verfahren immer gleich behandelt werden. Andererseits kann Organisation aber auch negative Wirkungen haben, dazu zählt insbesondere die Einschränkung der **Flexibilität** (Anpassungsfähigkeit) durch zu weit getriebene generelle Regelungen, die keinen Raum mehr für die individuelle Behandlung von Einzelfällen lassen. Es geht also um die Herstellung eines **organisatorischen Gleichgewichts**, bei dem sowohl eine Überorganisation als auch eine Unterorganisation vermieden wird (*Schierenbeck*).

22. Die Aufbauorganisation

Die Aufbauorganisation verkörpert die Gebildestruktur des Betriebes. Sie stellt damit das Ergebnis eines Strukturierungsprozesses dar, der sich aus den beiden Teilprozessen Aufgabenanalyse und Aufgabensynthese zusammensetzt.

Ausgangspunkt der **Aufgabenanalyse** ist die Gesamtaufgabe des Unternehmens, d. h. das jeweilige Sachziel. Diese Aufgabe wird in der Regel so global formuliert sein, daß sie sich einer unmittelbaren Erfüllung entzieht. Aus diesem Grunde wird sie in Teilaufgaben bis hinunter zu Elementaraufgaben zerlegt (analysiert), um den zu organisierenden Sachverhalt vollständig und exakt übersehen zu können. Die Darstellung der in Teilaufgaben zerlegten Gesamtaufgabe mitsamt der zwischen ihnen bestehenden Zusammenhänge wird als **Aufgabengliederungsplan** bezeichnet.

Im Anschluß an die Aufgabenanalyse erfolgt die **Aufgabensynthese**. Sie besteht darin, einzelne Teil oder Elementaraufgaben zu Aufgabenkomplexen zusammenzufassen. Die Aufgabensynthese ist einerseits darauf gerichtet, alle Teilaufgaben im Rahmen der zu erfüllenden Gesamtaufgabe so aufeinander abzustimmen, daß sich ein sachlogischer Zusammenhang aller zu bewältigenden Aufgaben im Gesamtsystem Betrieb ergibt. Dieser Beziehungszusammenhang wird als **Aufgabengefüge** bezeichnet. Andererseits verfolgt die Aufgabensynthese das Ziel-, Teil- oder Elementaraufgaben so zusammenzufassen, daß Aufgabenkomplexe entstehen, die auf Personen oder Personengruppen übertragen werden können, um von diesen unter Einsatz von Sachmitteln und Informationen erfüllt zu werden.

Das Ergebnis der Zusammenfassung von im Wege der Aufgabenanalyse gewonnenen Aufgabenkomplexen wird **Stelle** genannt. Die Stelle ist die kleinste organisatorische Einheit. Die zur Stelle zusammengefaßten Einzelaufgaben sollen grundsätzlich Dauercharakter haben, und die Stellenaufgaben sollen klar abgrenzbar sowie mit anderen Stellen koordinierbar sein. Die Stellenbildung erfolgt zunächst im Hinblick auf einen objektivierten, lediglich gedachten Aufgabenträger, erst später erfolgt die Besetzung der Stelle mit einem bestimmten **Stelleninhaber**, unter Umständen auch mit mehreren Stelleninhabern (*Schwarz*).

Die Gesamtheit der Stellen innerhalb des Betriebes kann in Stellen auf Leitungsebene und Stellen auf Ausführungsebene eingeteilt werden. Für die Aufbauorganisation des Betriebes sind in erster Linie die **Stellen auf Leitungsebene** von Bedeutung. Bei ihnen gilt es, zwischen Instanzen und Leitungshilfsstellen zu unterscheiden. Eine **Instanz** ist eine Leitungsstelle mit bestimmter Entscheidungs- und Anweisungsbefugnis (Kompetenz) sowie Verantwortung für die ihr untergebenen Stellen. Eine **Leitungshilfsstelle** verkörpert dagegen eine Stelle auf Leitungsebene als Unterstützungs- und Entlastungsorgan der Instanzen, die grundsätzlich über keine Fremdentscheidungs- und Anweisungsbefugnisse aufgrund eigener Leitungskompetenz verfügt (*Schwarz*). Es lassen sich vier Gruppen von Leitungshilfsstellen unterscheiden: **Stäbe** (Stabsstellen und Stabsabteilungen), **Assistenten**, **Stellen mit begrenzter funktionaler Autorität** (z. B. die Organisationsabteilung) und **Ausschüsse** (Kollegien).

Die Verbindung der Stellen, insbesondere der auf Leitungsebene, der Instanzen, erfolgt in Form von Über- und Unterordnungsverhältnissen. Diese Verhältnisse begründen eine **hierarchische Ordnung** im System Betrieb, wobei die mehrstufige

Hierarchie den Regelfall der betrieblichen Praxis darstellt (Beispiel: Geschäftsleitung - Hauptabteilungsleiter - Abteilungsleiter - Gruppenleiter - Meister). Eine Ausnahme wird durch das **Team** gebildet, das hinsichtlich der Regelung der Zusammenarbeit bei der Aufgabenerfüllung auf eine hierarchische Ordnung zu verzichten sucht. Das Team hat sich in der Praxis bisher nur für wenige Aufgaben durchgesetzt, es wird meist nur für eine begrenzte Zeit und für eine genau umschriebene abgegrenzte Aufgabe gebildet (*Grochla*).

Die hierarchische Ordnung der Stellen kann in zwei Grundformen erfolgen, dem Einlinien- und dem Mehrliniensystem. Das **Einliniensystem** geht auf *Fayol* zurück, der das Prinzip der Einheit der Auftragserteilung in den Vordergrund seiner Überlegungen stellte. Dieses Prinzip besagt, daß jede untergebene Stelle, jeder Untergebene, immer nur von einer vorgesetzten Instanz, dem Vorgesetzten, Anweisungen erhalten darf. Damit ergeben sich im Einliniensystem stets eindeutige Anweisungsbefugnisse und Verantwortlichkeiten.

Das Einliniensytem zeichnet sich aufgrund des seiner Konstruktion zugrundeliegenden Prinzips einerseits durch eine beträchtliche Schwerfälligkeit aus, es weist andererseits aber ein hohes Maß an Sicherheit auf. In der betrieblichen Praxis ist es häufig in abgewandelter Form anzutreffen, und zwar unter Ergänzung durch Leitungshilfsstellen, insbesondere Stäbe und Assistenten. Diese werden bestimmten Instanzen ihrem Wesen entsprechend als Unterstützungs- und Entlastungsstellen beigeordnet. Sie verfügen nur über einen Dienstweg zu ihrer jeweiligen Instanz, darüber hinaus sind sie in das System der hierarchischen Ordnung formal nicht eingebunden. In dieser abgewandelten Form wird das Einliniensystem in der Literatur als **Stab-Linien-System** bezeichnet.

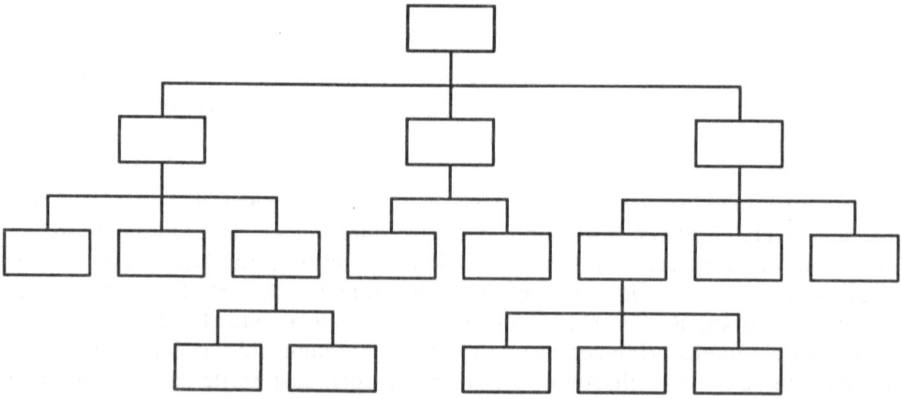

Darstellung 4-5: Das Einliniensystem

Die zweite Grundform der hierarchischen Ordnung der Stellen wird durch das auf *Taylor* zurückgehende **Mehrliniensystem** gebildet. *Taylor* ging vom sogenannten Funktionsmeistersystem aus, nach dem ein Arbeiter von mehreren Meistern, die sich auf verschiedene Aufgabenbereiche spezialisiert haben, Anweisungen erhalten kann. Das wesentliche Kennzeichen des hieraus entwickelten allgemeinen Mehrliniensystems ist die Mehrfachunterstellung der nachgeordneten Einheiten.

Das Mehrliniensystem ist zwar nicht so schwerfällig wie das Einliniensystem, dafür birgt es aber aufgrund der Mehrfachunterstellungen die Gefahr von **Konflikten** in sich. Diese Tatsache ist darauf zurückzuführen, daß eine untergeordnete Stelle von mehreren vorgesetzten Instanzen Anweisungen erhalten kann, die inhaltlich miteinander konkurrieren. Der Vorteil des Mehrliniensystems liegt einerseits in den kurzen Anweisungswegen, andererseits aber insbesondere in der Spezialisierung der einzelnen vorgesetzten Instanzen bezüglich der von ihnen zu erfüllenden Aufgaben.

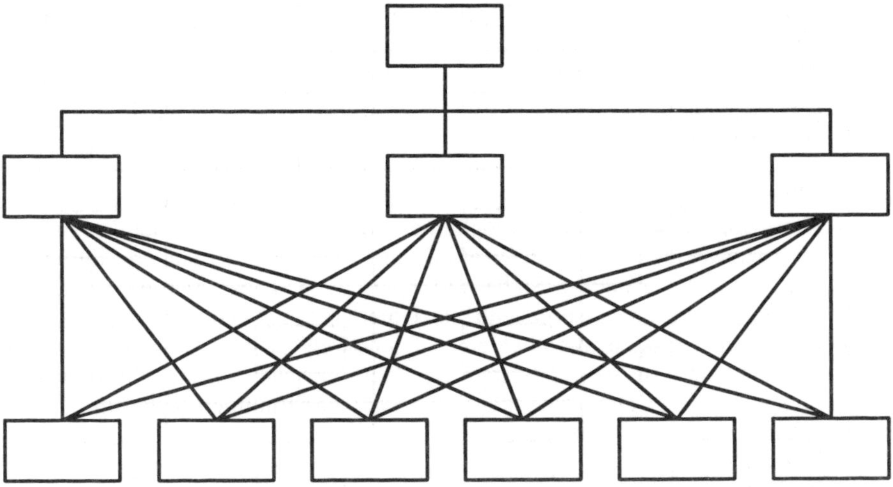

Darstellung 4-6: Das Mehrliniensystem

Die Organisationsformen Einliniensystem einschließlich des daraus abgewandelten Stab-Linien-Systems einerseits und Mehrliniensystem andererseits bilden die klassischen Formen der Leitungssysteme. Neben diese sind dann als neuere Entwicklungen die Matrix-Organisation, das Produkt-Management, das Projekt-Management und das System der überlappenden Gruppen getreten.

Die **Matrix-Organisation** wurde entwickelt, um in der Aufbauorganisation verschiedene Aspekte der zu lösenden Probleme gleichzeitig berücksichtigen zu können. Dazu werden auf der zweiten Ebene der betrieblichen Hierarchie nebeneinander **funktionsorientierte und objektorientierte Instanzen** geschaffen. Funktionsorientierte Instanzen können etwa die Hauptabteilungen Produktion, Absatz, Finanzierung und Rechnungswesen sein. Objektorientierte Instanzen werden beispielsweise nach Produktgruppen, Sparten oder Absatzmärkten gebildet. Es soll dann durch die Matrix-Organisation erreicht werden, daß beide Instanzenarten gleichzeitig und gleichberechtigt zur Problemlösung (z. B. Lösung eines Finanzierungsproblems im Bereich der Produktgruppe Q herangezogen werden. In einer graphischen Darstellung können die Instanzen der einen Art als Elemente der Vorspalte, die Instanzen der anderen Art als Elemente der Kopfzeile einer Matrix abgebildet werden. Die Stellen innerhalb der Matrix sind dann jeweils durch eine Zweifachunterstellung gekennzeichnet, zum einen unter eine funktionsorientierte und zum anderen unter eine objektorientierte Instanz.

Dem Vorteil der Berücksichtigung verschiedener Aspekte, nämlich funktions- und objektorientierter, steht der Nachteil der schon beim Mehrliniensystem aufgezeigten Mehrfachunterstellung gegenüber. Die Tatsache, daß es hier zu Konflikten zwischen den Anweisungen einer funktionsorientierten und denen einer objektorientierten Instanz kommen kann, dürfte in der Praxis zu erheblichen Abgrenzungsschwierigkeiten führen (*Schwarz*).

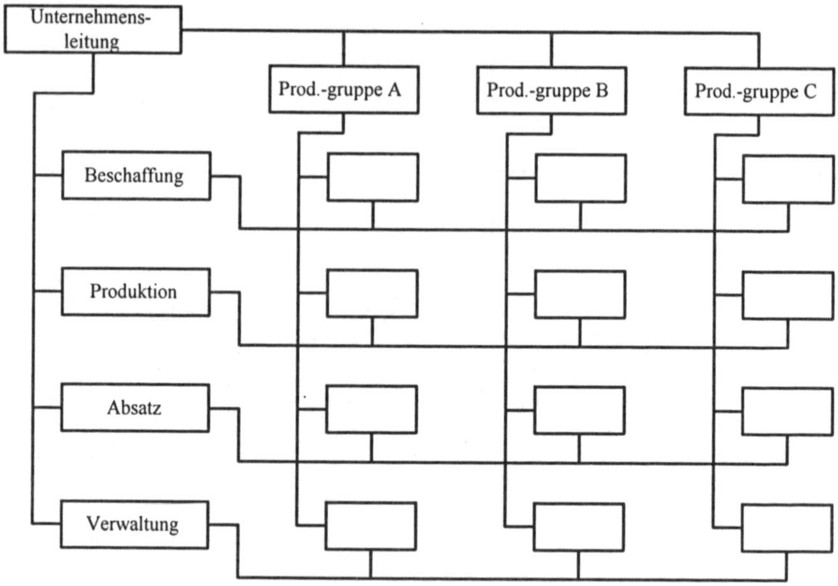

Darstellung 4-7: Beispiel einer Matrix-Organisation

Wird auf eine funktionsorientierte Gliederung der Instanzen weitgehend verzichtet, handelt es sich also um ein dominant objektorientiertes Leitungssystem, dann wird von einer **divisionalen Organisation** gesprochen. Divisionale Organisationsformen ergeben sich, wenn die Objektorientierung als Gliederungsprinzip auf der zweiten Ebene der betrieblichen Hierarchie Anwendung findet (*Neuhof*). Dabei kommen als Objekte Produkte oder Produktgruppen, abgrenzbare Käuferschichten oder regionale Märkte in Betracht, die zu **Sparten** zusammengefaßt werden. Jede derartige Sparte wird dann der einheitlichen Leitung eines **Divisions-Managers** unterstellt. In Darstellung 4-8 ist das Grundschema einer divisionalen Organisation in Anlehnung an *Grochla* dargestellt.

In der betrieblichen Praxis finden sich verschiedene Varianten der divisionalen oder Spartenorganisation. Die bekanntesten und am weitesten verbreiteten dieser Unterformen sind die **Profit-Center-Organisation** und die **Investment-Center-Organisation** (*Neuhof*).

Das **Produkt-Management** und das **Projekt-Management** sind Sonderformen der Matrix-Organisation, die dadurch gekennzeichnet werden können, daß eine grundsätzlich funktionsorientierte Aufbauorganisation unter zusätzlicher Berücksichtigung objektorientierter Gesichtspunkte partiell erweitert wird. Dabei soll sich der Produkt-Manager im Rahmen der funktionsorientierten Aufbauorganisation alle

Probleme annehmen, die sich auf ein bestimmtes Produkt oder eine bestimmte Produktgruppe beziehen, und dies ohne Beachtung, welchen Funktionsbereich diese Probleme betreffen. Auf diese Weise soll eine Zersplitterung der Verantwortung für ein Produkt oder ein Produktgruppe, die in einer ausschließlich funktionsorientierten Aufbauorganisation leicht eintreten kann, verhindert werden. Der Projekt-Manager unterscheidet sich vom Produkt-Manager zunächst nur dadurch, daß ihm statt Produkten oder Produktgruppen Projekte anvertraut werden. Ein weiterer Unterschied ist aber in der Tatsache zu sehen, daß die Betreuung eines Produktes oder einer Produktgruppe in der Regel eine zeitlich unbefristete Aufgabe darstellt, während die Betreuung eines Projektes mit der Erfüllung der das Projekt bildenden Aufgabe beendet ist (*Diederich*).

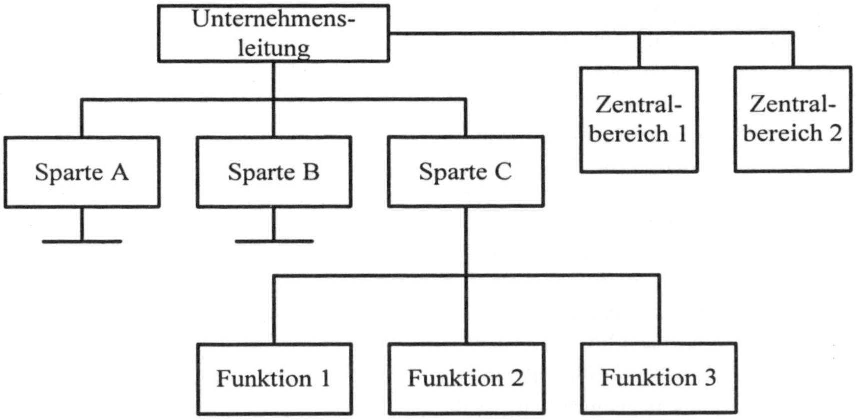

Darstellung 4-8: Grundschema einer divisionalen Organisation

Das **System der überlappenden Gruppen** geht auf *Likert* zurück. Der Grundgedanke dieser empirisch begründeten Form der Aufbauorganisation besteht darin, daß die Fähigkeiten der Mitarbeiter eines Unternehmens dann am besten genutzt werden können, wenn sie gleichzeitig Mitglieder einer oder mehrerer betriebsinterner Gruppen sind. Daher entwickelte *Likert* seine Konzeption des Systems der überlappenden Gruppen, in der die Organisation durch ein System von Gruppen gebildet wird, die durch Bindeglieder (linking pins) vertikal und horizontal untereinander verbunden sind. Jede Gruppe strebt die Realisierung eines ihr vorgegebenen Ziels durch gemeinsame Aktivitäten an. Die vertikalen Bindeglieder üben als Mitglieder der untergeordneten Gruppe Leitungsbefugnis aus, als Mitglieder der übergeordneten Gruppe sollen sie dort die Interessen der untergeordneten Gruppe vertreten. Die horizontalen Bindeglieder sollen dagegen die Kommunikation zwischen den Gruppen auf derselben Hierarchiestufe und die Koordination der Entscheidungen auf dieser Stufe erleichtern (*Schwarz*).

23. Die Ablauforganisation

Während sich die Aufbauorganisation als Gebildestruktur des Betriebes vor allem auf die institutionelle Gliederung des Unternehmens in funktions- bzw. objektorientierte Einheiten und deren Abstimmung untereinander bezieht, ist der Gegenstand der Ablauforganisation - wie bereits angedeutet - die strukturelle Ordnung der Prozesse des Aufgabenvollzuges. Diese Ordnung stellt das Ergebnis eines Strukturierungsprozesses dar, der wie im Bereich der Aufbauorganisation in die beiden Teilprozesse Aufgabenanalyse und Aufgabensynthese zerlegt werden kann. Dabei steht hier allerdings der Aufgabenvollzug, also der prozessuale Charakter der Aufgaben, im Mittelpunkt der Betrachtung.

Der Prozeß des Aufgabenvollzuges muß in verschiedener Hinsicht strukturierend geordnet werden. *Witte* unterscheidet in diesem Zusammenhang die inhaltlich, zeitliche und räumliche Ordnung sowie die Zuordnung von Teilprozessen auf Stellen. Bei der **inhaltlichen Ordnung** besteht eine enge Beziehung zur Aufbauorganisation, da dort durch die Aufgabenanalyse und -synthese bereits die einzelnen zu erfüllenden Teilaufgaben festgelegt worden sind. In der Ablauforganisation geht es nun um die Verkettung der einzelnen Teilaufgaben und der zu ihrer Erfüllung notwendigen Teilprozesse des Aufgabenvollzuges in der Weise, die ein bestmögliches Erreichen des verfolgten Formalziels verspricht.

Die **zeitliche und räumliche** Ordnung regelt die zeitlichen und räumlichen Bedingungen, unter denen die Prozesse des Aufgabenvollzuges abzulaufen haben. Die Herstellung dieser Ordnung ist von zentraler Bedeutung für die Ablauforganisation, da sich alle betrieblichen Prozesse des Aufgabenvollzuges zwangsläufig in Zeit und Raum abspielen und demzufolge auch zwingend einer Ordnung in diesen beiden Komponenten bedürfen. In der Ablauforganisation von Arbeitsprozessen geht es beispielsweise um die Bestimmung von Arbeitsgängen, Maßnahmen der Takt- und Rhythmenabstimmung von Arbeitsabläufen sowie Reihenfolge-, Terminierungs- und (innerbetriebliche) Standortprobleme (*Schierenbeck*).

Schließlich ist es notwendig, im Rahmen der Strukturierung des Prozesses des Aufgabenvollzuges eine **Zuordnung von Teilprozessen auf Stellen vorzunehmen**. Diese Notwendigkeit ergibt sich, weil die einzelnen Teilprozesse stets nur unter Einsatz von Menschen oder Menschen und Sachmitteln ablaufen können. In diesem Bereich ergeben sich besonders enge Beziehungen zwischen Aufbauorganisation und Ablauforganisation. Einerseits werden die Stellen als kleinste organisatorische Einheiten im Rahmen der Aufbauorganisation geschaffen, so daß von hier aus Beschränkungen für die Zuordnung von Teilprozessen auf Stellen gegeben sind. Andererseits zwingt eine isolierte Strukturierung innerhalb der Ablauforganisation möglicherweise dazu, im Bereich der Aufbauorganisation Veränderungen vorzunehmen, da andernfalls die vorgesehene Ordnung im Prozeß des Aufgabenvollzuges nicht verwirklicht werden kann. Die Annäherung an eine insgesamt bestmögliche Problemlösung wird im konkreten Einzelfall meist nur über einen Lernprozeß erreicht werden können, in dem sich iterativ in einer Mehrzahl von Schritten die Gebildestruktur und die Prozeßstruktur in Form eines Abgleiches von Aufbauorganisation und Ablauforganisation einander anpassen (*Diederich, Wöhe*).

Fragen zur Lernkontrolle:

1. Warum ist die Größe eines Systems als wichtiges Systemmerkmal anzusehen?

2. In welche drei bzw. vier Größenklassen werden Betriebe üblicherweise eingeteilt?
3. Welche quantitativen Abgrenzungskriterien zur Kennzeichnung der Betriebsgröße gibt es?
4. Nennen Sie die zwei wichtigsten qualitativen Abgrenzungskriterien zur Kennzeichnung der Betriebsgröße.
5. Erläutern Sie die drei Organisationsbegriffe der Betriebswirtschaftslehre.
6. Was sind die Gegenstände der Aufbau und der Ablauforganisation?
7. Erklären Sie die Begriffe Aufgabenanalyse und Aufgabensynthese.
8. Was bedeuten die Begriffe Stelle und Stelleninhaber?
9. Erläutern Sie die Begriffe Instanz und Leitungshilfsstelle.
10. Welche Vor und Nachteile haben das Ein und das Mehrliniensystem in der Aufbauorganisation?
11. Aus welchen Gründen wurde das Stab-Linien-System entwickelt?
12. Was ist eine Matrix-Organisation? Nennen und erläutern Sie auch die Sonderformen der Matrix-Organisation.
13. Welche Vorteile bietet das System der überlappenden Gruppen?
14. Nach welchen Gesichtspunkten muß der Arbeitsablauf im Rahmen der Ablauforganisation gestaltet werden?
15. Sollte nach Ihrer Meinung von einer geplanten Aufbauorganisation ausgegangen werden, an die die Ablauforganisation angepaßt wird, oder würden Sie die umgekehrte Vorgehensweise vorziehen?

Literaturhinweise zum 4. Teil:

Beer, Stafford, Kybernetik und Management, 4. Aufl., Frankfurt am Main, 1970

Bloech, Jürgen, Betriebs und Unternehmensgröße, in: W. Albers u.a. (Hrsg.), Handwörterbuch der Wirtschaftswissenschaften, Band 1, Stuttgart, New York, Tübingen, Göttingen, Zürich, 1977, Sp. 556-565

Diederich, Helmut, Allgemeine Betriebswirtschaftslehre, 7. Aufl., Stuttgart, Berlin, Köln, 1992

Grochla, Erwin, Unternehmungsorganisation, Reinbek bei Hamburg, 1972

Müller-Merbach, Heiner, Einführung in die Betriebswirtschaftslehre, 2. Aufl. München 1976

Neuhof, Bodo, Unternehmensführung, in: E. Krabbe (Hrsg.), Leitfaden zum Grundstudium der Betriebswirtschaftslehre, 6. Aufl., Gernsbach, 1998, S. 55-193

Pfohl, Hans-Christian, Abgrenzung der Klein- und Mittelbetriebe von Großbetrieben, in: H.-Chr. Pfohl (Hrsg.), Betriebswirtschaftslehre der Mittel- und Kleinbetriebe, 3. Aufl., Berlin, 1997, S. 1-25

Schierenbeck, Henner, Grundzüge der Betriebswirtschaftslehre, 13. Aufl., München, Wien, 1998

Schwarz, Horst, Betriebsorganisation als Führungsaufgabe, 9. Aufl., Landsberg am Lech, 1981

Ulrich, Hans, Die Unternehmung als produktives soziales System, 2. Aufl., Bern, Stuttgart, 1970

Wiener, Norbert, Kybernetik, 2. Aufl., Düsseldorf, Wien, 1963

Witte, Eberhard, Ablauforganisation, in: E. Grochla (Hrsg.), Handwörterbuch der Organisation, Stuttgart, 1969, Sp. 20-30

Wöhe, Günter, Einführung in die Allgemeine Betriebswirtschaftslehre, 19. Aufl., München, 1996

5. Teil: Betriebliche Funktionsbereiche

1. Finanzierung

11. Begriff und Inhalt der Finanzierung

Im vorangegangenen Teil dieses Lehrbuches ist bereits darauf hingewiesen worden, daß der Betrieb in der modernen Wirtschaft Zahlungsmittel benötigt, um zur Erfüllung seines Zweckes, der Erstellung von Gütern in Form von Sach- und Dienstleistungen für den Bedarf Dritter und deren Angebot zum Tausch am Markt, von ihm benötigten Güter von außen in den Betrieb hereinholen zu können. Aus diesem Grunde muß der Betrieb dafür sorgen, daß ihm die benötigten Zahlungsmittel im richtigen Umfang zur richtigen Zeit zur Verfügung stehen. Alle Maßnahmen des Betriebes, die auf diese **Beschaffung und Bereitstellung von Zahlungsmitteln** gerichtet sind, sollen als Finanzierung bezeichnet werden.

Zuvor sind bereits die Begriffe **Innenfinanzierung** und **Außenfinanzierung** verwendet worden. Diese Unterscheidung innerhalb der Finanzierung stellt auf die **Quellen** ab, aus denen die zu beschaffenden und bereitzustellenden Zahlungsmittel stammen. Innenfinanzierung meint in diesem Zusammenhang, daß die betreffenden Zahlungsmittel dem Betrieb aus dem betrieblichen Prozeß heraus, also aus der Verwertung der vom Unternehmen erstellten Leistungen am Markt, zur Verfügung stehen oder gestellt werden. Außenfinanzierung beinhaltet demgegenüber, daß die benötigten Zahlungsmittel dem Unternehmen losgelöst vom betrieblichen Prozeß der Leistungserstellung und -verwertung von außerhalb des Betriebes zugeführt werden.

Neben den Finanzierungsquellen kann innerhalb der Finanzierung nach der **Rechtsstellung** der dem Betrieb zur Verfügung gestellten Zahlungsmittel unterschieden werden. Dies führt zur Unterteilung in Finanzierung mit Eigenkapital (**Eigenfinanzierung**) und in Finanzierung mit Fremdkapital (**Fremdfinanzierung**). Eigenfinanzierung bedeutet, daß die benötigten Zahlungsmittel dem Betrieb von seinen Eigentümern überlassen werden. Diese Überlassung erfolgt unbefristet, d. h. ohne Rückzahlungsanspruch, gegen Beteiligung, am Unternehmenserfolg und an der Unternehmensleitung. Weiterhin ist Eigenkapital Haftungskapital gegenüber den Gläubigern des Betriebes. Fremdfinanzierung besteht dagegen darin, daß die benötigten Zahlungsmittel dem Unternehmen von Dritten zur Verfügung gestellt werden. Dies geschieht in der Regel für einen befristeten Zeitraum gegen ein vom Unternehmenserfolg unabhängiges Entgelt (Zinsen) ohne rechtliche Beteiligung an der Unternehmensleitung. Fremdkapital ist kein Haftungskapital gegenüber anderen Gläubigern des Betriebes.

Die Einteilungskriterien Finanzierungsquelle und Rechtsstellung der zur Verfügung gestellten Zahlungsmittel können gemeinsam zur Bildung der sogenannten **Finanzierungsmatrix** (Darstellung 5-1, S. 76) angewendet werden. In den vier Feldern der Finanzierungsmatrix sind bereits an dieser Stelle die Begriffe für die jeweilige **Finanzierungsart** verwendet worden. Die Erklärung dieser Begriffe und die Beschreibung der einzelnen Finanzierungsarten erfolgt im Abschnitt 14., nachdem in den folgenden Abschnitten zunächst der **Kapitalbedarf** als auslösendes

Moment für Maßnahmen zur Beschaffung und Bereitstellung von Zahlungsmitteln und **das finanzielle Gleichgewicht** als notwendige Voraussetzung der betrieblichen Tätigkeit behandelt worden sind.

Finanzierungsquelle / Rechtsstellung	Innenfinanzierung	Außenfinanzierung
Eigenfinanzierung	Rückflußfinanzierung Überschußfinanzierung	Beteiligungsfinanzierung
Fremdfinanzierung	Finanzierung aus Rückstellungsgegenwerten	Kreditfinanzierung

Darstellung 5-1: Die Finanzierungsmatrix

12. Der Kapitalbedarf

Im vorangegangenen Teil dieses Lehrbuches ist im Abschnitt 1. ein Modell der geldlicher und güterlichen Prozesse des Betriebes entwickelt und dargestellt worden. Die geldlichen und güterlichen Prozesse lassen sich nach den betrieblichen Hauptfunktionen Beschaffung, Leistungserstellung und Leistungsverwertung jeweils in Teilprozesse zerlegen. Dies führt in Anlehnung an *Krabbe* zu der folgenden Darstellung:

betriebliche Hauptfunktion / Prozeßart	Beschaffung	Leistungserstellung	Leistungsverwertung
güterlich	Zufluß von Gütern	Kombination von Gütern niederer Ordnung zur Erstellung von Gütern höherer Ordnung	Abfluß von Gütern
geldlich	**Abfluß** von Zahlungsmitteln	**Kapitalbindung**	**Zufluß** von Zahlungsmitteln

Darstellung 5-2: Die güterlichen und geldlichen Teilprozesse

Die Darstellung 5-2 zeigt, daß die abgeflossenen Zahlungsmittel für in den Betrieb hereingeholte (beschaffte) Güter zunächst in den betreffenden Gütern gebunden sind. Diese gebundenen Zahlungsmittel werden erst nach einem mehr oder weniger langen Zeitraum über die Verwertung von Leistungen am Markt wieder freigesetzt. Für diesen Zeitraum zwischen Zahlungsmittelabfluß und Zahlungsmittelzufluß besteht also ein Bedarf an überlassenen Zahlungsmitteln, der allgemein als **Kapitalbedarf** bezeichnet wird. „Dieser so definierte Kapitalbedarf wird demzufolge durch die jeweils geplante Menge investierter, noch nicht wieder freigesetzter Zahlungsmittel zuzüglich der Kassenhaltung bestimmt." (*Diederich*) Im Falle einer unendlich hohen **Kapitalumschlaggeschwindigkeit**, also einer Kapitalbindung über einen Zeitraum der Länge Null, und von Zahlungsmittelabflüssen, deren Höhe die der Zahlungsmittelzuflüsse nicht übersteigt, ergibt sich kein Kapitalbedarf und damit auch kein Finanzierungsproblem (*Krabbe*).

Der Kapitalbedarf für einen einzelnen betrieblichen Prozeß ergibt sich aus der Höhe des damit verbundenen Zahlungsmittelabflusses, aus der Dauer der Kapitalbindung und der vorgesehenen Kassenhaltung. Der gesamte Kapitalbedarf eines Unternehmens zu einem bestimmten Zeitpunkt ergibt sich als der Kapitalbedarf für alle die betrieblichen Prozesse, die zu diesem Zeitpunkt noch nicht abgeschlossen sind, zuzüglich der insgesamt vorgesehenen Kassenhaltung. Somit ist der Kapitalbedarf eines Unternehmens im Zeitablauf veränderlich. Er hängt von der Fortführung laufender Prozesse, von der Beendigung auslaufender Prozesse und von der Aufnahme neuer Prozesse einschließlich ihrer Zuordnung zueinander ab, daneben aber auch noch von der zeitlichen Entwicklung des Kapitalbedarfes innerhalb der einzelnen betrieblichen Prozesse (*Diederich*).

In der Literatur finden sich verschiedene Kennzeichnungen der Einflußgrößen des Kapitalbedarfes. Im Rahmen der vorliegenden Darstellung sei nur die auf *Gutenberg* zurückgehende Systematik der wichtigsten Größen, die die Höhe des Zahlungsmittelabflusses und die Dauer der Kapitalbindung beeinflussen, beispielhaft herangezogen. *Gutenberg* unterscheidet die folgenden fünf Hauptdeterminanten des Kapitalbedarfes:

- Prozeßanordnung,
- Prozeßgeschwindigkeit,
- Beschäftigung (Auslastung der Kapazität),
- Produktionsprogramm,
- Betriebsgröße.

13. Das finanzielle Gleichgewicht

Die Notwendigkeit zur Deckung des Kapitalbedarfes eines Unternehmens ergibt sich aus der Tatsache, daß von jedem Betrieb verlangt wird, seinen Zahlungsverpflichtungen termingerecht nachzukommen. Diese Forderung wird als das Prinzip des finanziellen Gleichgewichtes bezeichnet. Die Fähigkeit, dem Prinzip des finanziellen Gleichgewichtes gerecht zu werden, also seine Zahlungsverpflichtungen der Höhe und dem Zeitpunkt nach zu erfüllen, wird als **Liquidität** bezeichnet. Wenn sich ein Betrieb im finanziellen Gleichgewicht befindet, also liquide ist, dann entspricht das **Zahlungsmittelpotential** mindestens dem **Zahlungsmittelbedarf** (Kapitalbedarf). Aufgabe der Finanzierung als Beschaffung und Bereitstellung von Zahlungsmitteln ist es, die Liquidität des Betriebes in jedem Zeitpunkt sicherzustellen. Für eine Planungsperiode (Jahr, Monat, Woche) gilt es zu gewährleisten, daß der Anfangsbestand an Zahlungsmitteln zuzüglich der Zahlungsmittelzuflüsse abzüglich der Zahlungsmittelabflüsse zu keinem Zeitpunkt einen negativen Wert aufweist.

Wenn ein Betrieb seinen fälligen Zahlungsverpflichtungen nicht nachkommen kann, so ist sein finanzielles Gleichgewicht gestört. Es wird von einer **Unterliquidität** (Zahlungsstockung) gesprochen, wenn die Zahlungsschwierigkeiten nur vorübergehender Natur sind, wenn sie beispielsweise mit Hilfe von Bankkrediten kurzfristig überwunden werden können. Ist das finanzielle Gleichgewicht dagegen dauerhaft gestört, d. h. kann der Betrieb seinen Zahlungsverpflichtungen auf Dauer nicht nachkommen, dann wird von **Illiquidität** (Zahlungsunfähigkeit) gesprochen. Zahlungsunfähigkeit ist sowohl bei Personengesellschaften als auch bei Kapitalgesellschaften ein Eröffnungsgrund für das Insolvenzverfahren. Wenn der Betrieb voraussichtlich nicht seine Zahlungspflichten erfüllen kann, so ist er berechtigt ein Insolvenzverfahren zu eröffnen (drohende Zahlungsunfähigkeit). Bei Kapitalgesellschaften bildet die **Überschuldung** einen weiteren Eröffnungsgrund für das Insolvenzverfahren. Überschuldung liegt vor, wenn das Gesellschaftsvermögen zur Deckung des Fremdkapitals nicht mehr ausreicht. Bei Personengesellschaften ist eine Überschuldung wegen der unbeschränkten Haftung wenigstens eines der Gesellschafter im Hinblick auf die Zahlungsunfähigkeit im allgemeinen nicht exakt feststellbar.

Im neuen Insolvenzrecht wird der Vergleich der Vergleichsordnung durch den Insolvenzplan ersetzt. Ziel eines Insolvenzplans ist eine einvernehmliche Regelung zwischen Schuldner und Gläubigern, um das Unternehmen fortführen zu können. Der Insolvenzplan kann durch den Insolvenzverwalter oder den Schuldner vorgelegt werden. Er muß keine bestimmte Mindestquote zur Befriedigung der Gläubiger enthalten, stimmen alle Beteiligten mit den erforderlichen Mehrheiten dem Insolvenzplan zu, dann wird das Insolvenzverfahren aufgehoben und der Plan, soweit dies geregelt wurde, überwacht.

Auf Antrag eines bzw. mehrerer Gläubiger im Falle der Illiquidität oder bei Kapitalgesellschaften auch der Überschuldung kann ein Insolvenzverfahren eröffnet werden. Wenn das Vermögen des Betriebes nicht ausreicht die Kosten des Verfahrens zu decken, kann die Eröffnung des Insolvenzverfahrens von seiten des Gerichts „mangels Masse“ abgelehnt werden. Wird das **Insolvenzverfahren** jedoch eröffnet, so verliert mit dem Eröffnungsbeschluß der Schuldner die Verfügungsmacht über sein zur Insolvenzmasse gehöriges Vermögen an den **Insolvenzverwalter**. Nach Ermittlung der **Insolvenzmasse** hat der Insolvenzverwalter zuerst festzustellen, ob aufgrund eines persönlichen oder dinglichen Rechts auf im Besitz des Schuldners befindliche Gegenstände diese dem Gläubiger zurückzugeben sind (**Aussonderungsrecht**). Wurde zwischen Gläubiger und Schuldner zur Absicherung der sich aus dem Schuldverhältnis ergebenden Pflichten darüber hinaus ein Pfandrecht vereinbart, so kann der Gläubiger eine gesonderte Befriedigung seiner Forderung aus der Veräußerung des Pfandgegenstandes verlangen (**Absonderungsrecht**). Nach den durch Aus- und Absonderungsrechte gesicherten Gläubigern sind aus der Insolvenzmasse die **Massegläubiger** zu befriedigen. Bei den Forderungen der Massegläubiger handelt es sich ausschließlich um Ansprüche, die durch das Insolvenzverfahren und während des Insolvenzverfahrens entstanden sind. Stellt der Insolvenzverwalter nach Insolvenzeröffnung einen Sozialplan auf, zählen diese Forderungen zu den Masseverbindlichkeiten. Der nach Befriedigung der Massegläubiger und nach Aus- bzw. Absonderung verbleibende Teil der Insolvenzmasse wird vom Insolvenzverwalter verwertet. Der Erlös aus dieser Verwertung wird sodann an die restlichen Gläubiger (Insolvenzgläubiger) entsprechend der Höhe ihrer Forderungen verteilt.

Zahlungsunfähigkeit oder bei Kapitalgesellschaften auch Überschuldung haben für die Gläubiger einen Verlust in Höhe ihrer Forderungen (Insolvenz „mangels Masse“) oder den anteiligen Erlös aus der verwerteten Insolvenzmasse übersteigenden Betrages zur Folge. Nach teilweisem Schuldenerlaß im Falle des Insolvenzplans besteht die Möglichkeit der Weiterführung des Unternehmens; im Falle der Insolvenz wird das Unternehmen aufgelöst und liquidiert. Ein Neubeginn kann durch die Tatsache blockiert sein, daß die im Insolvenzverfahren nicht befriedigten Forderungen im Falle von Einzelunternehmen und Personengesellschaften gegen die betroffenen Schuldner fortbestehen, eine solche Nachhaftung kann jedoch durch den Insolvenzplan oder durch die Restschuldbefreiung ausgeschlossen werden.

14. Die Finanzierungsarten

141. Die Innenfinanzierung

Innenfinanzierung ist im Abschnitt 11. diejenige Finanzierung genannt worden, bei der die Zahlungsmittel zur Deckung des Kapitalbedarfes dem Betrieb aus dem betrieblichen Prozeß heraus, also aus der Verwertung der vom Unternehmen erstellten Leistungen am Markt, zur Verfügung stehen oder gestellt werden. Die Innenfinanzierung kann in Innenfinanzierung mit Eigenkapital und Innenfinanzierung mit Fremdkapital unterteilt werden.

Die **Innenfinanzierung mit Eigenkapital** wird auch als **Selbstfinanzierung** bezeichnet. Mit diesem Begriff soll erklärt werden, daß die Beschaffung und Bereitstellung der betreffenden Zahlungsmittel durch den Betrieb selbst erfolgt. Es findet in diesem Falle also keine zusätzliche Beanspruchung der Eigentümer des Unternehmens und keine Inanspruchnahme von außenstehenden Dritten (Fremden) statt. Wie in der Finanzierungsmatrix aufgezeigt kann die Selbstfinanzierung in Rückflußfinanzierung und Überschußfinanzierung untergliedert werden.

Die **Rückflußfinanzierung** ist im allgemeinen - abgesehen von besonderen Finanzierungsanlässen wie Gründung oder Erweiterung - die vom Umfang her bedeutendste Finanzierungsart. Sie besteht in der Beschaffung und Bereitstellung von Zahlungsmitteln aus dem Verkauf der betrieblichen Leistungen auf den Absatzmärkten des Betriebes, allerdings nur bis zur Höhe des für die Erstellung und Verwertung der betreffenden Leistungen erfolgten bewerteten Gütereinsatzes. Insofern können die auf dem Wege der Rückflußfinanzierung in den Betrieb hineingelangten Zahlungsmittel auch als **Wiedergeld** bezeichnet werden, da sie als finanzieller Gegenwert des Gütereinsatzes dem dafür zuvor abgeflossenen Geld entsprechen. In der Regel werden diese Zahlungsmittel sofort wieder verwendet, um durch ihre Umwandlung die zuvor verbrauchten Güter zu ersetzen.

Eine besondere Bedeutung kommt innerhalb der Rückflußfinanzierung **der Finanzierung aus Abschreibungsgegenwerten** zu. Diese spezielle Finanzierungsart ergibt sich aus der Tatsache, daß im betrieblichen Prozeß der Leistungserstellung und -verwertung auch Güter eingesetzt werden, deren Einsatz nicht zu einem **Verbrauch** der betreffenden Güter führt, sondern lediglich ihren **Gebrauch** bedeutet. Ein solcher Gebrauch führt zwar zu einer **Wertminderung** des betreffenden Gutes, nicht aber zu der Notwendigkeit, das betreffende Gut nach jedem Gebrauch sogleich durch ein neues, zu beschaffendes Gut zu ersetzen. Die Erfassung der Wertminderung erfolgt durch die Bildung von **Abschreibungen**. Wenn es dem Betrieb nun gelingt, den Gegenwert für die eingetretene Wertminderung über den Verkauf betrieblicher Leistungen, die durch den Einsatz des betreffenden Gutes entstanden sind, wieder in den Betrieb hereinzuholen, d. h. die Abschreibungen zu verdienen, so werden diese Zahlungsmittel nicht sofort wieder benötigt. Sie werden erst dann in kumulierter Form zur Beschaffung eines Ersatzgutes gebraucht, wenn das betreffende Gut am Ende seiner Nutzungsdauer oder seines Nutzungspotentials verbraucht ist. Bis zu diesem Zeitpunkt können die entsprechenden Zahlungsmittel in anderen Verwendungsrichtungen eingesetzt werden, wobei lediglich sicherzustellen ist, daß im Ersatzzeitpunkt die benötigten Zahlungsmittel wieder zur Verfügung stehen. Die anderen Verwendungsrichtungen können zum einen darin bestehen, die betreffenden Zahlungsmittel dem Betrieb vorübergehend zu entziehen (**Kapitalfreisetzung**), ohne damit die bisherige Leistungsfähigkeit durch einen geringeren Einsatz finanzieller Mittel zu beeinträchtigen. Zum anderen können die betreffenden Zahlungsmittel verwendet werden, um durch ihre Umwandlung in andere Wirtschaftsgüter die Leistungsfähigkeit des Betriebes vorübergehend zu erhöhen (**Kapazitätserweiterung**), ohne daß dafür die Zuführung zusätzlicher Zahlungsmittel erforderlich ist.

Die **Überschußfinanzierung** besteht wie die Rückflußfinanzierung in der Beschaffung und Bereitstellung von Zahlungsmitteln auf dem Verkauf der betrieblichen Leistungen auf den Absatzmärkten des Betriebes. Allerdings geht es hier nur um denjenigen Teil der zufließenden Zahlungsmittel, der den Gegenwert des für die Erstellung und Verwertung der betreffenden Leistungen erfolgten Gütereinsatzes **übersteigt**, soweit er nicht in Form von Gewinnausschüttungen der weiteren Verwendung im Betrieb entzogen wird. Es handelt sich also um einbehaltene Gewinne; aus diesem Grunde wird diese Finanzierungsart auch als **Gewinnthesaurierung** bezeichnet. Die Regelungen über die Gewinnthesaurierung sind unterschiedlich für Personen- und für Kapitalgesellschaften. Bei Personengesellschaften sieht der Gesetzgeber grundsätzlich Gewinnausschüttung vor; die Gesellschafter können aber Gewinne, die sie nicht entnehmen, als Darlehen im Unternehmen belassen. Derartige Darlehen weisen wirtschaftlich betrachtet allerdings den Charakter von Eigenkapital auf, vor allem weil sie im Regelfall dem Unternehmen dauerhaft zur Verfügung stehen.

In Kapitalgesellschaften, hier vertreten durch die AG, werden einbehaltene Gewinne in Form von **Gewinnrücklagen** dem Eigenkapital zugeführt. Bei diesen gilt es, zwischen gesetzlichen Rücklagen, Rücklagen für eigene Anteile, satzungsmäßigen Rücklagen und anderen Rücklagen zu unterscheiden. Die **gesetzlichen Rücklagen** entstehen vor allem, weil nach § 150 Abs. 2 AktG 5% des Jahresüberschusses (abzüglich eines Verlustvortrages) solange einbehalten werden müssen, bis unter Berücksichtigung der gebildeten Kapitalrücklage 10% des Grundkapitals (oder ein in der Satzung festgelegter höherer Anteil) erreicht sind. Stellt die Hauptversammlung den Jahresabschluß fest, kann in der Satzung bestimmt werden, daß höchstens bis zu 50% des um den Verlustvortrag und der Zuführung zur gesetzlichen Rücklage gekürzten Jahresüberschusses **in andere Gewinnrücklagen** eingestellt werden. Stellen Vorstand und Aufsichtsrat den Jahresabschluß fest, können sie höchstens die Hälfte des Jahresüberschusses in andere Gewinnrücklagen einstellen. Allerdings kann die Satzung Vorstand und Aufsichtsrat zur Einstellung eines größeren Teils des Jahresüberschusses in "andere Gewinnrücklagen" ermächtigen, und zwar solange, bis diese 50% des Grundkapitals erreicht haben. Die Hauptversammlung kann darüber hinaus durch ihren Beschluß über die Gewinnverwendung weitere Beträge in die Gewinnrücklagen einstellen.

Rücklagen werden im Betrieb gebildet, um im Bedarfsfall aufgetretene Verluste aus ihnen decken zu können. Dazu dürfen die gesetzlichen Rücklagen jedoch nur dann herangezogen werden, wenn keine anderen Gewinnrücklagen vorhanden sind. Weiterhin dürfen andere Gewinnrücklagen verwendet werden, um im Falle eines geringen Jahresüberschusses dennoch einen für angemessen gehaltenen Gewinn auszuschütten. Wenn die genannten Gründe nicht zu einer Verwendung von Rücklagen führen, stehen die in ihnen gebundenen Zahlungsmittel dem Unternehmen für andere Verwendungsrichtungen, etwa zur Umwandlung in weitere für die Leistungserstellung und -verwertung benötigte Wirtschaftsgüter, zur Verfügung. Dabei ist jedoch stets zu beachten, daß es notwendig ist, die entsprechenden gebundenen Zahlungsmittelbeträge in einem der obengenannten Bedarfsfälle unverzüglich bereitstellen zu können. Andere Gewinnrücklagen und gesetzliche Rücklagen, sofern diese 10% des Grundkapitals übersteigen, können außerdem benutzt werden, um durch ihre Auflösung eine Kapitalerhöhung aus Gesellschaftsmitteln durch Ausgabe von „Gratisaktien" vorzunehmen, d. h. faktisches in nominelles Eigenkapital zu überführen.

Die **Innenfinanzierung mit Fremdkapital** entspricht der Innenfinanzierung mit Eigenkapital insoweit, als es sich auch hier um die Beschaffung und Bereitstellung von Zahlungsmitteln aus dem Verkauf der betrieblichen Leistungen auf den Märkten des Betriebes handelt. Andererseits handelt es sich jedoch nicht um eine Selbstfinanzierung im oben verwendeten Sinne, da hinsichtlich des betreffenden Teiles des Rückflusses ein Rechtsanspruch Dritter besteht, die entsprechende Finanzierung demzufolge vom Betrieb nur unter Beteiligung dieser Dritten vorgenommen werden kann. Diese Finanzierungsart trägt die Bezeichnung **Finanzierung aus Rückstellungsgegenwerten**. Rückstellungen sind im Gegensatz zu Rücklagen wirtschaftlich Teile des Fremdkapitals und überdies stets zweckgebunden. Sie werden zum Zeitpunkt des Entstehens ihres wirtschaftlichen Grundes gebildet, die mit dem wirtschaftlichen Grund verbundenen Zahlungsmittelabflüsse erfolgen jedoch in ungewisser Höhe oder zu nicht bestimmten zukünftigen Zeitpunkten. Daher stehen die in Rückstellungen gebundenen finanziellen Mittel dem Betrieb bis zum Zeitpunkt ihrer Fälligkeit für andere Verwendungsrichtungen zur Verfügung. Aus Finanzierungsgesichtspunkten sind vor allem die langfristigen Rückstellungen von Bedeutung, und daher spielt die Finanzierung aus Gegenwerten von **Pensionsrückstellungen** eine besondere Rolle. Pensionsrückstellungen werden gebildet, wenn ein Unternehmen im Rahmen der betrieblichen Altersversorgung mit seinen Arbeitnehmern Verträge in Form einseitiger Zusagen über spätere Pensionszahlungen schließt. Der Betrieb muß dann bereits vor Eintritt des Versorgungsfalles nach versicherungsmathematischen Grundsätzen Rückstellungen bilden, und zwar bis zur Gesamthöhe des Barwertes der zu leistenden Pensionszahlungen am Ende der Betriebszugehörigkeit des einzelnen Arbeitnehmers. Die in den Pensionsrückstellungen gebundenen Zahlungsmittel können, sofern sie über die Verwertung betrieblicher Leistungen verdient worden sind, vom Unternehmen zur Finanzierung anderer betrieblicher Vorhaben verwendet werden, wenn nur beachtet wird, daß die zur Leistung der zugesagten Pensionszahlungen erforderlichen Zahlungsmittel termingerecht zur Verfügung stehen. Die Pensionsrückstellungen haben insofern noch einen besonderen positiven Finanzierungseffekt, als bei ihnen der Wegfall eines Grundes zur Rückstellungsbildung (vertragsentsprechendes Ausscheiden eines Arbeitnehmers) regelmäßig mit dem Entstehen eines neuen Grundes zur Rückstellungsbildung (Einstellung eines neuen anspruchsberechtigten Arbeitnehmers) verbunden ist. Insofern kann bei den Pensionsrückstellungen in vielen Fällen von einer dauerhaften Verfügbarkeit von Zahlungsmitteln für andere betriebliche Verwendungsrichtungen gesprochen werden. Im Zusammenhang mit der Rückstellungsbildung ist noch auf die Besteuerung hinzuweisen: die Beträge, die den Rückstellungen zugeführt werden, werden dem Zugriff der Eigentümer des Unternehmens entzogen und mindern den Betriebserfolg als Bemessungsgrundlage der erfolgsabhängigen Steuern. Damit ergibt sich eine Steuerentlastung in der Periode der Rückstellungsbildung. Die Höhe dieser Steuerentlastung hängt vom Steuersatz des Unternehmens ab; daher ist die Höhe der Steuerentlastung und damit der Finanzierungseffekt von der Rechtsform des Unternehmens abhängig. Insbesondere nimmt die Ausschüttungsregelung bei Kapitalgesellschaften Einfluß auf den Finanzierungseffekt, da einbehaltene und ausgeschüttete Gewinne mit unterschiedlichen Steuersätzen belegt sind. Im Ausgleich zur Steuerentlastung wirkt sich aber die zukünftige Auszahlung in Höhe des Rückstellungsbetrages auf den Erfolg und damit auf die Bemessungsgrundlage der erfolgsabhängigen Steuern in der Zahlungsperiode nicht mehr aus.

142. Die Außenfinanzierung

Außenfinanzierung bedeutet im Gegensatz zur Innenfinanzierung nach dem im Abschnitt 11. Gesagten, daß die Zahlungsmittel zur Deckung des Kapitalbedarfes dem Unternehmen losgelöst vom betrieblichen Prozeß der Leistungserstellung und -verwertung von außerhalb des Betriebes zur Verfügung gestellt werden. Wie bei der Innenfinanzierung kann innerhalb der Außenfinanzierung zwischen Außenfinanzierung mit Eigenkapital und Außenfinanzierung mit Fremdkapital unterschieden werden.

Die **Außenfinanzierung mit Eigenkapital** trägt auch die Bezeichnung **Beteiligungsfinanzierung**. Abgesehen vom besprochenen Fall der Gründung eines Unternehmens, wo die Gründer in der Regel zunächst einmal Eigenkapital zur Verfügung stellen müssen, umfaßt die Beteiligungsfinanzierung alle Formen der Beschaffung und Bereitstellung zusätzlichen Eigenkapitals durch entweder eine Erhöhung der Kapitaleinlagen von bereits vorhandenen Eigentümern (Anteilseignern) oder eine Aufnahme zusätzlicher Eigentümer (Anteilseigner) gegen Einlage von Zahlungs- oder Sachmitteln. Im Hinblick auf die Möglichkeiten der Beteiligungsfinanzierung ist zwischen emissionsfähigen und nicht-emissionsfähigen Unternehmen zu unterscheiden.

Den **emissionsfähigen Unternehmen** wird hinsichtlich der Beteiligungsfinanzierung eine Vorzugsstellung zugesprochen, die in erster Linie mit dem Zugang zur Börse begründet wird. Dies gilt vor allem für die an der Börse zugelassene AG, darüber hinaus aber auch für die weniger bedeutende Rechtsform KGaA, die aus der Sicht der Vollhafter die Vorteile einer Personengesellschaft mit den Vorteilen einer Aktiengesellschaft verbindet. Auf die Vorteile der AG hinsichtlich der Eigenkapitalbeschaffung ist im 2. Teil des vorliegenden Lehrbuches im Zusammenhang mit der Kennzeichnung dieser Rechtsform bereits hingewiesen worden. Aus diesem Grunde soll an dieser Stelle nur auf die verschiedenen **Formen der Kapitalerhöhung** bei einer AG eingegangen werden. Nach den Vorschriften des Aktiengesetzes kann zwischen ordentlicher, bedingter und genehmigter Kapitalerhöhung sowie

Kapitalerhöhung aus Gesellschaftsmitteln unterschieden werden. Die zuletzt genannte Form besteht in der im vorigen Abschnitt dargestellten Umwandlung von Rücklagen in Grundkapital, sie erfolgt durch die Ausgabe von Berichtigungs- oder Gratisaktien an die bisherigen Aktionäre. Die anderen drei Formen der Kapitalerhöhung sind mit dem Verkauf neuer Aktien verbunden, sie führen der AG also tatsächlich und nicht nur buchmäßig wie bei der Kapitalerhöhung aus Gesellschaftsmitteln neues Grundkapital zu.

Die **ordentliche Kapitalerhöhung** oder **Kapitalerhöhung gegen Einlagen** (§§ 182-191 AktG) erfolgt durch die Ausgabe neuer ("junger") Aktien aufgrund eines mit mindestens ¾-Mehrheit des vertretenen Grundkapitals von der Hauptversammlung gefaßten Beschlusses. Die bisherigen Aktionäre besitzen ein **gesetzliches Bezugsrecht** auf die neuen Aktien, wenn dieses nicht mit der genannten qualifizierten Mehrheit von der Hauptversammlung ausgeschlossen wird. Das Bezugsrecht wird eingeräumt, um den bisherigen Aktionären die Möglichkeit zu geben, ihren bisherigen relativen Anteil an der Gesellschaft zu erhalten, und um einen Vermögensverlust für die bisherigen Aktionäre durch die Angleichung des Kurses der alten Aktien an einen zukünftigen Mittelkurs für alte und neue Aktien zu verhindern. Der (rechnerische) Wert des Bezugsrechtes bestimmt sich nach der Formel

$$\text{Bezugsrecht} = \frac{K_a - K_n}{a/n + 1}$$

wobei die verwendeten Symbole folgende Bedeutungen haben:

K_a = Börsenkurs der alten Aktien,
K_n = Ausgabekurs der neuen Aktien,
a/n = Bezugsverhältnis (altes Grundkapital: zusätzliches Grundkapital).

Die **bedingte Kapitalerhöhung** (§§ 192-201 AktG) erfordert ebenfalls den oben genannten qualifizierten Mehrheitsbeschluß der Hauptversammlung. Sie ist nach dem Aktiengesetz vorgesehen für die Gewährung von Umtauschrechten in Aktien oder von Bezugsrechten auf Aktien bei der Ausgabe von Wandelschuldverschreibungen (**Wandelanleihen** und **Optionsanleihen**), bei der Vorbereitung von Unternehmenszusammenschlüssen und bei der Gewinnbeteiligung der Arbeitnehmer durch die Ausgabe von Belegschaftsaktien. Nur im Falle der bedingten Kapitalerhöhung zur Vorbereitung eines Unternehmenszusammenschlusses wird den bisherigen Aktionären ein Bezugsrecht eingeräumt; in den anderen Fällen besteht dieses Bezugsrecht nicht. Der Nennbetrag der mittels einer bedingten Kapitalerhöhung neu geschaffenen Aktien darf aus Gründen des Schutzes der bisherigen Aktionäre 50% des bisherigen Grundkapitals nicht übersteigen.

Die **genehmigte Kapitalerhöhung** (§§ 202-206 AktG) besteht darin, daß der Vorstand einer AG durch einen wie oben qualifizierten Mehrheitsbeschluß der Hauptversammlung auf die Dauer von höchstens fünf Jahren ermächtigt wird, das Grundkapital um einen bestimmten Nennbetrag, der 50% des bisherigen Grundkapitals nicht übersteigen darf, durch die Ausgabe neuer Aktien gegen Einlagen zu erhöhen. Der Zweck des genehmigten Kapitals ist darin zu sehen, dem Vorstand die Möglichkeit zu geben, die Ausgabe neuer Aktien zum bestmöglichen Zeitpunkt vorzunehmen oder Investitionsprojekte, deren Realisation einer Geheimhaltung bedarf, mit Eigenkapital zu finanzieren (*Schierenbeck*).

Bei **nicht-emissionsfähigen Unternehmen**, die Eigenkapital nicht in Effektenform (z. B. Aktien) aufnehmen können, findet die Beteiligungsfinanzierung in der Weise statt, daß die bisherigen Gesellschafter Zahlungs- oder Sachmittel aus ihrem Privatvermögen in das Unternehmen einbringen oder daß neue Gesellschafter gegen Einlagen aufgenommen werden. Im Zusammenhang mit der Kennzeichnung der Personengesellschaften ist bereits ausführlich auf die Schwierigkeiten der Beteiligungsfinanzierung hingewiesen worden, ihre Grenzen findet sie in der Höhe des Privatvermögens der bisherigen Gesellschafter und in deren Bereitschaft, zusätzliche Miteigentümer zu tolerieren (*Krabbe*). Eine gewisse Problematik ergibt sich hinsichtlich der Beteiligungsfinanzierung bei Aktiengesellschaften, die nicht an der Börse zugelassen sind. Hier fehlt die breite Fungibilität der an der Börse gehandelten Aktien, und es besteht die Schwierigkeit, das individuelle Anlagerisiko zu beurteilen, da hier der organisierte Kapitalmarkt mit seinen entsprechenden Funktionen fehlt.

Die **Außenfinanzierung mit Fremdkapital** wird auch als **Kreditfinanzierung** bezeichnet. Sie bedeutet die in der Regel zeitlich befristete Aufnahme von Zahlungsmitteln gegen Entgelt (Zinsen) von Personen oder Institutionen, die sich mit den betreffenden Einlagen nicht am Unternehmen beteiligen, sondern sie lediglich als **Darlehen** geben wollen. Ausnahmsweise kann es sich bei den Kapitalgebern auch um Eigentümer des Betriebes handeln; die entsprechenden Darlehen werden dann als **Gesellschafterdarlehen** bezeichnet. Die Kreditfinanzierung wird auch Beleihungsfinanzierung oder etwas ungenau nur Fremdfinanzierung genannt (*Diederich*). Innerhalb der Kreditfinanzierung wird zwischen den kurzfristigen und den langfristigen Formen unterschieden. Zu den kurzfristigen Formen gehören der Lieferantenkredit, die Kundenanzahlung und die kurzfristigen Bankkredite. Die langfristigen Formen werden dagegen durch die Schuldverschreibung (Industrieschuldverschreibung, Industrieanleihe, Obligation) mit den Sonderformen der Gewinnschuldverschreibung und der Wandelschuldverschreibung (Wandelanleihe und Optionsanleihe), das Schuldscheindarlehen und den langfristigen Bankkredit verkörpert.

Der **Lieferantenkredit** als **kurzfristige Form der Kreditfinanzierung** ist dadurch gekennzeichnet, daß der Lieferant von Wirtschaftsgütern dem belieferten Unternehmen ein **Zahlungsziel** einräumt, d. h. darauf verzichtet, sofortige Bezahlung bei Lieferung zu verlangen. Wenn der Betrieb als Empfänger der Lieferung auf die Inanspruchnahme des eingeräumten Kredites verzichtet, darf er den Rechnungsbetrag um einen bestimmten Betrag, den Skonto, kürzen. Der **Skonto** verkörpert das Zinselement des Lieferantenkredits. Der Lieferantenkredit ist in der Regel zu den teuersten Kreditformen zu zählen.

Die **Kundenanzahlung** verkörpert eine Kreditform, bei der der Abnehmer der betrieblichen Leistung die Rolle des Kreditgebers übernimmt. Sie kann analog zum Lieferantenkredit also auch Abnehmerkredit genannt werden. Der Betrieb als Kreditnehmer erhält vom Abnehmer Zahlungsmittel, um den durch dessen Auftrag hervorgerufenen Kapitalbedarf decken zu können. Die Kreditgewährung erfolgt im allgemeinen für den Betrieb unentgeltlich, also zinslos, die Tilgung wird durch die Lieferung der vereinbarten betrieblichen Leistung vorgenommen. Eine besondere Bedeutung besitzt die Kundenanzahlung als Finanzierungsart vor allem bei Großprojekten wie etwa im Hoch- und Tiefbau, im Anlagenbau sowie im Schiffbau. Zu nennen sind aber auch die Betriebe im Konsumgüterbereich, die ihre Leistungen nur gegen „Vorkasse" zu erbringen bereit sind.

Die Haupterscheinungsformen des **kurzfristigen Bankkredites** sind der Kontokorrent-, der Diskont- und der Lombardkredit. Beim **Kontokorrentkredit** wird dem Kreditnehmer von seiner Bank das Recht eingeräumt, sein bei ihr geführtes Kontokorrentkonto (Girokonto) bis zu einem Höchstbetrag (Kreditlinie, Verschuldungsgrenze) zu überziehen. Die Inanspruchnahme des Kontokorrentkredites ändert sich mit jeder auf dem Konto gebuchten Ein- und Auszahlung. Im allgemeinen ist beim Kontokorrentkredit keine vollständige Kredittilgung zu einem bestimmten Zeitpunkt vorgesehen, und daher kann - von Ausnahmefällen abgesehen - die eingeräumte Kreditlinie vom Kreditnehmer als dauerhaft überlassenes Fremdkapital angesehen werden. Der **Diskontkredit** wird von einer Bank gewährt, indem sie einen noch nicht fälligen Wechsel unter Abzug der bis zum Fälligkeitstermin des Wechsels auf den Kreditbetrag anfallenden Zinsen kauft und dafür Zahlungsmittel in Höhe des Wechselbetrages abzüglich des Diskontes (Zinsbetrages) zur Verfügung stellt. Aus der Sicht des Betriebes als Kreditnehmer stellt der Diskontkredit einen Forderungsverkauf dar, also eine Umwandlung von Gütern (Forderungen) in Zahlungsmittel. Der Finanzierungseffekt des Diskontkredits besteht in einer zeitlichen Vorverlegung des Zuflusses von Zahlungsmitteln aus der Verwertung betrieblicher Leistungen. Unter einem **Lombardkredit** wird die Gewährung eines Kredites durch eine Bank gegen die Verpfändung von Wertpapieren oder Waren verstanden. Der Kredit lautet auf einen bestimmten Betrag, die Verzinsung erfolgt entsprechend dem Lombardsatz, die verpfändeten Wertpapiere oder Waren müssen dem Kreditgeber übergeben werden, verbleiben aber im Eigentum des Kreditnehmers.

Unter den **langfristigen Formen der Kreditfinanzierung** ist zunächst die **Schuldverschreibung** (Industrieschuldverschreibung, **Industrieanleihe**, Obligation) zu nennen. Sie ist eine typische Form der langfristigen Kreditfinanzierung am Kapitalmarkt, zu den Kreditnehmern zählen hier Bund, Länder und Kommunen, Realkreditanstalten sowie private Unternehmen, vor allem große und bekannte Aktiengesellschaften. Der Gesamtbetrag einer Schuldverschreibung oder Anleihe wird gestückelt. Die **Teilschuldverschreibungen** werden verbrieft und als Wertpapiere an der Börse gehandelt. Die Rückzahlung eines über eine Schuldverschreibung aufgenommenen Kredites erfolgt in sehr unterschiedlicher Weise, üblich sind Rückzahlung in einer Summe, Auslosung von Teilbeträgen mit oder ohne Freijahre sowie Rückkauf. Die effektive Verzinsung ist abhängig vom Nominalzinssatz, der Zinszahlungsmodalität (jährlich, unterjährlich), dem Ausgabe- und dem Rückzahlungskurs sowie dem Termin der Rückzahlung. Die **Gewinnschuldverschreibung** als Sonderform der Schuldverschreibung ist dadurch gekennzeichnet, daß hier neben die üblichen Gläubigeransprüche noch ein Zusatzanspruch auf Gewinnbeteiligung tritt. Es kann entweder eine Festverzinsung zuzüglich eines dividendengekoppelten Gewinnanteils oder lediglich ein Gewinnanteil vereinbart werden, in jedem Falle ist die effektive Verzinsung einer Gewinnschuldverschreibung vom Erfolg des kreditnehmenden Unternehmens abhängig. Die zweite Sonderform der Schuldverschreibung wird von der **Wandelschuldverschreibung** gebildet. Sie ist dadurch gekennzeichnet, daß dem Kreditgeber ein **Umtauschrecht (Wandelanleihe)** oder ein **Bezugsrecht (Optionsanleihe)** auf Aktien des Kreditnehmers eingeräumt wird. Die Wandelanleihe beinhaltet also neben der normalen Ausstattung das Recht, sie in Aktien umzutauschen. Nach der Wahrnehmung dieses Rechtes geht die Wandelanleihe unter; aus dem Fremdkapitalgeber wird ein Eigenkapitalgeber, aus dem Gläubiger ein Eigentümer. Im Unterschied zur Wandelanleihe ist mit der Optionsanleihe das Recht verbunden, Aktien des Kreditnehmers zu kaufen. Auch wenn dieses Recht vom Kreditgeber ausgeübt wird, bleibt die Optionsanleihe bis zu ihrer Tilgung durch den Kreditnehmer bestehen. Trotz seiner Beteiligung am Unternehmen durch den Erwerb von Aktien bleibt der Gläubiger bis zur Rückzahlung des von ihm gewährten Kredites Fremdkapitalgeber.

Das **Schuldscheindarlehen** unterscheidet sich von der Schuldverschreibung, die am anonymen Kapitalmarkt gehandelt wird, dadurch, daß hier die Kreditverhandlungen individuell zwischen Kreditgeber und Kreditnehmer stattfinden. Dazu kann allerdings die Hilfe einer Bank oder eines Finanzmaklers in Anspruch genommen werden. Die Ausstellung eines Schuldscheines ist trotz dieser Bezeichnung beim Schuldscheindarlehen nicht zwingend erforderlich, aus Gründen einer möglicherweise notwendigen Beweisführung allerdings empfehlenswert. Als Kreditgeber treten in erster Linie Kapitalsammelstellen auf, vor allem Lebensversicherungsgesellschaften.

Wenn Unternehmen Zugang zum Markt für Schuldverschreibungen und Schuldscheindarlehen haben, spielt für sie der **langfristige Bankkredit** in der Regel keine bedeutende Rolle. Zu diesen Unternehmen gehören aber im allgemeinen die kleinen und mittleren Betriebe nicht. Für sie stellt der langfristige Bankkredit die praktisch einzige nutzbare Form der langfristigen Kreditfinanzierung dar, dies allerdings häufig auch nur mit Einschränkungen, da diese Betriebe oftmals den Bonitätsanforderungen der Banken nicht entsprechen. Als Ausweg bleibt ihnen dann nur die kurzfristige Kreditaufnahme mit der Zusage auf Prolongation nach erneuter Prüfung oder die Inanspruchnahme langfristiger staatlicher Finanzierungshilfen.

Die Darstellung 5-3 aus einer Statistik der Deutschen Bundesbank zeigt, welchen Stellenwert die einzelnen Finanzierungsquellen haben. Die zugrundeliegenden Zahlen beruhen auf der umfangreichsten Sekundärstatistik über Unternehmen, die derzeit in Deutschland zu erhalten ist.

Fragen zur Lernkontrolle:

1. Erläutern Sie die Begriffe Innen und Außenfinanzierung einerseits und Eigen und Fremdfinanzierung andererseits.
2. Was ist der Kapitalbedarf eines Unternehmens, und wie läßt er sich ermitteln?
3. Nennen Sie die Haupteinflußgrößen des Kapitalbedarfs nach Gutenberg.
4. Was ist unter dem finanziellen Gleichgewicht eines Betriebes zu verstehen?
5. Welche Folgen kann eine Störung des finanziellen Gleichgewichtes auslösen?
6. Unterscheiden Sie die Begriffe Aussonderung und Absonderung.

Mrd DM			
Position	1996	1997	Veränderung 1996/97
Innenfinanzierung			
Kapitalerhöhung aus Gewinnen sowie Einlagen bei Nichtkapitalgesellschaften	5,3	2,5	-3
Abschreibungen (insgesamt)	190,6	189,5	-1
Zurückzuführen zu Rückstellungen	-2,2	11	13
Zusammen	193,7	203	9,5
Außenfinanzierung			
Kapitalzuführung bei Kapitalgesellschaften	1,5	15	13,5
Veränderung der Verbindlichkeiten	25,8	50,5	24,5
kurzfristige	19,3	43	23,5
langfristige	6,4	8	1,5
Zusammen	27,3	65,5	38
Mittelaufkommen insgesamt	221,0	268,5	47,5

Darstellung 5-3: Finanzierung westdeutscher Unternehmen
(Quelle: Deutsche Bundesbank)

7. Erläutern Sie die Rückfluß und die Überschußfinanzierung als Formen der Innenfinanzierung mit Eigenkapital. Beschreiben Sie die Möglichkeiten der Gewinnthesaurierung bei Personengesellschaften und bei der AG.
8. Was bedeutet der Begriff Rücklagen, und was sind Rückstellungen?
9. Wie erfolgt eine Beteiligungsfinanzierung?
10. Nennen Sie die verschiedenen Formen der Kapitalerhöhung bei einer AG.
11. Was verstehen Sie unter Kreditfinanzierung?
12. Erläutern Sie die Haupterscheinungsformen des kurzfristigen Bankkredits.
13. Kennzeichnen Sie die langfristigen Formen der Außenfinanzierung mit Fremdkapital.
14. Welche Außenfinanzierungsmöglichkeiten mit Fremdkapital besitzt ein nicht-emissionsfähiges Unternehmen?

Literaturhinweise zu Finanzierung:

Diederich, Helmut, Allgemeine Betriebswirtschaftslehre, 7. Aufl., Stuttgart, Berlin, Köln, 1992

Drukarczyk, Jochen, Finanzierung, in: F. X. Bea, E. Dichtl und M. Schweitzer (Hrsg.), Allgemeine Betriebswirtschaftslehre, Band 3: Leistungsprozeß, 7. Aufl., Stuttgart, 1997, S. 283-399

Gutenberg, Erich, Grundlagen der Betriebswirtschaftslehre, Dritter Band, Die Finanzen, 8. Aufl., Berlin, Heidelberg, New York, 1980

Krabbe, Elisa, Die Finanzierung, in: E. Krabbe (Hrsg.), Leitfaden zum Grundstudium der Betriebswirtschaftslehre, 6. Aufl., Gernsbach, 1998, S. 195-286

Schierenbeck, Henner, Grundzüge der Betriebswirtschaftslehre, 13. Aufl., München, Wien, 1998

Vormbaum, Herbert, Finanzierung der Betriebe, 9. Aufl., Wiesbaden, 1995

2. Investition

21. Der Investitionsbegriff

Nachdem die vom Unternehmen zur Erfüllung des Betriebszweckes, Leistungen für den Bedarf Dritter zu erstellen und am Markt zum Tausch anzubieten, benötigten Zahlungsmittel auf dem Wege der Finanzierung beschafft und bereitgestellt worden sind, können sie verwendet werden, um die für den Betriebsprozeß notwendigen Güter in den Betrieb hereinzuholen. In diesem Falle erfolgt eine Umwandlung von Zahlungsmitteln in Güter, die zur Erstellung von Gütern in Form von Sach- und Dienstleistungen und deren Verwertung am Markt erforderlich sind. Dieser **Umwandlungsprozeß** ist zuvor als Investition bezeichnet worden.

Investition ist demnach der Vorgang der Verwendung von Zahlungsmitteln, durch den freie Zahlungsmittel in gebundene Zahlungsmittel umgewandelt werden (*Schierenbeck*), wobei diese Bindung in Gütern (**Investitionsobjekten**) erfolgt, die für die Leistungserstellung und -verwertung benötigt werden. Diese Begriffsbestimmung stellt damit auf **Sachinvestitionen** ab. **Finanzinvestitionen** als die Umwandlung freier Zahlungsmittel des Betriebes in Finanzanlagen wie beispielsweise Beteiligungen an anderen Unternehmen haben vielfach lediglich ergänzenden Charakter und werden im folgenden nicht betrachtet. Freie Zahlungsmittel dürfen in diesem Zusammenhang nicht ausschließlich als frei im Betrieb vorhandene Zahlungsmittel verstanden werden. Es kann sich bei ihnen durchaus um nicht vorhandene Zahlungsmittel handeln, sie müssen aber frei im Sinne von beschaffbar und im Umwandlungsprozeß einsetzbar sein. An dieser Stelle wird die enge Beziehung zwischen Finanzierung als der Beschaffung und Bereitstellung von Zahlungsmitteln und Investition als der Verwendung von Zahlungsmitteln in Form ihrer Umwandlung in Güter zur Leistungserstellung und -verwertung ersichtlich.

Die hier allein betrachteten Sachinvestitionen fallen in den Bereich der **Realinvestitionen**. Diese umfassen alle Umwandlungen von Zahlungsmitteln in Güter zur Leistungserstellung und -verwertung, und zwar sowohl in **materielle Güter** wie Grundstücke und Gebäude, Maschinen und maschinelle Anlagen sowie Roh-, Hilfs- und Betriebsstoffe als auch in **immaterielle Güter** wie Patente, Lizenzen und Rechte aus Miet- oder Pachtverträgen, aber auch Rechte auf Nutzung menschlicher Arbeitskraft.

An dieser Stelle ist darauf hinzuweisen, daß in der Literatur im allgemeinen nur solche Umwandlungsprozesse von Zahlungsmitteln in Güter zur Leistungserstellung und -verwertung als Investitionen behandelt werden, bei denen eine **langfristige Bindung** der Zahlungsmittel in den Investitionsobjekten erfolgt. Es handelt sich bei den Investitionsobjekten demnach in erster Linie um solche Güter, die im einzelnen Prozeß der Leistungserstellung und -verwertung nicht verbraucht, sondern gebraucht werden. Weiterhin sind Investitionen in der Regel mit einer **hohen Bindung** von Zahlungsmitteln verbunden, und schließlich haben Investitionsentscheidungen **meist Auswirkungen auf andere betriebliche Bereiche**, wobei neben der Finanzierung vor allem die Bereiche Leistungserstellung (Produktion, Fertigung), Leistungsverwertung (Absatz) und Personal zu nennen sind (**Interdependenz**). Die genannten Merkmale hohe und langfristige Bindung von Zahlungsmitteln sowie Interdependenzen zwischen dem Investitionsbereich und anderen betrieblichen Teilbereichen machen die besondere Bedeutung von Investitionsmaßnahmen für das Unternehmen aus (*Kruschwitz*).

22. Investitionsarten

Im vorigen Abschnitt ist bereits eine Unterscheidung innerhalb der Menge aller Investitionen getroffen worden, und zwar die nach der Art der Investitionsobjekte in **Sach- oder Realinvestitionen** und **Finanzinvestitionen**. Es wurde darauf hingewiesen, daß im folgenden nur noch die Sach- oder Realinvestitionen den Gegenstand der Betrachtung bilden.

Innerhalb dieser Investitionen läßt sich zunächst eine Einteilung nach **dem Zeitpunkt der Investition** vornehmen. Dieser Zeitpunkt kann zum einen der Zeitpunkt - praxisgerechter der Zeitraum - der Unternehmensgründung und zum anderen irgendein Zeitpunkt innerhalb der Lebensdauer des Unternehmens sein. Die zugehörigen Investitionen werden entsprechend ihrer Durchführung im genetischen Unternehmensprozeß als **Gründungs- oder Erstinvestitionen** und als **Folgeinvestitionen** bezeichnet. **Gründungsinvestitionen** sind deswegen besonders bedeutsam, weil durch sie unter Umständen Gegebenheiten geschaffen werden, an die das Unternehmen für seine gesamte Lebensdauer gebunden ist oder die es nach Vornahme der Investition nur unter größten Schwierigkeiten wieder aufzuheben vermag. Zu denken ist in diesem Zusammenhang beispielsweise an die Erstinvestitionen in Grundstücke, Gebäude und gewisse maschinelle Anlagen bei der Unternehmensgründung. Aufgrund dieser großen Bedeutung für die Zukunft des Betriebes ist es notwendig, besondere Sorgfalt auf die Durchführung der Entscheidungsprozesse im Zusammenhang mit Gründungsinvestitionen zu verwenden. Andererseits ist zu bemerken, daß Gründungs oder Erstinvestitionen dadurch bis zu einem gewissen Grade erleichtert werden, daß bei sie betreffenden Entscheidungen keine Rahmenbedingungen zu beachten sind, die aus zuvor getroffenen und danach realisierten Investitionsentscheidungen herrühren.

Unter **Folgeinvestitionen** werden sämtliche Investitionen verstanden, die während der Lebensdauer des Betriebes nach der Unternehmensgründung getätigt werden. Bei ihnen handelt es sich um den Regelfall der Investition, da im allgemeinen bei Investitionsüberlegungen von einem bestehenden Unternehmen auszugehen sein wird. Bei Folgeinvestitionen liegt nun im Unterschied zu Gründungsinvestitionen die Situation vor, daß hier die durch zeitlich vorgelagerte Investitionen, insbesondere also auch durch die Gründungsinvestitionen geschaffenen Rahmenbedingungen beachtet werden müssen. Das kann dazu führen, daß Investitionen, die für sich betrachtet dem Unternehmen hinsichtlich des verfolgten Formalziels lohnend erscheinen, nicht vorgenommen werden können, da sie mit den aufgrund vorangegangener Investitionen bestehenden Gegebenheiten nicht verträglich sind. Zu denken ist hier beispielhaft an die Investition einer Maschine, die eine Messeneuheit darstellt und der entsprechenden im Betrieb vorhandenen Maschine in allen relevanten Belangen weit überlegen ist. Sie muß aber als Investitionsobjekt aus weiteren Überlegungen ausgeschlossen werden, da die betreffende Maschine mit den anderen vorhandenen Maschinen und maschinellen Anlagen nicht zu einem produktionstechnischen Gesamt vereint werden kann.

Innerhalb der Folgeinvestitionen kann zwischen Ersatzinvestitionen, Rationalisierungsinvestitionen und Erweiterungsinvestitionen unterschieden werden. Es muß aber darauf hingewiesen werden, daß es sich bei dieser **gebräuchlichen Einteilung der Folgeinvestitionen** in erster Linie um eine gedankliche handelt. Im konkreten Fall wird eine Ersatzinvestition sehr häufig gleichzeitig auch zu **einer Verbesserung der Input-Output-Relation** im betrieblichen Prozeß führen und damit eine Rationalisierungsinvestition verkörpern und weiterhin auch eine **Erhöhung des betrieblichen Leistungsvermögens** beinhalten und somit eine Erweiterungsinvestition darstellen. Trotz dieser Vorbehalte wird im Interesse einer theoretischen Klarstellung die genannte Einteilung den folgenden Ausführungen zugrundegelegt.

Unter einer **Ersatzinvestition** wird eine Investition verstanden, die den Ersatz eines im Betrieb befindlichen Investitionsobjektes durch ein gleichartiges beinhaltet. Der Grund für die Vornahme einer Ersatzinvestition kann darin bestehen, daß das vorhandene Investitionsobjekt technisch verbraucht ist oder daß es einem anderen Investitionsobjekt kostenwirtschaftlich unterlegen ist, wenngleich es in der Lage ist, bei einem Verbleib im Betrieb noch weiterhin Nutzen zu stiften. Im ersten Falle weist das Investitionsproblem einen geringeren Schwierigkeitsgrad auf, da sich die Frage, ob und wann eine Ersatzinvestition vorgenommen werden soll, in der Regel nicht stellt. Es ist lediglich darüber zu entscheiden, durch welches neue Investitionsobjekt das technisch verbrauchte alte Investitionsobjekt ersetzt werden soll. Im zweiten Falle ergeben sich zusätzliche Schwierigkeiten, da hier zunächst zu entscheiden ist, ob ein Ersatz überhaupt erfolgen soll, daran anschließend gegebenenfalls, zu welchem Zeitpunkt der Ersatz entsprechend der verfolgten Zielsetzung vorzunehmen ist, und schließlich wieder, durch welches neue Investitionsobjekt das vorhandene alte Investitionsobjekt ersetzt werden soll. Dabei ist zu beachten, daß die vorgenommene Zerlegung des Entscheidungsprozesses in die drei aufgezeigten Teilprozesse nur theoretisch für Analysezwecke sinnvoll ist; eine zielgerechte Lösung des Ersatzproblems im konkreten praktischen Fall kann im allgemeinen nur über die simultane Lösung der drei Teilprobleme gefunden werden.

Eine **Rationalisierungsinvestition** stellt eine Investition dar, deren Vornahme zu einer Verbesserung der Input-Output-Relation (Produktivitätserhöhung) im betrieblichen Prozeß führt. Sie kann darin bestehen, daß Güter in den Betrieb hereingenommen werden, durch deren Einsatz das bisherige Ergebnis der betrieblichen Tätigkeit weiterhin mit einem insgesamt geringeren Güterverzehr, d. h. insbesondere kostengünstiger, hervorgebracht werden kann. Sie kann aber auch dadurch gegeben sein, daß durch ihre Vornahme unter Beibehaltung des bisherigen Güterverzehrs, insbesondere also bei gleichbleibenden Kosten, die betriebliche Tätigkeit ein höheres Ergebnis als bisher zu erbringen imstande ist. Eine aktuelle Form von Rationalisierungsinvestitionen sind solche, durch deren Vornahme der Einsatz menschlicher Arbeitskraft durch den Einsatz von Maschinen in allen in Frage kommenden betrieblichen Bereichen substituiert wird.

Als eine **Erweiterungsinvestition** wird eine Investition bezeichnet, durch die der Umfang des betrieblichen Leistungsvermögens (Leistungspotentials) vergrößert wird. Eine derartige Erweiterung kann in zweifacher Weise vorgenommen werden. Zum einen kann das betriebliche Leistungsvermögen durch die Hereinnahme zusätzlicher Investitionsobjekte erhöht werden. Zum anderen ist es möglich, im Falle einer Ersatzinvestition das zu ersetzende Investitionsobjekt gegen ein neues auszutauschen, das das alte Investitionsobjekt im Hinblick auf den Umfang seines Leistungsvermögens übertrifft.

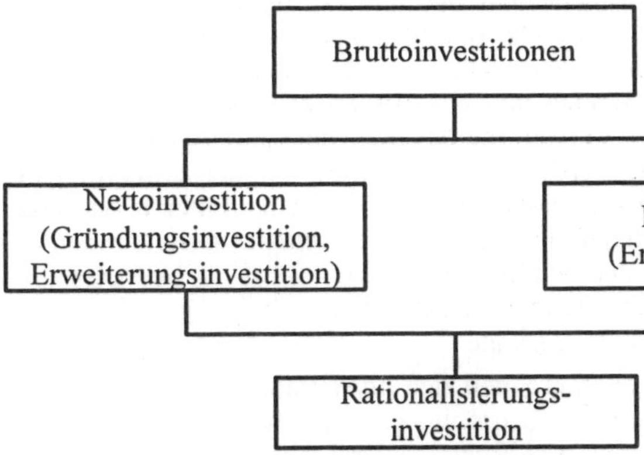

Darstellung 5-4: Investitionsartenschema

Der Zusammenhang zwischen Gründungsinvestitionen und Folgeinvestitionen in Form von Ersatz-, Rationalisierungs- und Erweiterungsinvestitionen läßt sich auch in einer anderen Form darstellen. Ausgangspunkt der Überlegung ist dabei das **Investitionsvolumen einer Periode** als die Summe der in dieser Periode in Güter für die betriebliche Leistungserstellung und -verwertung umzuwandelnden Zahlungsmittel. Diese Summe von Zahlungsmitteln wird als **Bruttoinvestition** der Periode bezeichnet. Die Bruttoinvestition einer Periode läßt sich in zwei Bestandteile zerlegen, nämlich in die **Nettoinvestition** und die **Reinvestition**. Die Nettoinvestition ist dabei derjenige Teil der Gesamtinvestition, der zu einer Vergrößerung des betrieblichen Leistungsvermögens führt; zu ihr gehören die Gründungs- oder Erstinvestitionen und die Erweiterungsinvestitionen. Dagegen verkörpert die Reinvestition denjenigen Teil der Bruttoinvestition, der in Form von Ersatzinvestitionen lediglich auf den Ersatz verbrauchter Investitionsobjekte gerichtet ist. Problematisch ist in dieser Einteilung die Zuordnung der **Rationalisierungsinvestition**. Eine Rationalisierungsinvestition kann nämlich, wie zuvor dargestellt worden ist, sowohl eine Nettoinvestition in Form einer Erweiterungsinvestition als auch eine Reinvestition in Form einer Ersatzinvestition bedeuten. Im allgemeinen wird eine Rationalisierungsinvestition als Teil der Bruttoinvestition einer Periode zugleich Teil der Nettoinvestition und Teil der Reinvestition sein. In der Darstellung 5-4 wird der Zusammenhang zwischen den genannten Investitionsarten in Anlehnung an *Wöhe* dargestellt.

23. Ziele des Investors

Die Investition als die Umwandlung von freien Zahlungsmitteln in gebundene Zahlungsmittel in Form von Gütern als Investitionsobjekten, die für die Leistungserstellung und -verwertung benötigt werden, stellt einen der betrieblichen Hauptfunktionsbereiche dar. Wie in allen anderen betrieblichen Funktionsbereichen müssen sich auch die Maßnahmen in diesem Bereich an der globalen betrieblichen Zielsetzung orientieren. Die reale Ausprägung dieser betrieblichen Zielsetzung in einer marktwirtschaftlichen Ordnung darf für die überwiegende Menge von Unternehmen an erster Stelle im Streben nach Gewinn gesehen werden. Daher kann davon ausgegangen werden, daß auch die Maßnahmen im Investitionsbereich in erster Linie unter dem Gesichtspunkt der Zielsetzung **Gewinnstreben** getroffen werden. Investition bedeutet die Umwandlung von Zahlungsmitteln in Güter. Die Zielsetzung Gewinnstreben verlangt, daß eine solche Umwandlung nur dann vorgenommen wird, wenn der **Betrieb als Investor** erwarten kann, daß die Rückflüsse an Zahlungsmitteln aus der Verwertung betrieblicher Leistungen, die mit Hilfe der Investitionsobjekte erstellt werden, in ihrer Höhe die der umgewandelten Zahlungsmittel übersteigen. Andernfalls wäre die Vornahme einer Investition mit der Zielsetzung des Strebens nach Gewinn nicht verträglich. Sollte sie dennoch realisiert werden, wie dies in der betrieblichen Praxis durchaus bisweilen beobachtet werden kann, liegen der betreffenden Investitionsentscheidung auch andere Zielsetzungen als das Gewinnstreben zugrunde.

Im Bereich der Investitionen ergeben sich hinsichtlich der zugrunde zulegenden Zielsetzungen gegenüber anderen betrieblichen Bereichen nämlich gewisse Modifikationen. Es ist eingangs dieses Abschnitts darauf hingewiesen worden, daß die besondere Bedeutung von Investitionsmaßnahmen auf die Merkmale hohe und langfristige Bindung von Zahlungsmitteln sowie Interdependenzen zwischen dem Investitionsbereich und anderen betrieblichen Teilbereichen zurückzuführen ist. Die langfristige Bindung der umgewandelten Zahlungsmittel und die bestehenden Interdependenzen lassen es geraten erscheinen, Investitionsmaßnahmen nicht ausschließlich anhand ihres Beitrages zur Zielsetzung Gewinnstreben zu beurteilen.

Die langfristige Bindung der umgewandelten Zahlungsmittel bedeutet, daß Investitionsmaßnahmen weit in die Zukunft hinein wirksam sind. Die Zukunft des betrieblichen Geschehens ist jedoch mit **Unsicherheit** belastet, und diese Unsicherheit nimmt mit wachsender Ferne vom Betrachtungs- oder Handlungszeitpunkt zu. Eine Folge dieser Unsicherheit besteht im Risiko, wobei unter **Risiko** ganz allgemein die Gefahr des Mißlingens oder etwas konkreter die Gefahr des Nichterreichens des erwarteten Ausmaßes an Zielerfüllung verstanden werden soll. (Die Möglichkeit des Überschreitens des erwarteten Ausmaßes an Zielerfüllung als Folge der Unsicherheit wird **Chance** genannt.) Ein Risiko von Investitionsmaßnahmen besteht bei Zugrundeliegen der Zielsetzung Gewinnstreben darin, daß zukünftige Rückflüsse von Zahlungsmitteln aus der Verwertung betrieblicher Leistungen, die mit Hilfe der Investitionsobjekte erstellt werden, nicht in dem Umfang erfolgen, wie das im Zeitpunkt der Investition angenommen worden ist. Dieses Risiko wird um so höher, je weiter die Zeitpunkte der erwarteten Rückflüsse in der Zukunft liegen. Um dieses Risiko bei Überlegungen hinsichtlich durchzuführender Investitionsmaßnahmen berücksichtigen zu können, wird die globale betriebliche Zielsetzung Gewinnstreben häufig durch eine zusätzliche Zielkomponente **Risiko-**

begrenzung ergänzt. Solche Risikobegrenzung kann beispielsweise zur Folge haben, daß von zwei alternativen Investitionsmaßnahmen diejenige realisiert wird, die die gebundenen Zahlungsmittel schneller in den Betrieb zurückfließen läßt, obwohl die andere insgesamt über den ganzen Zeitraum der Bindung der umgewandelten Zahlungsmittel einen höheren Gewinn erwarten läßt.

Die langfristige Bindung der umgewandelten Zahlungsmittel kann aufgrund der Unsicherheit der Zukunft einerseits die Erreichung des erwarteten Gewinns als Zielgröße gefährden, andererseits kann sie auch in Verbindung mit den Interdependenzen zwischen dem Investitionsbereich und anderen betrieblichen Teilbereichen das Ausmaß der Erfüllung des Gewinnziels beeinträchtigen. Investitionsobjekte werden aus Gründen der Realisation bestimmter Zwecke in den Betrieb hereingenommen, wobei die konkrete Ausgestaltung dieser Zwecke im allgemeinen von einer Vielzahl von Einflußfaktoren aus den verschiedensten Bereichen abhängig ist. Sofern sich die Zwecksetzungen im Zeitablauf ändern, ist es notwendig, sich derart veränderten Gegebenheiten anzupassen. Wenn nun im Unternehmen Investitionsobjekte vorhanden sind, die eine solche **Anpassungsfähigkeit** bezüglich ihrer Verwendungsrichtungen nicht aufweisen, kann dies dazu führen, daß sie bei veränderten Zwecksetzungen keine positiven Beiträge zum globalen Unternehmensziel mehr zu leisten in der Lage sind. Um solche Situationen nicht eintreten zu lassen, kann es angebracht sein, die globale betriebliche Zielsetzung Gewinnstreben durch eine zusätzliche Zielkomponente **Flexibilität** zu ergänzen. Flexibilität in diesem Sinne bedeutet, daß ein Investitionsobjekt in einer Mehrzahl von Verwendungsrichtungen eingesetzt werden kann, wie dies beispielsweise für eine **Universalmaschine** gilt. Eine **Spezialmaschine** ist dagegen ein Beispiel für ein Investitionsobjekt, das bezüglich seiner Verwendungsrichtung mehr oder weniger stark eingeschränkt ist, das also eine vergleichsweise geringe Flexibilität aufweist. Ein Investitionsobjekt mit nur geringer Flexibilität wird in seiner spezifischen Verwendungsrichtung in der Regel kostengünstiger und damit wirksamer hinsichtlich der Zielsetzung Gewinnstreben eingesetzt werden können als ein Investitionsobjekt mit hoher Flexibilität, für das diese Verwendungsrichtung nur eine unter vielen anderen darstellt. Dennoch wird sich der Betrieb als Investor oftmals für ein Investitionsobjekt mit höherer Flexibilität entscheiden, um dadurch notwendigen Veränderungen in dessen Verwendungsrichtung gerecht werden zu können, wenn beispielsweise vom betrieblichen Funktionsbereich Leistungsverwertung aufgrund sich verändernder Marktanforderungen Veränderungen in der Leistungserstellung und daraus resultierend in der Verwendungsrichtung des betreffenden Investitionsobjektes als zukünftig möglich erachtet werden.

24. Die Investitionsentscheidung

Eine Investitionsentscheidung ist die Entscheidung über die Umwandlung von Zahlungsmitteln in Investitionsobjekte, wobei diese Umwandlung zu einer hohen und langfristigen Bindung der umgewandelten Zahlungsmittel in den Investitionsobjekten führt. Investitionsentscheidungen müssen während der gesamten Lebensdauer des Unternehmens ständig getroffen werden. Dabei handelt es sich um eine Daueraufgabe von sehr hoher Komplexität, da alle diese Investitionsentscheidungen voneinander abhängig sind und sich gegenseitig beeinflussen (*Kruschwitz*).

In Anlehnung an *Kruschwitz* kann eine Klassifikation der außerordentlich großen und heterogenen Vielfalt der Investitionsentscheidungen vorgenommen werden, die in der nachfolgenden Übersicht dargestellt ist.

Einzelentscheidungen sind dadurch gekennzeichnet, daß sich die betrachteten Investitionen als Entscheidungsalternativen gegenseitig ausschließen. Die zugehörige Fragestellung lautet im einfachsten Falle „entweder Investition in Investitionsobjekt A oder Nicht-Investition", in komplizierteren Fällen „Investition entweder in Investitionsobjekt A, oder in Investitionsobjekt A2 oder in Investitionsobjekt A3 oder ... oder in Investitionsobjekt A_n oder Nicht-Investition".

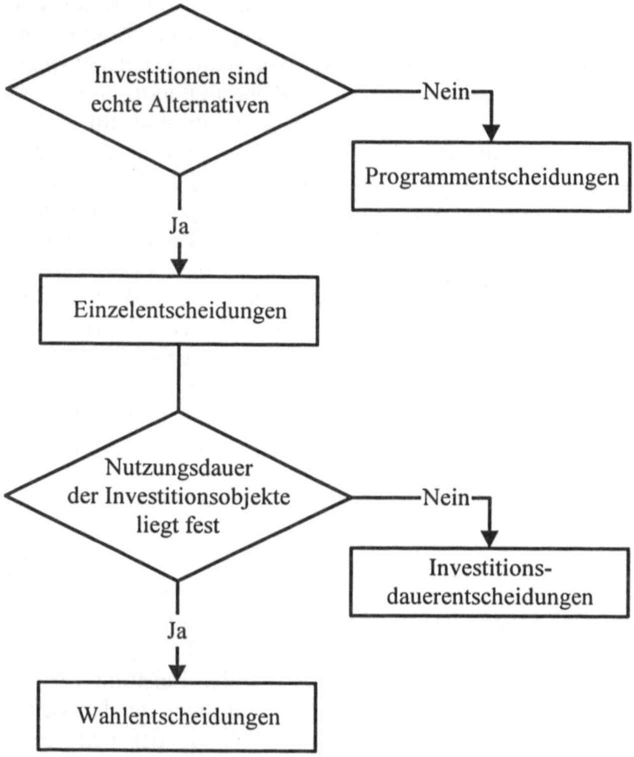

Darstellung 5-5: Klassifikation der Investitionsentscheidungen

Demgegenüber werden **Programmentscheidungen** immer durch Fragestellungen der Struktur „Investition entweder in die Investitionsobjekte A und B gemeinsam oder in die Investitionsobjekte C, D und E gemeinsam" gekennzeichnet. Dabei schließen sich die Investitionsobjekte A und B bzw. C, D und E gegenseitig nicht aus, sondern sie fügen sich im Gegenteil jeweils zu einem **Investitionsprogramm** zusammen. Die Entscheidung für ein Investitionsprogramm bedeutet dann, daß die in ihm enthaltenen Investitionsobjekte gemeinsam in den Betrieb hereingenommen werden. Die einzelnen zur Wahl stehenden Investitionsprogramme bilden allerdings wieder sich gegenseitig ausschließende Alternativen der Investitionsentscheidung.

Innerhalb der Einzelentscheidungen wird danach unterschieden, ob die zeitliche Nutzungsdauer der in Frage stehenden Investitionsobjekte fest vorgegeben ist oder nicht. Im ersten Falle wird von **Wahlentscheidungen** gesprochen, wobei die Wahl unter mindestens zwei alternativen Investitionsobjekten zu treffen ist. Im zweiten Falle geht es um **Investitionsdauerentscheidungen**, wobei beispielsweise die Frage zu beantworten ist, ob ein bestimmtes Investitionsobjekt n_1, n_2, oder n_3 Zeitperioden im Unternehmen genutzt werden soll. Derartige Investitionsdauerentscheidungen gehören zu den Einzelentscheidungen, da sich die verschiedenen zur Diskussion stehenden Nutzungsdauern als Entscheidungsalternativen gegenseitig ausschließen.

Eine andere Klassifikation der Investitionsentscheidungen wird von *Diederich* vorgeschlagen. Er unterscheidet zwischen Vorteilhaftigkeitsproblem, Wahlproblem und Ersatzproblem. Das **Vorteilhaftigkeitsproblem** beinhaltet die Aufgabe zu entscheiden ob ein einzelnes Investitionsobjekt im Hinblick auf die verfolgte betriebliche Zielsetzung gegenüber der Alternative des Unterlassens der betreffenden Investition vorteilhaft ist oder nicht.

Das **Wahlproblem** ist dagegen dadurch gekennzeichnet, daß hier der Gegenstand der Entscheidung von einem Investitionsobjekt auf eine Mehrzahl von Investitionsobjekten ausgedehnt wird. Jedes dieser Investitionsobjekte ist auf seine Vorteilhaftigkeit im Hinblick auf die verfolgte betriebliche Zielsetzung zu überprüfen, und die Entscheidung fällt zugunsten desjenigen Investitionsobjektes, das das höchste Maß an Zielerfüllung verspricht. Dabei kann es sich durchaus herausstellen, daß die beste Entscheidungsalternative durch die Nicht-Investition gegeben wird, wenn nämlich alle in Frage stehenden Investitionsobjekte keinen positiven Beitrag zur betrieblichen Zielerreichung zu leisten vermögen.

Das **Ersatzproblem** ist für den Investor mit der Aufgabe verbunden zu entscheiden, ob ein bereits im Betrieb befindliches Investitionsobjekt vor Ablauf seiner geplanten Nutzungsdauer durch ein anderes Investitionsobjekt ersetzt werden soll, obwohl es aufgrund seiner vorhandenen Leistungsfähigkeit geeignet ist, dem Betrieb noch weiterhin Nutzen zu stiften. Das Ersatzproblem kann ebenfalls als Wahlproblem interpretiert werden, da hier zwischen dem Ersetzen und dem Weiternutzen eines bereits zu einem früheren Zeitpunkt in den Betrieb hereingenommenen Investitionsobjektes zu entscheiden ist. Eine besondere Schwierigkeit im Zusammenhang mit dem Ersatzproblem ergibt sich aus der Tatsache, daß hier im allgemeinen nicht nur zu entscheiden ist, **ob** ein Ersatz vorgenommen werden soll, sondern auch, **wann** der betreffende Ersatz zu erfolgen hat. Es stellt sich also nicht nur die Frage nach der Tatsache des Ersatzes, sondern auch die Frage nach dem zielentsprechenden **Ersatzzeitpunkt**.

Diese zweite Klassifikation der Investitionsentscheidungen kann in die zuerst genannte eingefügt werden. Bei den Wahlentscheidungen in der ersten Klassifikation läßt sich unterscheiden, ob neben der Alternative Nicht-Investition eine Investitionsalternative oder mehrere Investitionsalternativen zur Auswahl stehen. Im ersten Falle liegt das Vorteilhaftigkeitsproblem, im zweiten das Wahlproblem vor. Bei den Investitionsdauerentscheidungen in der ersten Klassifikation kann danach unterschieden werden, ob das betreffende Investitionsobjekt im Betrieb vorhanden ist oder nicht. Für den Fall, daß es sich bereits im Unternehmen befindet, ist das Ersatzproblem zu lösen, andernfalls liegt ein Nutzungsdauerproblem (*Kruschwitz*) vor.

25. Die Investitionsrechnung

Es ist schon mehrfach auf die besondere Bedeutung von Investitionsentscheidungen für den Betrieb und seine Zielerreichung hingewiesen worden. Um dieser Bedeutung gerecht werden zu können, ist es notwendig, daß auf die Entscheidungsprozesse, die zu Investitionsentscheidungen führen, besondere Sorgfalt verwandt wird.

Im vierten Teil des vorliegenden Lehrbuches ist dargestellt worden, daß die auf *Heinen* zurückgehende Unterteilung des Entscheidungsprozesses in die drei Komponenten Anregungsphase, Suchphase und Optimierungsphase im Regelfall für ausreichend gehalten wird. Für den Investitionsbereich wird jedoch aufgrund seiner besonderen Bedeutung für das Unternehmensganze eine differenziertere Betrachtung der durchzuführenden Entscheidungsprozesse vorgeschlagen. Der Beginn kann auch hier wieder als **Anregungsphase** bezeichnet werden, da ohne sie kein Entscheidungsprozeß in Gang gesetzt werden kann. In der anschließenden **Suchphase** geht es um die Ermittlung von Entscheidungsalternativen in Form von Investitionsobjekten und um die Erarbeitung der relevanten Informationen über jede einzelne Entscheidungsalternative. Nachfolgend können in einer **Vorauswahl** diejenigen Investitionsobjekte eliminiert werden, die für eine Realisation nicht in Frage kommen, da sie bestimmten grob formulierten Anforderungen nicht gerecht werden. Unter den verbleibenden Entscheidungsalternativen ist dann die endgültige Auswahl zu treffen. Als Instrument zur Bewältigung dieser Aufgabe sind die verschiedenen **Arten der Investitionsrechnung** entwickelt worden, die in ihrer Anwendung den zentralen Bestandteil des investitionspolitischen Entscheidungsprozesses verkörpern. Wegen der damit verbundenen großen Wichtigkeit der Investitionsrechnung für die Investitionsentscheidung wird auf ihre verschiedenen Arten nachfolgend noch ausführlicher einzugehen sein. Durch die Anwendung der Investitionsrechnung wird es nicht nur ermöglicht, die im Hinblick auf die verfolgte betriebliche Zielsetzung beste Entscheidungsalternative zu bestimmen, sondern es können darüber hinaus alle in die engere Wahl gezogenen Investitionsobjekte in eine Rangfolge bezüglich ihrer erwarteten Zielwirksamkeit gebracht werden. Anschließend gilt es, das geplante Investitionsvorhaben mit allen anderen betrieblichen Teilbereichen, zu denen aufgrund vorhandener Interdependenzen Verbindungen bestehen, abzustimmen. Diese **Abstimmung** ist erforderlich, damit die Investitionsentscheidung nicht zugunsten eines Investitionsobjektes ausfällt, das mit bestehenden oder geplanten Gegebenheiten in anderen betrieblichen Teilbereichen unverträglich ist. Für diese Abstimmung ist die als mögliches Ergebnis der Investitionsrechnung genannte Rangfolge der Investitionsobjekte von Bedeutung, da die Prüfung der Investitionsobjekte auf Kompatibilität mit den anderen betrieblichen Teilbereichen zweckmäßigerweise entsprechend dieser Rangfolge vorgenommen wird. Nach erfolgter Abstimmung kann dann schließlich die **endgültige Investitionsentscheidung** getroffen werden, die zugunsten des Investitionsobjektes ausfällt, das eine höchstmögliche Erfüllung der betrieblichen Zielsetzung verspricht und gleichzeitig in höchstmöglichem Maße mit allen anderen betrieblichen Teilbereichen verträglich ist.

„Die Investitionsrechnung soll eine rationale Beurteilung von Investitionsvorhaben ermöglichen, damit zieladäquate Investitionsentscheidungen gewährleistet sind.“ (*Strutz*) Dabei beschränkt sich die Investitionsrechnung als informationsverarbeitender Prozeß darauf, nur einen Teil der verfügbaren Informationen, nämlich die quantifizierbaren Daten, adäquat auszuwerten, da Rechnen nur mit Zahlen möglich ist (*Kruschwitz*). Wenn ausschließlich Einzelentscheidungen im Investitionsbereich betrachtet werden, dann lassen sich die zur Lösung der entsprechenden Entscheidungsprobleme geeigneten Verfahren der Investitionsrechnung, die auch als **„klassische Methoden der Investitionsrechnung"** bezeichnet werden, grob in zwei Gruppen unterteilen, die als statische oder kalkulatorische Verfahren und als dynamische oder finanzmathematische Verfahren bezeichnet werden.

Die **statischen (kalkulatorischen) Verfahren der Investitionsrechnung** sind dadurch gekennzeichnet, daß zeitliche Unterschiede im Anfall von Zahlungen in Verbindung mit einer Investition in der Investitionsrechnung unberücksichtigt bleiben (Eine Ausnahme bildet teilweise die statische Amortisationsrechnung).

Innerhalb der statischen Verfahren der Investitionsrechnung werden einperiodige und mehrperiodige Verfahren unterschieden. In die Gruppe der **einperiodigen Verfahren** gehören die Kostenvergleichsrechnung, die Gewinnvergleichsrechnung und die Rentabilitätsvergleichsrechnung. Diese Verfahren lassen sich gemeinsam dadurch kennzeichnen, daß bei ihnen als Bezugszeitraum eine fiktive Abrechnungsperiode, in der Regel eine einjährige Abrechnungsperiode wie in der Finanzbuchhaltung, zugrundegelegt wird und anstelle der tatsächlichen Zahlungen periodisierte Erfolgsgrößen in Form kalkulatorischer Erlöse und Kosten verwendet werden.

Die unterschiedlichen Verfahren der Investitionsrechnung werden an dem nachfolgenden **Beispiel** einer Sachinvestitionsentscheidung mit zwei alternativ realisierbaren Produktionsanlagen dargestellt.

Beispiel		Anlage 1	Anlage 2
Kapitaleinsatz	€	150.000,00	240.000,00
Nutzungsdauer	Jahre	5	6
Liquidationserlös	€	0,00	0,00
Produktionskapazität	Stück	120.000	150.000
Abschreibungsmethode		linear	linear
kalkulatorischer Zinssatz	%	10%	10%
variable Stückkosten	€	0,80	0,70
sonstige Fixkosten pro Jahr	€	2.500,00	4.000,00
Stück-Verkaufspreis	€	1,30	1,25

Darstellung 5-6: Beispiel zur Investitionsrechnung

Bei der **Kostenvergleichsrechnung** wird auf die Betrachtung der Erlöse als der positiven Erfolgsgröße verzichtet, da angenommen wird, daß alle in Frage stehenden Investitionsobjekte zu Erlösen in derselben Höhe führen. Es wird dann dasjenige Investitionsobjekt gesucht, dessen Realisierung mit den **geringsten Kosten** verbunden ist. Wenn alle betrachteten Investitionsobjekte über dieselbe Kapazität verfügen, kann sich der Vergleich auf die **Periodenkosten** beziehen. Sämtliche entscheidungsrelevante Kosten werden auf eine durchschnittliche Periode bezogen. Die **Abschreibungen** ergeben sich unter Verwendung der **linearen Abschreibungsmethode** und unter Beachtung eines eventuellen **Liquidationserlöses** am Ende des Nutzungszeitraumes wie folgt:

$$\text{Abschreibung} = \frac{\text{Kapitaleinsatz - Liquidationserlös}}{\text{Nutzungsdauer}}$$

Die **kalkulatorischen Zinsen** ergeben sich im Falle statischer, periodisierender Investitionsrechenverfahren unter Verwendung des **durchschnittlich gebundenes Kapitals**. Dieses beträgt bei Verwendung der linearen Abschreibungsmethode und unter Beachtung eines eventuellen Liquidationserlöses am Ende des Nutzungszeitraumes entsprechend der Hälfte des Kapitaleinsatzes bezüglich des nicht abzuschreibenden Liquidationserlöses zusätzlich der Kapitalbindung des über den gesamten Nutzungszeitraumes vollständig gebundenen Liquidationserlöses:

$$\text{kalkulatorische Zinsen} = \text{Zinssatz} \cdot \text{durchschnittlich gebundenes Kapital}$$

$$\text{durchschnittlich gebundenes Kapital} = \frac{\text{Kapitaleinsatz} + \text{Liquidationserlös}}{2}$$

Kostenvergleich anhand der Durchschnittskosten pro Periode			
Vergleich:		Anlage 1	Anlage 2
variable Periodenkosten	€	96.000,00	105.000,00
Abschreibung	€	30.000,00	40.000,00
Zinsen	€	7.500,00	12.000,00
sonstige Fixkosten	€	2.500,00	4.000,00
gesamte Fixkosten	€	40.000,00	56.000,00
Durchschnittskosten pro Jahr	€	136.000,00	161.000,00

Darstellung 5-7: Kostenvergleich anhand der Durchschnittskosten pro Periode

Wenn sich die Kapazitäten der einzelnen Investitionsobjekte nicht entsprechen, muß an die Stelle des Periodenkostenvergleiches ein Vergleich der **Stückkosten**, d. h. der auf die Leistungseinheit bezogenen Periodenkosten, treten (*Wöhe*). Es sei darauf hingewiesen, daß in den Kostenvergleich nicht alle Kosten einbezogen werden müssen, sondern nur die **entscheidungsrelevanten Kosten**, d. h. diejenigen Kosten, die bei mindestens einem der betrachteten Investitionsobjekte in anderer Höhe anfallen als bei den anderen. Abschließend ist zu bemerken, daß die Kostenvergleichsrechnung ein Investitionsobjekt als bestes, d. h., kostenminimales ermitteln kann, welches dennoch keinen positiven Erfolgsbeitrag liefert, da auf die Einbeziehung der zweiten Erfolgskomponente, der Erlöse, in die Vergleichsrechnung verzichtet wird (*Kruschwitz*).

Kostenvergleich anhand der durchschnittlichen Kosten pro Leistungseinheit			
Vergleich:		Anlage 1	Anlage 2
Durchschnittskosten pro Jahr	€	136.000,00	161.000,00
Produktionskapazität	Stück	120.000,00	150.000,00
volle Stückkosten	€	1,13	1,07

Darstellung 5-8: Kostenvergleich anhand der durchschnittlichen Kosten pro Leistungseinheit

Die **Gewinnvergleichsrechnung** löst sich von der in der Kostenvergleichsrechnung verwendeten Prämisse identischer Erlöse für alle Investitionsobjekte. Hier werden demnach in die Vergleichsrechnung beide Erfolgskomponenten (Kosten und Erlöse) in saldierter Form als Gewinn einbezogen. Entsprechend dem Vorgehen bei der Kostenvergleichsrechnung wird der Vergleich am **Periodengewinn** in Falle gleicher Kapazitäten durchgeführt.

Gewinnvergleich anhand des durchschnittlichen Periodengewinns			
Vergleich:		Anlage 1	Anlage 2
durchschnittliche Erlöse pro Jahr	€	156.000,00	187.500,00
Durchschnittskosten pro Jahr	€	136.000,00	161.000,00
durchschnittlicher Periodengewinn	€	20.000,00	26.500,00

Darstellung 5-9: Gewinnvergleich anhand des durchschnittlichen Periodengewinns

Im Falle unterschiedlicher Kapazitäten wird der Gewinnvergleich am **Stückgewinn** als dem auf die Leistungseinheit bezogenen Periodengewinn vollzogen. Auszuwählen ist bei Anwendung der Gewinnvergleichsrechnung diejenige Investitionsalternative, die den **höchsten Gewinn** erwarten läßt. Bezüglich der zu berücksichtigenden Erlöse und Kosten gilt das oben Gesagte analog: es sind alle **entscheidungsrelevanten Erlöse und Kosten** in die Vergleichsrechnung einzubeziehen, und das sind diejenigen Erlöse und Kosten, die bei mindestens einem der betrachteten Investitionsobjekte in anderer Höhe anfallen als bei den anderen. Zur Anwendung der Gewinnvergleichsrechnung ist kritisch zu sagen, daß sie nur dann brauchbare Ergebnisse zu liefern vermag, wenn die in Frage stehenden Investitionsobjekte alle dieselbe Nutzungsdauer aufweisen und mit demselben Zahlungsmitteleinsatz verbunden sind. Sind diese Voraussetzungen nicht erfüllt, führt die Gewinnvergleichsrechnung zu Ergebnissen, deren Verwendung mit hoher Wahrscheinlichkeit Fehlentscheidungen zur Folge hat (*Kruschwitz*).

Gewinnvergleich anhand durchschnittlicher Gewinne pro Leistungseinheit			
Vergleich:		Anlage 1	Anlage 2
durchschnittlicher Periodengewinn	€	20.000,00	26.500,00
Produktionskapazität	Stück	120.000,00	150.000,00
durchschnittlicher Stückgewinn	€	0,17	0,18

Darstellung 5-10: Gewinnvergleich anhand durchschnittlicher Gewinne pro Leistungseinheit

In der **Rentabilitätsvergleichsrechnung** wird im Gegensatz zur Kosten und zur Gewinnvergleichsrechnung die Tatsache berücksichtigt, daß verschiedene Investitionsobjekte im allgemeinen verschieden hohe Beträge an Zahlungsmitteln binden, d. h., mit unterschiedlichem Kapitaleinsatz verbunden sind. Es wird für jedes Investitionsobjekt die Kenngröße

$$\text{Rentabilität} = \frac{\text{Gewinn}}{\text{Kapitaleinsatz}}$$

gebildet, die durch zusätzliche Einbeziehung des mit dem Investitionsobjekt verbundenen Umsatzerlöses zu der aufschlußreicheren Kenngröße

$$\text{Return on Investment} = \frac{\text{Gewinn}}{\text{Umsatz}} \cdot \frac{\text{Umsatz}}{\text{Kapitaleinsatz}}$$

als dem Produkt aus **Umsatzrentabilität** und **Kapitalumschlag** umgeformt werden kann (*Wöhe*). Da im Rahmen der statischen Verfahren der Investitionsrechnung mit durchschnittlichen Größen gearbeitet wird, kommt beim Rentabilitätsvergleich neben dem durchschnittlichen Periodengewinn das pro Periode durchschnittlich gebundene Kapital zur Anwendung. Das pro Periode durchschnittlich gebundene Kapital ergibt sich im Falle der Verwendung der linearen Abschreibungsmethode und unter Beachtung eines eventuellen Liquidationserlöses am Ende des Nutzungszeitraumes wie bereits bei der Kostenvergleichsrechnung erläutert, als:

$$\text{durchschnittlich gebundenes Kapital} = \frac{\text{Kapitaleinsatz} + \text{Liquidationserlös}}{2}$$

Unter der Voraussetzung, daß der Kapitaleinsatz bei allen Investitionsobjekten gleich hoch ist, führt die Rentabilitätsvergleichsrechnung zu denselben Ergebnissen wie die Gewinnvergleichsrechnung, so daß sie in diesen Fällen nicht herangezogen zu werden braucht. Im Falle ungleichen Kapitaleinsatzes vermeidet die Rentabilitätsvergleichsrechnung jedoch die aufgezeigten Fehlermöglichkeiten der Gewinnvergleichsrechnung, da sie die Gewinne aller Investitionsobjekte auf eine Einheit Kapitaleinsatz bezieht und damit vergleichbar macht. Ausgewählt wird dann diejenige Entscheidungsalternative, die die **höchste Rentabilität** erwarten läßt. Aller-

Rentabilitätsvergleich			
Vergleich:		Anlage 1	Anlage 2
durchschnittlicher Periodengewinn	€	20.000,00	26.500,00
durchschnittlicher Kapitaleinsatz	€	75.000,00	120.000,00
durchschnittliche Erlöse pro Jahr	€	156.000,00	187.500,00
Umsatzrentabilität	%	12,82%	14,13%
Kapitalumschlag		2,08	1,56
durchschnittliche Rentabilität (ROI)	%	26,67%	22,08%

Darstellung 5-11: Rentabilitätsvergleich durchschnittlicher Periodengrößen

dings stellt sich im Falle des ungleichen Kapitaleinsatzes die Frage, was mit dem **Differenzkapital** der Alternative mit dem geringeren Kapitaleinsatz geschieht, falls diese Alternative gewählt werden würde. Dieses Differenzkapital könnte zumindest über den Zeitraum der Nutzungsdauer als Finanzinvestition angelegt werden, was zu zusätzlichen Zinsgewinnen dieser Alternative führen würde. Kritisch ist allerdings des weiteren auch bezüglich der Rentabilitätsvergleichsrechnung zu sagen, daß ihre Anwendung wie die der Gewinnvergleichsrechnung zu für die Investitionsentscheidung fehlerhaften Ergebnissen führen kann, wenn sich die betrachteten Investitionsobjekte hinsichtlich ihrer Nutzungdauern voneinander unterscheiden.

Als **mehrperiodiges Verfahren** der statischen Investitionsrechnungsverfahren ist die **Amortisationsrechnung** (Kapitalrückflußrechnung, pay-back-Rechnung, pay-off-Rechnung, pay-out-Rechnung) zu nennen. Amortisationsrechnungen erfreuen sich in der betrieblichen Praxis sehr großer Beliebtheit. Die Amortisationsrechnung geht von der Überlegung aus, wie lange es dauert, bis die für die Vornahme einer Investition aus dem Betrieb abgeflossenen Zahlungsmittel aufgrund des Einsatzes des betreffenden Investitionsobjektes im Betriebsprozeß wieder in das Unternehmen zurückgeflossen sind. Der entsprechende Zeitraum wird als **Amortisationsdauer** oder **pay-off-Periode** bezeichnet, und unter mehreren in Frage kommenden Investitionsobjekten wird dasjenige ausgewählt, das nach den Erwartungen des Investors mit der **kürzesten Amortisationsdauer** verbunden ist. Die Durchführung der Amortisationsrechnung kann in zweifacher Weise erfolgen. Beim **Kumulationsverfahren** wird die Amortisationsdauer eines Investitionsobjektes in einem sukzessiven Rechenprozeß ermittelt. Mit dem Investitionszeitpunkt beginnend werden die Überschüsse der laufenden Einnahmen über die laufenden Ausgaben solange schrittweise addiert, bis die kumulierten Überschüsse den Kapitaleinsatz für das Investitionsobjekt erreicht haben. Wenn die Überschüsse der laufenden Einnahmen über die laufenden Ausgaben in jeder Abrechnungsperiode annähernd gleich hoch sind, wenn also ohne wesentliche Verzerrungen ein durchschnittlicher Rückfluß als Einnahmenüberschuß für eine fiktive Abrechnungsperiode gebildet werden kann, dann läßt sich die Amortisationsdauer nach dem **Durchschnittsverfahren** wie folgt berechnen:

$$\text{Amortisationsdauer} = \frac{\text{Kapitaleinsatz}}{\text{durchschnittlicher Rückfluß pro Zeiteinheit}}$$

Amortisationsberechnung			
Vergleich:		Anlage 1	Anlage 2
Kapitaleinsatz	€	150.000,00	240.000,00
Rückflüsse	€	57.500,00	78.500,00
Amortisationsdauer	Jahre	2,61	3,06

Darstellung 5-12: Amortisationsberechnung mit dem Durchschnittsverfahren

Es ist zu beachten, daß die Amortisationsrechnung im Gegensatz zur Gewinnvergleichsrechnung nicht mit Erlösen und Kosten, sondern mit Einnahmen und Ausgaben arbeitet. Daher ist der durchschnittliche Rückfluß nicht mit dem durchschnittlichen Gewinn identisch, sondern der durchschnittliche Rückfluß ergibt sich in einer vereinfachenden Betrachtung aus dem durchschnittlichen Gewinn durch Hinzufügen der kalkulatorischen Abschreibung und der kalkulatorischen Zinsen. Die Amortisationsrechnung ermittelt für ein Investitionsobjekt dessen **kritische Nutzungsdauer**, also diejenige Nutzungsdauer, die mindestens erreicht werden muß, damit das ursprünglich eingesetzte Kapital wieder in das Unternehmen zurückfließen kann, also ein Überschuß in Höhe von Null erreicht als dem Produkt aus Umsatzerfolg und Kapitalumschlag umgeformt werden kann, also ein Überschuß in Höhe von Null erreicht wird. Amortisationsüberlegungen können eine Investitionsrechnung, die die Zielsetzung des Betriebes explizit in die Überlegungen einbezieht, nicht ersetzen, sondern lediglich ergänzen, da sie durch alleinige Betrachtung der Amortisationszeit nur dem Aspekt der Risikobegrenzung Rechnung tragen (*Kruschwitz*).

Die **dynamischen (finanzmathematischen) Verfahren der Investitionsrechnung** sind im Gegensatz zu den statischen Verfahren dadurch gekennzeichnet, daß zeitliche Unterschiede im Anfall von Zahlungen in Verbindung mit einer Investition in der Investitionsrechnung explizit berücksichtigt werden. Diese Berücksichtigung des Zeitfaktors findet in den dynamischen Verfahren in erster Linie durch die Verwendung der **Zinseszinsrechnung** statt. „Zeitliche Unterschiede im Anfall der Erfolgsgrößen von Investitionsvorhaben werden nicht wie bei statischen Investitionsrechnungen vernachlässigt oder in einer Durchschnittsbetrachtung nivelliert, sondern gehen explizit und entsprechend bewertet in das Ergebnis der Investitionsrechnung ein.“ (*Schierenbeck*) Als wichtigste dynamische Verfahren der Investitionsrechnung sind die Kapitalwertmethode, die Annuitätenmethode und die Methode der internen Zinsfüße zu bezeichnen.

Bei der **Kapitalwertmethode** wird zur Beurteilung eines Investitionsobjektes dessen Kapitalwert herangezogen. Dabei ergibt sich der **Kapitalwert einer Investition** als die Summe aller auf einen bestimmten Zeitpunkt bezogenen ab- oder aufgezinsten positiven und negativen Zahlungen, die dieser Investition in eindeutiger Weise zugerechnet werden. Im allgemeinen wird als Bezugszeitpunkt der Zeitpunkt unmittelbar vor der Investition, also in der Regel der Zeitpunkt des Abflusses der Zahlungsmittel für das Investitionsobjekt, gewählt, und es werden dann alle Einzahlungen und Auszahlungen mit einem **Abzinsungsfaktor** auf diesen Bezugszeitpunkt abgezinst (diskontiert). Der Zinssatz, der für diese Diskontierung herangezogen wird, wird als **Kalkulationszinsfuß** bezeichnet.

$$\text{Abzinsungsfaktor der Periode} = \frac{1}{(1 + \text{Kalkulationszinsfuß})^{\text{Periode}}}$$

Seine Bestimmung ist das zentrale Problem bei der Anwendung der Kapitalwertmethode wie auch der beiden anderen genannten dynamischen Verfahren. Der wie angegeben ermittelte Kapitalwert einer Investition wird als Kriterium zu ihrer Beurteilung herangezogen. Die **Vorteilhaftigkeit** einer Investition ist gegeben, wenn sie einen Kapitalwert aufweist, der größer als Null ist. Daraus folgt die Maxime, daß ein Investitionsvorhaben mit negativem Kapitalwert bei ausschließlicher Verfolgung der Zielsetzung Gewinnstreben niemals realisiert werden darf. Liegt ein Wahlproblem mit mindestens zwei sich gegenseitig ausschließenden Investitionsalternativen vor, so wird mit Hilfe der Kapitalwertmethode unter ihnen diejenige gesucht, die den **höchsten Kapitalwert** aufweist, der nicht negativ ist. Null als kritischer Schwellenwert der Kapitalwertmethode ergibt sich aus der Tatsache, daß die stets in die Überlegungen mit einzubeziehende Entscheidungsalternative der Nicht-Investition den Kapitalwert Null aufweist und damit immer als bessere Möglichkeit gegenüber einer Investitionsmöglichkeit mit negativem Kapitalwert zur Verfügung steht.

Kapitalwertmethode			
Vergleich:		Anlage 1	Anlage 2
Kalkulationszins	%	10%	10%
Investitionsausgabe	€	-150.000,00	-240.000,00
Rückfluß pro Periode	€	57.500,00	78.500,00
Barwert t=0	€	-92.500,00	-161.500,00
Barwert t=1	€	52.272,73	71.363,64
Barwert t=2	€	47.520,66	64.876,03
Barwert t=3	€	43.200,60	58.978,21
Barwert t=4	€	39.273,27	53.616,56
Barwert t=5	€	0,00	48.742,32
Kapitalwert	€	89.767,26	136.076,76

Darstellung 5-13: Kapitalwertmethode

Die **Annuitätenmethode** stellt lediglich eine Abwandlung der Kapitalwertmethode dar. Es wird zunächst für ein Investitionsvorhaben aus den erwarteten Zahlungen zu den verschiedenen Zeitpunkten innerhalb der zugrunde gelegten Nutzungsdauer der Kapitalwert ermittelt. Dieser Kapitalwert wird sodann wieder in eine Reihe von Zahlungen zurückgerechnet, wobei diese Reihe der ursprünglichen Reihe **äquivalent** ist aufgrund übereinstimmender Kapitalwerte, darüber hinaus aber auch noch **äquidistant** (die Zahlungen erfolgen in gleichen zeitlichen Abständen) und **uniform** (die Zahlungen erfolgen zu allen Zeitpunkten in derselben Höhe). Die Berechnung der **Annuitäten**, der äquidistanten und uniformen Zahlungen, erfolgt wie die Berechnung des Kapitalwertes unter Verwendung des oben genannten Kalkulationszinsfußes. Die Berechnung erfolgt über **Wiedergewinnungs-**

faktoren (Annuitätenfaktoren), die Reziprokwerte der Rentenbarwertfaktoren darstellen. Ein **Rentenbarwertfaktor (Barwertsummenfaktor)** diskontiert eine Reihe gleichhoher Beträge (Renten) über mehrere Perioden auf den Betrachtungszeitpunkt.

$$\text{Rentenbarwertfaktor} = \frac{(1 + \text{Kalkulationszinsfuß})^{\text{Anzahl Perioden}} - 1}{\text{Kalkulationszinsfuß} \cdot (1 + \text{Kalkulationszinsfuß})^{\text{Anzahl Perioden}}}$$

$$\text{Wiedergewinnungsfaktor} = \frac{1}{\text{Rentenbarwertfaktor}}$$

Vorteilhaftigkeit einer Investition liegt vor, wenn die ermittelte Annuität, die auch als **Gewinnannuität** bezeichnet wird, weil sie sich als Differenz der Annuitäten der Einzahlungs- und der Auszahlungsreihen darstellen läßt, einen Wert annimmt, der größer als Null ist. Ist zwischen mehreren alternativen Investitionsobjekten auszuwählen, so wird mit Hilfe der Annuitätenmethode diejenige Entscheidungsalternative rechnerisch ermittelt, die die **höchste Gewinnannuität** aufweist. Da eine positive Gewinnannuität stets einen positiven Kapitalwert voraussetzt, andererseits aber auch eine Reihe positiver Gewinnannuitäten immer einen positiven Kapitalwert aufweist und überdies eine direkte Abhängigkeit zwischen der Höhe des Kapitalwertes und der Höhe der korrespondierenden Gewinnannuität besteht, gilt die Aussage, daß die Annuitätenmethode mit der Kapitalwertmethode vollkommen äquivalent ist (*Kruschwitz*).

Annuitätenmethode			
Vergleich:		Anlage 1	Anlage 2
Kapitalwert	€	89.767,26	136.076,76
Kalkulationszins	%	10%	10%
Perioden (t =0,1,2...n)	Jahre	5	5
Rentenbarwertfaktor		3,790787	3,790787
Wiedergewinnungsfaktor		0,263797	0,263797
Annuität	€	23.680,38	35.896,71

Darstellung 5-14: Annuitätenmethode

Die **Methode der internen Zinsfüße** stellt formal die Kapitalwertmethode mit einer veränderten Fragestellung dar. Während bei der Kapitalwertmethode bei gegebenem Kalkulationszinsfuß nach dem Kapitalwert eines Investitionsvorhabens gefragt wird, geht die Methode der internen Zinsfüße vom Kapitalwert Null aus und fragt, unter Verwendung welchen Rechnungszinsfußes ein Investitionsvorhaben diesen Kapitalwert aufweist. Der ermittelte interne Zinsfuß gibt dann die **erwartete Effektivverzinsung** für das betreffende Investitionsobjekt an. Die Vorteilhaftigkeit einer Investition ist gegeben, wenn ihr interner Zinsfuß, also ihre Effektivverzinsung, größer ist als der vom Investor zugrundegelegte Kalkulationszinsfuß. Bei Vorliegen mehrerer alternativer Investitionsobjekte wird mit Hilfe der Methode der internen Zinsfüße dasjenige unter ihnen errechnet, das die **höchste interne Verzinsung** aufweist. Die Methode der internen Zinsfüße zur Ermittlung der Effektivverzinsung eines Investitionsvorhabens ist in der betrieblichen Praxis sehr beliebt. Dennoch muß auf die Fragwürdigkeit dieses Verfahrens der dynamischen Investitionsrechnung aufmerksam gemacht werden, da nur unter relativ einschränkenden Voraussetzungen eine eindeutige und ökonomisch sinnvoll interpretierbare Lösung des Problems erzielt werden kann. Die Begründung für diese Tatsache ist in erster Linie darin zu suchen, daß die Bestimmungsgleichung für den internen Zinsfuß im Falle einer Nutzungsdauer des in Frage stehenden Investitionsobjektes von n Abrechnungsperioden ein **Polynom n-ten Grades** darstellt. Ein solches Polynom weist nach dem Fundamentalsatz der Algebra n Lösungen auf. Befinden sich unter diesen n Lösungen zwei oder mehr reelle Lösungen, so ist eine eindeutige Lösbarkeit des Investitionsproblems nicht mehr gegeben. Enthält die Lösungsmenge dagegen auch komplexe Lösungen, so können diese ökonomisch sinnvoll nicht interpretiert werden. Die folgende Abbildung zeigt die Diskontierung der Kapitalwerte der beiden Alternativen aus dem Beispiel unter Verwendung der exakten internen Zinsfüße auf Null auf.

Methode der internen Zinsfüße			
Vergleich:		Anlage 1	Anlage 2
interner Zins	%	49,826114%	39,359539%
Kapitalwert bei internem Zins			
Investitionsausgabe	€	-150.000,00	-240.000,00
Rückfluß pro Periode	€	57.500,00	78.500,00
Barwert t=0	€	-92.500,00	-161.500,00
Barwert t=1	€	38.377,82	56.329,12
Barwert t=2	€	25.614,91	40.419,99
Barwert t=3	€	17.096,42	29.004,11
Barwert t=4	€	11.410,84	20.812,43
Barwert t=5	€	0,00	14.934,34
Kapitalwert bei internem Zins	€	0,00	0,00

Darstellung 5-15: Methode der internen Zinsfüße

Fragen zur Lernkontrolle:

1. Grenzen Sie die Begriffe Investition und Finanzierung gegeneinander ab.
2. Was verstehen Sie inhaltlich unter Sachinvestitionen, Finanzinvestitionen und Realinvestitionen?

3. Nach welchen Kriterien werden Ersatz-, Erweiterungs- und Rationalisierungsinvestitionen differenziert?
4. In welche Bestandteile läßt sich die Bruttoinvestition zerlegen, und welche Beziehung besteht zwischen Bruttoinvestition und Rationalisierungsinvestition?
5. Welche betrieblichen Zielsetzungen sind in der Regel Grundlage bei Investitionsentscheidungen?
6. Was bedeutet Flexibilität als Zielkomponente für den Investor?
7. Erläutern Sie den Begriff Unsicherheit, und beschreiben Sie seine Bedeutung für die Entscheidung über Investitionsmaßnahmen.
8. Kennzeichnen Sie den Unterschied zwischen Investitionseinzelentscheidungen und -programmentscheidungen.
9. In welcher Phase des Investitionsentscheidungsprozesses werden Investitionsrechnungen eingesetzt?
10. Wodurch sind die statischen Verfahren der Investitionsrechnung einerseits und die dynamischen Verfahren andererseits gekennzeichnet?
11. Welche Erlöse und welche Kosten sind im Zuge der Gewinnvergleichsrechnung zu berücksichtigen?
12. Wie ist die Kennzahl Return on Investment definiert?
13. Welche beiden Formen der Amortisationsrechnung gibt es? Welche generelle Bedeutung hat die Berechnung der Amortisationsdauer im Rahmen der Investitionsrechenverfahren?
14. Welche kritischen Schwachstellen haben die statischen Verfahren der Investitionsrechnung?
15. Erläutern und beurteilen Sie die Kapitalwertmethode, die Annuitätenmethode und die Methode der internen Zinsfüße als wichtigste Verfahren der dynamischen Investitionsrechnung.

Literaturhinweise zu Investition:

Bitz, Michael, Investition, in: M. Bitz u.a. (Hrsg.), Vahlens Kompendium der Betriebswirtschaftslehre, Band 1, 4. Aufl., München, 1998, S. 107-173

Blohm, Hans / Lüder, Klaus, Investition, 8. Aufl., München, 1995

Diederich, Helmut, Allgemeine Betriebswirtschaftslehre, 7. Aufl., Stuttgart, Berlin, Köln, 1992

Kruschwitz, Lutz, Investitionsrechnung, 7. Aufl., Berlin, New York, 1998

Schierenbeck, Henner, Grundzüge der Betriebswirtschaftslehre, 13. Aufl., München, Wien, 1998

Strutz, Harald, Die Investition, in: E. Krabbe (Hrsg.), Leitfaden zum Grundstudium der Betriebswirtschaftslehre, 6. Aufl., Gernsbach, 1998, S. 287-361

Wöhe, Günter, Einführung in die Allgemeine Betriebswirtschaftslehre, 19. Aufl., München, 1996

3. Beschaffung

31. Abgrenzung zwischen Investition und Beschaffung

Im vierten Teil des vorliegenden Lehrbuches ist **Investition** als der Umwandlungsprozeß von Zahlungsmitteln in Güter, die zur Erstellung von Gütern in Form von Sach- und Dienstleistungen und deren Verwertung am Markt erforderlich sind, bezeichnet worden. Dieser Umwandlungsprozeß ist einerseits mit dem Abfluß von Zahlungsmitteln aus dem Betrieb heraus, andererseits mit dem Zufluß von Gütern in den Betrieb hinein als einem güterlichen Prozeß verbunden, wobei dieser güterliche Zufluß als **Beschaffung** bezeichnet wurde.

Im vorigen Abschnitt ist dann aber darauf hingewiesen worden, daß in der Literatur im allgemeinen nur eine besondere Klasse der Umwandlungsprozesse von Zahlungsmitteln in Güter zur Leistungserstellung und -verwertung als Investition bezeichnet wird. Dabei handelt es sich um solche, die die Merkmale langfristige und hohe Bindung der Zahlungsmittel sowie Interdependenz der Investitionsentscheidung aufweisen. Bei diesen Umwandlungsprozessen steht der geldliche Aspekt gegenüber dem güterlichen stark im Vordergrund; die Möglichkeit der realen Hereinnahme der betreffenden Güter einschließlich der damit verbundenen Modalitäten wird als gegeben angesehen. Aus diesem Grunde wird der **Beschaffung von Investitionsgütern** in der Literatur keine oder allenfalls geringe Aufmerksamkeit geschenkt.

Die Investitionsgüter bilden aber nur einen Teil all der Güter, die von einem Betrieb für seine Leistungserstellung und -verwertung benötigt werden. Ein weiterer wesentlicher Teil wird von denjenigen Gütern gebildet, die in den Prozessen der Leistungserstellung und -verwertung nicht gebraucht, sondern verbraucht werden. Diese Güter weisen bezogen auf eine Mengeneinheit im allgemeinen weder eine hohe noch eine langfristige Kapitalbindung auf, wenn sie in den Betrieb hereingenommen worden sind. Es handelt sich bei ihnen hauptsächlich um **Roh- oder Grundstoffe, Hilfsstoffe** und **Betriebsstoffe**, um **Einzelteile** und **Baugruppen** sowie um **Werkzeuge** und **Handelswaren**. Die Umwandlung von Zahlungsmitteln in derartige Güter wird üblicherweise nicht zum Gegenstand von Investitionsentscheidungen gemacht, dafür wird aber dem realen Prozeß ihrer Hereinnahme in den Betrieb, ihrer Beschaffung, beträchtliche Aufmerksamkeit gewidmet. Diese Tatsache ist damit zu begründen, daß sich für diese ständig wiederholt notwendigen Beschaffungsvorgänge regelmäßig verschiedene Möglichkeiten mitsamt den dazugehörigen Modalitäten anbieten, unter denen der Betrieb die seinem Ziel entsprechende auszuwählen hat.

In diesem Zusammenhang sei darauf hingewiesen, daß die Versorgung des Unternehmens mit den benötigten Arbeitskräften nicht dem betrieblichen Funktionsbereich Beschaffung im hier verwendeten Sinne zugeordnet wird, sondern als eine Aufgabe der betrieblichen Personalwirtschaft angesehen wird. Innerhalb dieser Personalwirtschaft, meist als Personalabteilung konkretisiert, gibt es dann neben anderen die Teilaufgabe der **Personalbeschaffung**. Ebenso ist die Ausstattung des Betriebes mit den von ihm benötigten Zahlungsmitteln nicht Gegenstand der hier betrachteten Beschaffung, sondern wie im ersten Abschnitt dieses fünften Teiles bereits dargestellt Aufgabe des betrieblichen Funktionsbereiches **Finanzierung**.

Entsprechend stellt auch *Wöhe* fest, daß es in jedem Betrieb **mindestens drei Beschaffungsstellen** gibt, nämlich die **Personalabteilung**, die **Finanzabteilung** und die **Einkaufsabteilung**. Letzterer fällt dabei die Aufgabe der Beschaffung im hier verstandenen Sinne zu, während die Probleme der Beschaffung der hier so bezeichneten Investitionsgüter auch von *Wöhe* ausgegliedert und dem betrieblichen Funktionsbereich Investition zugeordnet werden.

32. Der Beschaffungsbedarf

Wenn die Beschaffung der genannten Güter für die Leistungserstellung und -verwertung in einer zielgerechten Weise erfolgen soll, dann setzt dies die **Ermittlung des zu deckenden Bedarfes** in allen seinen Komponenten voraus. Hierbei ist zu berücksichtigen, daß die Beschaffung nicht um ihrer selbst willen vorgenommen werden darf, sondern daß sie stets in ihrer Verbindung zu den anderen betrieblichen Teilbereichen gesehen, geplant und durchgeführt werden muß. Der **Bedarf** an zu beschaffenden Gütern ergibt sich nämlich aus dem im gesamten Betriebsprozeß geplanten oder erwarteten Verbrauch an den betreffenden Gütern. Dieser **Verbrauch** ist wiederum abhängig von der Menge an Leistungen, die der Betrieb zu erstellen beabsichtigt; und diese Leistungsmenge wird letztlich bestimmt durch die erwarteten oder bekannten Wünsche bzw. Anforderungen des Marktes, der die erstellten oder zu erstellenden Leistungen des Betriebes diesem abnehmen soll. Dabei ist allerdings zu beachten, daß nur jene benötigten Güter zu beschaffen sind, die sich nicht schon im Betrieb befinden, die dem Betrieb nicht anderweitig verfügbar sind und die nicht vom Betrieb im Wege der Eigenfertigung selbst erstellt werden sollen. Diese aufgezeigten Zusammenhänge zwischen den verschiedenen betrieblichen Teilbereichen gilt es bei der Bestimmung des Beschaffungsbedarfes in die Überlegungen einzubeziehen.

Hinsichtlich der Bestimmungsgrößen des Beschaffungsbedarfes ist zwischen Menge und Art der benötigten Güter und deren örtlicher und zeitlicher Verfügbarkeit zu unterscheiden. Dabei ist zu beachten, daß zwischen den einzelnen Bestimmungsgrößen vielfältige Abhängigkeiten bestehen können, die zu berücksichtigen sind, wenn die Beschaffung insgesamt optimal im Sinne des angestrebten Formalziels erfolgen soll. *Grochla* weist in diesem Zusammenhang im Hinblick auf ein **materialwirtschaftliches Optimum** (*Schierenbeck*) auf eine Zerlegung des Gesamtproblems in eine Vielzahl von Teilproblemen hin, unter denen die folgenden als die wichtigsten angesehen werden dürfen.

Das **Mengenproblem**: Um einen reibungslosen Ablauf der Leistungserstellung zu gewährleisten, ist es notwendig, daß jederzeit die benötigten Gütermengen zur Verfügung stehen. Der **quantitative Beschaffungsbedarf** ergibt sich demzufolge in erster Linie aufgrund der Anforderungen aus der Leistungserstellung, diese Anforderungen müssen allerdings die Gegebenheiten auf den Beschaffungsmärkten berücksichtigen.

Das **Sortimentsproblem**: Im allgemeinen sind die benötigten Güter artmäßig nicht bis ins Detail festgelegt, so daß sich für Maßnahmen im Beschaffungsbereich hinsichtlich des **qualitativen Beschaffungsbedarfes** ein Spielraum ergibt. Das Sortimentsproblem besteht darin, anforderungsgerechte Mindestqualitäten für die benötigten Güter festzulegen und eine zu starke Ausdehnung des Sortiments zu beschaffender Güter in Breite und Tiefe zu verhindern.

Das **Raumüberbrückungsproblem**: Hier wird die Tatsache der örtlichen Verfügbarkeit der benötigten Güter berührt. Wegen der häufig bestehenden räumlichen Diskrepanz zwischen Beschaffungs- und Verwendungsort ergeben sich **Transportaufgaben**, die zwar aufgrund des heutigen Standes der Verkehrstechnik weitgehend als ohne Probleme lösbar angesehen werden dürfen. Dennoch verbleiben in diesem Bereich Beschaffungsrisiken, beispielsweise durch Verzögerungen im Transportprozeß oder durch Qualitätseinbußen der Beschaffungsobjekte während der Beförderung.

Das **Zeitproblem**: Dieses Teilproblem bezieht sich auf die zeitliche Verfügbarkeit der benötigten Güter und ist eng mit dem soeben behandelten Raumüberbrükkungsproblem verbunden. Es berührt aber nicht allein die Tatsache, daß die zu bewältigenden Transportaufgaben Zeit in Anspruch nehmen, die in der Planung der Beschaffungsmaßnahmen berücksichtigt werden muß. Daneben geht es beim Zeitproblem um die Bestimmung des zielgerechten Beschaffungszeitpunktes bei schwankenden Preisen auf den Beschaffungsmärkten und um den Ausgleich von unterschiedlichen Beschaffungs- und Produktionsrhythmen (*Schierenbeck*).

Das **Kapitalproblem**: Durch die Beschaffung von Gütern für die Leistungserstellung und -verwertung werden Zahlungsmittel gebunden. Um das Maß der Kapitalbindung unter der Nebenbedingung einer hinreichend sicheren Vorratswirtschaft so gering wie möglich zu halten, ist es erforderlich, die Bewegungen und Bestände der Beschaffungsgüter sorgfältig in Abstimmung mit den anderen betrieblichen Teilbereichen zu planen und zu überwachen.

Das **Kostenproblem**: Alle bislang genannten Teilprobleme berühren direkt oder indirekt und in unterschiedlichem Maße die entstehenden Kosten des Unternehmens. Aus diesem Grunde muß neben die Forderung nach reibungslosem Vollzug der Leistungserstellung und -verwertung unbedingt auch die Beachtung von Kostenaspekten im Sinne einer Kostenoptimierung bei allen Maßnahmen im Beschaffungsbereich treten.

Von vorrangiger Bedeutung für die Ermittlung des Beschaffungsbedarfes sind im allgemeinen das Mengenproblem und das Sortimentsproblem, d. h. die Frage nach der Menge und der Art der zu beschaffenden Güter. **Die Menge zu beschaffender Güter** wird - wie schon erwähnt - durch die vorgesehene Leistungserstellung bestimmt, ihre Festlegung erfolgt durch die Angabe von Mengeneinheiten wie beispielsweise Stückzahlen, Gewichts oder Volumeneinheiten. Die Bestimmung der entsprechenden Mengen kann vornehmlich in zwei unterschiedlichen Vorgehensweisen erfolgen: Die **programmgebundenen Verfahren** verwenden als Grundlage ein nach Art und Menge festgelegtes Programm der Leistungserstellung, aus dem dann mit Hilfe von Stücklisten (Struktur, Baukasten, Mengenübersichts-, Variantenstücklisten) unter Einsatz geeigneter Rechenverfahren, z. B. von Gozinto-Graphen, die zu beschaffenden Mengen ermittelt werden. Die **verbrauchsgebundenen Verfahren** gehen vom bisherigen zeitlichen Verlauf des Beschaffungsbedarfes der einzelnen einzusetzenden Güterarten aus und bestimmen dann mit Hilfe geeigneter Prognoseverfahren wie etwa der Trendextrapolation, der gleitenden Mittelwerte oder der exponentiellen Glättung die zu beschaffenden Mengen. Als weitere Vorgehensweise zur Vorherbestimmung des Beschaffungsbedarfes können mit entsprechendem Vorbehalt **noch subjektive Schätzungen** durch eine oder mehrere Personen angesehen werden.

Die **Art der zu beschaffenden Güter** wird hauptsächlich durch das qualitative Leistungsprogramm, d. h. die Art der zu erstellenden und verwertenden Leistungen, und die technologischen Anforderungen im Bereich der Leistungserstellungsprozesse bestimmt. Die am Markt zu verwertenden Leistungen nehmen insbesondere insoweit Einfluß auf die Art der zu beschaffenden Güter, wie diese wesensbestimmende Bestandteile der zu erstellenden Leistungen in Form von Fertigerzeugnissen werden und so die Wertvorstellungen der Nachfrager gegenüber den betreffenden Leistungen unmittelbar beeinflussen (*Diederich*). Die technologischen Anforderungen an die zu beschaffenden Güter sind insofern oftmals von Bedeutung für die Bestimmung des Beschaffungsbedarfes, als zwar wie zuvor dargestellt die Art der einzusetzenden Güter vielfach nicht bis ins Detail festgelegt ist, jede Abweichung von der optimalen qualitativen Ausprägung aber zu einer Erhöhung des mengenmäßigen Beschaffungsbedarfes führt.

Gerade die Untersuchung der zu beschaffenden Güter nach den Kriterien **Menge-Wert-Relation** und **Vorhersagegenauigkeit des Verbrauchs** führt zu wertvollen Informationen hinsichtlich der Lösung des Beschaffungsproblems.

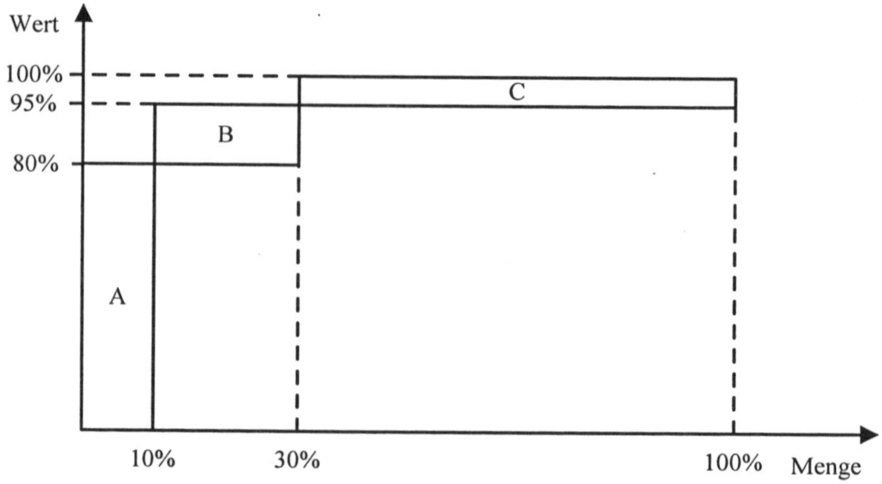

Darstellung 5-16: ABC-Analyse

Die **ABC-Analyse** basiert auf der Annahme, daß in der Regel ein geringer Anteil von Materialarten einen hohen Wert als Produkt aus Einstandspreis und Verbrauchsmenge aufweist. Die Beschaffung und Bereitstellung dieser **A-Güter** ist aufgrund ihres hohen Wertanteils genau zu planen und mit Hilfe betriebswirtschaftlicher Modelle zu optimieren. Im Rahmen der ABC-Analyse ist die Einteilung der Güter in drei Klassen üblich. Diese Klassenbildung ist willkürlich, jedoch hat sich eine Unterteilung bei 80% und 95% des **Gesamtverbrauchswertes** für A- bzw. A- und B-Teile durchgesetzt (*Schierenbeck*). In der folgenden Darstellung haben beispielsweise 10% A-Teile einen Gesamtverbrauchswert von 80%, 20% B-Teile einen Gesamtverbrauchswert von 15% und 70% C-Teile einen Gesamtverbrauchswert von 5%. Somit umfassen **B-Güter** die Güter mittlerer Menge-Wert-Relation, während unter **C-Güter** beispielsweise die vielen Kleinmaterialien geringen Wertes fallen.

Nach der Vorhersagegenauigkeit des Verbrauchs kann man schließlich die zu beschaffenden Güter ebenfalls in drei Gruppen einteilen und gelangt zur **XYZ-Analyse (RSU-Analyse)**:

- Güter mit relativ konstantem Verbrauch pro Periode (**X-Güter, R-Material**),
- Güter mit saisonal und/oder konjunkturell schwankendem Verbrauch pro Periode (**Y-Güter, S-Material**),
- Güter mit unregelmäßigem, nicht vorhersehbarem Verbrauch pro Periode (**Z-Güter, U-Material**).

Es liegt auf der Hand, daß bei X-Gütern eine weitgehend exakte Beschaffungsplanung möglich ist, während z. B. bei Z-Gütern in der Regel ein höherer Sicherheitsbestand aufgrund der Planungsunsicherheit bezüglich des Verbrauchs eingehalten werden muß. Durch die **Kombination von ABC-Analyse und XYZ-Analyse** läßt sich eine noch differenziertere Analyse und Planung der Beschaffungsprozesse durchführen.

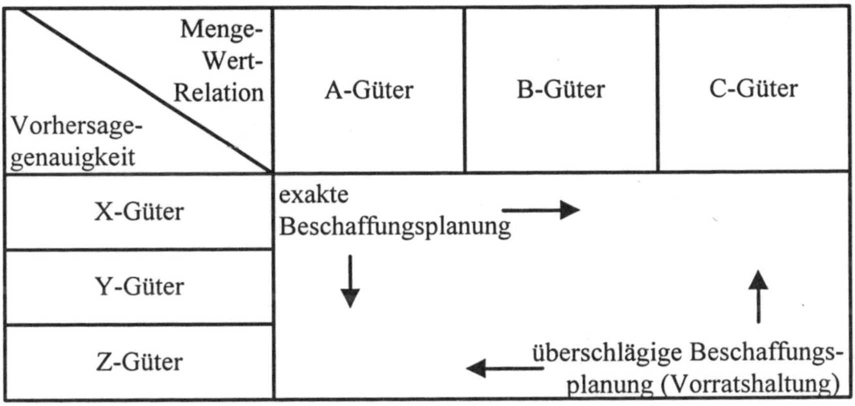

Darstellung 5-17: Kombination von ABC- und XYZ-Analyse

33. Beschaffung und Lagerhaltung

Für die Beschaffung von Gütern, die in den Prozessen der Leistungserstellung und -verwertung benötigt werden, lassen sich grundsätzlich drei Möglichkeiten unterscheiden:

- Einzelbeschaffung im Bedarfsfall,
- einsatzsynchrone Beschaffung,
- Vorratsbeschaffung.

Die **Einzelbeschaffung im Bedarfsfall** ist dadurch gekennzeichnet, daß das benötigte Gut einzeln und erst zu dem Zeitpunkt beschafft wird, in dem der entsprechende Bedarf aktuell und sicher ist. So werden Einzelteile für eine Sonderanfertigung beispielsweise erst dann beschafft, wenn der betreffende Auftrag vom Abnehmer erteilt worden ist. Diese Art der Beschaffung ist mit dem Nachteil verbunden, daß erhebliche zeitliche Verzögerungen in der Leistungserstellung eintreten können und die betriebliche Terminplanung beträchtlich erschwert werden kann. Dem steht der Vorteil gegenüber, daß nur tatsächlich benötigte Güter beschafft werden und demzufolge allenfalls geringe Kosten für eine Lagerung entstehen und die Gefahr einer Veralterung der beschafften Güter nahezu ausgeschlossen ist. Die Tatsache der Einzelbeschaffung führt oftmals aufgrund geringer Beschaffungsmengen allerdings zu erhöhten Einstandspreisen und Transportkosten.

Im Falle der **einsatzsynchronen Beschaffung** wird der Versuch unternommen, eine Lagerung der beschafften Güter dadurch möglichst zu vermeiden, daß die benötigten Güter erst unmittelbar vor ihrem Einsatz in der Leistungserstellung in den Betrieb hereingenommen werden. Die einsatzsynchrone Beschaffung ist auch als **Just in Time-Beschaffung (JIT)** bekannt. Die Vermeidung von Kosten der Kapitalbindung und Lagerung führt allerdings zu einer Abhängigkeit des Betriebes von der Zuverlässigkeit der Lieferanten hinsichtlich einer auftragsentsprechenden Lieferung. Vielfach wird vom Unternehmen versucht, die Einhaltung der Lieferbedingungen durch vertraglich vereinbarte Konventionalstrafen abzusichern. Die einsatzsynchrone Beschaffung ist für den Fall des Ausbleibens von Lieferungen mit der Gefahr kostenintensiver Unterbrechungen der Leistungserstellung verbunden. Zur Vermeidung dieser Gefahr werden oftmals kleine **Sicherheitsläger** unterhalten. Die Verwirklichung einer einsatzsynchronen Beschaffung erfordert eine exakte Planung der Leistungserstellung in allen ihren Komponenten und daraus abgeleitet des Bedarfes an benötigten und damit zu beschaffenden Gütern in all deren Merkmalen.

Die beiden Möglichkeiten Einzelbeschaffung im Bedarfsfalle und einsatzsynchrone Beschaffung können zusammengefaßt auch als **verbrauchsorientierte Beschaffung** bezeichnet werden. Bei der dritten Möglichkeit, der Vorratsbeschaffung, erfolgt eine Loslösung der Beschaffung von ihrer unmittelbaren Bindung an den Verbrauch der zu beschaffenden Güter. Wird vom Betrieb **Vorratsbeschaffung** betrieben, so bedeutet dies, daß für die in der Leistungserstellung und -verwertung laufend benötigten Güter **Läger** eingerichtet werden. Eine solche Lagerung hat für das Unternehmen den Vorteil, daß die benötigten Güter zum Zeitpunkt ihres vorgesehenen Einsatzes sehr schnell verfügbar sind, da sie lediglich dem betriebseigenen Lager entnommen werden müssen. Durch die mögliche Emanzipation von Beschaffung und Leistungserstellung lassen sich über eine autonome Steuerung der Beschaffung **Kostenvorteile** durch die Verringerung von Bestell- und Transportkosten und die Wahrnehmung von Mengenrabatten bei den Einstandspreisen erzielen. Dem steht der Nachteil vom Betrieb zu tragender **Lagerkosten** für die Kapitalbindung und die Lagerung und der Gefahr der Veralterung und des Verlustes (Schwund, Verderb) der eingelagerten Güter gegenüber. Eine Verringerung der Lagerkosten läßt sich durch die Vorgehensweise der **Beschaffung auf Abruf** erreichen, bei der Lieferverträge über große Gütermengen mit den entsprechenden Vorteilen abgeschlossen werden, die reale Beschaffung aber in sukzessive abzurufenden Teilmengen unter Vermeidung einer allzu großen Lagerhaltung und der damit verbundenen Nachteile erfolgt.

Die Lagerhaltung wird im Unternehmen in der Regel deswegen betrieben, weil eine völlige mengenmäßige und zeitliche Abstimmung zwischen Beschaffung und Leistungserstellung bzw. im Handelsbetrieb zwischen Einkauf und Absatz von

Waren meist ökonomisch nicht sinnvoll und organisatorisch nicht möglich ist (*Wöhe*). Es gibt nur wenige Fälle, in denen die beschafften Güter sofort nach ihrer Beschaffung im Leistungserstellungsprozeß verbraucht bzw. eingesetzt werden. Beispiele für eine derartige Beschaffung mit sofortigem Verbrauch finden sich bei Gütern wie Wasser, Elektrizität oder Gas, die über Leitungs- oder Röhrensysteme, die fest installiert sind, jederzeit an den Verbrauchsort geliefert werden können. Hier ist eine Lagerhaltung zur Wahrnehmung der **Ausgleichsfunktion** in mengenmäßiger und zeitlicher Hinsicht nicht erforderlich. Neben dieser Ausgleichsfunktion besitzt die Lagerhaltung aber auch eine **Sicherungsfunktion**. Die Bestimmung des Beschaffungsbedarfes erfolgt unter Annahmen über die zukünftig im Betrieb benötigten Güter, wobei diese Annahmen grundsätzlich mit Unsicherheit belastet sind. Es kann durchaus geschehen, daß im Prozeß der Leistungserstellung und -verwertung mehr Güter als ursprünglich erwartet benötigt wurden. In solchen Fällen sichert ein vorhandenes Lager den reibungslosen Fortgang des Betriebsprozesses in mengenmäßiger und zeitlicher Hinsicht. Gleiches gilt für den Fall, daß sich Störungen im Beschaffungsprozeß in Form von Ausfällen oder Verzögerungen ergeben, die eine mengenmäßige und zeitliche Überbrückung unter Einschaltung des Lagers erforderlich machen.

Damit ein Lager den genannten Funktionen gerecht werden kann, ist es notwendig, stets für einen ausreichenden **Lagerbestand** Sorge zu tragen. In diesem Zusammenhang ist es wichtig, den sogenannten **Meldebestand** festzulegen. Unter dem Meldebestand wird derjenige Lagerbestand verstanden, bei dessen Erreichen eine Auffüllung des Lagers durch Neubeschaffung vorgenommen werden muß. Seine Höhe hängt in erster Linie von dem Beschaffungszeitraum, also der Zeitspanne zwischen Bestellung und Eingang der beschafften Güter im Lager ab. Neben dem Meldebestand ist im Bereich der Lagerhaltung weiterhin der sogenannte **eiserne Bestand** (Mindestbestand) von Bedeutung. Der eiserne Bestand bildet denjenigen Lagerbestand, der unter normalen Umständen niemals unterschritten werden darf. Ein Abbau des eisernen Bestandes erfolgt nur, um den Fortgang des Betriebsprozesses zu sichern, wenn aus unvorhersehbaren Gründen der Verbrauch an Gütern das erwartete Maß übersteigt oder der Beschaffungsprozeß in einer Weise gestört wird, daß die vorgesehene Auffüllung des Lagers nicht vorgenommen werden kann.

Den Zusammenhang zwischen Beschaffung, Lagerhaltung, Meldebestand und eisernem Bestand vermittelt unter stark vereinfachenden Annahmen die folgende Darstellung 5-18. Die verwendeten Symbole haben folgende Bedeutungen:

T Länge der Planungsperiode
t_b Beschaffungszeitraum
B_e eiserner Bestand
B_m Meldebestand
V_t Verbrauch pro Zeiteinheit

Darstellung 5-18 zeigt den störungsfreien Abbau und Aufbau des Lagers im Zeitablauf, d. h. der Abbau des Lagers erfolgt ständig mit der konstanten Intensität eines Verbrauches von V_t Mengeneinheiten pro Zeiteinheit. Der Beschaffungszeitraum beträgt t_b Zeiteinheiten, so daß t_b Zeiteinheiten vor Ende der Planungsperiode eine Bestellung in Höhe des Bedarfes der Planungsperiode ($V_t \cdot T$) aufzugeben ist.

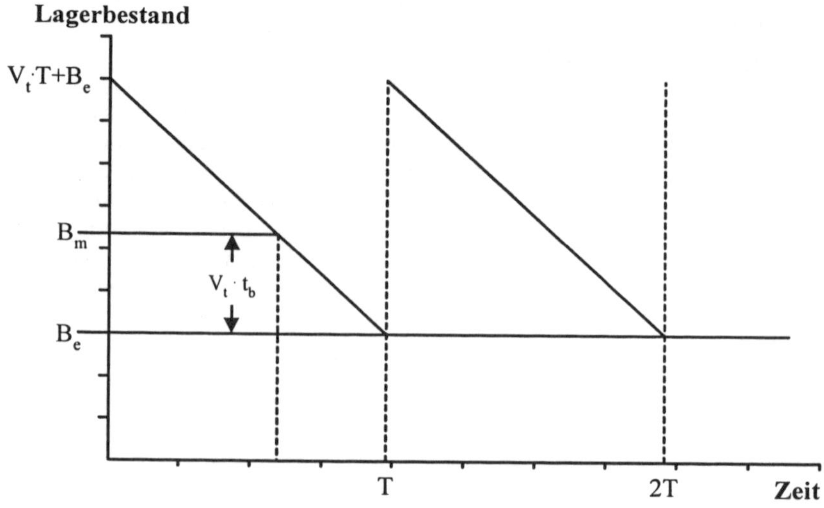

Darstellung 5-18: Beschaffung und Lagerhaltung

In diesem Zeitpunkt hat der Lagerbestand den Meldebestand erreicht; dieser beträgt unter Berücksichtigung des eisernen Bestandes:

$Bm = V_t \cdot t_b + B_e$

Unter den getroffenen Annahmen ist der Lagerbestand im Zeitpunkt seiner Auffüllung gerade bis auf den eisernen Bestand abgesunken. Wie aus der Darstellung 5-18 ersehen werden kann, erfolgt bei planmäßigem Verbrauch zu keinem Zeitpunkt eine Inanspruchnahme des eisernen Bestandes. Dies würde nur dann geschehen, wenn die Intensität des Lagerabbaus zeitweilig über V_t hinausgehen würde, ohne daß in derselben Planungsperiode eine entsprechende Kompensation durch eine zeitweilig geringere Intensität des Lagerabbaus erfolgte, oder wenn der planmäßige Beschaffungszeitraum t_b, überschritten würde. In Zeiten steigender Einstandspreise auf den Beschaffungsmärkten oder erwarteter Verknappungen der zu beschaffenden Güter können neben die Ausgleichs und die Sicherungsfunktion des Lagers auch **spekulative Gründe** für eine Lagerhaltung treten. In derartigen Fällen wird die Beschaffungsmenge nicht am durch die kurzfristig vorgesehene Leistungserstellung und -verwertung bestimmten Bedarf orientiert, sondern häufig an der Lagerkapazität (z. B. Öltanks) und an den Finanzierungsmöglichkeiten (*Wöhe*).

Zwischen Beschaffung und Lagerhaltung und den notwendigen Transportvorgängen besteht nach dem Gesagten der folgende Zusammenhang: die in den betrieblichen Prozessen der Leistungserstellung und -verwertung benötigten Güter müssen auf den entsprechenden Märkten beschafft werden, anschließend in das Unternehmen transportiert werden und dort vorübergehend gelagert werden, sofern die Beschaffung nicht fallweise oder einsatzsynchron erfolgt oder die ständige Verfügbarkeit der benötigten Güter eine Lagerung nicht erforderlich macht. Die Lagerung der beschafften Güter erfolgt im **Eingangslager**, wo sie zur Abgabe für ihren Einsatz im Betriebsprozeß bereitgehalten werden. Unter einem **Zwischenlager** wird ein Lager zwischen verschiedenen Stufen des Leistungserstellungsprozesses verstanden. Ein solches Zwischenlager kann erforderlich werden, wenn die Leistungserstellung auf den verschiedenen Stufen aus Gründen der verwendeten Technologie nicht in genauer mengenmäßiger und zeitlicher Abstimmung erfolgen kann. Zwischenläger können aus Beschaffungsgesichtspunkten auch Eingangsläger sein, dann nämlich wenn die auf bestimmten Prozeßstufen benötigten Güter nur zu einem Teil im Betrieb erstellt werden, zum anderen Teil aber wegen nicht vorhandener Kapazitäten oder aus anderen Gründen auf dem Markt beschafft werden müssen. Zwischenläger können auch zur Wahrnehmung der oben genannten Sicherungsfunktion gebildet werden, wenn beispielsweise die vorgelagerten Stufen des Leistungserstellungsprozesses besonders störanfällig sind, so daß ohne Zwischenlager die Erstellung der vom Absatzmarkt geforderten Leistungen in Frage gestellt sein könnte. Am Ende des Leistungserstellungsprozesses steht schließlich das **Ausgangslager**. Im Ausgangslager werden die erstellten Leistungen aufgenommen, die für die Leistungsverwertung vorgesehen sind. Das Entstehen von Ausgangslägern ist auf die Tatsache zurückzuführen, daß eine Synchronisation von Leistungserstellung und Leistungsverwertung in vielen Fällen nicht möglich oder aber von seiten des Betriebes nicht erwünscht ist. Im letzteren Falle erfolgt über die Einrichtung eines Ausgangslagers eine Emanzipation von Leistungserstellung und Leistungsverwertung, die dem Betrieb die Möglichkeit einer Leistungserstellung mit konstanter Intensität im Zeitablauf und damit gleichmäßiger Beanspruchung der vorhandenen Kapazitäten wie auch des Beschaffungsmarktes bietet. In Zeiten einer geringeren Nachfrage werden die erstellten Leistungen dann im Ausgangslager gespeichert, um von dort verwertet zu werden, wenn die Intensität der Nachfrage diejenige der Leistungserstellung übersteigt.

34. Die optimale Bestellmenge

Im Zusammenhang mit dem betrieblichen Funktionsbereich Beschaffung und Lagerhaltung ist das Problem der optimalen Bestellmenge schon sehr frühzeitig Gegenstand von Untersuchungen gewesen (*Andler* 1929). Es geht bei diesem Problem grundsätzlich um die Fragestellung, inwieweit der gesamte Bedarf an einem bestimmten für den Betriebsprozeß benötigten Gut aufgespalten und in den entsprechenden Teilmengen bestellt und damit beschafft werden soll. Im folgenden soll das **Grundmodell** der optimalen Bestellmenge dargestellt werden, das von einer Reihe stark vereinfachender Annahmen ausgeht. Es wird nur eine einzige zu beschaffende Güterart betrachtet. Der mengenmäßige Bedarf an dieser Güterart in der Planungsperiode ist bekannt, und der Verbrauch erfolgt kontinuierlich mit derselben Verbrauchsintensität im Zeitablauf. Die Beschaffung des betreffenden Gutes kann jederzeit in jeder gewünschten Menge erfolgen, da keinerlei Restriktionen von seiten des Beschaffungsmarktes vorliegen. Jede bestellte Menge wird geschlossen in einem Zeitpunkt geliefert. Es besteht vollkommene Information, d. h. alle zur Ermittlung der optimalen Bestellmenge erforderlichen Informationen sind bekannt. Die entsprechenden Daten sind überdies im Zeitablauf konstant und von der getroffenen Entscheidung über die Bestellmenge unabhängig. Die verfolgte Zielsetzung wird darin gesehen, die gesamten Kosten aus Beschaffung und Lagerhaltung für die betreffende Güterart in der Planungsperiode zu minimieren.

Das Problem der optimalen Bestellmenge läßt sich wie folgt beschreiben: Die gesamten entscheidungsrelevanten Kosten in der Planungsperiode setzen sich nur aus

Bestellkosten und **Lagerkosten** zusammen, da die Bestellmenge weitere Kostenbestandteile wie den Einstandspreis und die Transportkosten für den Periodenbedarf nicht berührt. Je höher die Bestellmenge ist, desto niedriger ist die Zahl der Bestellungen in der Planungsperiode und desto niedriger sind die Bestellkosten in der Planungsperiode unter der Annahme konstanter Bestellkosten pro Bestellung (**bestellfixe Kosten**). Je niedriger die Bestellmenge ist, desto niedriger ist der durchschnittliche Lagerbestand in der Planungsperiode und desto niedriger sind die Lagerkosten in der Planungsperiode unter der Annahme eines konstanten **Lagerkostensatzes** pro Mengeneinheit und Zeiteinheit. Mit der optimalen Bestellmenge soll ein Kompromiß zwischen diesen beiden gegenläufigen Kostentendenzen in Form des Minimums der Summe aus beiden Kostenteilen gefunden werden.

Zur formalen mathematischen Bestimmung der optimalen Bestellmenge finden folgende Symbole Verwendung:

- T Länge der Planungsperiode
- V_t Verbrauch pro Zeiteinheit
- k_b von der Bestellmenge unabhängige Kosten einer Bestellung (bestellfixe Kosten)
- k_l Lagerkostensatz pro Mengen und Zeiteinheit
- x Bestellmenge

Es ergeben sich die folgenden abgeleiteten Größen:

- $\frac{x}{2}$ durchschnittlicher Lagerbestand (ohne Berücksichtigung eines eisernen Bestandes) bei der Bestellmenge x
- $\frac{V_t \cdot T}{x}$ Zahl der Bestellungen in der Planungsperiode bei der Bestellmenge x

Für die Summe aus Bestellkosten und Lagerkosten in der Planungsperiode bei der Bestellmenge x ergibt sich:

$$\frac{V_t \cdot T}{x} \cdot k_b + \frac{x}{2} \cdot T \cdot k_l$$

Zur Bestimmung der optimalen Bestellmenge ist es notwendig, diesen Ausdruck nach der Bestellmenge x zu differenzieren und die sich ergebende erste Ableitung gleich Null zu setzen:

$$-\frac{V_t \cdot T}{x^2} \cdot k_b + \frac{T}{2} \cdot k_l = 0$$

Aus dieser Gleichung ergibt sich für die optimale Bestellmenge:

$$x_{opt} = \sqrt{\frac{2 \cdot V_t \cdot k_b}{k_l}}$$

Diese Lösung läßt sich auch auf graphischem Wege ermitteln:

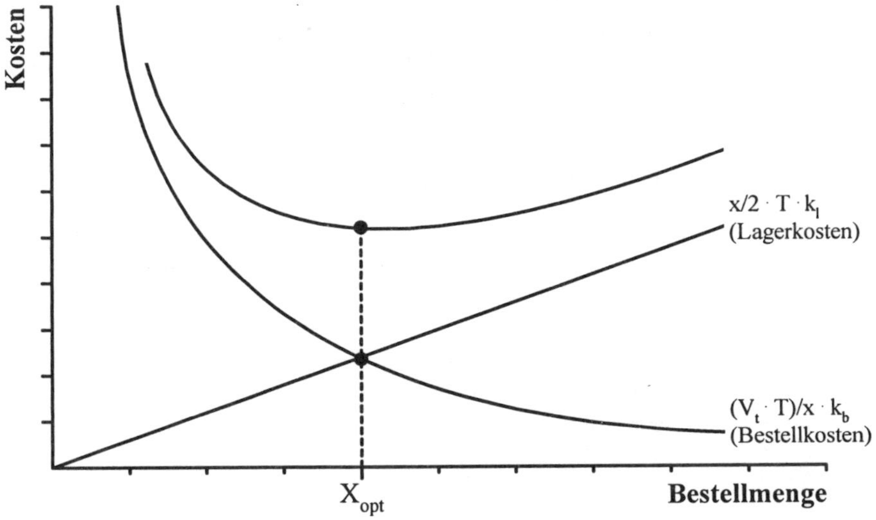

Darstellung 5-19: Die optimale Bestellmenge

Das dargestellte Grundmodell der optimalen Bestellmenge ist in vielfacher Hinsicht erweitert worden. *Küpper* hat eine Übersicht (Darstellung 5-20, S. 118) über die bedeutendsten Erweiterungen des Grundmodells nach den einbezogenen Handlungsalternativen und nach den Hypothesen über die vorgegebenen Bestimmungsgrößen entwickelt, die im folgenden vereinfacht wiedergegeben wird.

Fragen zur Lernkontrolle:

1. Durch welche Merkmale lassen sich die Funktionsbereiche Investition und Beschaffung gegeneinander abgrenzen?
2. Nennen Sie einige Argumente, die für die allgemein übliche Ausgliederung der Finanz- und Personalwirtschaft aus dem Funktionsbereich Beschaffung sprechen.
3. Nach welchen zwei grundsätzlichen Verfahren läßt sich die Menge der zu beschaffenden Güter ermitteln?
4. Welche drei Beschaffungsmöglichkeiten lassen sich hinsichtlich des Zeitbezuges der Güterbereitstellung zum Leistungserstellungsprozeß unterscheiden?

Handlungsvariablen				
Art der Variablen	Bestellmengen		Fehlmengen	
	eine Güterart	mehrere Güterarten	Verzugsmengen	Verlustmengen
Beschränkungen der Variablen	Ganzzahligkeitsbedingungen	Lagerraumbeschränkungen		Finanzierungsbeschränkungen
Bestimmungsgrößen				
	Güterbedarf (Lagerabgang)	Lieferung (Lagerzugang)		Einstandspreise
Sicherheitsgrad	Deterministischer Bedarf	Deterministische Lieferzeit -Lieferzeit Null -Lieferzeit endlich		
	Stochastischer Bedarf	Stochastische Lieferzeit		
Veränderlichkeit	Konstanter Bedarf	Vorgegebene Lieferzeitpunkte		Konstante Preise
	im Zeitablauf veränderlicher Bedarf	Beliebige Lieferzeitpunkte		Veränderliche Preise -mengenabhängig -periodenabhängig -Sonderangebote
Zeitliche Verteilung innerhalb der Periode (n)	Stetiger Lagerabgang	Stetiger Lagerzugang		
	Diskreter Lagerabgang	Diskreter Lagerzugang		

Darstellung 5-20: Erweiterungen des Grundmodells der optimalen Bestellmenge

5. Nennen Sie die Arten und Funktionen der für den Leistungserstellungs- und -verwertungsprozeß in der Regel notwendigen güterlichen Läger.
6. Was wird im Rahmen der Lagerhaltung unter den Begriffen Meldebestand und eiserner Bestand verstanden?
7. Welche spekulativen Gründe können für eine von den Erfordernissen des Leistungserstellungsprozesses abweichende Lagerhaltung sprechen?
8. Erläutern Sie die Bestimmungsfaktoren der beiden sich gegenläufig zueinander verhaltenden Kostenarten bei der Bestimmung der optimalen Bestellmenge.

9. Zählen Sie die der sogenannten *Andlerschen* Bestellmengenformel zugrundeliegenden Annahmen auf, und beurteilen Sie die praktische Anwendbarkeit dieses Modells der optimalen Bestellmenge.
10. Welche Auswirkung hat die Berücksichtigung eines eisernen Bestandes bei der Bestimmung der optimalen Bestellmenge?

Literaturhinweise zu Beschaffung:

Troßmann, Ernst, Beschaffung und Logistik, in: F. X. Bea, E. Dichtl und M. Schweitzer (Hrsg.), Allgemeine Betriebswirtschaftslehre, Band 3: Leistungsprozeß, 7. Aufl., Stuttgart, 1997, S. 9-76

Diederich, Helmut, Allgemeine Betriebswirtschaftslehre, 7. Aufl., Stuttgart, Berlin, Köln, 1992

Grochla, Erwin, Grundlagen der Materialwirtschaft, 3. Aufl., Wiesbaden, 1978

Tempelmeier, Horst, Beschaffung und Logistik, in: M. Bitz (Hrsg.), Vahlens Kompendium der Betriebswirtschaftslehre, Band 1, 4. Aufl., München, 1998, S. 235-274

Schierenbeck, Henner, Grundzüge der Betriebswirtschaftslehre, 13. Aufl., München, Wien, 1998

Wöhe, Günter, Einführung in die Allgemeine Betriebswirtschaftslehre, 19. Aufl., München, 1996

4. Leistungserstellung

41. Die Leistung des Betriebes

Im ersten Teil des vorliegenden Lehrbuches ist gesagt worden, daß es sich bei einem Betrieb um eine Wirtschaftseinheit handelt, die Güter in Form von Sach- und Dienstleistungen für den Bedarf Dritter erstellt und am Markt zum Tausch anbietet. Diese gesamtwirtschaftliche Aufgabe, in der arbeitsteiligen Wirtschaft direkt oder indirekt zur Befriedigung menschlicher Bedürfnisse beizutragen, ist als Sachziel des Unternehmens bezeichnet worden. Sie stellt ein invariantes Merkmal aller in der Realität existierenden Wirtschaftseinheiten dar, die durch das Erkenntnisobjekt der Betriebswirtschaftslehre abgebildet werden. Daher steht die Leistung des Betriebes zwangsläufig im Mittelpunkt aller betriebswirtschaftlichen Betrachtungen, da nur über die Erstellung und Verwertung von Leistungen eine Erfüllung des Betriebszweckes und damit eine Verwirklichung des verfolgten Formalziels möglich ist.

Die Leistung des Betriebes verkörpert **das Ergebnis des Prozesses der betrieblichen Leistungserstellung**. Die Leistungen der Betriebe sind Güter, da sie geeignet sind, direkt oder indirekt zur Befriedigung menschlicher Bedürfnisse beizutragen, und demzufolge Objekte von Tauschbeziehungen zwischen unterschiedlichen Wirtschaftssubjekten (Betrieben, Haushalten) sein können. Innerhalb dieser Güter ist zwischen Sachleistungen und Dienstleistungen unterschieden worden. **Sachleistungen** sind Leistungen, die an Sachgegenständen gleich welcher Art erbracht werden. Betriebe, deren Sachziel in der Erstellung von Sachleistungen und deren Verwertung am Markt besteht, werden dementsprechend als **Sachleistungsbetriebe** bezeichnet. Zu ihnen gehören beispielsweise Unternehmen, deren Leistungserstellung in der Gewinnung von Rohstoffen (**Gewinnungsbetriebe**), in der Herstellung von Erzeugnissen (**Fertigungsbetriebe**) oder in der Bearbeitung von Rohstoffen und Fabrikaten (**Veredelungsbetriebe**) besteht (*Wöhe*).

Im Gegensatz zu Sachleistungen handelt es sich bei **Dienstleistungen** um Leistungen, die unmittelbar am Menschen oder seinen Objekten erbracht werden. Demzufolge werden als **Dienstleistungsbetriebe** solche Unternehmen bezeichnet, deren Sachziel in der Erstellung von Dienstleistungen und deren Verwertung am Markt besteht. Beispiele für Dienstleistungsbetriebe werden etwa gegeben durch **Bankbetriebe, Versicherungsbetriebe, Personenverkehrsbetriebe, Beratungsunternehmen, Betriebe des Gesundheitswesens** (Arztpraxen, Krankenhäuser) und des **Bildungswesens** (Schulen, Hochschulen, Theater) sowie im **Bereich der Freizeitgestaltung**, aber auch Betriebe, die den Aufenthaltsort von Sachgegenständen verändern (**Güterverkehrsbetriebe**) oder deren betriebliche Tätigkeit in der Vornahme zeitüberbrückender Operationen an Sachgegenständen besteht (**Lagereibetriebe**), sowie solche Unternehmen, deren Leistungserstellung auf die Verteilung (im allgemeinsten Sinne) von Sachgegenständen gerichtet ist (**Handelsbetriebe**).

Neben der Unterscheidung von Sachleistungen und Dienstleistungen ist weiterhin die auf *Walther* zurückgehende Einteilung der Leistungen des Betriebes in Marktleistungen und Betriebsleistungen von Bedeutung. Die betriebliche Tätigkeit ist auf die Erstellung und Verwertung von Leistungen gerichtet. Eine Leistung des Betriebes, die von ihm erstellt und verwertet, d. h. vom Markt abgenommen worden ist, wird als **Marktleistung** bezeichnet. Demgegenüber wird unter einer **Betriebsleistung** eine Leistung verstanden, die zwar vom Betrieb erstellt worden ist, die aber noch nicht verwertet, d. h. vom Markt noch nicht abgenommen worden ist. Marktleistungen bilden den Inhalt des Betriebszweckes, nur über Marktleistungen ist es möglich, das verfolgte Formalziel zu verwirklichen; Betriebsleistungen bilden lediglich eine Zwischenstufe auf dem Wege zu Marktleistungen. Ihre Entstehung ist auf die im vorigen Abschnitt beschriebene Tatsache zurückzuführen, daß eine Synchronisation von Leistungserstellung und Leistungsverwertung in vielen Fällen nicht möglich oder aber von seiten des Betriebes nicht erwünscht ist. Das führt dazu, daß in einer Periode mehr Leistungen erstellt werden (Betriebsleistungen) als verwertet werden können (Marktleistungen). Der überschießende Teil an Betriebsleistungen muß dann im Betrieb verbleiben, er wird im Ausgangs- oder Fertiglager gespeichert, um in einer späteren Periode verwertet zu werden. Betriebsleistungen, deren Verwertung am Markt nicht gelingt, vermögen keinen positiven Beitrag zur betrieblichen Zielerreichung zu leisten. In Dienstleistungsbetrieben ist die Unterscheidung zwischen Marktleistungen und Betriebsleistungen nicht durchführbar, da hier alle vom Betrieb erstellten Leistungen immer sogleich Marktleistungen sind. Diese Tatsache findet ihre Begründung darin, daß diese Betriebe ihre Leistungen unmittelbar am Menschen oder seinen Objekten erbringen und daher ihre Leistungserstellung erst beginnen kann, wenn sich die betreffenden Menschen als Objekte der betrieblichen Leistungserstellung zur Verfügung stellen. Dazu sind diese aber nur bereit, wenn zuvor Einigung über Leistung und Gegenleistung erzielt worden ist, und diese Einigung bedeutet, daß die zu erstellende Dienstleistung vor ihrer Erstellung bereits verwertet worden ist. Daher entsteht sie nach ihrer Erstellung sogleich als Marktleistung. Betriebsleistungen kann es in Dienstleistungsbetrieben nicht geben.

42. Die Leistungserstellung als Kombinationsprozeß

In den Ausführungen des vierten Teiles dieses Lehrbuches ist die Leistungserstellung innerhalb der betrieblichen Prozesse als derjenige Prozeß bezeichnet worden, in dem die Umwandlung von Gütern niederer Ordnung in solche höherer Ordnung erfolgt. Dieser Umwandlungsprozeß läßt sich graphisch einfach veranschaulichen:

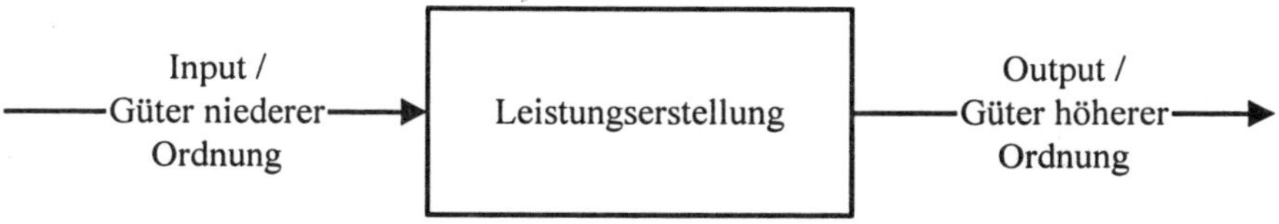

Darstellung 5-21: Die Leistungserstellung als Input-Output-Transformation

Der **Output** der betrieblichen Leistungserstellung wird durch die erstellten Leistungen (im allgemeinen Betriebsleistungen, im Falle zuvor erfolgter Leistungsverwertung Marktleistungen) gebildet. Den **Input** der betrieblichen Leistungserstellung verkörpern alle diejenigen Güter, die der Betrieb einsetzen muß, um durch ihre Kombination den gewünschten Output erzielen zu können. Diese Güter werden als **Faktoren der Leistungserstellung** oder als **Produktionsfaktoren** bezeichnet, letzteres weil die Begriffe **Leistungserstellung** und **Produktion** in der Literatur zur Allgemeinen Betriebswirtschaftslehre in der Regel synonym verwendet werden, obwohl der Begriff Produktion in stärkerem Maße auf die Leistungserstellung im Industriebetrieb Bezug nimmt. Der Prozeß der betrieblichen Leistungserstellung kann also als Prozeß der Kombination von Faktoren der Leistungserstellung oder Produktionsfaktoren aufgefaßt werden. Wegen der überragenden Bedeutung der Leistungserstellung im Betriebsprozeß wird der Betrieb dementsprechend auch bisweilen als Faktorkombination oder Kombination produktiver Faktoren bezeichnet.

Es ist üblich und sinnvoll, die Produktionsfaktoren in Klassen einzuteilen. In der Volkswirtschaftslehre und in der klassischen, aus der volkswirtschaftlichen mikroökonomischen Theorie abgeleiteten Betriebswirtschaftslehre wird eine Einteilung der Produktionsfaktoren in **Arbeit** (jede Art manueller oder geistiger Tätigkeit), **Kapital** (an der Produktion beteiligter Gütervorrat) und **Boden** (als Standort oder Anbau- sowie Abbaufläche) vorgenommen (*Cezanne/Franke*). Die heutige Betriebswirtschaftslehre geht demgegenüber von einem **System von Produktionsfaktoren** aus, das in seiner Grundstruktur von *Gutenberg* entwickelt worden ist. Dieses System enthält die Produktionsfaktorgruppen **Betriebsmittel**, **Leistungsobjekte** (bei *Gutenberg* in Anlehnung an die Verhältnisse im Industriebetrieb Werkstoffe) und **menschliche Arbeit**, wobei letztere weiter unterteilt wird in **objektbezogene oder ausführende Arbeit** und in **dispositive menschliche Arbeit**. Die dispositive menschliche Arbeit wird auch als **dispositiver Faktor** bezeichnet, während die Betriebsmittel, die Leistungsobjekte und die ausführende menschliche Arbeit **die elementaren Produktionsfaktoren** bilden. Die Aufgabe des dispositiven Faktors besteht darin, die elementaren Produktionsfaktoren zusammenzuführen und ihrer Kombination eine aus dem verfolgten Formalziel abgeleitete Richtung zu geben (*Diederich*).

Das System der Produktionsfaktoren läßt sich übersichtlich wie folgt darstellen:

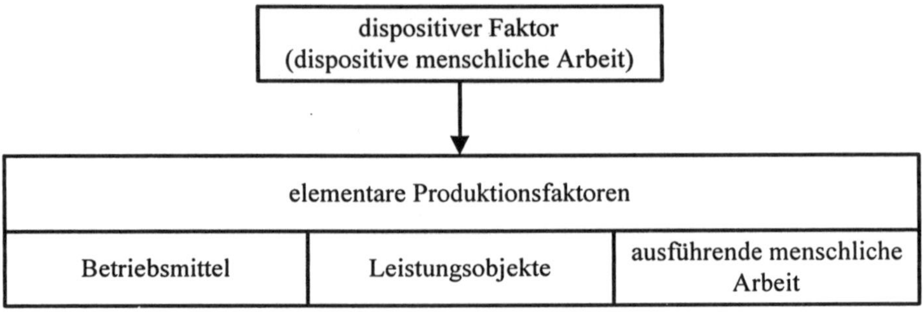

Darstellung 5-22: Das System der Produktionsfaktoren

Der **dispositive Faktor** im Sinne der dispositiven menschlichen Arbeit im Betrieb entspricht dem im zweiten Teil des vorliegenden Lehrbuches dargestellten Führungssystem des Unternehmens, er wird heute auch als Management des Betriebes bezeichnet. Der Begriff Management umfaßt einerseits die Führungskräfte als die Gruppe von Personen im Betrieb, die anderen Personen Weisungen erteilen darf, andererseits aber auch gleichzeitig die Funktionen, die von diesen Personen wahrgenommen werden (*Wöhe*).

Gutenberg unterscheidet innerhalb des dispositiven Faktors einen originären und einen derivativen Teil. Dabei wird unter dem **originären Teil** die Geschäfts- oder **Unternehmensleitung** verstanden, deren Funktion in der Erfüllung der obersten, nicht delegierbaren Aufgaben der Unternehmensführung besteht. Neben diesen obersten Aufgaben umfaßt der dispositive Faktor die weiteren Aufgaben **Planung, Organisation** (im funktionalen Sinne) und **Kontrolle**. Diese Funktionen des Managements werden als der **derivative Teil** des dispositiven Faktors bezeichnet, da die entsprechenden Aufgaben in vielen Fällen von der Unternehmensleitung auf nachgeordnete Instanzen im Führungssystem delegiert werden.

Die **elementaren Produktionsfaktoren** können weiter danach unterschieden werden, ob sie bei ihrem Einsatz im Kombinationsprozeß der Leistungserstellung unmittelbar **verbraucht** werden, also nur einmal in einem Leistungserstellungsprozeß verwendet werden können, oder ob sie mehrmals in aufeinanderfolgenden Kombinationsprozessen zum Einsatz gelangen können, also im einzelnen Leistungserstellungsprozeß lediglich **gebraucht** oder mittelbar verbraucht werden (*Kloock*). Die erste Gruppe von elementaren Produktionsfaktoren wird als die Gruppe der **Repetierfaktoren** (Verbrauchsfaktoren), die zweite Gruppe als die der **Potentialfaktoren** (Bestandsfaktoren) bezeichnet. Zu den Repetierfaktoren zählen in erster Linie die Leistungsobjekte, im Industriebetrieb also die Werkstoffe in Form der **Roh- und Hilfsstoffe**; daneben aber auch Teile der Betriebsmittel (Betriebsmittel-Repetierfaktoren), vor allem die **Betriebsstoffe** wie beispielsweise Energie, Treib- und Brennstoffe, außerdem Stoffe wie Kühl-, Schmier-, Putz- und Scheuermittel. In die Gruppe der Potentialfaktoren fallen von den elementaren

Produktionsfaktoren damit die **ausführende menschliche Arbeit** (Humanfaktoren) und aus der Gruppe der Betriebsmittel die **Betriebsmittel-Potentialfaktoren**. Letztere werden vor allem gebildet von den materiellen Betriebsmittel-Potentialfaktoren wie zum Beispiel Grundstücke, Gebäude, Maschinen und maschinelle Anlagen sowie Werkzeuge, daneben aber auch von immateriellen Betriebsmittel-Potentialfaktoren wie Rechte, Patente, Konzessionen oder Lizenzen. Die ausführende menschlichen Arbeit wird im Abschnitt 6 dieses Teils betrachtet.

43. Die Bedeutung der elementaren Produktionsfaktoren

431. Die Bedeutung der Betriebsmittel

Unter dem Begriff **Betriebsmittel** werden diejenigen elementaren Produktionsfaktoren zusammengefaßt, die von den Menschen im Betrieb zur Unterstützung beim Vollzug ihrer betrieblichen Aufgaben herangezogen werden. Auf die **Betriebsmittel-Repetierfaktoren**, also insbesondere auf die Betriebsstoffe, soll an dieser Stelle nicht weiter eingegangen werden, da deren Bedeutung für den Prozeß der betrieblichen Leistungserstellung weitgehend derjenigen der anderen Repetierfaktoren entspricht, auf die später im Zusammenhang mit den Leistungsobjekten einzugehen sein wird. Die folgenden Ausführungen beschränken sich demzufolge auf die Bedeutung der Betriebsmittel-Potentialfaktoren.

Die **Betriebsmittel-Potentialfaktoren** sind als Bestandsfaktoren dadurch gekennzeichnet, daß sie nicht bei einmaligem Einsatz in einem Prozeß der Leistungserstellung verbraucht werden, also nicht untergehen und daher vor einem erneuten Einsatz nicht neu beschafft oder bereitgestellt werden müssen, sondern daß sie mehrfach im Kombinationsprozeß eingesetzt werden können, da sie im einzelnen Leistungserstellungsprozeß lediglich gebraucht werden. Ein Betriebsmittel-Potentialfaktor verfügt demnach über ein Bündel von Nutzungsmöglichkeiten, das als **Leistungspotential** bezeichnet wird. Mit der Beschaffung eines solchen Produktionsfaktors erwirbt der Betrieb dessen gesamtes Leistungspotential, das er dann aufgrund eigener Entscheidungen durch Einsatz des betreffenden Betriebsmittels in den verschiedenen Leistungserstellungsprozessen verbrauchen kann. Ein wichtiges Problem bildet in diesem Zusammenhang die Erfassung des **Potentialfaktorverbrauches**. Diese Erfassung erfolgt im betrieblichen Rechnungswesen durch die Bildung von **Abschreibungen**.

Abschreibungen können entweder zeitabhängig oder leistungsabhängig gebildet werden. Bei der Bildung **zeitabhängiger Abschreibungen** wird davon ausgegangen, daß der betreffende Betriebsmittel-Potentialfaktor über eine bestimmte **Nutzungs- oder Einsatzzeit** im Kombinationsprozeß verwendet werden kann oder soll. Einzelnen Teilperioden der gesamten Nutzungs- oder Einsatzzeit wird dann ein **anteiliger Verbrauch** am gesamten Leistungspotential in bewerteter Form zugerechnet. Bei dieser Form der Erfassung des Potentialfaktorverbrauches ergibt sich das Problem, daß den einzelnen Perioden ein Verbrauch und damit ein **Werteverzehr** unabhängig vom tatsächlichen Einsatz des betreffenden Produktionsfaktors zugerechnet wird. (Beispiel: Abschreibung einer Maschine in jährlich gleichbleibenden Abschreibungsraten über eine Nutzungszeit von n Jahren) Die andere Möglichkeit, die Bildung **leistungsabhängiger Abschreibungen** geht von der

Vorstellung aus, daß ein einzelner Betriebsmittel-Potentialfaktor ein bestimmtes meßbares Gesamtpotential an Nutzungsmöglichkeiten besitzt. Dem einzelnen Leistungserstellungsprozeß und damit der einzelnen erstellten Leistung wird dann anteilig derjenige Teil des Gesamtpotentials in bewerteter Form zugerechnet, der im betreffenden Leistungserstellungsprozeß und damit für die einzelne erstellte Leistung als verbraucht gemessen worden ist. (Beispiel: Abschreibung eines Lastkraftwagens nach erbrachter kilometrischer Laufleistung bei Annahme eines Laufleistungspotentials von n Kilometern) Es ist allerdings zu beachten, daß es für den Werteverzehr unter Umständen überhaupt nicht auf den tatsächlich verbrauchten Teil des gesamten Leistungspotentials eines Betriebsmittels ankommt. Dieser Fall liegt dann vor, wenn zu erwarten ist, daß infolge der technologischen Entwicklung im Unternehmen vorhandene Betriebsmittel-Potentialfaktoren zukünftig wirtschaftlich nicht mehr eingesetzt werden können, obwohl sie physisch aufgrund ihres noch vorhandenen Leistungspotentials durchaus imstande wären, ihren gestellten Aufgaben weiterhin gerecht zu werden (*Diederich*).

Das Leistungspotential eines Betriebsmittel-Potentialfaktors kann in quantitativer wie auch in qualitativer Hinsicht Gegenstand der Betrachtung sein. Das **quantitative Leistungsvermögen** eines Betriebsmittel-Potentialfaktors wird als dessen Kapazität bezeichnet, wobei die Kapazität die erstellbare Leistungsmenge (Ausbringungsmenge) je Zeiteinheit angibt. Es wird zwischen maximaler, minimaler und wirtschaftlicher (optimaler) Kapazität unterschieden. Bei der maximalen und der minimalen Kapazität handelt es sich um technisch bedingte Größen, Während es sich bei der **Optimalkapazität**, die im Intervall zwischen der minimalen und der maximalen Kapazität einschließlich dessen Grenzen liegt, um eine Größe handelt, die nach wirtschaftlichen Gesichtspunkten zu bestimmen ist. In erster Linie geht es hierbei um die Bestimmung derjenigen Kapazität, bei deren Realisierung das betreffende Betriebsmittel im Kombinationsprozeß kostengünstigst eingesetzt werden kann.

Unter dem **qualitativen Leistungsvermögen** eines Betriebsmittel-Potentialfaktors, das als dessen Leistungsfächer oder bisweilen auch qualitative Kapazität bezeichnet wird, werden sein Vermögen, nach Eigenart und Güte unterschiedliche Leistungen abzugeben (*Diederich*), bzw. seine Einsatzvielfalt und die Skala realisierbarer Qualitätsnormen (*Czeranowsky*) verstanden. In diesem Zusammenhang ist erneut auf die bereits im Abschnitt über Investition vorgenommene Unterscheidung zwischen Universalmaschinen und Spezialmaschinen hinzuweisen. Universalmaschinen weisen in der Regel ein sehr breites qualitatives Leistungsvermögen auf, sind damit also in einer Vielzahl von Verwendungsrichtungen in unterschiedlichen betrieblichen Leistungserstellungsprozessen einsetzbar. Spezialmaschinen können dagegen häufig nur eine einzige Art von Leistung abgeben, dies bisweilen auch noch nur mit einer festgelegten Produktionsintensität, so daß hier jegliche Anpassungsfähigkeit (**Elastizität**) an veränderte Bedingungen der betrieblichen Leistungserstellung fehlt. Eine kardinale Messung des qualitativen Leistungsvermögens erscheint allerdings in keinem Falle möglich, so daß in diesem Bereich eine Beschränkung auf ordinale Messungen notwendig ist.

Neben dem quantitativen und qualitativen Leistungsvermögen eines Betriebsmittel-Potentialfaktors spielt auch seine **Leistungsfähigkeit** eine Rolle hinsichtlich der Effizienz seines Einsatzes im betrieblichen Leistungserstellungsprozeß. Nach *Gutenberg* wird die (technische) Leistungsfähigkeit eines Betriebsmittel-

Potentialfaktors durch den Grad der Modernität, den Abnutzungsgrad und den Zustand der Betriebsbereitschaft bestimmt. Unter Modernität wird dabei verstanden, inwieweit ein Betriebsmittelbestand den neuesten technischen Erkenntnissen entspricht, und es wird unterstellt, daß ein höherer Grad an **Modernität** tendenziell mit einer höheren Leistungsfähigkeit einhergeht. Der **Abnutzungsgrad** eines Betriebsmittel-Potentialfaktors gibt an, wieviele Nutzungsmöglichkeiten aus dem gesamten Leistungspotential bereits in Anspruch genommen worden sind. Es wird angenommen, daß ein Betriebsmittel, welches bereits ein fortgeschrittenes Stadium der Abnutzung erreicht hat, einem weniger genutzten Betriebsmittel bei sonst gleichen Voraussetzungen grundsätzlich leistungsmäßig unterlegen ist. Schließlich nimmt neben dem Grad der Modernität und dem Abnutzungsgrad die **Betriebsbereitschaft** eines Betriebsmittel-Potentialfaktors wesentlichen Einfluß auf seine Leistungsfähigkeit. Diese Betriebsbereitschaft ist vor allem von regelmäßig durchgeführten Überwachungs-, Wartungs- und Instandhaltungsmaßnahmen abhängig. Fehlende Betriebsbereitschaft eines Betriebsmittels kann in modernen Kombinationsprozessen aufgrund deren komplizierter Zusammensetzung zu bedeutsamen Ausfällen und damit zu hohen Kosten für den Betrieb führen (*Czeranowsky*).

432. Die Bedeutung der Leistungsobjekte

Die Leistungsobjekte verkörpern im Prozeß der betrieblichen Leistungserstellung diejenigen elementaren Produktionsfaktoren, auf die sich die unmittelbar leistungserstellende Tätigkeit bezieht (*Diederich*). In **Dienstleistungsbetrieben** werden die Leistungsobjekte z. B. von den Personen verkörpert, an denen sich die betriebliche Leistungserstellung in einer Form, wie dies zuvor beispielhaft dargestellt worden ist, vollzieht. Aus der Sicht dieser Dienstleistungsbetriebe ist im Zusammenhang mit seinen Leistungsobjekten die Tatsache von Bedeutung, daß diese naturgemäß niemals in sein Eigentum oder auch nur in seinen Besitz gelangen, sondern sich lediglich für die Dauer des Leistungserstellungsprozesses unter Aufgabe eines Teiles ihrer Handlungsfreiheit dem Betrieb zur Verfügung stellen. Daher sind hier die Leistungsobjekte weitgehend der betrieblichen Disposition entzogen, was insbesondere für die betriebliche Planung der Leistungserstellung weitreichende Konsequenzen hat. Es ist bereits darauf hingewiesen worden, daß in Dienstleistungsbetrieben insbesondere keine Emanzipation von Leistungserstellung und Leistungsverwertung über die Bildung von Ausgangs- oder Fertiglägern vorgenommen werden kann, da jede erstellte Leistung z. B. an Personen sogleich Marktleistung ist und somit Betriebsleistungen hier nicht erbracht werden können. Die Bedeutung der Leistungsobjekte in Dienstleistungsbetrieben ergibt sich also vor allem daraus, daß die Personen, an denen sich die Leistungserstellung vollziehen soll, durch ihr Verhalten selbst aktiv auf den Kombinationsprozeß Einfluß zu nehmen vermögen.

In **Sachleistungsbetrieben** bilden diejenigen Sachgegenstände die Leistungsobjekte, an denen unter Einsatz der anderen elementaren Produktionsfaktoren Veränderungen von wirtschaftlich bedeutsamen ihrer Eigenschaften vorgenommen werden (*Diederich*). Es sind zwei grundsätzlich verschiedene Fälle zu unterscheiden, und zwar einerseits der Fall, in dem sich die betriebliche Leistungserstellung an **eigenen Leistungsobjekten** des Betriebes vollzieht, und andererseits der Fall, in dem es sich um **Leistungsobjekte Dritter** handelt. Der zweite Fall weist eine enge Verwandtschaft mit der Leistungserstellung in Dienstleistungsbetrieben auf, denn wie dort sind die Dritten gehörenden Leistungsobjekte auch hier weitgehend der betrieblichen Disposition entzogen. Ihre Eigentümer überlassen die betreffenden Sachgegenstände dem Betrieb nur für einen befristeten Zeitraum und ausschließlich zu dem Zweck, an ihnen die vorher vereinbarten Leistungen zu erbringen. Aufgrund dieser Tatsache liegt auch hier wieder die Situation vor, daß jede erstellte Leistung sogleich eine Marktleistung darstellt, also eine Emanzipation von Leistungserstellung und Leistungsverwertung über die Bildung von Ausgangs- und Fertiglägern nicht möglich ist, da es in diesen Sachleistungsbetrieben ebenfalls keine Betriebsleistungen gibt. Die in der Realität bei solchen Betrieben oftmals zu beobachtenden Läger erstellter Leistungen sind demzufolge Läger bereits verwerteter Leistungen (Marktleistungen), die sich als Warte- oder Abholläger bezeichnen lassen. Die entscheidende Bedeutung der Leistungsobjekte in Sachleistungsbetrieben der beschriebenen Art liegt darin, daß die Eigentümer dieser Leistungsobjekte durch ihr Verhalten und mit ihren Wünschen bzw. Forderungen ebenfalls aktiv auf den Kombinationsprozeß einwirken können.

Der Fall, in dem ein Sachleistungsbetrieb seine Leistungen an eigenen Leistungsobjekten erstellt, ist in der betriebswirtschaftlichen Literatur am eingehendsten behandelt worden. Er wird vor allem vom Industriebetrieb in seiner traditionellen Erscheinungsform repräsentiert. Hier werden die Leistungsobjekte als elementare Produktionsfaktoren **Werkstoffe** genannt. Sie sollen im folgenden ausschließlich betrachtet werden. „Unter dem Begriff Werkstoff faßt man alle Güter zusammen, aus denen durch Umformung, Substanzänderung oder Einbau neue Produkte hergestellt werden. Fast alle diese Güter sind bereits von anderen Betrieben gewonnen, bearbeitet oder erzeugt worden. Was für den einen Betrieb Ausgangsstoff ist, stellt für einen anderen Betrieb Endfabrikat dar." (*Wöhe*) Die Werkstoffe werden üblicherweise in Rohstoffe und Hilfsstoffe eingeteilt, bisweilen werden ihnen auch noch die Betriebsstoffe zugerechnet, die in diesem Lehrbuch jedoch als Betriebsmittel-Repetierfaktoren dem elementaren Produktionsfaktor Betriebsmittel zugeordnet worden sind.

Rohstoffe sind diejenigen Leistungsobjekte, die als Hauptbestandteile in die zu erstellende Leistung eingehen und damit in erster Linie ihren materiellen Grundcharakter prägen. Als Beispiel sei der in der Werkzeugproduktion verwendete Stahl genannt. **Hilfsstoffe** werden ebenfalls Bestandteile der zu erstellenden Leistung, sie nehmen jedoch keinen oder kaum Einfluß auf deren Charakter und sind meist auch mengen- und wertmäßig nur von untergeordneter Bedeutung. Als Beispiel mögen die Anstrichmittel von Maschinen dienen. (**Betriebsstoffe** unterscheiden sich von den Leistungsobjekten dadurch grundlegend, daß sie zwar auch bei der Leistungserstellung verbraucht werden, daß sie aber nicht als Bestandteile in die zu erstellende Leistung eingehen. Sie wurden deshalb einerseits den Repetierfaktoren, andererseits den Betriebsmitteln zugerechnet.)

Im Zusammenhang mit dem Einsatz der Werkstoffe im Prozeß der betrieblichen Leistungserstellung ergeben sich aus wirtschaftlicher Sicht zwei wesentliche Problembereiche, nämlich einerseits die Werkstoffzeit und andererseits die Ausnutzung der Werkstoffe im Kombinationsprozeß. Die **Werkstoffzeit** beinhaltet das Zeitproblem, d. h. die Frage nach der Zeitspanne zwischen Beschaffung der Werkstoffe und Verkauf der erstellten Leistungen. Diese Zeitspanne setzt sich zusammen aus der Zeitdauer, während der sich der Werkstoff im eigentlichen Leistungserstellungsprozeß befindet, und der Zeitspannen, während der er im Eingangslager, in

Zwischenlägern und im Ausgangslager gespeichert wird. Es gilt zunächst, die gesamte Werkstoffzeit so gering wie möglich zu halten, da die in den Werkstoffen erfolgte Kapitalbindung für den Betrieb von der Werkstoffzeit abhängige Kosten in Form von Zinsen entstehen läßt. Daneben ist jedes Lagern mit Lagerhaltungskosten verbunden. Da sich die Zeitdauer der eigentlichen Leistungserstellung im allgemeinen nicht verkürzen läßt, gilt es, die insgesamt entstehenden Lagerzeiten zu minimieren. Hierbei ist allerdings zu bedenken, daß eine zu geringe Lagerhaltung den reibungslosen Ablauf der betrieblichen Leistungserstellung gefährden kann. Daher ist bei der Minimierung der Werkstoffzeit stets die Sicherung der Betriebsbereitschaft und die Vermeidung von Betriebsunterbrechungen aufgrund fehlender Werkstoffc zu beachten.

Die **Ausnutzung der Werkstoffe** im Kombinationsprozeß beinhaltet das Problem von Werkstoffverlusten, die entsprechend dem Prinzip der Wirtschaftlichkeit möglichst gering zu halten sind. Werkstoffverluste können zum einen dadurch entstehen, daß aufgrund von Material- oder Bearbeitungsfehlern **Ausschuß** in Form von den Anforderungen nicht genügenden Leistungen erzeugt wird. Ausschuß ist aus wirtschaftlichen Gesichtspunkten für den Betrieb besonders ungünstig, weil im Falle von Ausschuß nicht nur der eingesetzte Werkstoff verloren ist, sondern auch die aufgewendete Arbeitszeit und die Nutzung der betroffenen Betriebsmittel für den Betrieb ohne Gegenleistung bleibt. Der Betrieb wird dementsprechend bemüht sein, durch entsprechende Maßnahmen, vor allem im Personalbereich, den Ausschußanteil an der Menge erstellter Leistungen auf ein Mindestmaß zu beschränken. Zum anderen können Werkstoffverluste dadurch entstehen, daß sich beim Materialeinsatz **Abfälle** ergeben. Abfälle lassen sich im allgemeinen nicht vollständig vermeiden; der Betrieb kann sich aber bemühen, durch verbrauchsorientierte Beschaffung und Verwendung rationeller Verfahren der Leistungserstellung (etwa Beachtung des Verschnittproblems) das Ausmaß des bei den Werkstoffen entstehenden Abfalls an der unteren Grenze der erreichbaren Werte zu halten.

44. Formen der betrieblichen Leistungserstellung

In der betrieblichen Praxis kann die Leistungserstellung in den unterschiedlichsten Erscheinungsformen beobachtet werden. Daher können auch die verschiedensten Merkmale der Leistungserstellung herangezogen werden, um über klassifizierende Ansätze zu systematischen Gliederungen der betrieblichen Leistungserstellung zu gelangen. Zwei dieser Gliederungen, die sich auf die Verfahren der Leistungserstellung beziehen, werden in nachfolgenden Abschnitten dargestellt. In diesem Abschnitt wird zuvor jedoch ein Überblick über die verschiedenen Formen der betrieblichen Leistungserstellung vermittelt. Dabei wird allerdings kein eindeutiges Klassifikationsmerkmal herangezogen, sondern die Gliederung wird so aufgebaut, daß vor allem die verschiedenen für praktische Belange relevanten und in der Praxis gebräuchlichen Unterscheidungen deutlich zum Ausdruck kommen. Die in Darstellung 5-23 dargestellte Gliederung entspricht im wesentlichen der von *Diederich* entwickelten Übersicht über die Formen der Leistungserstellung.

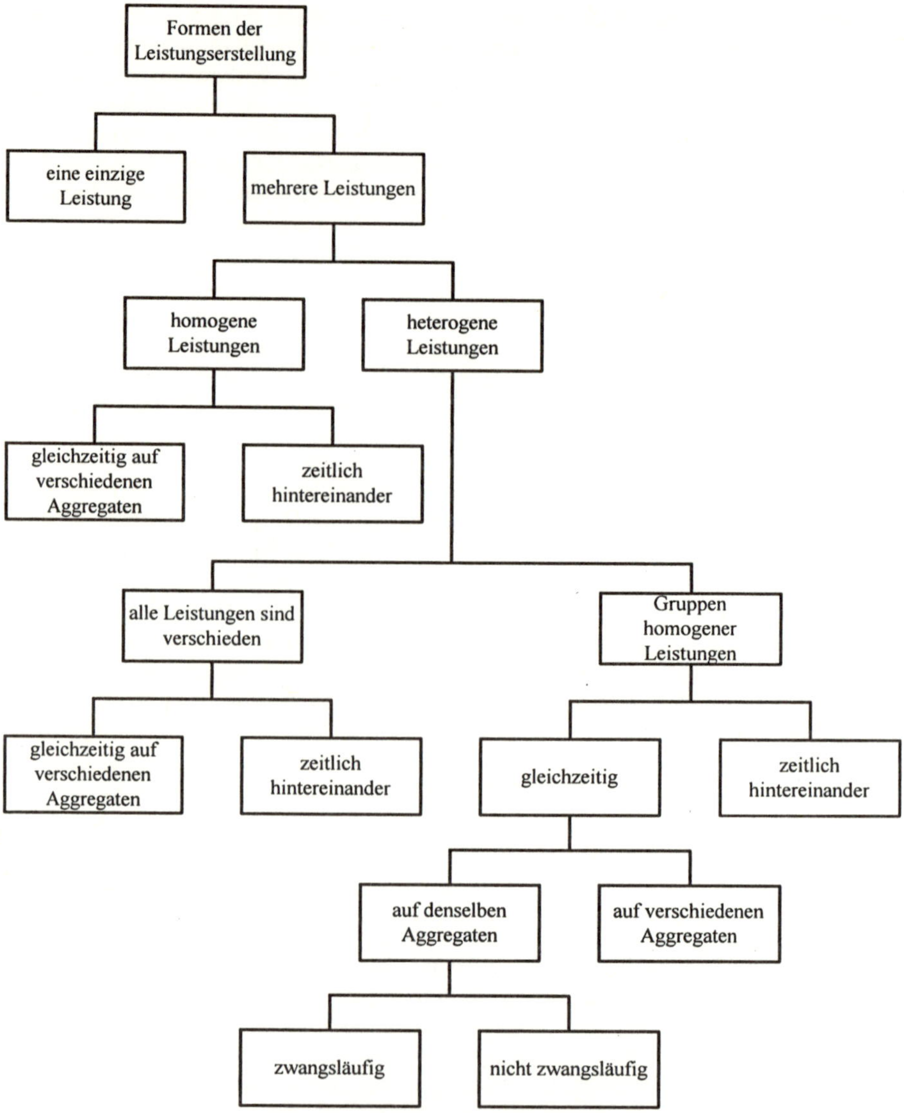

Darstellung 5-23: Formen der betrieblichen Leistungserstellung

In der Darstellung 5-23 wird zunächst nach der Menge der in der betrachteten Periode erstellten Leistungen unterschieden. Dies führt einerseits zu Betrieben, die in der Periode nur eine einzige Leistung erstellen, wie das beispielsweise im Anlagenbau, im Schiffbau und bei der Erstellung großer Verkehrsbauten beobachtet werden kann. Andererseits ergeben sich hier die häufiger anzutreffenden Unternehmen, die pro Periode eine Mehrzahl von Leistungen erstellen. Diese Leistungen können alle von derselben Art, also homogen sein, sie können aber auch Leistungen verschiedener Art, also heterogen sein. Im letzteren Falle ist zu unterscheiden, ob von jeder

Leistung nur eine einzige Einheit (Einzelfertigung) oder mehrere Einheiten (Mehrfachfertigung) erstellt werden. Im nächsten Schritt gilt es zu unterscheiden, ob die verschiedenen Leistungen gleichzeitig oder zeitlich nacheinander erstellt werden, wobei im Falle der gleichzeitigen Mehrfachfertigung weiter danach zu differenzieren ist, ob die Leistungserstellung auf denselben oder auf verschiedenen Aggregaten, d. h. unter Einsatz derselben oder verschiedener Betriebsmittel-Potentialfaktoren erfolgt. Im Falle der gleichzeitigen Leistungserstellung auf denselben Aggregaten kann schließlich noch danach unterschieden werden, ob dies zwangsläufig (Kuppelproduktion) oder nicht zwangsläufig vor sich geht.

45. Verfahren der Leistungserstellung

451. Begriff und Einteilung

Der Begriff **Verfahren der Leistungserstellung** oder - bezogen auf den Industriebetrieb - **Fertigungsverfahren** wird mit unterschiedlichen Inhalten belegt, und die Verfahren der Leistungserstellung werden nach verschiedenen Kriterien eingeteilt. Daher erscheint zunächst eine begriffliche Klarstellung erforderlich, sodann eine Herausarbeitung derjenigen Kriterien, nach denen in diesem Lehrbuch eine Einteilung dieser Verfahren erfolgen soll.

Ein Verfahren der Leistungserstellung beantwortet die Frage nach dem **Wie** des Vollzuges der betrieblichen Leistungserstellung. Es gibt Auskunft über die verschiedenen **Komponenten des Leistungserstellungsprozesses**, also insbesondere über die räumliche und zeitliche Abfolge dieses Prozesses, über die Zusammensetzung der in diesem Kombinationsprozeß eingesetzten Produktionsfaktoren und über die Zerlegung des Gesamtprozesses in Teilprozesse und deren Zusammenfassung. Ausgangspunkt und damit nicht Gegenstand von Überlegungen hinsichtlich des anzuwendenden Verfahrens der Leistungserstellung ist die zu erstellende Leistung bzw. das Programm zu erstellender Leistungen.

Die gebräuchlichsten Kriterien zur Einteilung der Verfahren der Leistungserstellung sind einerseits die **organisatorische Gestaltung des Ablaufes der Leistungserstellung** durch räumliche Zusammenfassung und Verteilung von Betriebsmitteln und Arbeitsplätzen zu fertigungstechnischen Einheiten (*Wöhe*) und andererseits **die Wiederholungshäufigkeit des Prozesses der Leistungserstellung**. Das Ergebnis der Einteilung nach dem ersten Kriterium bilden die Organisationsformen der Leistungserstellung, die Anwendung des zweiten Kriteriums führt zur Einteilung der Verfahren der Leistungserstellung in Leistungserstellungstypen, die angeben, wieviele Leistungen der gleichen Art im Unternehmen gleichzeitig oder unmittelbar nacheinander erstellt werden (*Wöhe*). Die zweite Einteilung der Verfahren der Leistungserstellung weist eine gewisse Verwandtschaft mit den im vorigen Abschnitt behandelten Formen der Leistungserstellung auf, wobei die Leistungserstellungstypen eine gröbere Klassenbildung darstellen als dies bei den Formen der Leistungserstellung der Fall ist.

452. Organisationsformen der Leistungserstellung

Der Betrieb verfügt über verschiedene Möglichkeiten, den Ablauf der Leistungserstellung durch räumliche Verteilung oder Zusammenfassung von Betriebsmitteln oder Gruppen von Betriebsmitteln und Arbeitsplätzen organisatorisch zu gestalten und die Verrichtungen in den einzelnen fertigungstechnischen Einheiten zeitlich aufeinander abzustimmen. Als wichtigste Organisationsformen der **Leistungserstellung** oder - in der üblichen industriebetrieblichen Betrachtung - **Fertigung** werden gemeinhin in der Literatur die handwerkliche Fertigung, die Werkstattfertigung und die Reihen sowie Fließfertigung genannt.

Die **handwerkliche Leistungserstellung** ist dadurch gekennzeichnet, daß alle Arbeitsgänge, die zur Erstellung der betrieblichen Leistung notwendig sind, von einer Person oder einer kleinen Personengruppe innerhalb, aber auch außerhalb einer Werkstatt an einem Arbeitsplatz, verrichtet werden. Es **gibt kaum Arbeitsteilung oder Spezialisierung** innerhalb des Gesamtprozesses der Leistungserstellung, gleichwohl werden durchaus nicht nur manuelle Arbeitsverfahren angewendet. Diese Organisationsform der Leistungserstellung findet sich heute noch in vielen kleinen Handwerksbetrieben; in der Industrie ist handwerkliche Fertigung meist nur noch bei Hilfsfunktionen wie etwa dem Modellbau anzutreffen (*Czeranowsky*).

Bei der **Werkstattfertigung** erfolgt eine räumliche Zusammenfassung von Betriebsmitteln und Arbeitsplätzen mit gleichartigen Funktionen im Leistungserstellungsprozeß in einer „Werkstatt". Beispiele für derartige Werkstätten bilden Dreherei, Fräserei, Bohrerei, Schleiferei und Schlosserei. Der Gesamtprozeß der Leistungserstellung wird entsprechend den gebildeten Werkstätten in **Teilprozesse** zerlegt. Diese Zerlegung hat zur Folge, daß die Leistungsobjekte entsprechend einem Arbeitsablaufplan die einzelnen Werkstätten durchlaufen müssen, was zur Notwendigkeit der Durchführung **innerbetrieblicher Transporte** führt. Die Werkstattfertigung besitzt die Vorteile einer hohen Elastizität gegenüber Nachfrageänderungen quantitativer und vor allem qualitativer Art, da in der Regel Universalmaschinen Verwendung finden, geringer Umstell- und Ausfallkosten und der Möglichkeit punktueller Kapazitätserweiterungen oder -einschränkungen. Diesen Vorteilen stehen jedoch eine Reihe von Nachteilen gegenüber, so vor allem die Notwendigkeit einer aufwendigen Ablaufplanung mit umfangreicher Terminplanung und -kontrolle, ein häufig unübersichtlicher Ablauf der Leistungserstellung und das Auftreten von Wartezeiten der Leistungsobjekte aufgrund der schwierigen Dimensionierung und Zuordnung der Werkstätten.

Die **Reihenfertigung** besteht in einer örtlich fortschreitenden, lückenlosen Anordnung von Betriebsmitteln und Arbeitsplätzen entsprechend der Reihenfolge der Arbeitsverrichtungen im Gesamtprozeß der Leistungserstellung. Dabei wird eine **weitestgehende Zerlegung** dieses Gesamtprozesses in einzelne Arbeitsoperationen vorgenommen. Eine zeitliche Abstimmung des Leistungserstellungsprozesses ist bei der Reihenfertigung zunächst nicht gegeben. Wird eine solche zeitliche Abstimmung, die auch als Austaktung bezeichnet wird, vorgenommen, so ergibt sich **eine Reihenfertigung mit Taktzwang**, die allgemein **Fließfertigung** genannt wird. Die Vorteile der Reihenfertigung und insbesondere der Fließfertigung liegen vor allem in der Verkürzung der Durchlaufzeiten der Leistungsobjekte, wobei die Gesamtdurchlaufzeit im günstigsten Falle auf die Summe der Bearbeitungszeiten reduziert werden kann. Weiterhin ist die Übersichtlichkeit des Ablaufes der Leistungserstellung mitsamt der daraus resultierenden Vereinfachung der Ablaufplanung positiv zu bewerten. Darüber hinaus sind die Transportwege und -zeiten im Vergleich zur Werkstattfertigung erheblich kürzer. Nachteile der Reihenfertigung sind in ihrer **geringen Elastizität** gegenüber Nachfrageschwankungen und in der mit ihr verbundenen Monotonie des Arbeitsablaufes für den einzelnen Arbeitnehmer zu erblicken. Bei der Fließfertigung in der Erscheinungsform der **Fließbandfertigung** ist aufgrund ihres sehr hohen Mechanisierungsgrades als weiterer Nachteil die **sehr hohe Kapitalbindung** in Betriebsmittel-Potentialfaktoren zu erwähnen, die eine dauerhaft hohe Auslastung der Fertigungskapazität verlangt.

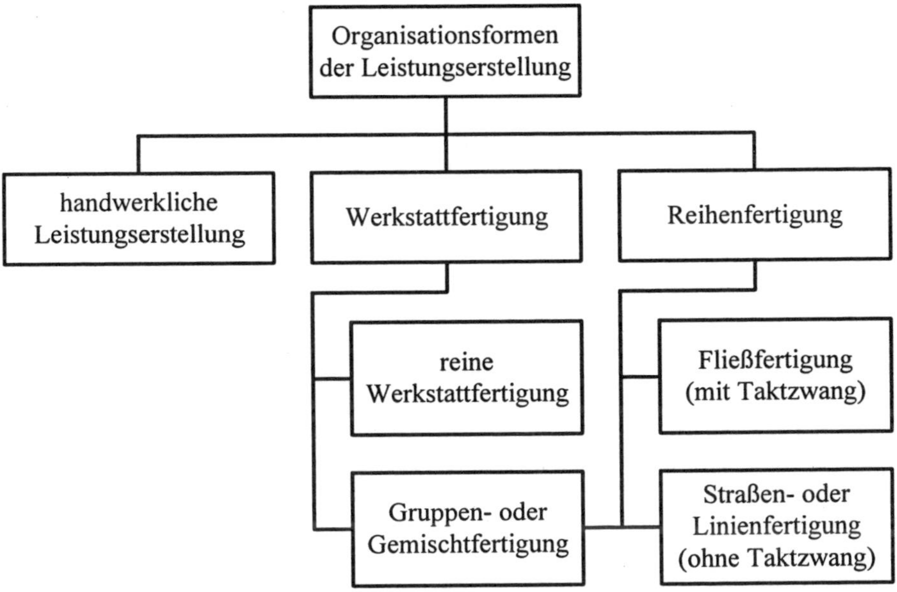

Darstellung 5-24: Organisationsformen der Leistungserstellung

Nach der Behandlung dieser Organisationsformen der Leistungserstellung ist abschließend noch auf die **Gruppen- oder Gemischtfertigung** hinzuweisen, die eine Kombination aus diesen behandelten Formen darstellt. Bestimmte Bereiche sind nach dem Prinzip der Fließfertigung, mit oder ohne Austaktung, gestaltet, andere dagegen in Form der Werkstattfertigung oder gar der handwerklichen Fertigung. Damit steht die Gruppen- oder Gemischtfertigung als Mischform zwischen den anderen Organisationsformen der Leistungserstellung (*Czeranowsky*) .

453. Leistungserstellungstypen

Die **Leistungserstellungstypen** oder - bezogen auf den Industriebetrieb - **Fertigungstypen** stellen auf die Wiederholungshäufigkeit des Prozesses der Leistungserstellung ab. Sie geben an, wieviele Leistungen der gleichen Art im Unternehmen gleichzeitig oder unmittelbar nacheinander erstellt werden. Als Haupttypen, die üblicherweise unterschieden werden, sollen im folgenden die **Einzelfertigung** und die **Mehrfachfertigung**, letztere wiederum unterteilt in Serienfertigung, Sortenfertigung und Massenfertigung, behandelt werden.

Die **Einzelfertigung** ist dadurch gekennzeichnet, daß der Betrieb seine Leistungen jeweils nur in einer Einheit derselben Art erstellt. Dies schließt jedoch nicht aus, daß gleichzeitig mehrere Leistungen erstellt werden, die sich dann allerdings voneinander je für sich unterscheiden. Ein vielfach zu beobachtendes Merkmal der Einzelfertigung besteht darin, daß der Betrieb seine Leistungen auf Bestellung den Wünschen bzw. Anforderungen seiner Abnehmer entsprechend erstellt. Typische Beispiele für die Einzelfertigung sind zuvor im Zusammenhang mit den Formen der Leistungserstellung genannt worden. Für den Betrieb stellt sich bei Einzelfertigung vor allem das Problem der Vorbereitung des Ablaufes der Leistungserstellung, da der Leistungserstellungsprozeß für jede einzelne Leistung einer gesonderten Vorbereitung bedarf. Eine gewisse Erleichterung kann sich dadurch ergeben, daß bisweilen eine Wiederholung des Leistungserstellungsprozesses aufgrund von Nachbestellungen vorgenommen werden kann.

Das Gegenstück zur Einzelfertigung als Leistungserstellungstyp verkörpert die **Mehrfachfertigung**, bei der das Unternehmen eine oder mehrere Leistungsarten regelmäßig in vielen Einheiten gleichzeitig oder unmittelbar nacheinander erstellt (*Wöhe*). Die Mehrfachfertigung wird als **Serienfertigung** bezeichnet, wenn die Menge der zu erstellenden Einheiten einer bestimmten Leistungsart begrenzt ist und nach Erstellung dieser Menge die betreffende Leistungsart aus dem Leistungsprogramm des Betriebes eliminiert wird. Typische Beispiele für die Serienfertigung finden sich in der Automobil- und Haushaltsgeräteindustrie. Demgegenüber liegt eine Mehrfachfertigung in Form der **Sortenfertigung** vor, wenn die Erstellung mehrerer Leistungsarten ständig, d. h. in unbegrenzten Mengen erfolgt, diese Leistungserstellung aber diskontinuierlich durchgeführt wird. Die im Wege der Sortenfertigung erstellten Leistungsarten sind hinsichtlich der technologischen Weise ihrer Erstellung und der Art der dabei verwendeten Leistungsobjekte bzw. Werkstoffe eng miteinander verwandt. Typische Beispiele für die Sortenfertigung finden sich in Brauereien mit ihren verschiedenen Biersorten und in Walzwerken mit der Erstellung von Blechen verschiedener Stärken. Ein besonderes Problem bei der Sortenfertigung ergibt sich bei der Bestimmung der Leistungsmengen der verschiedenen Leistungsarten (Sorten), die ohne Unterbrechung erstellt werden sollen (Losgrößen). Erfolgt die Mehrfachfertigung ständig und überdies kontinuierlich, so wird von **Massenfertigung** gesprochen. **Einfache Massenfertigung** liegt vor, wenn in einem Unternehmen wie beispielsweise in einem Elektrizitätswerk nur eine einzelne Leistungsart erstellt wird. Werden dagegen mehrere Leistungsarten in unbegrenzten Mengen und kontinuierlich erstellt, so liegt der Fall **paralleler Massenfertigung** vor.

Sonderformen der Leistungserstellungstypen kommen insbesondere bei der Einzel- und Sortenfertigung vor. Die **Baustellenfertigung** ist eine Sonderform der Einzelfertigung, bei der die Produktionsfaktoren zum Standort der zukünftigen Leistung transportiert werden müssen. Bei der Partie- und Chargenfertigung handelt es sich meist um Sonderformen der Sortenfertigung, es gibt aber auch Beispiele der Partie- und Chargenfertigung als Sonderformen der Serienfertigung. Bei der **Partiefertigung** ergeben sich zwangsläufig Abweichungen der Partien aus

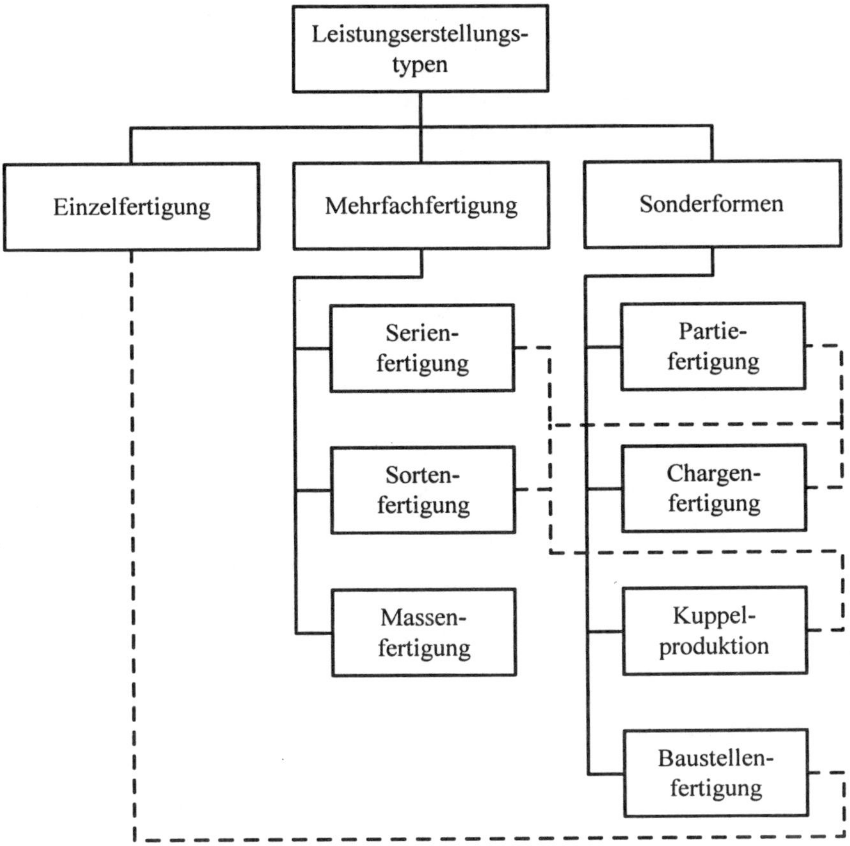

Darstellung 5-25: Leistungserstellungstypen

unterschiedlichem Material bzw. Rohstoffen (Wein, Wolle), bei der **Chargenfertigung** ergeben sich die Unterschiede der Chargen aus nicht völlig beherrschbaren und damit unterschiedlichen Leistungserstellungsprozessen (Lackherstellung). Die Sonderform der **Kuppelproduktion** liegt vor, wenn mit der Erstellung einer Leistungsart naturgesetzlich oder technisch zwangsläufig bedingt mindestens eine weitere Leistungsart erstellt wird (Benzin und Heizöl in einer Raffinerie, Koks und Teer in einer Kokerei).

46. Leistungserstellung und Leistungsverwertung

Im vierten Teil des vorliegenden Lehrbuches sind die Leistungserstellung und die Leistungsverwertung als zeitlich nacheinander ablaufende Prozesse innerhalb des gesamten Betriebsprozesses dargestellt worden. Diese Abfolge ist zwingend, solange ausschließlich die zugehörigen Realisationsprozesse betrachtet werden. Eine betriebliche Leistung kann nämlich erst dann im Sinne einer Übergabe an ihren

Abnehmer verwertet werden, wenn sie zuvor auf dem Wege der Kombination von Produktionsfaktoren erstellt worden ist. Für den dispositiven Bereich ist die genannte Abfolge von Leistungserstellung und Leistungsverwertung aber, wie zuvor in den Abschnitten 41. und 432. bereits angedeutet, keineswegs zwingend. Die Leistungsverwertung in Form von Einigung über Leistung und Gegenleistung zwischen Anbieter und Nachfrager kann durchaus bereits erfolgen, bevor der Prozeß der Leistungserstellung einsetzt. Daher ist es wichtig, diesen Fall von dem anderen, in dem die Leistungserstellung einsetzt, ohne daß zuvor eine Leistungsverwertung im dispositiven Bereich im Sinne einer Vermarktung der zu erstellenden Leistung erfolgt ist, zu unterscheiden.

Im Falle, daß bei Einsetzen der Leistungserstellung noch keine Leistungsverwertung im dispositiven Bereich stattgefunden hat, wird von einer **Leistungserstellung für den anonymen Markt** oder von Marktproduktion (*Kloock*) gesprochen. Voraussetzung für diese Art der Leistungserstellung ist es, daß der Betrieb über alle für die Leistungserstellung erforderlichen Produktionsfaktoren, damit insbesondere auch über die Leistungsobjekte, in seinem Eigentum verfügt. Er kann dann Betriebsleistungen als für den Markt bestimmte, aber noch nicht verwertete Leistungen erstellen, die er nach erfolgter Leistungserstellung bis zu ihrer Verwertung auf Lager nehmen muß. Aus diesem Grunde wird diese Art der Leistungserstellung, die eine Lagerhaltung umfaßt, auch als **Vorratsproduktion** bezeichnet. Betriebswirtschaftlich ist an dieser Art der Leistungserstellung am bedeutsamsten, daß das Unternehmen **kein Beschäftigungsrisiko** läuft, sofern nur die Beschaffung der Produktionsfaktoren gesichert ist, dafür aber in vollem Umfange das **Absatzrisiko** hinsichtlich der erstellten Betriebsleistungen trägt.

Im Falle, daß bei Einsetzen der Leistungserstellung die zu erstellende Leistung dispositiv bereits verwertet ist, wird von **Auftragsproduktion** bzw. Kunden- oder Bestellproduktion (*Kloock*) geredet. Bei dieser Art der Leistungserstellung kann danach unterschieden werden, ob die Leistungserstellung an eigenen Leistungsobjekten oder an Leistungsobjekten Dritter oder an diesen Dritten selbst vorgenommen wird. Nur im Falle eigener Leistungsobjekte sind beide behandelten Arten der Leistungserstellung möglich, während im Falle der Leistungserstellung an Leistungsobjekten Dritter oder an diesen Dritten selbst (Leistungserstellung in Dienstleistungsbetrieben) zwangsläufig immer Auftragsproduktion vorliegt. Diese Art der Leistungserstellung ist betriebswirtschaftlich dadurch in besonderer Weise gekennzeichnet, daß das Unternehmen hier **kein Absatzrisiko** läuft, da ausschließlich bereits zuvor verwertete Leistungen, also Marktleistungen erstellt werden, dafür allerdings in vollem Umfange das **Beschäftigungsrisiko** trägt. Im Falle der Auftragsproduktion an eigenen Leistungsobjekten - bis zu einem gewissen Grade auch in den beiden anderen Fällen der Leistungserstellung an Leistungsobjekten Dritter oder an diesen Dritten selbst - kann das Beschäftigungsrisiko dadurch gemildert werden, daß sich der Betrieb bemüht, durch die Vereinbarung von Lieferterminen Aufträge auf Vorrat hereinzunehmen und so die zukünftige Beschäftigung längerfristig sicherzustellen.

Fragen zur Lernkontrolle:

1. Unterscheiden Sie die Begriffe Sachleistung und Dienstleistung, und geben Sie verschiedenartige Beispiele für Sachleistungsbetriebe und für Dienstleistungsbetriebe.
2. Worin besteht der Unterschied zwischen Betriebsleistungen und Marktleistungen?
3. Erläutern Sie, warum eine erstellte Dienstleistung immer zugleich eine Marktleistung darstellt.
4. Beschreiben Sie das von Gutenberg entwickelte System der Produktionsfaktoren.
5. Was wird unter dem dispositiven Faktor im Gegensatz zu den elementaren Produktionsfaktoren verstanden?
6. Was beinhaltet der Begriff Potentialfaktor, und welche Gruppen von Potentialfaktoren lassen sich bilden?
7. Kennzeichnen Sie das quantitative und das qualitative Leistungsvermögen eines Betriebsmittel-Potentialfaktors.
8. Welche Zeitspanne umfaßt die Werkstoffzeit?
9. Weiche Besonderheit weisen die Leistungsobjekte in Dienstleistungsbetrieben auf?
10. Welche drei grundsätzlichen Forderungen werden an die Entlohnung des elementaren Produktionsfaktors menschliche Arbeit durch den Betrieb gestellt?
11. Welche Komponenten des Leistungserstellungsprozesses determinieren die unterschiedlichen Verfahren der Leistungserstellung?
12. Erläutern Sie die verschiedenen Organisationsformen der Leistungserstellung.
13. Kennzeichnen Sie die Begriffe Mehrfachfertigung sowie Serienfertigung, Sortenfertigung und Massenfertigung.
14. Erläutern Sie den Zeitbezug zwischen dem Leistungserstellungs- und dem Leistungsverwertungsprozeß bei der Markt und bei der Auftragsproduktion.

Literaturhinweise zu Leistungserstellung:

Bloech, Jürgen / Lücke, Wolfgang, Fertigungswirtschaft, in: F. X. Bea, E. Dichtl und M. Schweitzer (Hrsg.), Allgemeine Betriebswirtschaftslehre, Band 3: Leistungsprozeß, 7. Aufl., Stuttgart, 1997, S. 77-131

Czeranowsky, Günter, Leistungserstellung, in: E. Krabbe (Hrsg.), Leitfaden zum Grundstudium der Betriebswirtschaftslehre. 6. Aufl., Gernsbach, 1998, S. 363-445

Diederich, Helmut, Allgemeine Betriebswirtschaftslehre, 7. Aufl., Stuttgart, Berlin, Köln, 1992

Gutenberg, Erich, Grundlagen der Betriebswirtschaftslehre, Erster Band, Die Produktion, 23. Aufl., Berlin, Heidelberg, New York, 1979

Kloock, Josef, Produktion, in: M. Bitz u.a. (Hrsg.), Vahlens Kompendium der Betriebswirtschaftslehre, Band 1., 4. Aufl., München, 1998, S. 275-328

Wöhe, Günter, Einführung in die Allgemeine Betriebswirtschaftslehre, 19. Aufl., München, 1996

5. Leistungsverwertung

51. Kennzeichnung der Leistungsverwertung

Im vierten Teil des vorliegenden Lehrbuches ist die Leistungsverwertung als der **letzte Teilprozeß** innerhalb des gesamten Betriebsprozesses dargestellt worden, wobei im vorigen Abschnitt festgestellt wurde, daß diese Aussage zwingend lediglich für den Realisationsprozeß der Leistungsverwertung Gültigkeit besitzt. Es ist einsichtig, daß eine betriebliche Leistung erst dann **im Sinne einer Übergabe** an ihren Abnehmer verwertet werden kann, wenn sie zuvor auf dem Wege der Kombination von elementaren Produktionsfaktoren erstellt worden ist. Andererseits ist aber bereits mehrfach darauf hingewiesen worden, daß die genannte zeitliche Abfolge zwischen Leistungserstellung und Leistungsverwertung im dispositiven Bereich keineswegs zwingend ist. Die Leistungsverwertung **im Sinne einer Einigung** über Leistung und Gegenleistung zwischen Anbieter und Nachfrager kann nämlich durchaus schon erfolgen, wenn es sich noch nicht um eine erstellte, sondern erst um eine zu erstellende Leistung handelt.

Die **Leistungsverwertung**, die in der betriebswirtschaftlichen Literatur auch als **Absatz** bzw. **Marketing** bezeichnet wird, umfaßt zwangsläufig beide genannten Aspekte, d. h. sowohl die Einigung über die zu erstellende oder erstellte Leistung und die Gegenleistung zwischen Anbieter und Nachfrager als auch die Übergabe der erstellten Leistung durch den Betrieb an den Abnehmer. Somit ist unter Leistungsverwertung oder Absatz **die Gesamtheit aller betrieblichen Maßnahmen** zu verstehen, die darauf gerichtet sind, zu einem **Austausch** der zu erstellenden oder erstellten Leistungen des Unternehmens mit Elementen der Umwelt des Betriebes, seinen Abnehmern, **gegen Entgelt** oder andere Gegenleistungen zu gelangen.

Wie alle anderen betrieblichen Aktivitäten auch werden die Maßnahmen im Bereich der Leistungsverwertung durch das verfolgte Formalziel gesteuert. Der Betrieb kann dieses Ziel nur unter Beteiligung seiner Umwelt erreichen, da diese Beteiligung Voraussetzung für die Verwertung von zu erstellenden oder erstellten Leistungen des Betriebes ist. Es ist daher notwendig, eine permanente Abstimmung zwischen dem Zustand des Systems Betrieb und dem Zustand seiner Umwelt vorzunehmen, um auf diese Weise zu einem **Gleichgewicht** zwischen Betrieb und Umwelt zu gelangen. Von einem solchen Gleichgewicht soll gesprochen werden, wenn alle an den Austauschbeziehungen Beteiligten mit ihrem jeweils realisierten Ausmaß an Zielerreichung zufrieden sind (*Diederich*), wenn also auf der einen Seite der Betrieb ein befriedigendes Maß der Erreichung des Formalziels realisiert und auf der anderen Seite die Elemente der Umwelt ebenso ihre individuell verfolgten Zielsetzungen in einem sie zufriedenstellenden Umfang verwirklichen.

Der Betrieb besitzt zwei grundsätzliche Möglichkeiten, um das angestrebte Gleichgewicht zwischen ihm und seiner Umwelt herzustellen und zu erhalten. Er kann sich zum einen der vorgefundenen Umweltsituation **anpassen** und insofern auf die Gegebenheiten der Umwelt wie auf deren Veränderungen reagieren. Zum anderen vermag der Betrieb zu agieren, indem er sich bemüht, die vorgefundene Umweltsituation im Sinne der von ihm verfolgten Zielsetzung zu **gestalten**. Gestalten bedeutet in diesem Zusammenhang für den Betrieb, ein Verhalten zu zeigen, das vom Betrieb gewünschte Reaktionen seiner Umwelt in deren Handeln oder Verhalten zur Folge hat. Die beiden genannten Möglichkeiten der Anpassung und der Gestaltung sind in reiner Form die extremen Verhaltensweisen des Betriebes zur Herstellung und Erhaltung des erwünschten Gleichgewichtes zwischen Betrieb und Umwelt; in der betrieblichen Praxis wird der Regelfall darin bestehen, daß sich das Unternehmen beider Möglichkeiten gleichzeitig bedient, also zugleich Maßnahmen der Anpassung und der Gestaltung ergreift, um so zu einem höchstmöglichen Maß an Zielerreichung zu gelangen (*Diederich*).

Im Zusammenhang mit der Leistungsverwertung oder dem Absatz ist der Begriff **Absatzpolitik** von wesentlicher Bedeutung. Unter Absatzpolitik soll die **Gesamtheit von Entscheidungen** des Betriebes verstanden werden, die **auf Maßnahmen zur Gestaltung** der Beziehungen zwischen Betrieb und Umwelt zur Herstellung und Erhaltung eines Gleichgewichtes zwischen diesen beiden gerichtet sind. Mit dieser Begriffsbestimmung sind alle diejenigen Maßnahmen des Betriebes, die lediglich Reaktionen in Form der Anpassung des Betriebes an eine vorgefundene Umweltsituation verkörpern, aus dem Bereich der Leistungsverwertung ausgeklammert, und alle Entscheidungen über derartige Maßnahmen werden nicht der betrieblichen Absatzpolitik zugerechnet (*Ringle*). Die Absatzpolitik umfaßt allein die Gesamtheit von Entscheidungen über Maßnahmen im Bereich der Leistungsverwertung, nicht dagegen die Realisationsprozesse, die die Umsetzung der getroffenen Absatzentscheidungen zum Inhalt haben. Im Sinne der getroffenen Aussage, daß Wirtschaften sich inhaltlich als Entscheiden erklären läßt, ist die Absatzpolitik das eigentlich Wirtschaftliche im Bereich der Leistungsverwertung (*Diederich*). Die Absatzpolitik als ein Teil der gestaltende Aufgabe der Betriebswirtschaftslehre ist aber nicht Gegenstand der Betrachtung in diesem Lehrbuch. Entsprechend der vorgenommenen Beschränkung auf die erklärende Aufgabe der Betriebswirtschaftslehre sind es die möglichen Maßnahmen, über die im Rahmen der Absatzpolitik oder von ihren Teilpolitiken zu entscheiden ist, die hier den Gegenstand der Betrachtung im Bereich der Leistungsverwertung bilden.

52. Marktforschung

Die Verwertung der zu erstellenden oder erstellten Leistungen des Betriebes erfolgt am **Markt**, genauer am **Absatzmarkt**. Als Absatzmarkt eines Betriebes wird die Menge aller aktuellen und potentiellen **Nachfrager** nach den Leistungen dieses Betriebes und die Menge aller aktuellen und potentiellen **Konkurrenten** als die Menge der Betriebe, die diese Leistungen ebenfalls anbieten, bezeichnet, wobei die Beziehungen zwischen Betrieb, Nachfragern und Konkurrenten zu beachten sind. Für den Betrieb ist die Durchführung der Leistungsverwertung im Sinne des von ihm verfolgten Formalziels mit unterschiedlichen Schwierigkeiten verbunden, die von dem Widerstand abhängig sind, der den betrieblichen Bemühungen vom Absatzmarkt entgegengebracht wird. Die Absatzmärkte der Unternehmen lassen sich in **Verkäufermärkte** und **Käufermärkte** unterscheiden. „Mit *Verkäufermarkt* kennzeichnet man eine Marktsituation, in der sich die Verkäufer in einer verhandlungstaktisch günstigen Position befinden; beim *Käufermarkt* ist die Situation umgekehrt.“ (*Böcker/Dichtl*) Für den Betrieb, der seine Leistungen zu verwerten beabsichtigt, ist es von erheblicher Bedeutung zu wissen, ob es sich bei seinem Absatzmarkt um einen Verkäufermarkt oder um einen Käufermarkt handelt. Auf Verkäufermärkten ist es für den anbietenden Betrieb erheblich einfacher, seine Leistungen zielgerecht zu verwerten, als auf Käufermärkten. Auf letzteren müssen die Bemühungen des Betriebes in der Regel sehr viel intensiver sein, da ihnen hier von seiten der Nachfrager aufgrund deren günstiger Marktposition erheblicher Widerstand entgegengesetzt wird. Der Käufermarkt ist typisch für hochentwickelte Volkswirtschaften (Überflußgesellschaften), in denen das Angebot die Nachfrage übersteigt, so daß der Absatz zum Engpaßbereich des Unternehmens wird und dessen primäre Anstrengungen in der Weckung von Nachfrage und Schaffung von Präferenzen für das eigene Angebot bestehen müssen (*Bidlingmaier*). Die Darstellung 5-26 nach *Böcker* und *Dichtl* faßt die Ausprägungen einiger typischer Merkmale von Verkäufermärkten und Käufermärkten zusammen.

Merkmal	Verkäufermarkt	Käufermarkt
Wirtschaftliches Entwicklungsstadium	Knappheitswirtschaft	Überflußgesellschaft
Verhältnis Angebot zu Nachfrage	Nachfrage > Angebot (Nachfrageüberhang) Nachfrager aktiver als Anbieter	Nachfrage < Angebot (Angebotsüberhang) Anbieter aktiver als Nachfrager
Engpaßbereich des Unternehmens	Beschaffung und/oder Produktion (Leistungserstellung)	Absatz (Leistungsverwertung)
Primäre Anstrengungen des Unternehmens	Rationelle Erweiterung der Beschaffungs- und Produktionskapazität	Weckung von Nachfrage und Schaffung von Präferenzen für ein eigenes Angebot
Langfristige Gewichtung der betrieblichen Grundfunktionen	Primat der Beschaffung/ Produktion	Primat des Absatzes

Darstellung 5-26: Kennzeichen von Verkäufermarkt und Käufermarkt

So wie der Betrieb Kenntnisse darüber benötigt, ob er die von ihm zu erstellenden Leistungen auf einem Verkäufermarkt oder auf einem Käufermarkt zum Tausch anbietet, braucht er eine Vielzahl weiterer **Informationen über seinen Absatzmarkt**, um seine Maßnahmen im Bereich der Leistungsverwertung zielgerecht ergreifen zu können und sich geigen das Risiko absatzpolitischer Fehlentscheidungen möglichst weitgehend abzusichern. Die **Beschaffung all dieser benötigten Informationen** über den Absatzmarkt eines Betriebes, und zwar sowohl über den Zustand dieses Marktes als auch über dessen eingetretene oder erwartete Veränderungen, wird als **Marktforschung** bezeichnet. Dabei ist es unerheblich, ob die betreffende Informationsbeschaffung vom Betrieb selbst oder durch von ihm beauftragte Dritte, beispielsweise selbstständige Marktforschungsinstitute, durchgeführt wird.

Da die vom Unternehmen für seine Entscheidungen über Maßnahmen im Bereich der Leistungsverwertung benötigten Informationen in aller Regel von seinem Absatzmarkt in der gewünschten Form nicht unmittelbar erhältlich sind, ist innerhalb der Marktforschung zwischen Informationsgewinnung und Informationsauswertung zu unterscheiden. Bei der **Informationsgewinnung** geht es darum, die erhältlichen Informationen über den Absatzmarkt zu bestimmen und zu sammeln, die **Informationsauswertung** besteht darin, aus den gewonnenen Informationen im Wege der Ordnung, Aggregation und Transformation diejenigen Informationen zu erzeugen, die für das Treffen zielgerechter absatzpolitischer Entscheidungen erforderlich sind.

Innerhalb der Informationsgewinnung in der Marktforschung sind zunächst die Objektbereiche, sodann die Vorgehensweisen festzulegen. Als **wichtige Objektbereiche der Informationsgewinnung** werden von *Ringle* genannt:

- die Absatzregion und ihre Eigenart,
- Bedarf und Nachfrage im Markt,
- Konkurrenzverhältnisse auf dem Markt,
- Produkt und Programmpolitik für den Markt,
- Distribution zum und auf dem Markt,
- Kontrahierungspolitik für das anzubietende Produkt,
- Kommunikation in Richtung auf den Markt.

Hinsichtlich der **Vorgehensweisen bei der Informationsgewinnung** wird zwischen zwei Begriffspaaren unterschieden, nämlich Marktanalyse und Marktbeobachtung einerseits und Primärforschung und Sekundärforschung andererseits.

Es wird von **Marktanalyse** gesprochen, wenn der Absatzmarkt des Betriebes oder ein darin enthaltener Teilmarkt zu einem bestimmten Zeitpunkt untersucht wird, um die Struktur des betreffenden Marktes zu eben diesem Zeitpunkt zu erforschen. Die Marktanalyse kann dementsprechend auch als Erforschung des Marktzustandes bezeichnet werden. Demgegenüber beinhaltet die **Marktbeobachtung** das laufende Verfolgen aller marktbestimmenden Faktoren und damit der Entwicklung und der Veränderungen des betreffenden Absatzmarktes. Ziel der Marktbeobachtung ist es vor allem, über Verschiebungen des Bedarfes und über Veränderungen der Konkurrenzbeziehungen sowie des Konkurrenten und Nachfragerverhaltens zu informieren. Die Marktbeobachtung kann demnach auch als Erforschung der Marktveränderungen bezeichnet werden. Sie ist um so notwendiger, je mehr Dynamik der betrachtete Markt aufweist, d. h. je häufiger und je stärker die Marktverhältnisse Veränderungen unterliegen.

Die Vorgehensweise bei der Informationsgewinnung in der Marktforschung wird dann als **Primärforschung** (Feldforschung, field research, direkte Methode) bezeichnet, wenn die benötigten Informationen im Wege empirischer Marktuntersuchungen gewonnen werden Als Erhebungsmethoden sind Befragungen (Experten-, Händler- und Käufer- oder Verbraucherbefragungen bzw. schriftliche, telefonische und mündliche Befragungen), Beobachtungen (z. B. Panelforschung) und experimentelle Verfahren (z. B. Testmarkt, Werbetest) zu unterscheiden. Primärforschung ist in der Regel sehr kostspielig und zeitaufwendig und wird daher nur in besonderen Fällen durchgeführt, beispielsweise im Zusammenhang mit der Einführung eines neuen Produktes, da Informationen über den Absatzmarkt für das neue

Produkt nur auf dem Wege einer empirischen Marktuntersuchung zu gewinnen sind.

Im Gegensatz zur Primärforschung steht die **Sekundärforschung** (Schreibtischforschung, desk research, indirekte Methode) als Vorgehensweise bei der Informationsgewinnung in der Marktforschung, die in der betrieblichen Praxis aus Kosten- und Zeitgründen im allgemeinen bevorzugt wird. In der Sekundärforschung werden die benötigten Informationen aus bereits vorliegendem Material gewonnen. Bei diesem Material kann es sich um solches aus betriebsinternen und aus betriebsexternen Quellen handeln. Betriebsinterne Quellen der Sekundärforschung können beispielhaft die Kostenrechnung, insbesondere die kurzfristige Erfolgsrechnung, Betriebsstatistiken, vor allem Absatzstatistiken, Kunden- und Auftragskarteien sowie Erfahrungsberichte des Außendienstes sein. Als betriebsexterne Quellen der Sekundärforschung sind in erster Linie amtliche Statistiken, Veröffentlichungen von Wirtschaftsverbänden und wissenschaftlichen Instituten, Fachliteratur und -zeitschriften, Messe- und Ausstellungskataloge, Firmenveröffentlichungen sowie Veröffentlichungen in der Wirtschafts- und Tagespresse zu nennen. Wenngleich die Sekundärforschung der genannten Gründe wegen in der Praxis der betrieblichen Marktforschung im Vordergrund steht, ist ihre Ergänzung durch die Primärforschung bisweilen unabdingbar; dann nämlich wenn die Sekundärforschung aufgrund fehlenden Materials nicht in der Lage ist, den gesamten Informationsbedarf für zielgerechte absatzpolitische Entscheidungen zu decken.

An die Informationsgewinnung in der Marktforschung schließt sich die Auswertung der gewonnenen Informationen an. Hierbei geht es um die systematische Aufbereitung und entscheidungsbezogene Auswertung des gewonnenen Informationsmaterials, die in der Regel eine Beurteilung des Marktes und seiner zukünftigen Entwicklung, Absatzprognosen für die anzubietenden Leistungen und Empfehlungen für eine zweckmäßige Marktbearbeitung umfaßt (*Ringle*). Hinsichtlich der **Vorgehensweise bei der Informationsauswertung** ist in erster Linie auf die verschiedenen Verfahren der Statistik wie beispielsweise die Stichprobentheorie sowie die Regressions- und die Korrelationsanalyse, vor allem aber auf die unterschiedlichen Prognosetechniken hinzuweisen. **Prognosen** sind im Rahmen der Informationsauswertung in der Marktforschung von besonderer Bedeutung, weil die von der Marktforschung gelieferten Informationen für absatzpolitische Entscheidungen benötigt werden und diese Entscheidungen zwangsläufig auf die Zukunft gerichtet sind, da über Vergangenheit und Gegenwart nicht mehr entschieden werden kann. Deswegen müssen die absatzpolitischen Entscheidungen zugrundezulegenden Informationen zukunftsbezogen sein und daher aus den gewonnenen Informationen, die stets vergangenheits- oder gegenwartsbezogen sind, durch Anwendung geeigneter Prognosetechniken erzeugt werden. Derartige Prognosetechniken stehen beispielsweise mit den verschiedenen Verfahren der Trendextrapolation und der exponentiellen Glättung (exponential smoothing) zur Verfügung. Es ist bei der Prognose zukunftsbezogener Absatzmarktinformationen aber stets zu beachten, daß die zu prognostizierenden Sachverhalte in erster Linie durch menschliches Verhalten bestimmt werden und daß alle Voraussagen über derartige Sachverhalte aus diesem Grunde immer mit einem sehr hohen Maß an Unsicherheit belastet sind; eine Tatsache, die unabhängig von der Subtilität des herangezogenen Prognoseverfahrens für die zu treffenden absatzpolitischen Entscheidungen von außerordentlicher Bedeutung ist.

53. Das absatzpolitische Instrumentarium

Absatzpolitik ist zuvor als die Gesamtheit von Entscheidungen des Betriebes definiert worden, die auf die Herstellung und Erhaltung eines Gleichgewichtes zwischen Betrieb und Umwelt über **Maßnahmen zur Gestaltung der Beziehungen zwischen Betrieb und Umwelt** gerichtet sind. Die dem Betrieb für diesen Zweck zur Verfügung stehenden Maßnahmen werden als seine **absatzpolitischen Instrumente** bezeichnet. Die Gesamtheit dieser absatzpolitischen Instrumente bildet das absatzpolitische Instrumentarium des Betriebes. Da es aus einer Vielzahl von Gründen nicht möglich erscheint, alle denkbaren absatzpolitischen Instrumente, die einem Betrieb zur Verfügung stehen können, im einzelnen darzustellen, ist es in der betriebswirtschaftlichen Literatur allgemein üblich, die möglichen Maßnahmen zur Gestaltung der Beziehungen zwischen Betrieb und Umwelt zu **Gruppen absatzpolitischer Instrumente** zusammenzufassen, die sich aufgrund gruppenspezifischer Merkmale eindeutig gegeneinander abgrenzen lassen.

Zunächst lassen sich die absatzpolitischen Instrumente grundlegend in **zwei Hauptgruppen** unterteilen, wobei von einem umfangmäßig gegebenen Absatzmarkt des Betriebes ausgegangen wird. Diese Einschränkung bedeutet, daß hier alle Maßnahmen des Betriebes, die auf eine Veränderung des Absatzmarktumfanges insbesondere in räumlicher Hinsicht in Form einer Markterweiterung oder Markteinengung gerichtet sind, außerhalb der Betrachtung bleiben. Damit müssen alle betrachteten Maßnahmen zur Gestaltung der Beziehungen zwischen Betrieb und Umwelt auf die **Veränderung der Struktur des Absatzmarktes** gerichtet sein. Darunter wird ein verändertes Verhalten der aktuellen und potentiellen Abnehmer der betrieblichen Leistungen im Hinblick auf ihre **Ausgabendispositionen** verstanden (*Diederich*).

Die erste Hauptgruppe wird von all denjenigen betrieblichen Maßnahmen gebildet, „die ausschließlich darauf gerichtet sind, auf die Ausgabendispositionen der potentiellen Abnehmer mittels des Setzens einer bestimmten **Preisforderung** und damit mittels des Herstellens einer bestimmten Preisrelation zu anderen Leistungen in einer dem anbietenden Betrieb genehmen Weise einzuwirken." (*Diederich*) Die Gesamtheit der zu dieser ersten Hauptgruppe gehörigen betrieblichen Maßnahmen wird unter dem Begriff **preispolitische Maßnahmen** oder **preispolitische Instrumente** zusammengefaßt. Entscheidungen, die auf die Herstellung und Erhaltung eines Gleichgewichtes zwischen Betrieb und Umwelt allein über preispolitische Maßnahmen gerichtet sind, bilden den Gegenstand der **Preispolitik**, die folglich ein Teilgebiet der Absatzpolitik darstellt. Preispolitische Entscheidungen sind darauf gerichtet, mit Hilfe des Setzens geeigneter Preisforderungen eine gegebene **Absatzmarktsituation** hinsichtlich des verfolgten Formalziels bestmöglich **auszunutzen**.

Die in der ersten Hauptgruppe der absatzpolitischen Instrumente enthaltenen preispolitischen Maßnahmen können weiter in zwei Untergruppen eingeteilt werden. Diese Einteilung differenziert zwischen **Gestaltung der Preisforderungen** einerseits und **Gestaltung der Konditionen** andererseits. Die diesen Untergruppen zuzuordnenden preispolitischen Instrumente werden im nachfolgenden Abschnitt 54. eingehender behandelt.

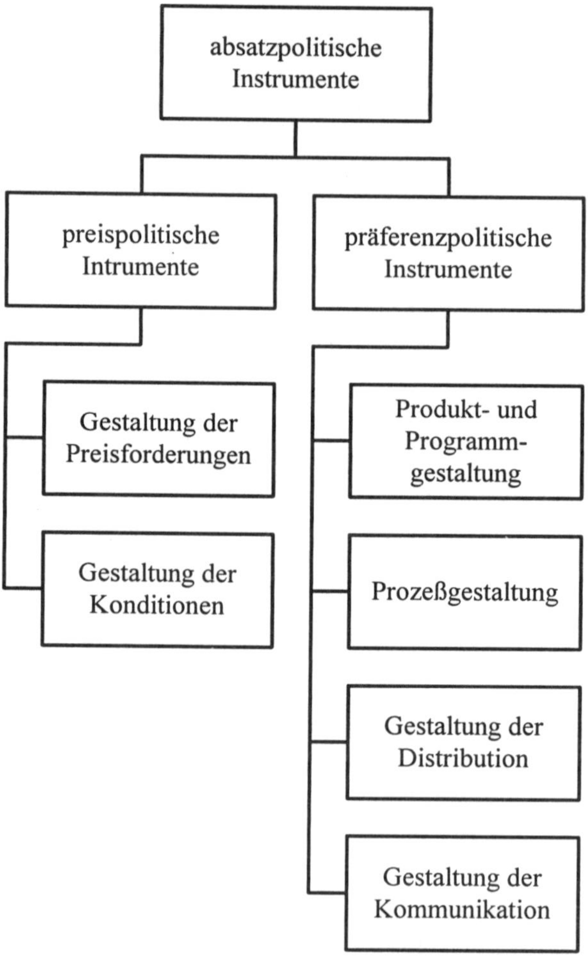

Darstellung 5-27: Das absatzpolitische Instrumentarium

In der zweiten Hauptgruppe werden alle diejenigen betrieblichen Maßnahmen zusammengefaßt, „deren Aufgabe es ist, die Bereitschaft der unmittelbaren potentiellen Abnehmer wie auch der potentiellen Abnehmer eingeschalteter Handelsbetriebe zu erhöhen, Leistungen des Betriebes abzunehmen. Sie sollen, mit anderen Worten, die **Wertschätzungen** für die Leistungen des Betriebes erhöhen und damit die Stellung des Betriebes auf seinem Absatzmarkt verbessern.“ (*Diederich*) Mit Hilfe der betrieblichen Maßnahmen der zweiten Hauptgruppe wird beabsichtigt, die **Absatzmarktsituation** des Betriebes zu seinen Gunsten zu **verändern**. Eine solche Veränderung kann darin bestehen, daß bei gleichbleibender Preisforderung eine größere Leistungsmenge abgesetzt oder daß eine gleichbleibende Leistungsmenge zu einem höheren Preis am Markt verwertet werden kann. Derartige Veränderungen der Absatzmarktsituation können nur dann eintreten, wenn bei den Nachfragern **Präferenzen** (Bevorzugungen) dem Betrieb oder den von ihm angebotenen Leistungen gegenüber erzeugt werden. Dementsprechend wird die Gesamtheit der in dieser zweiten Hauptgruppe zusammengefaßten betrieblichen Maßnahmen mit dem Begriff **präferenzpolitische Maßnahmen oder präferenzpolitische Instrumente** bezeichnet. Damit umfaßt die **Präferenzpolitik** neben der Preispolitik als zweites Teilgebiet der Absatzpolitik alle Entscheidungen, die darauf gerichtet sind, mit Hilfe entsprechender Maßnahmen die vorgefundene Absatzmarktsituation hinsichtlich des verfolgten Formalziels bestmöglich zu verändern.

Die in der zweiten Hauptgruppe der absatzpolitischen Instrumente enthaltenen präferenzpolitischen Maßnahmen werden aufgrund ihrer Heterogenität in einem nächsten Schritt in Untergruppen eingeteilt. Im vorliegenden Lehrbuch wird eine Einteilung in vier Untergruppen vorgenommen, und zwar in **Produkt- und Programmgestaltung, Prozeßgestaltung, Gestaltung der Distribution** sowie **Gestaltung der Kommunikation**. Eine eingehendere Behandlung der diesen Untergruppen im einzelnen zuzuordnenden präferenzpolitischen Instrumente wird nachfolgend im Abschnitt 55. erfolgen.

54. Preispolitische Instrumente

541. Gestaltung der Preisforderung

Die Festlegung der Preisforderungen durch den Leistungen anbietenden Betrieb ist eine absatzpolitische Maßnahme. Das Unternehmen versucht auf diesem Wege, Einfluß auf das Verhalten seiner potentiellen Abnehmer auszuüben. Sie sollen nämlich durch die Festlegung einer bestimmten Preisforderung und deren Bekanntmachung dazu veranlaßt werden, sich in einer vom Betrieb gewünschten Weise zu verhalten, insbesondere ihre Ausgabendispositionen in dieser Weise zu treffen oder, mit anderen Worten, die von ihm angebotenen Leistungen dem Betrieb gegen das geforderte Entgelt abzunehmen.

Für die notwendige Festlegung eines geforderten geldlichen Gegenwertes durch den Betrieb für die von ihm angebotene Leistung haben sich vielfältige Formen herausgebildet (*Böcker/Dichtl*):

- Die einfachste Form besteht darin, daß ein bestimmter **Listenpreis** gefordert wird, der bei Einigung zwischen Anbieter und Nachfrager Zug um Zug gegen Übergabe der betreffenden Leistung vom Abnehmer an das leistende Unternehmen entrichtet wird.
- In vielen Fällen ist der festgelegte Listenpreis lediglich ein **Referenzpreis**, der im Rahmen der im nächsten Abschnitt zu behandelnden **Konditionen** in mannigfacher Weise gekürzt, bisweilen auch erhöht wird, da es oft vernünftige Gründe gibt, von verschiedenen Abnehmern der gleichen Leistung unterschiedliche Entgelte zu verlangen.
- Wird das zwischen Anbieter und Nachfrager vereinbarte Entgelt nicht wie oben angenommen Zug um Zug gegen Übergabe der betreffenden Leistung entrichtet, so sind die bereits im Zusammenhang mit der Finanzierung behandelten Fälle zu unterscheiden, daß entweder der Abnehmer das vereinbarte Entgelt vor Übergabe der Leistung ganz oder teilweise entrichtet **(Vorkasse, Kundenanzahlung)** oder der Lieferant die Entrichtung des vereinbarten Ent-

gelts erst zu einem späteren Zeitpunkt als dem der Übergabe der Leistung verlangt (**Lieferantenkredit**).

- Die Preisforderung kann nicht losgelöst davon gesehen werden, welche **Zusatzleistungen** der Anbieter dem Nachfrager unentgeltlich zu gewähren bereit ist. In diesem Zusammenhang ist in erster Linie auf den **Kundendienst** zu verweisen, der sowohl technischer Natur (z. B. Aufstellung und Anschluß von Geräten) als auch kommerzieller Art (z. B. Anwendungsberatung) sein kann.

Die Gestaltung der Preisforderungen wird für den Leistungen anbietenden Betrieb nur dann zu einem Problem, wenn er über einen gewissen preispolitischen Entscheidungsspielraum bezüglich seiner Preisforderungen verfügt, wenn ihm also nicht durch Auflagen seiner Lieferanten (Preisbindung, Preisempfehlungen) oder durch die Preisforderungen der Konkurrenten das zu fordernde Entgelt für seine Leistungen als Datum vorgegeben ist. Die Möglichkeiten zur Gestaltung der Preisforderungen werden entscheidend von der **Marktstruktur** bestimmt, wobei die Struktur eines Marktes durch das Kriterium Anzahl und Größe der Marktteilnehmer festgelegt wird. Unter Zugrundelegung der Einteilung ein großer, wenige mittlere und viele kleine Anbieter bzw. Nachfrager ergibt sich die Unterscheidung zwischen **monopolistischer**, **oligopolistischer** und **polypolistischer Angebots**- bzw. **Nachfragestruktur** (*Ringle*). Werden diese Strukturen auf der Angebotsseite und auf der Nachfragerseite miteinander kombiniert, dann ergibt sich das in Darstellung 5-28 dargestellte **Marktformenschema**, das in seinem Ursprung auf *von Stackelberg* zurückgeht.

Nachfrager / Anbieter	ein großer	wenige mittlere	viele kleine
ein großer	bilaterales Monopol	beschränktes Angebotsmonopol	Angebotsmonopol
wenige mittlere	beschränktes Nachfragemonopol	bilaterales Oligopol	Angebotsoligopol
viele kleine	Nachfragemonopol	Nachfrageoligopol	vollständige Konkurrenz (Polypol)

Darstellung 5-28: Marktformenschema

In der volkswirtschaftlichen Preistheorie und in der betriebswirtschaftlichen Theorie der Preispolitik sind eine Vielzahl von Modellen zur Gestaltung der Preisforderung entwickelt worden, die sich jedoch als wenig hilfreich erwiesen haben, in der Praxis preispolitische Probleme zu lösen (*Schierenbeck*). Aus diesem Grunde werden diese Ansätze hier nicht behandelt. Bei den in der Praxis gebräuchlichen Wegen zur Gestaltung und Festlegung der betrieblichen Preisforderungen lassen sich drei grundsätzliche Ansatzpunkte unterscheiden (*Meffert*):

- kostenorientierte Preisbestimmung,
- nachfrageorientierte Preisbestimmung,
- konkurrenzorientierte Preisbestimmung.

Bei der **kostenorientierten** Preisbestimmung geht der Betrieb bei der Festlegung der Preisforderung für die zu verwertenden Leistungen von den entstehenden oder entstandenen Kosten für diese Leistungen aus. Es lassen sich zwei grundsätzliche

Vorgehensweisen unterscheiden: zum einen können auf **Vollkostenbasis** die Selbstkosten der betreffenden Leistung ermittelt werden, die dann erhöht um einen Gewinnzuschlag die zu erhebende Preisforderung bestimmen; zum anderen können auf **Teilkostenbasis** beispielsweise die variablen Kosten oder die Einzelkosten der betreffenden Leistung ermittelt werden, die dann - erhöht um einen vom Betrieb festzulegenden Beitrag zur Deckung, des nicht verrechneten Teiles der Gesamtkosten (fixe Kosten, Gemeinkosten) zuzüglich eines Gewinnzuschlages - wiederum die zu erhebende Preisforderung bestimmen. Im Zusammenhang mit der kostenorientierten Preisbestimmung geht es vor allem um die Ermittlung der **Preisuntergrenze**, also der niedrigsten Preisforderung, zu der der Betrieb noch bereit ist, seine Leistungen am Markt zum Tausch gegen Entgelt anzubieten. Die **langfristige Preisuntergrenze** wird immer durch die Selbstkosten auf Vollkostenbasis mit einem Gewinnzuschlag von Null bestimmt. Die **kurzfristige Preisuntergrenze** dagegen kann auch unterhalb der Selbstkosten auf Vollkostenbasis liegen, da der Betrieb kurzfristig darauf verzichten kann und wird, diejenigen Kosten zu decken, die ihm ohnehin entstehen, unabhängig davon, ob er die betreffende Leistung erstellt und verwertet oder nicht.

Das Wesen der **nachfrageorientierten** Preisbestimmung liegt darin, daß sich der Betrieb bei der Festlegung seiner Preisforderung in erster Linie nach der **Zahlungsbereitschaft oder -willigkeit** bzw. **Zahlungsfähigkeit** der potentiellen Abnehmer seiner Leistungen richtet. Er fragt zunächst, welche Preisforderung vom Markt gerade noch akzeptiert wird, wenn eine bestimmte Leistungsmenge abgesetzt werden soll, und erst anschließend, ob ein entsprechender Preis für das Unternehmen unter Kostengesichtspunkten und unter Berücksichtigung der betrieblichen Zielsetzung kurzfristig bzw. langfristig annehmbar ist.

Bei der **konkurrenzorientierten Preisbestimmung** geht der Betrieb bei der Festlegung seiner Preisforderung von den Preisforderungen aus, die von konkurrierenden Anbietern - dem Marktführer, bedeutenden Konkurrenten oder dem Branchendurchschnitt - auf dem Markt für die gleichen Leistungen wie die von ihm angebotenen oder anzubietenden erhoben werden. Seine eigene Preisforderung braucht dann jedoch nicht genau mit der Preisforderung der Konkurrenz übereinzustimmen, sie kann vielmehr entsprechend der betrieblichen Kostensituation oder auch aufgrund bestehender Präferenzen der Nachfrager gegenüber den angebotenen Leistungen des Betriebes niedriger oder höher festgelegt werden.

Abschließend ist im Zusammenhang mit der Gestaltung der Preisforderung noch auf eine mögliche Vorgehensweise des Betriebes einzugehen, die als Preisdifferenzierung bezeichnet wird. **Preisdifferenzierung** bedeutet, daß der Betrieb für gleiche Leistungen nicht eine einheitliche Preisforderung erhebt, sondern statt dessen nach verschiedenen Gesichtspunkten differenzierte (gespaltene) Preisforderungen für die gleichen Leistungen stellt. Voraussetzung einer derartigen Preisdifferenzierung ist es, daß der betreffende Absatzmarkt in eindeutig voneinander abgegrenzte **Teilmärkte** aufgespalten werden kann, d. h. der Betrieb bezüglich seines Absatzmarktes eine **Marktaufspaltung** oder **Marktsegmentierung** vorzunehmen in der Lage ist. In den entstehenden Marktsegmenten können dann unterschiedliche Preisforderungen erhoben werden. Dies geschieht in der Regel mit dem Ziel, die unterschiedliche Zahlungsbereitschaft oder -willigkeit bzw. Zahlungsfähigkeit der Nachfrager in den verschiedenen Marktsegmenten zugunsten des Betriebes auszunutzen. Als Differenzierungskriterien kommen räumliche, zeitliche, sachliche und abnehmerorientierte Gesichtspunkte in Betracht; entsprechend wird von räumlicher, zeitlicher, sachlicher und abnehmerorientierter Preisdifferenzierung gesprochen (*Zentes*). Bei **räumlicher Preisdifferenzierung** werden für die gleichen Leistungen auf geographisch unterschiedlichen Märkten (Gebietsmärkten, Inlands und Auslandsmärkten) unterschiedliche Preisforderungen erhoben. **Zeitliche Preisdifferenzierung** liegt vor, wenn für gleiche Leistungen zu verschiedenen Zeitpunkten unterschiedliche Preise gefordert werden (Tag- und Nachttarife, Haupt- und Nebensaisonpreise). Die **sachliche Preisdifferenzierung** orientiert sich an dem Verwendungszweck der Leistungen beim Abnehmer (unterschiedliche Energietarife für Haushalte und gewerbliche Abnehmer). Die **abnehmerorientierte Preisdifferenzierung** schließlich richtet die verschiedenen Preisforderungen an der Funktion des Abnehmers, so der Handelsstufe, oder am Abnehmer selbst aus (personenbezogene Preisdifferenzierung wie Kinder-, Schüler-, Studenten-, Erwachsenen- und Rentnertarife im öffentlichen Personennahverkehr).

542. Gestaltung der Konditionen

Die Gestaltung der Konditionen wird neben der Gestaltung der Preisforderung als zweite Untergruppe der preispolitischen Instrumente angesehen. Sie gehört zu den preispolitischen Instrumenten, aber nicht in den Bereich Gestaltung der Preisforderungen, da sich hier zu ergreifende Maßnahmen nicht unmittelbar, sondern nur mittelbar in der betrieblichen Preisforderung niederschlagen. Wichtigster Aspekt bei der Gestaltung der Konditionen ist die **Gestaltung von Rabatten**, daneben **die Gestaltung von Lieferantenkrediten** sowie die **Gestaltung von Lieferungs- und Zahlungsbedingungen** (*Meffert*).

Unter einem **Rabatt** ist ein **Preisnachlaß** zu verstehen, der dem Abnehmer der betrieblichen Leistung für bestimmte von ihm zu erbringende Leistungen gewährt wird. Sie können als ein indirektes Mittel angesehen werden, um selektive Preisdifferenzierung zu betreiben (*Schierenbeck*). *Meffert* nennt als Ziele der Einräumung von Rabatten:

- Umsatzerhöhung,
- Verstärkung der Kundenbindung,
- Weitergabe von Rationalisierungsvorteilen an den Kunden,
- Steuerung der zeitlichen Verteilung des Auftragseingangs,
- Erhaltung des Exklusivitätsimages für bestimmte Produkte bei gleichzeitiger Möglichkeit, dieselben preiswert anzubieten.

Im Zusammenhang mit der Gewährung von Rabatten ergeben sich zwei grundlegende Probleme. Zum einen ist die **optimale Rabatthöhe** zu bestimmen, da die Einräumung von Rabatten einerseits zu Erlöseinbußen, andererseits aber zu Nutzen über die Erreichung der obengenannten Ziele führt. Zum anderen gilt es, das zielgerechte **Rabattsystem** zu bestimmen, da Rabatte nach verschiedenen Gesichtspunkten wie beispielsweise in Form von Funktionsrabatten, Mengenrabatten, Zeitrabatten oder Treuerabatten gewährt werden können.

Die Gestaltung von Lieferantenkrediten wird an dieser Stelle nicht weiter behandelt, da dies bereits im Abschnitt über die Finanzierung geschehen ist. Es sei lediglich darauf hingewiesen, daß die beiden wesentlichen Merkmale des Lieferantenkredites durch die Kreditlaufzeit und den Skonto als Entgelt für die Nichtinanspruchnahme des Lieferantenkredites verkörpert werden.

Die Gestaltung der Lieferungs- und Zahlungsbedingungen stellt einerseits auf die **Modalitäten der Lieferung** von Leistungen wie Übergabe bzw. Zustellung, Umtauschrecht, Konventionalstrafen bei verspäteter Lieferung, Berechnung von Porti. Frachten und Versicherungskosten sowie Mindestmengen- und Mindermengenzuschläge ab. Andererseits werden durch sie die **Modalitäten der Zahlung** wie beispielsweise Zahlungsweise, Zahlungsabwicklung, Zahlungssicherungen, Kompensationsgeschäfte sowie Inzahlungnahme gebrauchter Güter berührt (*Meffert*).

55. Präferenzpolitische Instrumente

551. Produkt- und Programmgestaltung

Die Produkt- und Programmgestaltung als präferenzpolitisches Instrument umfaßt die Gesamtheit der Maßnahmen, die darauf gerichtet sind, die einzelnen Leistungen des Betriebes oder Leistungsbündel oder das ganze Leistungsprogramm in einer Weise am Markt anzubieten, daß den Wünschen möglichst vieler potentieller Abnehmer möglichst weitgehend entsprochen wird. Das Ziel der Produkt- und Programmgestaltung besteht darin, ihren jeweiligen Gestaltungsobjekten zu einer Wertschätzung bei den potentiellen Abnehmern zu verhelfen, die deren Verhalten hinsichtlich des Kaufes der Leistungen des Betriebes positiv im Sinne des verfolgten Formalziels beeinflußt.

Die wichtigsten Maßnahmen im Bereich der Produkt- und Programmgestaltung bestehen in der **Programmvariation** durch **Produktinnovation** und **Produktelimination** sowie in der **Produktvariation.**

Produktinnovation bedeutet eine Erweiterung des betrieblichen Leistungsprogrammes durch Aufnahme einer neuen Leistungsart, während entsprechend Produktelimination eine Einschränkung des betrieblichen Leistungsprogrammes durch Herausnahme einer Leistungsart beinhaltet. Die Produktinnovation bildet einen mehrphasigen Prozeß, der im wesentlichen die Gewinnung von Produktideen, deren Bewertung, die Entwicklung des neuen Produktes und die Einführung der neuen Leistungsart in aufnahmebereite Märkte umfaßt (*Ringle*). Die Produktinnovation kann in Form der **Produktdifferenzierung**, indem dem bestehenden Leistungsprogramm neue Leistungsarten hinzugefügt werden, ohne die bisherige Anzahl der Produktgruppen oder -linien zu erhöhen und ohne die betrieblichen Leistungen auf anderen als den bisherigen Märkten des Unternehmens anzubieten, oder als **Produktdiversifikation** auftreten. Produktdiversifikation bedeutet die Aufnahme neuer Produktgruppen, die vom Unternehmen auch auf anderen als den bisher bearbeiteten Märkten angeboten werden. Bei horizontaler Diversifikation (Erweiterung der Leistungsbreite) erfolgt die Erweiterung durch Aufnahme neuer Leistungsarten, die in einem sachlichen Zusammenhang mit dem bisherigen Leistungsprogramm stehen. Im Falle vertikaler Diversifikation (Ausdehnung der Leistungstiefe) wird die Erweiterung durch die Einbeziehung vor- oder nachgelagerter Produktionsstufen des bisherigen Leistungsprogrammes vorgenommen. Laterale Diversifikation schließlich bedeutet, daß die Erweiterung durch Aufnahme von Leistungsarten erfolgt, die in keinerlei Zusammenhang mit dem bisherigen Leistungsprogramm stehen und deren Verwertung vom Unternehmen die Bearbeitung von neuen Absatzmärkten erfordert.

Produktelimination bedeutet - wie bereits gesagt - eine Einschränkung des betrieblichen Leistungsprogrammes durch Herausnahme einer Leistungsart. Eine solche Produktelimination kann für den Betrieb aus verschiedenen Gründen eine zielgerechte Maßnahme sein: die Entwicklung des Umsatzes oder des Marktanteiles kann sich in starkem Maße negativ darstellen, der Deckungsbeitrag der betreffenden Leistungsart kann unbefriedigend geworden sein, die Leistungsart kann aus Altersgründen im gesamten Leistungsprogramm des Betriebes störend erscheinen (*Ringle*).

Zwischen Produktinnovation und Produktelimination liegt die Zeitspanne, innerhalb derer der Markt bereit ist, die betreffende Leistungsart in einer der betrieblichen Zielsetzung entsprechenden Weise aufzunehmen. Innerhalb dieser Zeitspanne, der Lebensdauer des betreffenden Produktes, durchläuft es im Regelfall mehrere charakteristische Phasen, die im allgemeinen in Einführungs-, Wachstums-, Reife-, Sättigungs- und Degenerationsphase eingeteilt werden. Diese Phasen werden in der Literatur meistens in Form eines Modells dargestellt, das als **Produktlebenszyklus** bezeichnet wird. Abgebildet wird in diesem Modell der Umsatz der betreffenden Leistungsart im Zeitablauf.

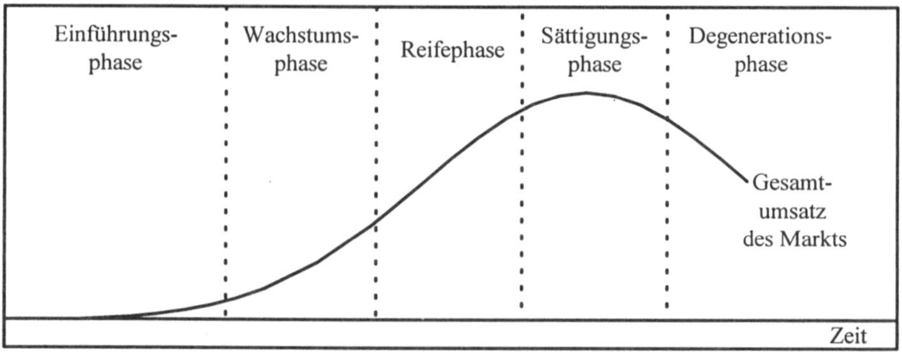

Darstellung 5-29: Produktlebenszyklus

Zwischen Produktinnovation und Produktelimination können die verschiedenen Maßnahmen der **Produktvariation** erfolgen. Ein Produkt läßt sich als ein Bündel von Merkmalen definieren, die Nutzen zu stiften vermögen, und daher können Gegenstand der Produktgestaltung und damit auch der Produktvariation alle Faktoren sein, die zur Ausformung von Nutzenvorstellungen bei den potentiellen Nachfragern beizutragen geeignet sind (*Böcker/Dichtl*). Als die wesentlichen **Dimensionen der Produktgestaltung** werden von *Böcker* und *Dichtl* die Produktqualität im engeren Sinne (Produktkern und Produktfunktion), das Produktäußere (Produktform und Produktfarbe) sowie der Name des Produktes bzw. seine Marke angeführt. Die Produktvariation als Maßnahme der Produktgestaltung bei bereits im Markt eingeführten Leistungsarten ist in vielen Fällen deswegen notwendig, weil sich die Bedürfnisse und Präferenzen der potentiellen Abnehmer im Zeitablauf ändern. Absatzerfolge lassen sich auf Dauer nur erzielen, wenn das Leistungsprogramm des Unternehmens eine Ausgestaltung durch ständige Produktvariationen -

neben Produktinnovationen und Produkteliminationen - erfährt, die dem bei den potentiellen Abnehmern bestehenden Bedarf gerecht wird (*Ringle*).

Durch Produktvariation kann es insbesondere möglich sein, die Degeneration, d. h. den umsatzmäßigen Abstieg einer Leistungsart aufzuhalten bzw. hinauszuschieben oder sogar in eine neue Wachstums bzw. Reifephase zu gelangen. In der Darstellung 5-30 ist der entsprechend modifizierte Produktlebenszyklus für den Fall zweier vom Markt positiv aufgenommenen Produktvariationen beispielhaft dargestellt (*Bidlingmaier*).

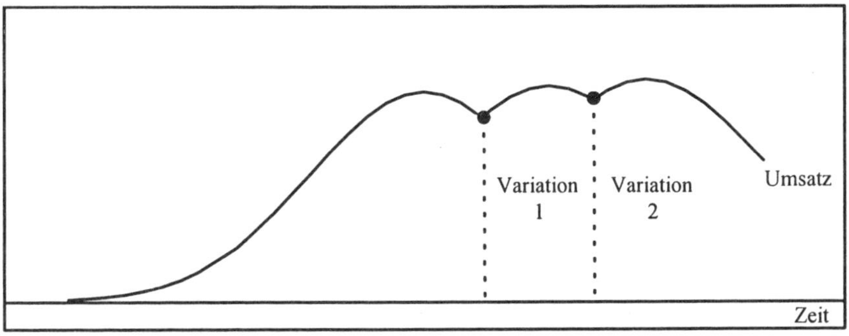

Darstellung 5-30: Produktlebenszyklus mit zweimaliger Produktvariation

552. Prozeßgestaltung

Maßnahmen der Prozeßgestaltung als Instrumente der betrieblichen Präferenzpolitik bestehen darin, eine den Wünschen der Nachfrager entsprechende Ausgestaltung der Leistungserstellungsprozesse des Unternehmens zu bewirken. Derartige Maßnahmen werden in der Literatur zur Allgemeinen Betriebswirtschaftslehre regelmäßig nicht zum Gegenstand der Betrachtungen innerhalb des Bereiches Leistungsverwertung oder Absatz erhoben. Eine Begründung für diese Tatsache mag darin gesehen werden, daß sich die Allgemeine Betriebswirtschaftslehre üblicherweise - wie bereits mehrfach betont - bei ihrer Erkenntnisgewinnung an den Verhältnissen in einem Industrieunternehmen orientiert. Dabei erfolgt in der Regel eine weitere Einschränkung dergestalt, daß nur solche Industriebetriebe oder Betriebe betrachtet werden, die im Rahmen ihrer Leistungserstellung Leistungsobjekte einsetzen, die sich in ihrem Eigentum befinden. In derartigen Unternehmen ist es tatsächlich aus präferenzpolitischer oder allgemein absatzpolitischer Sicht heraus unerheblich, was mit den Leistungsobjekten im Leistungserstellungsprozeß geschieht, vor allem im Hinblick auf ihre zeitliche Inanspruchnahme und die Art und Weise ihrer Behandlung.

Im vorangegangenen Abschnitt über die Leistungserstellung ist aber aufgezeigt worden, daß es neben den Betrieben, die ihre Leistungen an eigenen Leistungsobjekten erstellen, auch solche Unternehmen gibt, die ihre **Leistungen an Leistungsobjekten Dritter oder an diesen Dritten selbst** erstellen. In derartigen Betrieben kann die Leistungserstellung nicht eher einsetzen, als die Nachfrager bereit sind, dem Unternehmen ihre Leistungsobjekte oder sich selbst für den Zweck der Leistungserstellung zur Verfügung zu stellen. Dies wird aber erst geschehen. wenn die Absatzbemühungen des Betriebes erfolgreich waren in dem Sinne, daß Einigung über Leistung und Gegenleistung zwischen Anbieter und Nachfrager erzielt wurde. Die Nachfrager werden ihre Entscheidung über eine Annahme des betrieblichen Leistungsangebotes neben anderen Determinanten auch von ihren Erwartungen darüber abhängig machen, in welcher Art und Weise sich der Leistungserstellungsprozeß an den von ihnen zur Verfügung gestellten Leistungsobjekten oder an ihnen selbst vollzieht. Hier liegt die Tatsache begründet, daß in derartigen Betrieben Maßnahmen der Gestaltung des betrieblichen Leistungserstellungsprozesses durchaus ein präferenzpolitisches Instrument darzustellen vermögen, da sie geeignet sein können, die Wertschätzungen der Nachfrager für den Betrieb und dessen Leistungen zu erhöhen (*Diederich*).

Hinsichtlich möglicher Maßnahmen der Prozeßgestaltung ist zu unterscheiden, ob die betriebliche Leistungserstellung **an Leistungsobjekten Dritter** oder an diesen Dritten selbst vorgenommen wird. Zur erstgenannten Gruppe von Unternehmen gehören beispielsweise Fabrikationsbetriebe, die ihre Leistungen im Wege der Auftragsfertigung an Objekten Dritter erstellen, Reparaturbetriebe und Güterverkehrsbetriebe. Die Maßnahmen der Prozeßgestaltung in diesen Unternehmen können sich zum einen auf **die Zeitdauer des Leistungserstellungsprozesses**, seine **Schnelligkeit**, richten, da die Wirtschaftseinheiten, die ihre Objekte zum Zwecke der Leistungserstellung zur Verfügung stellen, in der Regel daran interessiert sein werden, möglichst schnell wieder nach vollzogener Leistungserstellung die uneingeschränkte Verfügungsmacht über die betreffenden Objekte zurückzuerlangen. Zum anderen können sich Maßnahmen der Prozeßgestaltung in diesen Betrieben auf die **Art und Weise der Behandlung** der vorübergehend zur Verfügung gestellten Leistungsobjekte richten. Der Abnehmer der betrieblichen Leistung wird im allgemeinen daran interessiert sein, daß an seinen Objekten die vereinbarte Leistung in Form der Veränderung bestimmter wirtschaftlicher Eigenschaften dieser Objekte vorgenommen wird, aber ebenso daran, daß daneben keine anderen Eigenschaften der betreffenden Objekte verändert werden. Dieser Bereich, auf den sich Maßnahmen der Prozeßgestaltung beziehen können, läßt sich als **Pfleglichkeit** bezeichnen. Dazu gehört insbesondere die **Vermeidung von Beschädigungen** der dem Betrieb zum Zwecke der Leistungserstellung vorübergehend überlassenen Objekte vor, während oder nach dem eigentlichen Leistungserstellungsprozeß.

In den Betrieben, in denen die Leistungserstellung unmittelbar **an Personen** als den Abnehmern der betrieblichen Leistungen erfolgt, kommt Maßnahmen der Prozeßgestaltung im Hinblick auf die Schaffung von Präferenzen gegenüber dem die Leistung anbietenden Unternehmen vielfach eine noch beträchtlich größere Bedeutung zu als in den eben behandelten Betrieben. Beispielhaft seien hier Krankenhäuser, Körperpflegebetriebe wie Friseurbetriebe, Beratungsunternehmen und Personenverkehrsbetriebe genannt. Auch in diesen Unternehmen kann wieder die Zweiteilung der Maßnahmen der Prozeßgestaltung in solche vorgenommen werden, die die zeitliche Inanspruchnahme der betreffenden Personen im Leistungserstellungsprozeß, und solche, die die Art und Weise der Behandlung der Personen in diesem Prozeß betreffen. Die **Schnelligkeit** spielt hier insofern eine besondere Rolle, als die Personen ihre uneingeschränkte Handlungsfreiheit, die sie zum Zwecke der Leistungserstellung wenigstens teilweise aufgeben müssen, möglichst rasch zurückgewinnen möchten. Hinsichtlich der Art und Weise der Behandlung der Personen im Leistungserstellungsprozeß können sich Maßnahmen der Prozeßgestaltung in erster Linie auf die **Bequemlichkeit**, den **Komfort**, die **Annehmlichkeit** und die **Sicherheit** des Leistungserstellungsprozesses richten.

Es soll nicht verkannt werden, daß Maßnahmen der Prozeßgestaltung für den Betrieb, der sie ergreift, in der Regel mit Kosten verbunden sein werden. Dagegen steht aber auf der anderen Seite die erhöhte Wertschätzung, derer er sich bei seinen potentiellen Nachfragern erfreut. Diese äußert sich einerseits in einer Mehrnachfrage, die ihm aktuell gegenübertritt und die somit zu Mehrerlösen führt, andererseits darin, daß die Nachfrager oftmals auch bereit sind, für eine Leistung, die in einem Prozeß höherer Qualität erstellt wird, ein höheres Entgelt zu gewähren und somit die Kosten der höheren Prozeßqualität ganz oder teilweise zu kompensieren.

553. Gestaltung der Distribution

In einer betriebswirtschaftlichen Betrachtungsweise umfaßt der **Begriff Distribution** alle Maßnahmen eines Unternehmens, die darauf gerichtet sind, die Leistungen des Betriebes in der jeweils verlangten Menge und Qualität, zum richtigen Zeitpunkt und am gewünschten Ort den Abnehmern verfügbar zu machen (*Ringle*). *Bidlingmaier* unterscheidet im Zusammenhang mit der Gestaltung der Distribution zwei gegenseitig abgrenzbare Teilbereiche, nämlich einerseits die Wahl der Distributionskanäle und der jeweiligen Distributionsorgane und andererseits die **physische Distribution** der Produkte. Der erste Teilbereich, der die Ketten aus betriebseigenen und betriebsfremden Absatzorganen des anbietenden Betriebes sowie aus den eingeschalteten Handelsstufen und die Gestaltung der Kontakte zwischen den Nachfragern und dem anbietenden Betrieb über seine Absatzorgane umfaßt, wird im Gegensatz zur physischen auch als **akquisitorische Distribution** bezeichnet (*Bidlingmaier*). Durch das System der akquisitorischen Distribution wird den Verkaufsstellen und damit letztlich den Abnehmern die rechtliche Verfügbarkeit über die Leistungen verschafft, was rechtstechnisch in Form des Abschlusses von Kauf bzw. Mietverträgen geschieht; die Aufgabe des Systems der physischen Distribution besteht demgegenüber darin, den Fluß der materiellen Leistungen vom Hersteller bis zum Letztverbraucher bzw. zu dem ihm vorgelagerten Handelsbetrieb zu bewerkstelligen (*Böcker/Dichtl*).

Die physische Distribution, auch als **Marketing-Logistik** bezeichnet, umfaßt die Gesamtheit der mit der Verteilung erstellter Leistungen vom Hersteller an die Abnehmer verbundenen Verpackungs-, Lager-, Versand-, Transport- und Umschlagsvorgänge sowie Lieferserviceprobleme. Eine wichtige Grundsatzfrage hinsichtlich der physischen Distribution besteht darin, ob die Auslieferung der Leistungen an die Abnehmer durch diejenigen vorgenommen werden soll, die mit der Aufgabe der akquisitorischen Distribution betraut sind, oder nicht (*Diederich*). Diese Frage läßt sich allgemein nicht eindeutig beantworten. Es gibt einerseits Fälle, in denen akquisitorische und physische Distribution vollständig miteinander verbunden sind; ein Beispiel wird durch den Ladenverkauf gegeben. Andererseits gibt es ebenso Fälle, in denen eine völlige Trennung von akquisitorischer und physischer Distribution vorliegt; zu denken ist etwa an den Handelsvertreter, dem allein die akquisitorische Distribution obliegt, während die physische Distribution nach seiner erfolgreichen Tätigkeit getrennt von ihm anderweitig vollzogen wird.

Die akquisitorische Distribution beinhaltet wie zuvor gesagt die Bestandteile **Distributionskanäle** und Distributionsorgane. Die Distributionskanäle geben an, auf welchen Wegen die erstellten Leistungen vom Unternehmen an den Letztverbraucher gelangen; sie werden auch als **Absatzwege** bezeichnet. Es bestehen grundsätzlich zwei Möglichkeiten für den Betrieb, seine Leistungen zu verwerten. Diese werden als direkter und indirekter Absatz bezeichnet. Der **direkte Absatz** ist mit dem kürzesten Absatzweg verbunden; er besteht darin, daß die Leistungsverwertung vom Betrieb unmittelbar an die Letztverbraucher (Verbraucher, Gebraucher, Weiterverarbeiter) erfolgt. **Der indirekte Absatz** dagegen beinhaltet die Einschaltung mindestens einer Zwischenstufe in den Distributionskanal zwischen Hersteller und Letztverbraucher der betrieblichen Leistung. Die betreffenden Zwischenstufen werden durch den Handel gebildet; es sind also **Handelsbetriebe**, die beim indirekten Absatz in die Leistungsverwertung zwischen das die Leistung erstellende Unternehmen und die die Leistung verbrauchende, gebrauchende oder weiterverarbeitende Wirtschaftseinheit geschaltet werden. Ein Handelsbetrieb kauft die Leistungen des Unternehmens in eigenem Namen und für eigene Rechnung und Gefahr, jedoch nicht, um aus den erworbenen Leistungen andere Erzeugnisse zu erstellen, sondern um sie weiterzuverkaufen. Die Stationen, die eine betriebliche Leistung auf ihrem Wege, dem Distributionskanal, vom Hersteller bis zum Letztverbraucher durchläuft, werden mit dem Begriff **Absatzkette** bezeichnet. Eine derartige Absatzkette kann beispielsweise die folgenden fünf Kettenglieder umfassen: Hersteller - Spezialgroßhandelsbetrieb - Sortimentsgroßhandelsbetrieb - Einzelhandelsbetrieb - Letztverbraucher (*Diederich*). Die Erscheinung des indirekten Absatzes kann es nur bei Sachleistungsbetrieben geben, da nur hier der Kauf und Weiterverkauf der betrieblichen Leistungen durch Handelsbetriebe möglich ist. Im Bereich der Dienstleistungsbetriebe ist die Einschaltung von Handelsbetrieben nicht durchführbar, hier muß die Leistungsverwertung immer auf direktem Wege erfolgen.

Mit den **Distributionsorganen** wird die Menge der Möglichkeiten berührt, die Verbindung zu den potentiellen Abnehmern der betrieblichen Leistungen, die Absatzverhandlungen und die kaufmännische Abwicklung der Leistungsverwertung zu gestalten. Zunächst ist zu unterscheiden, ob die genannten Aufgaben von betriebseigenen oder betriebsfremden Organen wahrgenommen werden. Im Falle des ausschließlichen Einsatzes **betriebseigener Organe** erfolgt die Leistungsverwertung im Sinne der akquisitorischen Distribution in Abhängigkeit von der anzubietenden Leistung, der Häufigkeit entstehenden Bedarfes, der Größe des Kundenkreises und der räumlichen Verteilung der Abnehmer durch Mitglieder der **Geschäftsleitung**, durch **Reisende**, aufgrund von **Direktanfragen der Kundschaft** und/oder in **betriebseigenen Läden**, wobei die Leistungsverwertung in betriebseigenen Läden als typisch für Einzelhandelsbetriebe anzusehen ist (*Ringle*). Weiterhin sind hier **Verkaufsniederlassungen** als rechtlich und wirtschaftlich unselbständige Teile des Betriebes und **Verkaufsgesellschaften** als rechtlich selbständige Wirtschaftseinheiten, die aber wirtschaftlich ebenfalls unselbständig sind, zu nennen; derartiger Distributionsorgane bedient sich ein Unternehmen vor allem dann, wenn es sich um einen geographisch weit ausgedehnten Absatzmarkt handelt, und zwar auch dann, wenn die Kunden regelmäßig von betriebseigenen oder auch von betriebsfremden Organen aufgesucht werden (*Diederich*).

Wenn sich das Unternehmen zur Verwertung seiner Leistungen im Sinne der akquisitorischen Distribution **betriebsfremder Organe** bedient, so stehen ihm hierzu in erster Linie **Handelsvertreter, Handelsmakler** und **Kommissionäre** zur Verfügung. Der Handelsvertreter ist ein selbständiger Gewerbetreibender (§ 84 HGB), der ständig damit betraut ist, Geschäfte für das Unternehmen zu vermitteln (Vermittlungsvertreter) oder auch im Namen des von ihm vertretenen Betriebes abzuschließen (Abschlußvertreter). Im Falle einer erfolgreichen Geschäftsvermittlung oder eines getätigten Geschäftsabschlusses steht dem Handelsvertreter ein vom vertretenen Unternehmen zu zahlendes Entgelt zu, die Vertreterprovision. Der Handelsmakler unterscheidet sich vom Handelsvertreter dadurch, daß er nicht ständig mit der Vermittlung von Geschäften für seinen Auftraggeber betraut ist, sondern nur von Fall zu Fall tätig wird. Für seine Tätigkeit erhält der Handelsvertreter im Erfolgsfalle ein Entgelt, das als Maklercourtage, -lohn, -gebühr oder -provision bezeichnet wird und im Regelfall von beiden Parteien, dem Auftraggeber und dem Abnehmer der Leistung, je zur Hälfte zu tragen ist. Schließlich zählt der Kommissionär zu den betriebsfremden Distributionsorganen. Er ist mit seinem Auftraggeber in der Weise vertraglich verbunden, daß er es gewerbsmäßig übernimmt, Leistungen des Auftraggebers in eigenem Namen, aber für fremde Rechnung, nämlich für Rechnung des Auftraggebers, zu verkaufen. Als Entgelt für seine erfolgreiche Tätigkeit hat der Auftraggeber dem Kommissionär ein Entgelt zu entrichten, das als Provision bezeichnet wird. Handelsvertreter, Handelsmakler und Kommissionär gehören rechtlich zu den Vermittlern im Handelsverkehr im weitesten Sinne; sie werden auch genauer selbständige Hilfspersonen des Kaufmannes genannt.

554. Gestaltung der Kommunikation

„Kommunikationspolitische Maßnahmen sind alle diejenigen marktorientierten Verlautbarungen eines Unternehmens, die primär dazu dienen, Informationen an die tatsächlichen bzw. potentiellen Abnehmer und die Öffentlichkeit schlechthin heranzutragen." (*Böcker/Dichtl*) Eine derartige Abgabe von Informationen kann im Wege der Interzession oder Intervention erfolgen. Unter **Interzession** wird ein beabsichtigter informationeller Eingriff in einen Adressaten über dessen Wahrnehmung verstanden, sofern er der **Vermehrung** der Wahlmöglichkeiten bezüglich seines Handelns oder Verhaltens dient. Dagegen stellt **Intervention** einen solchen beabsichtigten informationellen Eingriff in einen Adressaten über dessen Wahrnehmung dar, der auf eine **Verringerung** der Wahlmöglichkeiten bezüglich seines Handelns oder Verhaltens gerichtet ist. *Böcker* und *Dichtl* sprechen in diesem Sinne von **„informativer Kommunikation"** als der Abgabe sachdienlicher Informationen und von **„beeinflussender Kommunikation"** als der Abgabe von der Beeinflussung der Adressaten dienenden Informationen.

Es sollen fernerhin unter Interzession oder informativer Kommunikation alle diejenigen informationellen Aktivitäten eines Unternehmens verstanden werden, die darauf gerichtet sind, bei seinen aktuellen und potentiellen Abnehmern in sachdienlicher Weise Kenntnisse über den Betrieb und dessen Leistungsangebot zu vermitteln. Üblicherweise werden die entsprechenden betrieblichen Maßnahmen unter dem Begriff **Öffentlichkeitsarbeit** oder **Public Relations** zusammengefaßt. Öffentlichkeitsarbeit beinhaltet ein zielorientiertes Bemühen von Unternehmen, das Verständnis für die eigenen Anliegen und eine Vertrauensbasis zwischen Betrieb und Öffentlichkeit aufzubauen und zu pflegen. Die Öffentlichkeitsarbeit hat damit gleichermaßen eine gesellschaftliche, kulturelle, politische und wirtschaftliche Komponente (*Zentes*). Maßnahmen im Bereich der Öffentlichkeitsarbeit sind nach *Zentes*:

- Public Relations-Inserate und Public Relations-Spots,
- Durchführung publizistischer Aktionen,
- Herausgabe von Dokumentationen,
- Vorträge,
- Schulung der Mitarbeiter im Sinne der Public Relations-Ziele,
- Teilnahme an Ausstellungen,
- aktive Beteiligung an gemeinnützigen Einrichtungen oder Aktionen,
- Mitwirkung in lokalen und regionalen politischen Gremien.

Unter Intervention oder beeinflussender Kommunikation sollen im Gegensatz zur Interzession alle diejenigen informationellen Aktivitäten eines Unternehmens verstanden werden, mit deren Hilfe unmittelbar absatzbezogene Wirkungen im Sinne einer positiven Beeinflussung der aktuellen und potentiellen Abnehmer der betrieblichen Leistungen zugunsten des Unternehmens und seines Leistungsangebots erzielt werden sollen. Derartige Maßnahmen werden üblicherweise unter dem Begriff **Werbung** oder genauer **Absatzwerbung** zusammengefaßt. Bei der vorgenommenen Unterscheidung zwischen Interzession und Intervention in Form von Öffentlichkeitsarbeit und Absatzwerbung handelt es sich in erster Linie um einen theoretischen Denkansatz. Im konkreten Falle der betrieblichen Praxis wird es in der Regel schwerfallen, getroffene Maßnahmen in allen ihren Bestandteilen eindeutig der einen oder der anderen Kategorie kommunikationspolitischer Maßnahmen zuzuordnen.

Jede Maßnahme der Absatzwerbung enthält sechs typische Elemente, die im folgenden in Anlehnung an *Böcker* und *Dichtl* dargestellt werden:

- **Werbeobjekt**, die Leistung oder das Leistungsbündel, über das vom Betrieb eine Werbeaussage getroffen wird;
- **Werbesubjekt**, das einzelne Element der Zielgruppe einer Werbemaßnahme oder auch die tatsächlich durch eine Werbemaßnahme erreichte Person;
- **Werbungtreibender**, die Person und das Unternehmen, in deren Auftrag eine Werbemaßnahme durchgeführt wird;
- **Werbebotschaft**, die Aussage, die an die Adressaten der Werbung herangetragen wird;
- **Werbemittel**, die objektivierte Form der Werbebotschaft, d. h. die Ausformung der Werbebotschaft in einer ganz bestimmten Weise, z. B. in einer Anzeige, einer Rundfunkdurchsage oder einem Fernsehspot;
- **Werbeträger**, die Person, die Sache (Zeitung, Zeitschrift, Plakatwand) oder das Programm (Kino, Radio, Fernsehen), über die oder das Werbemittel an die Werbesubjekte herangetragen wird.

Die Aufgaben oder Ziele der Absatzwerbung können inhaltlich verschieden sein, je nachdem in welchem Bereich des Produktlebenszyklus für eine betriebliche Leistung als Werbeobjekt Absatzwerbung betrieben wird. Wenn das Unternehmen beabsichtigt, eine neue Leistung am Markt einzuführen, ist es zunächst notwendig, die Aufmerksamkeit der potentiellen Abnehmer auf diese Leistung zu lenken. Es wird in diesem Zusammenhang von **Einführungswerbung** gesprochen. Ist die

Leistung, die zum Werbeobjekt gemacht werden soll, in ihrem Lebenszyklus über die Phase der Einführung hinausgelangt, dann geht es dem Betrieb darum, den Umsatz aus der Verwertung der betreffenden Leistung durch entsprechende absatzwerbliche Maßnahmen zu erhöhen. Dies kann geschehen, indem aktuelle Abnehmer zu einer Mehrabnahme und potentielle Abnehmer überhaupt zu einer Abnahme dieser Leistungsart veranlaßt werden. Maßnahmen, die zur Erfüllung dieser Teilaufgabe der Absatzwerbung herangezogen werden können, werden unter dem Begriff Erweiterungs- oder **Expansionswerbung** zusammengefaßt. Schließlich ist noch der Fall zu betrachten, daß eine Leistung in ihrem Lebenszyklus den Umsatzhöhepunkt überschritten hat, sie sich also im Bereich rückläufiger Umsätze befindet. Hier geht es für den Betrieb darum, die Entwicklung aufzuhalten. Er muß bemüht sein, durch den Einsatz geeigneter Werbemaßnahmen die Abwanderung seiner Abnehmer zu anderen Anbietern der gleichen Leistung oder zu anderen Leistungen zu verhindern. Die Gesamtheit der Maßnahmen, die ergriffen werden können, um diesen Zweck der Absatzwerbung zu verwirklichen, wird als Erhaltungs- oder **Stabilisierungswerbung** bezeichnet.

Abschließend ist im Zusammenhang mit der betrieblichen Gestaltung der Kommunikation noch auf die Maßnahmen der **Verkaufsförderung** oder **Sales Promotion** einzugehen. Verkaufsförderung ist nicht leicht zu definieren und überdies nur schwer von den übrigen absatzpolitischen Instrumenten abzugrenzen (*Diederich*). Sie wird aber im allgemeinen den kommunikationspolitischen Maßnahmen zugerechnet und dort als ein ergänzendes Instrument der Absatzwerbung verstanden. *Zentes* rechnet zur Verkaufsförderung die folgenden Maßnahmen:

- direkte Verkaufshilfen, so Verkaufshandbücher, Prospekte, Kataloge, Informationshilfen, so Schulung und Verkaufstraining, Fachliteratur, Dia- und Videovorführungen;
- persönliche Anreizsysteme wie Verkaufswettbewerbe;
- individuelle Kontaktpflege wie Produktvorführungen, Kontaktbesuche oder Geschenke.

Diese Maßnahmen der Verkaufsförderung können nach ihrem Adressatenkreis in konsumentenorientierte, handelsorientierte und verkaufspersonalorientierte unterteilt werden.

Fragen zur Lernkontrolle:

1. Was verstehen Sie unter den Begriffen Absatz und Absatzpolitik?
2. Beschreiben Sie die Vor- und Nachteile von Käufermärkten und Verkäufermärkten jeweils für Käufer und Verkäufer.
3. Warum und über welche Objektbereiche wird Marktforschung betrieben?
4. Nennen Sie die Unterscheidungsmerkmale hinsichtlich Marktanalyse und Marktbeobachtung.
5. Welche Gefahren liegen in der Sekundärforschung als einem der beiden Informationsgewinnungsverfahren der Marktforschung?
6. Nennen und erläutern Sie die beiden Hauptgruppen der absatzpolitischen Instrumente.

7. Weiche grundsätzlichen Möglichkeiten zur Gestaltung der betrieblichen Preisforderungen sind Ihnen bekannt?
8. Warum kann bei der kostenorientierten Preisbestimmung bei kurzfristigen gegenüber langfristigen Preisfestlegungen von einer niedrigeren Preisuntergrenze ausgegangen werden?
9. Welche Maßnahmen im Bereich der Produkt- und Programmgestaltung kennen Sie? Erläutern Sie diese.
10. Nennen und beschreiben Sie die charakteristischen Phasen eines Produktlebenszyklus.
11. Grenzen Sie die Begriffe physische und akquisitorische Distribution gegeneinander ab.
12. Nennen Sie die wichtigsten Formen der Distributionskanäle und Distributionsorgane, und wägen Sie deren Vor- und Nachteile für ein Konsumgüter-Mehrproduktunternehmen gegeneinander ab.
13. Bei den kommunikationspolitischen Maßnahmen innerhalb der Präferenzpolitik wird zwischen Interzession und Intervention unterschieden; stellen Sie Gemeinsamkeiten und Gegensätze dieser Maßnahmen heraus.
14. Erläutern Sie die Begriffe Einführungs-, Expansions- und Stabilisierungswerbung.
15. Was verstehen Sie unter Verkaufsförderung oder Sales Promotion?

Literaturhinweise zu Leistungsverwertung:

Bidlingmaier, Johannes, Marketing, Zwei Bände, Reinbek bei Hamburg, 1973

Dichtl, Erwin, Marketing, in: F. X. Bea, E. Dichtl und M. Schweitzer (Hrsg.), Allgemeine Betriebswirtschaftslehre, Band 3: Leistungsprozeß, 7. Aufl., Stuttgart, 1997, S. 133-204

Diederich, Helmut, Allgemeine Betriebswirtschaftslehre, 7. Aufl., Stuttgart, Berlin, Köln, 1992

Gutenberg, Erich, Grundlagen der Betriebswirtschaftslehre, Zweiter Band, Der Absatz, 16. Aufl., Berlin, Heidelberg, New York, 1979

Meffert, Heribert, Marketing. Grundlagen der Absatzpolitik, 8. Aufl., Wiesbaden, 1998

Ringle, Günter, Marketing, in: E. Krabbe (Hrsg.), Leitfaden zum Grundstudium der Betriebswirtschaftslehre, 6. Aufl., Gernsbach, 1998, S. 447-559

Schierenbeck, Henner, Grundzüge der Betriebswirtschaftslehre, 13. Aufl., München, Wien, 1998

Zentes, Joachim, Marketing, in: M. Bitz u.a. (Hrsg.), Vahlens Kompendium der Betriebswirtschaftslehre, Band 1, 4. Aufl., München, 1998, S. 329-409

6. Personal

61. Menschliche Arbeit als Produktionsfaktor

Im vierten Kapitel zur Leistungserstellung ist das System der Produktionsfaktoren von *Gutenberg* dargestellt worden, wobei die menschliche Arbeit in die objektbezogene oder ausführende und die dispositive menschliche Arbeit unterteilt wurde. Im Prozeß der Leistungserstellung werden die Betriebsmittel, die Leistungsobjekte und die menschliche Arbeit kombiniert, so daß aus Gütern niederer Ordnung Güter höherer Ordnung entstehen. Zwar werden diese Kombinationsprozesse grundsätzlich mit Hilfe des **Wirtschaftlichkeitsprinzips** beurteilt, es sind aber die Besonderheiten der menschlichen Arbeit, die eine ausschließliche Bewertung aufgrund des Wirtschaftlichkeitsprinzips verhindern. Der Mensch als Person läßt sich nicht von seiner Arbeitsleistung trennen, daher spielen in der Personalwirtschaft neben den finanzwirtschaftlichen und leistungswirtschaftlichen Zielen **soziale Ziele** eine herausragende Rolle. Interne soziale Ziele beziehen sich auf die **Interaktionen zwischen den Menschen** – Mitarbeiter oder Führungskräfte - in einem Unternehmen. Interaktionen sind deswegen im Unternehmen notwendig, weil grundsätzlich davon auszugehen ist, daß Unternehmen arbeitsteilig organisiert sind. Wie sich die Interaktionen im Unternehmen vollziehen sollen, wird in der Unternehmens- bzw. Personalpolitik festgelegt; sie spiegeln grundlegende Werte wieder, die meist von der Unternehmensleitung formuliert werden. Solche personalpolitischen Festlegungen basieren meist unausgesprochen auf bestimmten Vorstellungen vom Menschen.

Idealtypisch sollen vier **Menschenbilder** unterschieden werden: der rationale, der soziale, der sich selbstverwirklichende und der komplexe Mensch (*Schein*). Der **rationale Mensch** entspricht weitgehend dem Bild des homo oeconomicus, der als oberstes Ziel anstrebt, seinen Nutzen zu maximieren. Monetäre Anreize gelten daher als Hauptinstrument der Motivation, erst durch monetäre Anreize ist der Mitarbeiter bereit zu handeln. Eng damit verbunden sind die Annahmen, daß der Mensch von Natur aus faul ist und von außen angetrieben werden muß sowie daß er seine eigenen Ziele den Zielen des Unternehmens vorzieht. Die zentrale Motivation des **sozialen Menschen** ist sein soziales Bedürfnis, d. h., daß er den Wunsch hat, mit anderen Menschen im Unternehmen Beziehungen einzugehen. Da der Sinn der Arbeit in sozialen Beziehungen besteht, reagieren die Mitarbeiter auch eher auf solche Anreize, die diesen sozialen Beziehungen entsprechen: z. B. Anerkennung und Zugehörigkeit. Die Motive des **sich selbstverwirklichenden Menschen** sind hierarchisch geordnet, wobei er nach Autonomie strebt; er zieht es vor, sich selbst zu motivieren und zu kontrollieren. Kennzeichnend für den **komplexen Menschen** ist die Vielzahl an Motiven, die zwar in einer hierarchischen Ordnung vorliegen, jedoch sich mit der Zeit ändern können; dies auch dadurch, daß er durch seine Arbeit im Unternehmen neue Motive kennenlernt. Die Zielerreichung des Einzelnen und des Unternehmens sind abhängig von einer Reihe von Faktoren wie der Aufgabe, den Fähigkeiten des Mitarbeiters und der anderer Mitarbeiter. Es wird damit die starke Situationsabhängigkeit betont, die bei der Erfüllung der Ziele eine wesentliche Rolle spielt.

Diese vereinfachenden Annahmen über die Eigenschaften von Menschen im Unternehmen sind, wohlgemerkt, nicht empirisch ermittelt, sie stellen vielmehr Orientierungsmuster dar, die aus einer Vielzahl von möglichen Menschenbildern idealtypisch gebildet werden. Sie dienen den Spitzenakteuren häufig unbewußt als Leitbild für personalwirtschaftliche Entscheidungen. Wenn beispielsweise die Vergütung als einziges Motivationsinstrument eingesetzt wird, geht man wahrscheinlich von einem rationalen Menschen als Leitbild aus. Um zu erkennen, welche weiteren Instrumente in der Personalwirtschaft zur Führung von Mitarbeitern effizient eingesetzt werden können, ist es notwendig, die Einflußgrößen zu bestimmen, die auf die menschliche Arbeitsleistung im Unternehmen wirken.

Diese Einflußgrößen oder **Bestimmungsfaktoren** der Arbeitsleistung lassen sich zunächst grob in drei Kategorien unterteilen, nämlich die Bestimmungsfaktoren des **Leistungsvermögens**, der **Arbeitsgestaltung** und der **Leistungsbereitschaft**. Innerhalb der drei Kategorien können wiederum jeweils mehrere Bestimmungsfaktoren unterschieden werden, die in Anlehnung an *Czeranowsky* in der Darstellung 5-31 dargestellt sind.

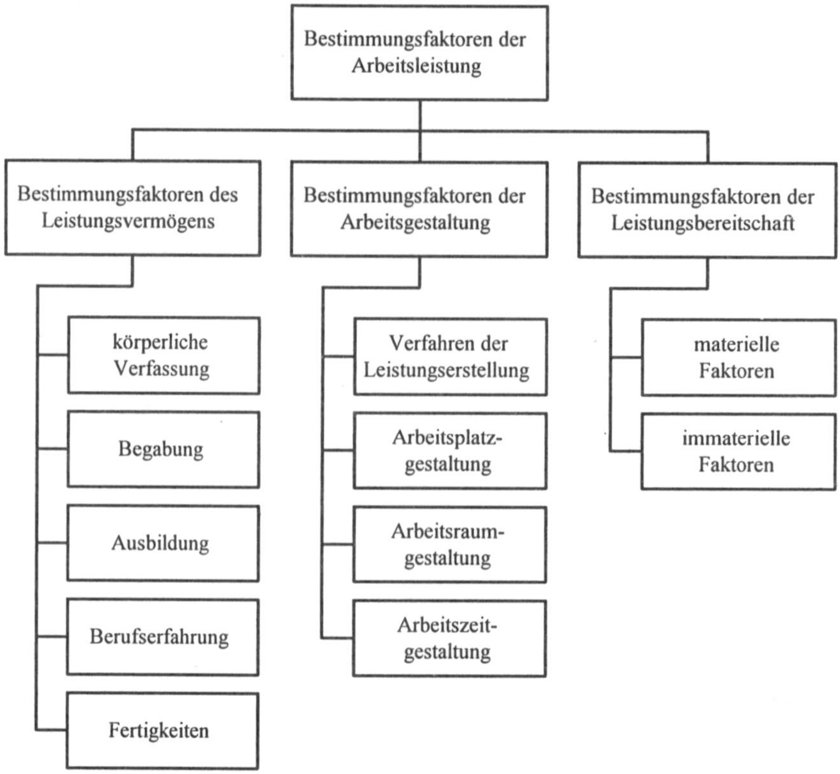

Darstellung 5-31: Die Bestimmungsfaktoren der Arbeitsleistung

Die Bestimmungsfaktoren des Leistungsvermögens können von seiten des Betriebes – abgesehen von Maßnahmen der Aus- und Weiterbildung – in der Regel nur in sehr begrenzten Maße beeinflußt werden. Die Bestimmungsfaktoren der Arbeitsgestaltung sind dagegen **Parameter,** die dem Betrieb die Möglichkeit bieten, durch entsprechende Maßnahmen entscheidend Einfluß auf die Arbeitsleistung im Prozeß der betrieblichen Leistungserstellung zu nehmen.

Die wichtigsten **Zwecke der Personalwirtschaft** leiten sich aus den Anforderungen ab, die sich aus den Aufgaben der Mitarbeiter im Unternehmen ergeben. Ein Zweck der Personalwirtschaft ist es daher, die richtigen Mitarbeiter im Unternehmen bereitzustellen; richtig bedeutet: mit der benötigten Qualität, in der erforderlichen Quantität, zum erwünschten Zeitpunkt und am geforderten Ort. Dieser Zweck läßt sich nur mit einer **Personalplanung** erfüllen, die in die Unternehmensplanung integriert ist. Aus der Personalplanung ergibt sich der Personalbedarf in quantitativer, qualitativer, zeitlicher und räumlicher Hinsicht. Kann der Bedarf nicht durch die Mitarbeiter im Unternehmen gedeckt werden, so muß die **Personalbeschaffung** Arbeitskräfte vom Arbeitsmarkt rekrutieren. Bestehen qualitative Defizite der Mitarbeiter im Unternehmen, müssen diese durch entsprechende Maßnahmen der **Personalentwicklung** beseitigt werden. Als nach wie vor zentrale Aufgabe der Personalwirtschaft gilt der **Aufbau von Vergütungssystemen** im Unternehmen, denn die Vergütung ist einer der wichtigsten Bestimmungsfaktoren der Arbeitsleistung. Aus all diesen Aufgaben ergibt sich ergänzend die **Personalverwaltung**, die alle die Mitarbeiter betreffenden Verwaltungstätigkeiten erledigt. In diesem einführenden Lehrbuch werden als wichtige Teilgebiete der Personalwirtschaft die Personalbeschaffung, die Personalentwicklung und der Aufbau von Vergütungssystemen betrachtet.

62. Personalbeschaffung und –auswahl

Die Personalbeschaffung erhält als Informationsinput den Personalnettobedarf von der Personalplanung. Ihre Aufgabe ist es, diesen Personalbedarf zu decken und bis zu dem geplanten Zeitpunkt die Mitarbeiter in der gewünschten Anzahl und mit der erforderlichen Qualifikation zur Verfügung zu stellen. Ausgehend von dem Anforderungsprofil, das ein potentieller Mitarbeiter erfüllen soll, ist als erstes zu entscheiden, ob der Mitarbeiter aus dem Unternehmen (**interne Beschaffung**) oder vom Arbeitsmarkt (**externe Beschaffung**) rekrutiert werden soll. Je nachdem, für welche Variante sich das Unternehmen entschieden hat, muß danach eine Entscheidung über die **Mittel der Personalbeschaffung** getroffen werden. Da in der Regel mehr als ein potentieller Bewerber für das Unternehmen in Frage kommt, findet eine **Bewerberauswahl** statt, die zu einer Entscheidung über die einzustellenden Kandidaten führen soll.

Wenn das Unternehmen versucht, das benötigte Personal im Unternehmen zu finden, spricht man von **interner Beschaffung.** Da das Anforderungsprofil der zu besetzenden Stelle bekannt ist, kann überprüft werden, ob im Unternehmen entsprechend qualifizierte Mitarbeiter vorhanden sind. Vielleicht besteht auch die Möglichkeit, Mitarbeiter durch geeignete Schulungen für die Stellen zu qualifizieren. In der Personaldatei sollten Informationen über das Entwicklungspotential von Mitarbeitern vorhanden sein, um geeignete Kandidaten zu erkennen. Nach § 93 BetrVG kann der Betriebsrat verlangen, daß freie Stellen intern ausgeschrieben werden; er kann dies allerdings nicht für Positionen leitender Angestellter fordern. In der Regel gibt es ein entsprechendes Anschlagbrett im Unternehmen, an der die Ausschreibung veröffentlicht wird, oder sie wird per Intranet publiziert. Ein großer Vorteil gegenüber der externen Beschaffung ist es, daß Mitarbeiter dadurch an das Unternehmen gebunden werden, daß sie die Möglichkeit erhalten, sich weiterzuqualifizieren und eventuell in der betrieblichen Hierarchie aufzusteigen. Demgegenüber steht der Nachteil, daß in der Regel weniger potentielle Kandidaten zur Verfügung stehen, die Auswahl also geringer ist.

Wichtigstes Ziel der **externen Beschaffung** ist es, eine genügend große Anzahl geeigneter Bewerber auf die ausgeschriebene Stelle zu erhalten. Es stehen eine

Reihe von Möglichkeiten zur Verfügung, um diese Aufgabe zu erfüllen. Einen nach wie vor hohen Stellenwert hat die **Anzeige** in regionalen und überregionalen Zeitungen. Bei der Suche nach Fach- und Führungspersonal bietet es sich darüberhinaus an, Zeitschriften auszuwählen, die auf die entsprechenden Zielgruppen ausgerichtet sind. Ein weiteres, wichtiges Mittel der externen Beschaffung ist die Arbeitsvermittlung durch die **Arbeitsämter**, **Landesarbeitsämter** sowie die **Zentralstelle für Arbeitsvermittlung**, deren gesetzlicher Auftrag es ist, Personen, die Arbeit suchen, mit Arbeitgebern zusammenzubringen. Für Fach- und Führungspersonal ist es möglich, ein **Personalberatungsunternehmen** zu engagieren, das die Abwicklung der Personalbeschaffung übernimmt und meist auch an der Personalauswahl beteiligt wird. Insbesondere für den Führungskräftenachwuchs, der sich aus den Reihen der Hochschulabsolventen rekrutiert, hat sich das sogenannte **Campus Recruiting** entwickelt. Das Unternehmen stellt sich in Veranstaltungen an den Hochschulen vor, und es zeigt die Laufbahn- und Karrieremöglichkeiten auf, die Absolventen im Unternehmen wahrnehmen können. Meist wird versucht, schon vor dem Examen den Kontakt zu intensivieren, indem beispielsweise Praktikantenplätze angeboten oder praxisbezogene Diplomarbeiten vergeben werden. Häufig bewerben sich Personen **unaufgefordert**, da sie an einem Unternehmen, das sich mit Personalimageanzeigen profiliert hat, als Arbeitgeber interessiert sind. Untersuchungen zeigen, daß auch auf diesem Weg geeignete Kandidaten gefunden werden. Aus diesem Grund nutzen die meisten Unternehmen ihren Auftritt im **Internet** nicht nur für aktuelle Stellenanzeigen, sondern auch um auf die Karrieremöglichkeiten bei ihnen aufmerksam zu machen.

Wenn die Personalwerbung eine Reihe von Bewerbern für eine vakante Stelle mobilisiert hat, ist es die Aufgabe der **Personalauswahl**, den geeigneten Kandidaten zu bestimmen. Bei einer zu hohen Zahl von Bewerbern ist es meist nicht möglich, eine differenzierte Analyse aller Bewerber vorzunehmen, es entscheiden dann **formale Kriterien** wie z. B. die Zeugnisnoten oder das Alter. Hauptgefahr dieses Vorgehens ist das Ablehnen eines eigentlich geeigneten Bewerbers, der aber den geforderten formalen Kriterien nicht entspricht. Als wichtigste **Instrumente der Personalauswahl** gelten die Analyse der Bewerbungsunterlagen, der Personalfragebogen, verschiedene psychologische Tests zur Persönlichkeit und Intelligenz, die Interviews (Gespräche) und das Assessment Center.

Die **Analyse der Bewerbungsunterlagen** ist in der Regel der erste Schritt der Personalauswahl. Häufig läßt sich aus dem Bewerbungsschreiben beurteilen, wie der Bewerber für die Stelle motiviert ist. Weitere Aufschlüsse ergeben sich aus dem Lebenslauf, den Zeugnissen und eventuellen Referenzen. Insbesondere aus dem Lebenslauf wird in Verbindung mit den Zeugnissen versucht, die bisherigen Erfahrungen und Positionen zu beleuchten, um auf die zukünftige Entwicklung des Kandidaten zu schließen. Allgemeine Aussagen über Lebensläufe sind jedoch mit Vorsicht zu genießen: Ein häufiger Wechsel des Unternehmens kann sowohl mangelnde Anpassungsfähigkeit als auch besondere Dynamik des Kandidaten bedeuten.

Wenn man den systematischen Vergleich der Bewerber verbessern und Bewerberinformationen adäquat dokumentieren will, bietet es sich an, von jedem Aspiranten zusätzlich einen **Personalfragebogen** ausfüllen zu lassen. Er enthält - auf zwei bis vier DIN A4-Seiten - vielfältige Fragen zur Person, zum bisherigen Aus-, Weiterbildungs- und Berufsverlauf, häufig auch zu Interessen und Hobbies.

Psychologische Tests haben die Aufgabe, die Eigenschaften und Einstellungen, die für die Stelle als relevant angesehen werden, festzustellen und alle Bewerber im Hinblick auf diese Eigenschaften und Einstellungen in eine Rangfolge zu bringen. Die Objektivität der Auswahl soll durch die Standardisierung der Testdurchführung gewährleistet werden, in der Regel müssen solche Testverfahren bestimmten Gütekriterien wie insbesondere Validität und Reliabilität genügen. Die **Validität** (Gültigkeit) gibt an, ob mit dem Test tatsächlich das gemessen wird, was gemessen werden soll, ob also mit den Fragen und Aufgaben in einem Intelligenztest tatsächlich die Intelligenz gemessen wird. Als zweites Gütekriterium gilt die **Reliabilität** (Zuverlässigkeit), die Aussagen darüber erlaubt, ob der Test auch bei Wiederholung zu den gleichen Ergebnissen führt. Psychologische Tests werden insbesondere eingesetzt zur Messung der Intelligenz (allgemein und speziell), der Leistung (motorisch und sensorisch) und der Persönlichkeit (Eigenschaft, Einstellungen etc.).

Das **Interview** (Gespräch) zwischen Bewerber und Unternehmensvertretern ist das Instrument, welches am meisten verbreitet ist. Auch das Interview kann durch die Art der Durchführung mehr oder weniger objektiviert werden, dabei werden unterschieden: das strukturierte, das teilstrukturierte und das unstrukturierte (freie) Interview. Beim **strukturierten Interview** sind die Fragen und deren Reihenfolge fest vorgegeben, so daß kaum Freiheitsgrade bei der Interviewgestaltung bestehen. Meist wird daher zur Bewerberauswahl das **teilstrukturierte Interview**, bei dem nur eine Reihe von Fragen vorgegeben werden, oder das **unstrukturierte Interview gewählt.** Das unstrukturierte Interview räumt den Gesprächsteilnehmern ein hohes Maß an Flexibilität, damit verringert sich die Durchführungsobjektivität, es werden vermehrt subjektive Eigenschaften der Interviewer in die Gesprächsführung einfließen.

Das **Assessment Center** ist ein systematisches Verfahren der Personalauswahl, in dem mehrere Kandidaten durch mehrere Beobachter bei der Bearbeitung verschiedener Aufgaben beurteilt werden. Es wird meist ein- oder mehrtägig abgehalten und in seinem Verlauf müssen die Kandidaten an den verschiedensten Einzel- und Gruppenaufgaben teilnehmen, dabei kann es sich z. B. um Rollenspiele, Planspiele, Fallstudien mit anschließenden Präsentationen u.v.m. handeln. Es soll mit diesen Übungen versucht werden, möglichst **realitätsnahe Situationen** aus dem Unternehmensalltag zu simulieren. Alle Kandidaten werden von mehreren, vorher geschulten Mitarbeitern aus dem Unternehmen beobachtet und bewertet, die abschließende Beurteilung erfolgt in einer gemeinsamen Sitzung, in der über die Kandidaten beraten und eine Entscheidung getroffen wird (siehe die Darstellung 5-32). Assessment Center werden nicht nur zur Auswahl von Bewerbern für ausgeschriebene Stellen durchgeführt, sondern ebenfalls als Instrument der Personalentwicklung. Besonderer Vorteil des Assessment Centers ist die hohe Prognosequalität gegenüber den anderen Verfahren der Personalauswahl, was u.a. an dem Spektrum der eingesetzten Simulationen und der Mehrzahl der geschulten Beobachter liegt, die die Entscheidung fällen. Als besonderer Nachteil gelten die hohen damit verbundenen Kosten, was dazu führt, daß dieses Verfahren insbesondere von großen Unternehmen eingesetzt wird, und zwar primär dann, wenn es um die Selektion von Führungs(nachwuchs)kräften geht.

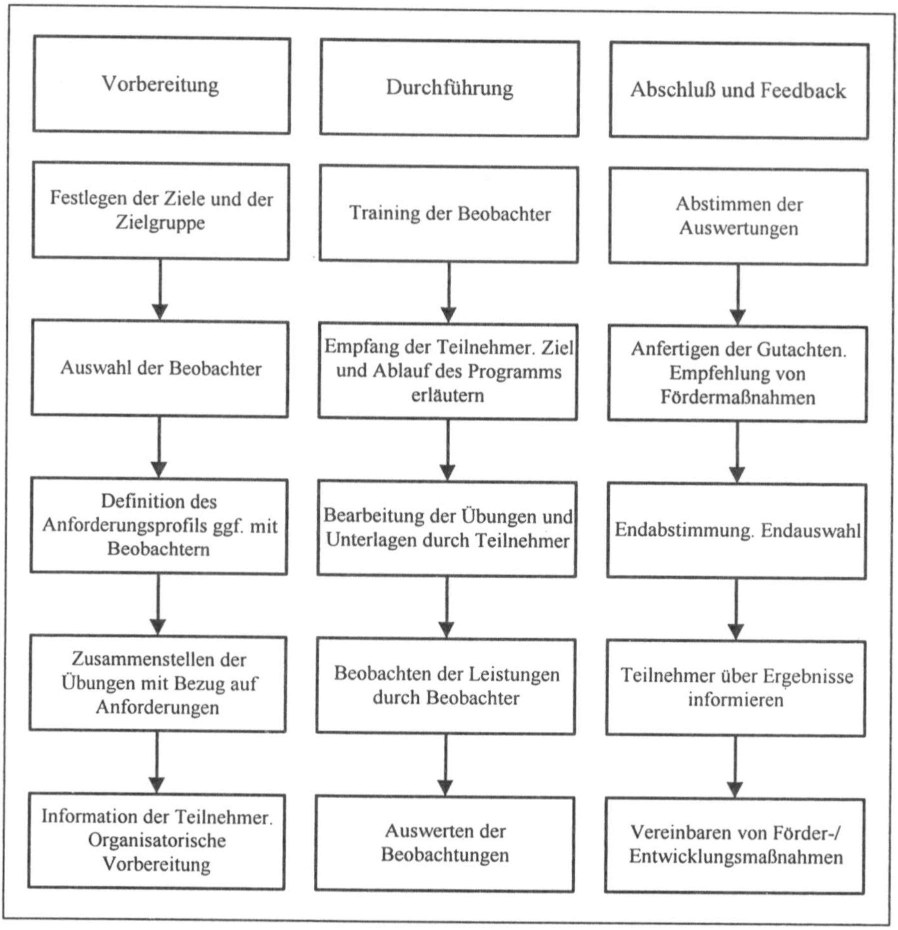

Darstellung 5-32: Ablauf eines Assessment Centers (nach *Jeserich*)

63. Personalentwicklung

In Zeiten wirtschaftlichen, sozialen und technologischen Wandels ist es für die Mitarbeiter im Unternehmen notwendig, sich an die Veränderungen anzupassen. **Neue Anforderungen** können sich beispielsweise dadurch ergeben, daß die Arbeitskräfte in der Produktion auf computergesteuerte Fertigungsanlagen eingestellt werden müssen, oder Führungskräfte im Unternehmen haben z. B. den Wertewandel zu berücksichtigen, weil ihre Mitarbeiter eine größere Partizipation in ihrem Arbeitsgebiet erwarten. Auf welchen Faktoren dieser Wandel auch beruht, das Ergebnis ist i.d.R. ein anderes Anforderungsprofil als vorher. Meistens ist daher der Ausgangspunkt von Maßnahmen der Personalentwicklung, daß sich die Anforderungen an eine Stelle im Unternehmen verändert haben. Diese stellenorientierte Sichtweise wird heute durch eine auf den Mitarbeiter bezogene Sichtweise ergänzt. Leitbild der Personalentwicklung sind Mitarbeiter, die sich durch gezielte Weiterbildung auf geänderte Arbeitsinhalte und soziale Beziehungen einstellen. Maßnahmen der Personalentwicklung betreffen zusätzlich auch die Ausbildung im Unternehmen. Im folgenden soll daher auf die Aus- und Weiterbildung sowie die Karriereplanung eingegangen werden, zuvor allerdings noch ein Überblick über die Personalentwicklung geliefert werden.

Aus der Sicht des Unternehmens ist die Entwicklung der Mitarbeiter ein notwendiges Instrument, um sich an veränderte Umweltbedingungen anzupassen. Eine solche, rein **instrumentelle Auffassung des Personalmanagements** kann ergänzt werden um eine Einstellung, die den Mitarbeiter nicht nur als Produktionsfaktor betrachtet. Wird die Personalpolitik stärker auf die individuellen Wünsche der Mitarbeiter ausgerichtet, dann kann auch die Personalentwicklung über die rein aufgabenorientierten Fähigkeiten hinausgehen. Zwar decken sich die Interessen des Unternehmens und der Mitarbeiter weitgehend, es sollte jedoch nicht übersehen werden, daß die Mitarbeiter von Entwicklungsmaßnahmen erwarten, nicht nur im Unternehmen, sondern auch auf dem Arbeitsmarkt verbesserte Chancen zu erreichen.

Um den künftigen Bedarf an Entwicklungsmaßnahmen zu kennen, ist eine umfassende Personalplanung notwendig, welche operative, taktische und strategische Pläne umfaßt. Wenn beispielsweise eine Auslandsniederlassung in Frankreich geplant ist, müssen für die zu besetzenden Stellen Anforderungsprofile angefertigt werden, die dann mit den im Unternehmen vorhandenen Mitarbeitern abgeglichen werden. Aus der Karriereplanung für die Mitarbeiter im Unternehmen lassen sich Informationen entnehmen, inwieweit sich der Bedarf durch eigene Mitarbeiter decken läßt, die zu einem Auslandsaufenthalt bereit sind. Sind geeignete Mitarbeiter vorhanden, müssen die Maßnahmen geplant werden. So kann z. B. eine neue **Aufgabenzuordnung** zur Vorbereitung auf die künftige Tätigkeit vorgenommen werden oder es wird auf die kulturellen Besonderheiten Frankreichs in einer Weiterbildung aufmerksam gemacht.

Ein wichtiges Instrument der Personalentwicklung ist die **berufliche Ausbildung**, die eine Erstausbildung von Mitarbeitern ist. Als wichtigste Ziele der Ausbildung können gelten: die Deckung zukünftigen Bedarfs an Fach- und Führungskräften sowie der Aufbau von unternehmensspezifischen Fähigkeiten. In Deutschland ist die berufliche Ausbildung **dual organisiert**, d. h., daß die Ausbildung von zwei Organisationen durchgeführt wird, zum einen dem Unternehmen, zum anderen der Berufsschule. Während im Unternehmen die praktische Tätigkeit und damit das Einüben von Fertigkeiten und Kenntnissen im Vordergrund steht, soll in der Berufsschule das theoretische Wissen vermittelt werden, allerdings ergänzt um Allgemeinwissen wie z. B. Deutsch oder eine Fremdsprache. Die berufliche Ausbildung ist in Deutschland gesetzlich geregelt und Unternehmen können nur eine Ausbildung anbieten, die einem der gesetzlich zulässigen Ausbildungsberufe entspricht. Eine spezielle Form von beruflicher Ausbildung stellen sogenannte **Trainee-Programme** dar, in denen Berufsanfänger aus Hochschulen mit den praktischen Anforderungen im Unternehmen konfrontiert werden. Meist bestehen diese Programme aus einer Mischung von praktischen Tätigkeiten und speziellen Unterrichtseinheiten, die durch das Unternehmen angeboten werden.

Wird bei der Personalplanung festgestellt, daß Mitarbeiter Wissens- oder Verhaltensdefizite haben, dann bieten sich spezielle Angebote der **Weiterbildung** an. Da sich die Anforderungen in Zeiten des Wandels ändern, veralten die einmal gelernten Kenntnisse und Fähigkeiten zunehmend. Die Maßnahmen der Weiterbildung sollen die durch den Wandel auftretenden Lücken schließen, man spricht heute vom **lebenslangen Lernen**. Dies bedeutet, daß das obsolete Wissen in einer fortgeschrittenen Industriegesellschaft innerhalb einiger Jahre durch neues Wissen ersetzt wird. Unternehmen, die die Produktivitätsvorteile neuer Technologien nutzen wollen, benötigen Mitarbeiter, die solche Technologien beherrschen. Dies gilt ähnlich für die sozialen Beziehungen im Unternehmen, denn in Zukunft werden temporäre, projektbezogene und teamorientierte Aufgaben zunehmen, die Anforderungen an die soziale Kompetenz der Mitarbeiter wird sich verändern. Bei der Feststellung des Weiterbildungsbedarfs sind Befragungen der Mitarbeiter ein geeignetes Hilfsmittel, da sie insbesondere im Bereich der Fach- und Methodenkompetenz eigene Defizite schnell erkennen. Die Durchführung von Weiterbildungsveranstaltungen wird meist von speziellen Weiterbildungsträgern erfolgen, die die Vermittlung von Kenntnissen oder Fähigkeiten am Markt anbieten.

Eines der wichtigsten Instrumente der Personalentwicklung ist die **Karriereplanung** für Mitarbeiter. Darunter wird verstanden, daß für einen Mitarbeiter die potentielle Abfolge einzelner Positionen im Unternehmen festgelegt wird. Die Abfolge ist nur potentiell, weil weder klar ist, ob der Mitarbeiter allen Anforderungen tatsächlich gewachsen sein wird, noch vorhersehbar ist, inwieweit sich nicht andere Positionen für den Mitarbeiter ergeben. Der Begriff Karriere wird meist so aufgefaßt, daß er mit dem Aufstieg in der Hierarchie eines Unternehmens verbunden ist. Zwar ist diese sogenannte **Führungslaufbahn** weiterhin noch von großer Bedeutung, zunehmend werden Karrieren jedoch auch als **Fachlaufbahnen** geplant. Sie sind dann in der Regel auf Stabsbereiche wie Organisation, Personal sowie Forschung und Entwicklung beschränkt, also nicht mit Linienverantwortung verbunden.

Wie bereits im Kapitel zur Personalbeschaffung angedeutet, ist die Karriereplanung ein wichtiges Instrument, um Mitarbeiter, die motiviert sind, sich im Unternehmen zu entwickeln, langfristig zu binden. Würden attraktive Stellen im Unternehmen immer wieder durch Kräfte von außen besetzt, träte bei diesen Mitarbeitern eine Demotivation ein, die sich auch im Arbeitsergebnis niederschlagen würde. Daher ist es wichtig, daß das Unternehmen die Wünsche und Fähigkeiten seiner Mitarbeiter kennt, nur dies gewährleistet, daß sich die Interessen von Unternehmen und Mitarbeiter ausgleichen. Es kann trotz dieses Interessenausgleichs zu Konflikten dadurch kommen, daß bei internen Bewerbungen mehrere Kandidaten versuchen, eine Stelle zu bekommen, jedoch nur ein Kandidat berücksichtigt werden kann. Für diese Fälle müssen die Kriterien für die Entscheidung allen Kandidaten transparent sein, insbesondere muß es vermieden werden, daß durch Einflußnahme von beteiligten Führungskräften die Entscheidungen nicht mehr glaubwürdig sind. Wenn sich ein Vorgesetzter, der einen herausragenden Mitarbeiter hat, gegen eine Beförderung dieses Mitarbeiters ausspricht und hierbei sogar Erfolg hat, wird sich die Motivation nicht nur dieses Mitarbeiters verringern. Die Akzeptanz der Karriereplanung in einem solchen Unternehmen wird darunter langfristig leiden, insbesondere die Mitarbeiter, die höhere Positionen oder erweiterte Fachgebiete anstreben, werden dem Unternehmen den Rücken kehren.

Eine Karriereplanung hat als Voraussetzung eine umfassende Personalplanung, denn nur aus ihr kann abgeleitet werden, welche Positionen zu bestimmten Zeitpunkten freiwerden bzw. besetzt werden müssen. Karriereplanung ist aus diesem

Grund eine mittel- bis langfristig orientierte Planung, die als Ziel eine möglichst optimale Ausschöpfung des Potentials für das Unternehmen hat. Ziele der Mitarbeiter sind umfangreichere Kompetenz und Verantwortung und dadurch eine größere Selbständigkeit. Eines der wichtigsten Ziele ist allerdings, ein höheres Einkommen zu erzielen. Der Gestaltung eines Vergütungssystems kommt daher ein hoher Stellenwert zu.

64. Aufbau von Vergütungssystemen

Betriebswirtschaftlich ist die Vergütung des Personals als Hauptbestimmungsfaktor der Leistungsbereitschaft von größter Bedeutung. Die **Vergütung** kann einerseits als Beschaffungspreis für den Produktionfaktor Arbeit oder andererseits als Beteiligung der Arbeitnehmer am erzielten Ergebnis angesehen werden (*Czeranowsky*). **Vergütung** ist das, was dem Mitarbeiter an gegenwärtigen und zukünftigen Einkommen zufließt; synonyme Begriffe sind Entgelt und Entlohnung. In diesem Kapitel sollen nur monetäre Anreize behandelt werden, nicht-monetäre Anreize wie ein Firmenwagen oder ein überdimensioniertes Büro werden nicht betrachtet.

Aus betrieblicher Sicht hat die Vergütung ihrer Eigenschaft als Faktorpreis zwei Aufgaben zu erfüllen helfen: erstens soll die Beschaffung des Personals quantitativ und qualitativ in ausreichender Weise sichergestellt sein; zweitens sollen durch eine entsprechende Gestaltung der Vergütung **Leistungsanreize** geschaffen werden, die zu einer höheren Effizienz des Arbeitseinsatzes im Prozeß der betrieblichen Leistungserstellung führen. Die Vergütung der Mitarbeiter soll so ausgerichtet sein, daß sie Anreize bietet für eine optimale Arbeitsleistung. Um diesen Aufgaben bestmöglich entsprechen zu können, muß die betriebliche Vergütung drei grundsätzlichen Forderungen gerecht werden:

1. Die Vergütung soll **anforderungsäquivalent** sein, d. h., die Vergütung soll den mit der Arbeitsaufgabe verbundenen vielfältigen Anforderungen an den Arbeitnehmer entsprechen.
2. Die Vergütung soll **leistungsäquivalent** sein, d. h., die Vergütung soll dem individuellen Arbeitsergebnis in quantitativer und qualitativer Hinsicht und damit der Effizienz des Arbeitseinsatzes des einzelnen entsprechen.
3. Die Vergütung soll eine **Sozialkomponente** enthalten, d. h., es sollen persönliche Momente des Arbeitnehmers wie beispielsweise Lebensalter, Familienstand und Familiengröße bei der Festlegung des Arbeitsentgeltes, der Lohnhöhe, Berücksichtigung finden.

Die in der Praxis angewendeten Vergütungsformen sind in der Darstellung 5-33 aufgeführt.

Die verschiedenen Vergütungsformen lassen sich grob in drei verschiedene Gruppen einteilen: die direkte Vergütung in Form von Lohn oder Gehalt, die Beteiligung entweder am Erfolg oder am Kapital sowie die Sozialleistungen.

Lohn und Gehalt zeigten in der Vergangenheit den unterschiedlichen Status der Mitarbeiter im Unternehmen an, Arbeiter bezogen Lohn, Angestellte bekamen Gehalt. Diese Unterscheidung wird in Zukunft weiter an Bedeutung verlieren.

Zeitlohn bedeutet eine Entlohnung, deren Höhe lediglich von den Anforderungen der Arbeitsaufgabe und von der Zeitdauer des Arbeitseinsatzes bestimmt wird. Das Ergebnis des Arbeitseinsatzes, die Arbeitsleistung, nimmt keinen Einfluß auf die Höhe des Arbeitsentgeltes, es wird von einer zu erbringenden Normalleistung ausgegangen. Wenn diese Normalleistung nicht erbracht wird, trägt der Betrieb das damit verbundene Risiko. Ein direkter Leistungsanreiz ist mit der Zeitentlohnung nicht verbunden. Aus diesem Grunde wird der Zeitlohn als Form der Entlohnung bei Arbeiten gewählt, die mit besonderen Qualitätsansprüchen oder mit Gefahren verbunden sind, bei denen die Arbeitsgeschwindigkeit durch Betriebsmittel bestimmt wird, die an empfindlichen Maschinen und mit wertvollen Werkstoffen auszuführen sind und die eine Feststellung von Leistungsdifferenzen nicht mit hinreichender Genauigkeit zulassen (*Czeranowsky*). Der Zeitlohn hat in Form des Gehaltes bei Verwaltungstätigkeiten die größte Bedeutung, die zunehmende Automatisierung im Fertigungsbereich führt allerdings auch in diesem Sektor zu einer steigenden Bedeutung.

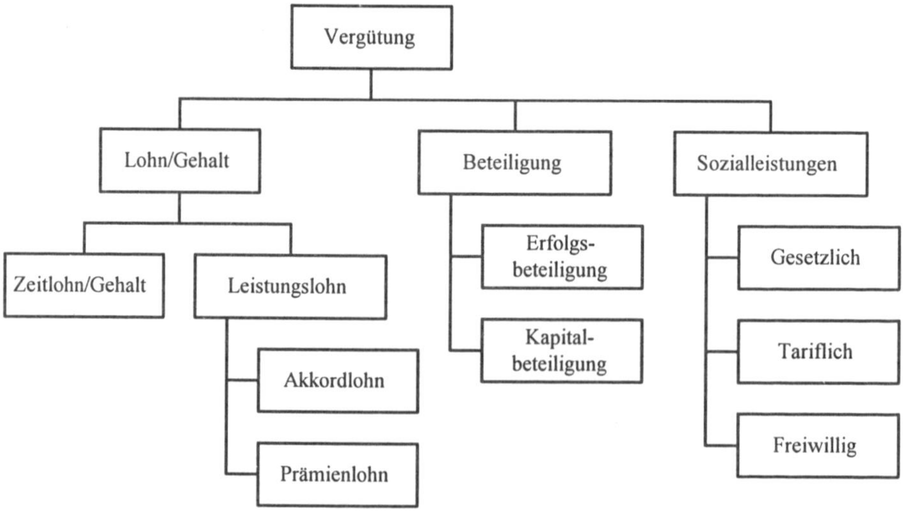

Darstellung 5-33: Vergütungsformen

Der **Leistungslohn** als Alternative zum Zeitlohn zieht das Ergebnis des Arbeitseinsatzes in Form der Arbeitsleistung im Prozeß der betrieblichen Leistungserstellung als direkte Bemessungsgrundlage für die Höhe der Entlohnung heran. Damit ist der Leistungslohn in besonderer Weise geeignet, um bei den Arbeitnehmern Leistungsanreize zu schaffen, sie zum vollen Einsatz ihres Leistungsvermögens zu veranlassen. Andererseits birgt der Leistungslohn auch Gefahren in sich. Eine überhöhte Arbeitsgeschwindigkeit aufgrund der Lohnanreize kann zu gesundheitlichen Beeinträchtigungen der Arbeitnehmer, zu überplanmäßiger Abnutzung der Betriebsmittel, zu erhöhtem Ausschuß und Abfall bei den Leistungsobjekten sowie zu einer Minderung der Qualität bei den erstellten Leistungen führen. In der Praxis gebräuchliche Formen des Leistungslohnes sind der Akkordlohn und der Prämienlohn.

Der **Akkordlohn** ist eine Lohnform, bei der die Höhe der Entlohnung ausschließlich von der Menge der erbrachten Arbeitsleistungen bestimmt wird. Dies bedeutet, daß das Arbeitsentgelt pro Zeiteinheit proportional zur Leistungsmenge sinkt oder steigt. Voraussetzung für eine Entlohnung in Form des Akkordlohnes ist, daß die zu verrichtende Arbeit akkordfähig ist. Der Arbeitnehmer muß in der Lage sein, die Arbeitsgeschwindigkeit zu bestimmen, das Arbeitsergebnis muß quantitativ meßbar sein und die Arbeitsaufgabe muß in ständiger Wiederholung zu erfüllen sein. Vorteile des Akkordlohnes liegen in seinem hohen Leistungsanreiz und in der Tatsache, daß die dem Betrieb entstehenden Lohnkosten pro Leistungseinheit konstant sind. Als Nachteile des Akkordlohnes werden in erster Linie Qualitätseinbußen bei den erstellten Leistungen, erhöhte Abnutzung der Betriebsmittel, überhöhter Verbrauch an Werkstoffen und schnellerer Kräfteverschleiß der Arbeitnehmer genannt. Der Akkordlohn tritt in den beiden Erscheinungsformen des Stückzeitakkordlohnes und des Stückgeldakkordlohnes auf.

Im Falle des **Stückzeitakkordes** wird für die Erstellung einer bestimmten Arbeitsleistung eine bestimmte Stückzeit (Vorgabezeit) t_e festgelegt. Pro Einheit der Vorgabezeit wird ein bestimmter Geldfaktor f_g vergütet. Bei einer bestimmten erbrachten Menge m von Arbeitsleistungen in einer Stunde ergibt sich das dem Arbeitnehmer für diese Stundenleistung zu zahlende Arbeitsentgelt E als das Produkt aus der Leistungsmenge in Stück, der Vorgabezeit pro Stück und dem Geldfaktor pro Einheit der Vorgabezeit.

$$E = m \cdot t_e \cdot f_g$$

Im Falle des **Stückgeldakkordes** wird dem Arbeitnehmer für die Erstellung einer bestimmten Arbeitsleistung ein festgelegter Geldbetrag g als Vergütung gewährt, und zwar unabhängig davon, wieviel Zeit er für die Erstellung der Arbeitsleistung benötigt. Wenn der Arbeitnehmer in einer Stunde eine bestimmte Menge m von Arbeitsleistungen erbringt, bemißt sich das ihm für diese Stundenleistung zu zahlende Arbeitsentgelt E als das Produkt aus der Leistungsmenge in Stück und dem pro Stück zu zahlenden Geldbetrag.

$$E = m \cdot g_e$$

Im allgemeinen wird in der Praxis die völlige Leistungsabhängigkeit des Akkordlohnes aufgehoben und statt dessen auf jeden Fall unabhängig von der erbrachten Arbeitsleistung ein zumeist **tariflich garantierter Mindestlohn** gezahlt. Erst bei Überschreiten einer bestimmten festgelegten Normalleistung erfolgt eine leistungsproportionale Entlohnung entsprechend der vereinbarten Akkordform .

Der **Prämienlohn** ist eine Lohnform, die sich aus zwei Bestandteilen zusammensetzt, einem meist in Form des Zeitlohnes gezahlten Grundlohn und einer zusätzlich gezahlten Prämie für über die Normalleistung hinausgehende besondere Leistungen. Bei der Ermittlung dieser besonderen Leistungen werden neben quantitativen auch qualitative Leistungsmerkmale herangezogen. Je nach den verwendeten Bezugsgrößen der Prämienberechnung lassen sich unterschiedliche Prämienarten bilden. **Mengenprämien** treten an die Stelle des Akkordlohnes, wenn sich, wie bei letzterem notwendig, genaue Vorgabezeiten nicht ermitteln lassen. **Qualitätsprämien** werden für eine Steigerung der Arbeitsleistung in qualitativer Hinsicht, z. B. für eine Unterschreitung der vorgegebenen Ausschußquote, gezahlt. **Ersparnisprämien** werden für Einsparungen an den benötigten Produktionsfaktoren, z. B.

in Form einer besseren Ausnutzung der Werkstoffe oder eines verringerten Energieverbrauches, gewährt. **Nutzungsgradprämien** schließlich werden zum Zwecke einer zielgerechten Ausnutzung der Betriebsmittel-Potentialfaktoren im Prozeß der Leistungserstellung beispielsweise durch Verringerung von Wartezeiten, Leerlaufzeiten oder Reparaturzeiten versprochen (*Wöhe*).

Wenn die Mitarbeiter an finanziellen Ergebnissen oder am Wachstum des Unternehmens teilhaben sollen, dann bieten sich verschiedene Formen der **Beteiligung** an, insbesondere die Erfolgsbeteiligung und die Kapitalbeteiligung.

Unter einer **Erfolgsbeteiligung** ist eine Vergütung zu verstehen, die auf Grundlage einer vorher festgelegten Basisgröße ermittelt wird, indem ein bestimmter Prozentsatz dieser Basisgröße ausbezahlt wird. Als **Basisgrößen** werden **finanzwirtschaftliche** Ziele wie z. B. Gewinn, Umsatz und Kosten oder **leistungswirtschaftliche** Ziele wie z. B. Produktivität, Produktqualität oder Marktanteile verwendet. Es handelt sich um eine variable Vergütung, die den Zeitlohn um eine leistungsorientierte Komponente ergänzen kann. Bei der Vergütung von Führungskräften wird zunehmend ein Teil der Gesamtvergütung **variabel** gestaltet, insbesondere Führungskräfte der oberen Hierarchie erhalten eine Vergütung, die einen Bezug zur Gewinnsituation hat. Ein großer Nachteil des Gewinns als Basis der Vergütung ist seine kurzfristige Orientierung, so führt z. B. die Weiterbildung von Mitarbeitern zu Kosten und schmälert den Gewinn. Will eine Führungskraft ihr Einkommen erhöhen, dann unterbleiben Maßnahmen, die zwar langfristig von Nutzen für das Unternehmen, kurzfristig jedoch nur finanzielle Nachteile für die Führungskraft haben. Daher werden solche variablen Vergütungen um Basisgrößen ergänzt, die sich auf strategische Größen beziehen. Führungskräften von börsennotierten Aktiengesellschaften wird bei einigen Gesellschaften die Möglichkeit eingeräumt, zu einem bestimmten vorher festgelegten Preis Aktien der Gesellschaft zu beziehen (**Aktienoptionsplan**). Ihren Ursprung hat diese Variante im Shareholder-Value-Prinzip, in dessen Mittelpunkt steht, daß das Management den Wert des Eigenkapitals steigern soll. Durch eine solche Erfolgsbeteiligung wird die Zielsetzung der Aktionäre mit dem Interesse der Führungskraft verknüpft.

Alle Formen der Erfolgsbeteiligung sollen der Anforderung der **Leistungsäquivalenz** entsprechen, d. h., um die gewünschte Anreizwirkung zu entfalten, müssen die Mitarbeiter erkennen, daß zwischen ihrer Arbeitsleistung und der gewählten Basisgröße ein Zusammenhang besteht. Bei sozialpolitisch motivierten Erfolgsbeteiligungen trifft dies in der Regel nicht zu, die Mitarbeiter sollen allgemein am Unternehmenserfolg beteiligt werden.

Zwischen der Erfolgsbeteiligung und der Kapitalbeteiligung besteht dann eine enge Verbindung, wenn die Beträge aus der Erfolgsbeteiligung nicht ausgeschüttet werden, sondern im Unternehmen verbleiben und zur **Kapitalbeteiligung** am Unternehmen verwendet werden. Dies wird i.d.R. zu einer Beteiligung am Fremdkapital führen, indem die Erfolgsanteile z. B. in ein Mitarbeiterdarlehen oder eine stille Beteiligung am arbeitgebenden Unternehmen umgewandelt werden. Beteiligungen am Eigenkapital sind seltener, die bekannteste Form ist die **Belegschaftsaktie**, bei der die Mitarbeiter zu Aktionären werden.

Sozialleistungen lassen sich nach ihrer rechtlichen Herkunft unterscheiden in die gesetzlichen, tariflichen und freiwilligen Sozialleistungen. Sie sind als dritte Gruppe des Vergütungssystems bezeichnet worden, die sich dadurch auszeichnet, daß sie in keinem direkten Zusammenhang mit dem Arbeitsergebnis der Mitarbeiter stehen. Die Einteilung macht deutlich, daß die rechtlichen Grundlagen für Sozialleistungen sehr unterschiedlich sind. Zwingend sind die gesetzlichen Leistungen, die insbesondere die Arbeitgeberbeiträge zur Sozialversicherung betreffen, daneben

	Westdeutschland		Ostdeutschland	
	1992	1998	1992	1998
Gesetzliche Lohnzusatzkosten	35,5	38,3	34,6	38,4
Sozialversicherungsbeiträge der Arbeitgeber	25,4	29,3	26,2	29,6
Bezahlte Feiertage	4,5	5,0	3,7	4,6
Entgeltfortzahlung im Krankheitsfall	5,1	3,6	3,9	3,1
Sonstige	0,4	0,4	0,8	1,1
Tarifliche und freiwillige Lohnzusatzkosten	45,0	43,5	31,7	29,7
Urlaub, Urlaubsgeld	19,3	18,6	13,6	15,4
Sonderzahlungen	9,2	8,4	3,9	3,8
Betriebliche Altersversorgung	7,4	7,6	0,7	1,3
Vermögensbildung	1,3	1,1	0,1	0,3
Sonstige	7,8	7,8	13,4	8,9
Insgesamt	80,4	81,8	66,3	68,1

Darstellung 5-34: Personalzusatzkosten im produzierenden Gewerbe
(in Prozent des Direktentgelts)
(Quelle: Institut der deutschen Wirtschaft)

stehen die durch einen Tarifvertrag geregelten Leistungen wie z. B. das 13. Gehalt und die betrieblichen (freiwilligen), meist durch Betriebsvereinbarungen geregelten Leistungen, die von Kantinenzuschüssen bis zum verbilligten Kauf von Produkten des Unternehmens reichen. Die Darstellung 5-34 zeigt an, wieviel Prozent die Unternehmen zusätzlich zum direkten Arbeitsentgelt für ihre Arbeitnehmer bezahlen, daher nennt man diese Beträge auch **Personalzusatzkosten**. Allerdings ist folgendes zu beachten, der Gesetzgeber hat beispielsweise für die gesetzlichen Feiertage bestimmt, daß die Arbeitnehmer diese Tage bezahlt bekommen. Solche Beträge sind Bestandteile des Bruttolohns/-gehalts, sie zählen allerdings trotzdem zu den Personalzusatzkosten.

Fragen zur Lernkontrolle:

1. Welche Zielkomponenten sind für das Personalmanagement besonders relevant?

2. Beschreiben Sie verschiedene Menschenbilder, die dem Personalmanagement zugrunde liegen.
3. Welche Methoden der Personalbeschaffung kennen Sie?
4. Nennen Sie die Bestimmungsfaktoren der Arbeitsleistung.
5. Erläutern Sie die Aufgabe der Personalbeschaffung.
6. Grenzen Sie die interne Beschaffung von Personal von der externen Beschaffung ab.
7. Beschreiben Sie die verschiedenen Instrumente der externen Personalbeschaffung.
8. Welche Instrumente der Personalauswahl kennen Sie?
9. Erläutern Sie den Unterschied zwischen einem Personalfragebogen und einem Lebenslauf.
10. Zu welchem Zweck werden psychologische Tests bei der Bewerberauswahl eingesetzt?
11. Nennen und erläutern Sie die Gütekriterien, die für psychologische Tests angegeben werden.
12. Worin unterscheiden sich die unterschiedlichen Formen des Interviews?
13. In welchen Phasen läuft ein Assessment-Center ab?
14. Wie beurteilen Sie das Assessment-Center?
15. Warum wird die Personalentwicklung eine zunehmend wichtige Aufgabe im Personalmanagement?
16. Welche Ziele verfolgen die Unternehmen mit der Ausbildung von Mitarbeitern?
17. Wodurch unterscheidet sich die Ausbildung von der Weiterbildung?
18. Was verstehen Sie unter Karriereplanung?
19. Welche Probleme können auftreten, wenn Stellen durchgängig intern besetzt werden?
20. Was ist unter einer Vergütung zu verstehen?
21. Welche drei grundsätzlichen Forderungen werden an die Vergütung gestellt?
22. Beschreiben Sie die verschiedenen Formen des Leistungslohnes. Welche Voraussetzungen müssen bei den verschiedenen Lohnformen erfüllt sein, und welche Gefahren beinhalten diese?
23. Welche Formen der Erfolgsbeteiligung kennen Sie? Kennzeichnen Sie die damit verbundenen Gefahren.
24. Nennen Sie die verschiedenen Möglichkeiten der Sozialleistungen.

Literaturhinweise zu Personal:

Berthel, Jürgen, Personal-Management, 5. Aufl., Stuttgart, 1997

Bühner, Rolf, Personalmanagement, 2. Aufl., Landsberg a.L., 1997

Czeranowsky, Günter, Leistungserstellung, in: E. Krabbe (Hrsg.), Leitfaden zum Grundstudium der Betriebswirtschaftslehre. 6. Aufl., Gernsbach, 1998, S. 363-445

Gaugler, Eduard, Personalwesen, in: W. Wittmann u.a. (Hrsg.), Handwörterbuch der Betriebswirtschaftslehre, Teilband 2, 5. Aufl., Stuttgart, 1993, Sp. 1340-1358

Hentze, Joachim, Personalwirtschaftslehre 1, 6. Aufl., Bern, Stuttgart, 1994

Hentze, Joachim, Personalwirtschaftslehre 2, 6. Aufl., Bern, Stuttgart, 1995
Jeserich, Wolfgang, Mitarbeiter auswählen und fördern. Assessment-Center-Verfahren, München, Wien, 1981
Oechsler, Walter A., Personal und Arbeit, 6. Aufl., München, Wien, 1997
Pullig, Karl-Klaus, Personalmanagement, München, Wien, 1993
Schein, Edgar H., Das Bild des Menschen aus der Sicht des Management, in: E. Grochla, Management, Düsseldorf, Wien, 1974, S. 69-91
Scholz, Christian, Personalmanagement, 4. Aufl., München, 1994

6. Teil: Das betriebliche Rechnungswesen

1. Begriff und Gliederung des betrieblichen Rechnungswesens

11. Inhalt und Aufgaben des betrieblichen Rechnungswesens

Im dritten Abschnitt des zweiten Teils wurde die **Unternehmensrechnung** als quantitatives Modell des Wirtschaftsgeschehens gekennzeichnet, das sich zwischen dem Betrieb und seiner Umwelt sowie innerhalb des Betriebes vollzieht. Das betriebliche Rechnungswesen wurde als Subsystem der Unternehmensrechnung bezeichnet, in dem monetäre Rechnungsgrößen Verwendung finden. Die Bedeutung des betrieblichen Rechnungswesens ergibt sich aus der Tatsache, daß der Zweck eines Unternehmens, die Erstellung von Leistungen und deren Verwertung am Markt, nur über Austauschbeziehungen zwischen dem Betrieb und seiner Umwelt unter Einschaltung eines allgemein anerkannten Tauschmittels, des Geldes, verwirklicht werden kann. Der Betrieb bezahlt für die zur Erstellung und Verwertung von Leistungen benötigten Güter mit Geld, und er gibt die von ihm erstellten Leistungen für den Bedarf Dritter im Tausch gegen Geld ab. Die hieraus resultierende regelmäßige Abfolge wechselnder geldlicher und güterlicher Prozesse als den beiden Arten von Teilprozessen der Gesamtheit der zwischen dem Unternehmen und seiner Umwelt ablaufenden Realisationsprozesse ist im vierten Teil des vorliegenden Lehrbuches ausführlich beschrieben worden. Das betriebliche Rechnungswesen stellt nun eine Abbildung dieser geldlichen und güterlichen Prozesse zwischen Betrieb und Umwelt dar, wobei die Abbildung mit Hilfe monetärer Rechnungsgrößen erfolgt. Insofern kann das betriebliche Rechnungswesen als ein **Modell des Wirtschaftsgeschehens** zwischen Betrieb und Umwelt auf der Grundlage monetärer Rechnungsgrößen bezeichnet werden.

Die **Aufgaben des betrieblichen Rechnungswesens** lassen sich in zwei Gruppen einteilen. Das Rechnungswesen eines Unternehmens ist ein **Informationssystem**; in ihm werden wirtschaftliche Sachverhalte abgebildet. Die Träger des entsprechenden Informationsbedarfes werden als die Adressaten des Informationssystems betriebliches Rechnungswesen bezeichnet. Somit läßt sich die Aufgabe des betrieblichen Rechnungswesens global als die Versorgung aller seiner Adressaten mit den von diesen benötigten und von ihm bereitzustellenden Informationen kennzeichnen, wobei bei den Adressaten unterschieden wird, ob sie dem Betrieb angehören (intern) oder nicht (extern). Nach diesen beiden Adressatenkreisen können die Aufgaben des betrieblichen Rechnungswesens in Aufgaben der Informationsversorgung unternehmensexterner Adressaten und in Aufgaben der Infomationsversorgung unternehmensinterner Adressaten unterschieden werden. Entsprechend wird von **unternehmensexternen Aufgaben** und **unternehmensinternen Aufgaben** des betrieblichen Rechnungswesens gesprochen. Die zugehörigen Teilsysteme des Informationssystems betriebliches Rechnungswesen tragen ihren Aufgaben gemäß die Bezeichnungen **extern orientiertes** (oder externes) **betriebliches Rechnungswesen** und **intern orientiertes** (oder internes) **betriebliches Rechnungswesen**.

Zu den unternehmensexternen Aufgaben des betrieblichen Rechnungswesens zählen vor allem die bereits genannten **Dokumentationsaufgaben**. Diese Dokumentationsaufgaben bestehen in erster Linie in **Aufgaben der Rechenschaftslegung** des Betriebes gegenüber Dritten wie beispielsweise dem Staat als Steuergläubiger (Fiskus), den Kapitalgebern, den Lieferanten und Abnehmern sowie der interessierten Öffentlichkeit. Historisch hat sich die Entwicklung des betrieblichen Rechnungswesens vor allem an den Aufgaben der Rechenschaftslegung vollzogen, dies hauptsächlich deswegen, weil die Rechtsvorschriften, die zur Durchsetzung der Rechenschaftspflicht des Unternehmens erlassen wurden, die Gestaltung des betrieblichen Rechnungswesens maßgeblich beeinflußt haben und beeinflussen. Aus diesem Grunde nimmt die Rechenschaftslegung - zumindest in der Auffassung Außenstehender - häufig auch den ersten Platz in der Rangfolge der Aufgaben des betrieblichen Rechnungswesens ein (*Diederich*).

Die unternehmensinternen Aufgaben des betrieblichen Rechnungswesens ergeben sich aus der Notwendigkeit der **Deckung des Informationsbedarfes in allen betrieblichen Planungs- und Kontrollprozessen**. Wirtschaften ist im ersten Teil dieses Lehrbuches als Entscheiden oder Disponieren über knappe Güter im Hinblick auf ihre direkte oder indirekte Verwendung zur Befriedigung menschlicher Bedürfnisse gekennzeichnet worden. Um in Betrieben wirtschaften zu können, sind demzufolge Entscheidungsprozesse notwendig. Für seinen zielgerechten Ablauf ist es notwendig, daß die benötigten Informationen zur Verfügung stehen. Soweit es sich bei diesen Informationen um monetäre Rechnungsgrößen handelt, ist es Aufgabe der Unternehmensrechnung, in erster Linie des betrieblichen Rechnungswesens, diese Informationen bereitzustellen. Dieser Aufgabe des betrieblichen Rechnungswesens kommt heute in den meisten Unternehmen wegen der überragenden Bedeutung der betrieblichen Entscheidungen für den Unternehmenserfolg auf schwieriger zu bearbeitenden Märkten eine gegenüber der Dokumentationsaufgabe vergleichsweise höhere Bedeutung zu.

12. Grundbegriffe des betrieblichen Rechnungswesens

In der Betriebswirtschaftslehre ist zur Bezeichnung der im betrieblichen Rechnungswesen abgebildeten geldlichen und güterlichen Vorgänge eine eigene Terminologie entwickelt worden. In ihr finden vier Begriffspaare Verwendung, die allerdings nicht nur hier, sondern auch in der täglichen Umgangssprache gebraucht werden, dort allerdings häufig nicht in einer scharfen begrifflichen Abgrenzung wie in einer wissenschaftlichen Disziplin notwendig. Es handelt sich um die folgenden vier Begriffspaare:

(1) Auszahlung - Einzahlung
(2) Ausgabe - Einnahme
(3) Aufwand - Ertrag
(4) Kosten - Erlös

Diese acht wichtigsten Grundbegriffe des betrieblichen Rechnungswesens sind in der nachfolgenden Abbildung dargestellt:

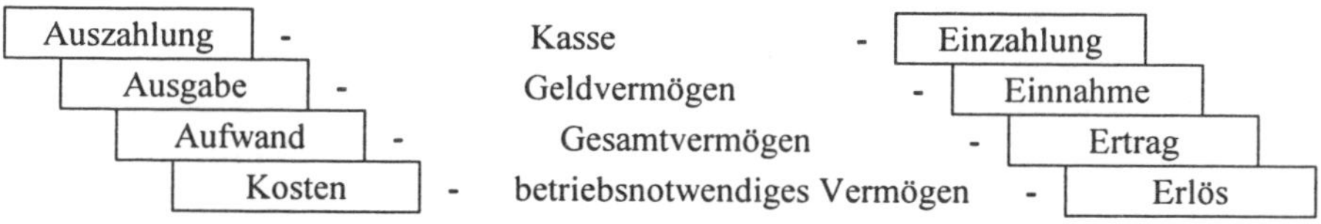

Darstellung 6-1: Grundbegriffe des betrieblichen Rechnungswesens

Bei den acht Grundbegriffen handelt es sich um **Stromgrößen**, die in monetärer Form geldliche und güterliche Prozesse innerhalb eines bestimmten **Zeitraumes** abbilden. Die Begriffe, die in der Darstellung 6-1 jeweils zwischen den beiden Bestandteilen eines der vier Begriffspaare angeordnet sind, verkörpern demgegenüber **Bestandsgrößen**. Eine Bestandsgröße ist die Ausprägung eines bestimmten Phänomens zu einem bestimmten **Zeitpunkt**. Der Zusammenhang zwischen den dargestellten Bestandsgrößen und Stromgrößen des betrieblichen Rechnungswesens besteht darin, daß die "negativen" Stromgrößen (Auszahlung, Ausgabe, Aufwand, Kosten) zu einer Verminderung, die "positiven" Stromgrößen (Einzahlung, Einnahme, Ertrag, Erlös/Leistung) dagegen zu einer Erhöhung des jeweils zugehörigen Bestandes führen. Die Differenz zwischen der "positiven" und der zugehörigen "negativen" Stromgröße eines Zeitraumes ergibt die Veränderung (Erhöhung oder Verminderung) des jeweiligen Bestandes am Ende gegenüber dem Bestand zu Beginn des betreffenden Zeitraumes.

Die in der Darstellung 6-1 enthaltenen Grundbegriffe des betrieblichen Rechnungswesens haben inhaltlich die folgenden Bedeutungen (*Haberstock*):

Stromgrößen

Auszahlung: Abfluß liquider Mittel (Bargeld und Sichtguthaben) innerhalb eines Zeitraumes

Einzahlung: Zufluß liquider Mittel (Bargeld und Sichtguthaben) innerhalb eines Zeitraumes

Ausgabe: Wert aller dem Betrieb zugegangenen Güter in Form von Sach- und Dienstleistungen innerhalb eines Zeitraumes (= Beschaffungswert)

Einnahme: Wert aller vom Betrieb verwerteten Güter in Form von Sach- und Dienstleistungen innerhalb eines Zeitraumes (= Umsatz)

Aufwand: Wert aller verzehrten Güter in Form von Sach- und Dienstleistungen (genauer: ..., der aufgrund gesetzlicher Bestimmungen und bewertungsrechtlicher Konventionen in der Finanzbuchhaltung verrechnet wird) innerhalb eines Zeitraumes

Ertrag: Wert aller erbrachten Güter in Form von Sach- und Dienstleistungen (genauer: ..., der aufgrund gesetzlicher Bestimmungen und bewertungsrechtlicher Konventionen in der Finanzbuchhaltung verrechnet wird) innerhalb eines Zeitraumes

Kosten: Wert des Verzehrs an Gütern in Form von Sach- und Dienstleistungen zum Zwecke der betrieblichen Leistungserstellung und -verwertung innerhalb eines Zeitraumes

Erlös/Leistung: Wert der aufgrund der betrieblichen Leistungserstellung und -verwertung entstandenen Güter in Form von Sach- und Dienstleistungen innerhalb eines Zeitraumes

Bestandsgrößen

Kasse: Vorrat an liquiden Mitteln (Bargeld und Sichtguthaben) zu einem Zeitpunkt
Geldvermögen: Kasse zuzüglich Forderungen abzüglich Verbindlichkeiten zu einem Zeitpunkt
Gesamtvermögen: Geldvermögen zuzüglich Sachvermögen (entsprechend den Ansätzen in der Bilanz) zu einem Zeitpunkt
betriebsnotwendiges Gesamtvermögen: Gesamtvermögen (in kostenrechnerischen Ansätzen) abzüglich des ebenso angesetzten nicht betriebsnotwendigen ("neutralen") Vermögens zu einem Zeitpunkt

Mit diesen Grundbegriffen wird in den verschiedenen Bereichen des betrieblichen Rechnungswesens gearbeitet, die im nächsten Abschnitt im einzelnen dargestellt werden. Die saubere terminologische Abgrenzung dieser Begriffe gegeneinander und untereinander ist von wesentlicher Bedeutung, damit bei der Beschäftigung mit den verschiedenartigen Problemen des betrieblichen Rechnungswesens das Entstehen von Mißverständnissen vermieden und im Zusammenhang mit der Beschaffung und Verarbeitung der entsprechenden Informationen in den verschiedenen Teilgebieten des betrieblichen Rechnungswesens die Bewältigung der auftretenden Probleme sichergestellt und erleichtert wird.

13. Gliederung des betrieblichen Rechnungswesens

Auf eine Untergliederung des betrieblichen Rechnungswesens ist im vorangegangenen Abschnitt 11. bereits hingewiesen worden. Es handelt sich um die Unterscheidung zwischen extern orientiertem betrieblichen Rechnungswesen und intern orientiertem betrieblichen Rechnungswesen nach den Adressaten der vom jeweiligen Teilsystem des Informationssystems betriebliches Rechnungswesen bereitgestellten oder bereitzustellenden Informationen. Diese Unterscheidung liegt die auf Schmalenbach zurückgehende Einteilung des betrieblichen Rechnungswesens in die (extern orientierte) **Finanzbuchhaltung** und die (intern orientierte) **Betriebsbuchhaltung** zugrunde, wobei die Betriebsbuchhaltung von Schmalenbach noch weiter untergliedert wird in Lohnrechnung, Materialrechnung, Anlagenrechnung, Kalkulation und Betriebsabrechnung.

Eine andere Gliederung des betrieblichen Rechnungswesens knüpft an die im vorigen Abschnitt dargestellten Stromgrößen an. Es können dann als **Bewegungsrechnungen** einschließlich der zugehörigen **Bestandsrechnungen** unterschieden werden:

(1) Rechnungen auf der Basis von Ein- und Auszahlungen (einschließlich Geldbestandsrechnungen) zur Abbildung der Zahlungsströme des Unternehmens und deren Ergebnissen in Form von Beständen an liquiden Mitteln;
(2) Einnahmen- und Ausgabenrechnungen (einschließlich Geld- und Kreditbestandsrechnungen);
(3) Rechnungen auf der Basis von Erträgen und Aufwendungen (einschließlich bilanzieller Vermögens- und Kapitalrechnungen);
(4) Rechnungen auf der Basis von Erlösen/Leistungen und Kosten (einschließlich kalkulatorischer Bewegungs- und Bestandsrechnungen).

Die Teilgebiete (1) und (2) liefern Informationen, die im Bereich der betrieblichen Investitions-, Finanz- und Liquiditätsplanung benötigt werden; sie werden im folgenden nicht weiter betrachtet. Das Teilgebiet (3) verkörpert die **Finanzbuchhaltung einschließlich Bilanz sowie Gewinn- und Verlustrechnung**; dieses Teilgebiet des betrieblichen Rechnungswesens ist Gegenstand der Betrachtung im nachfolgenden Abschnitt 2. dieses sechsten Teiles. Dabei geht es vornehmlich um die Fragen im Zusammenhang mit dem **Jahresabschluß,** der sich bei Nichtkapitalgesellschaften aus den Bestandteilen **Bilanz** und **Gewinn- und Verlustrechnung** zusammensetzt und von Kapitalgesellschaften darüber hinaus um einen **Anhang** zu erweitern ist. Zusätzlich zum Jahresabschluß haben mittelgroße und große Kapitalgesellschaften einen **Lagebericht** zu erstellen. Die zur Erstellung des Jahresabschlusses notwendigen Informationen werden von der **Buchhaltung** bereitgestellt. Die Buchhaltung als wesentliches Teilgebiet des betrieblichen Rechnungswesens wird hier allerdings nur kurz angesprochen, insbesondere wird die Buchungstechnik aus der Betrachtung ausgeklammert. Das Teilgebiet (4) schließlich bildet die **Kosten- und Erfolgsrechnung**, die grundsätzlich der Betriebsbuchhaltung in der oben genannten Einteilung entspricht; die Kosten- und Erfolgsrechnung wird im Abschnitt 3. dieses sechsten Teiles des vorliegenden Lehrbuches behandelt.

Auch hier muß aus Platzgründen wieder eine Beschränkung der Ausführungen vorgenommen werden. So können insbesondere die Material-, die Lohn- und Gehalts- sowie die Anlagenabrechnung, die in einer Systematik zwischen Finanzbuchhaltung und Kostenrechnung einzuordnen sind, in diesem Lehrbuch nicht betrachtet werden.

2. Das extern orientierte betriebliche Rechnungswesen

21. Inhalt und Aufgabe des externen Rechnungswesens

Im vorangegangenen Abschnitt 11. ist das extern orientierte betriebliche Rechnungswesen oder kurz externe Rechnungswesen als derjenige Teil des betrieblichen Rechnungswesens abgegrenzt worden, dessen Aufgabe in der **Informationsversorgung unternehmensexterner Adressaten** besteht. Bei den bereitzustellenden Informationen handelt es sich um zahlenmäßige Abbildungen des Wirtschaftsgeschehens zwischen dem Betrieb und seiner Umwelt sowie innerhalb des Betriebes. Die Aufgabe des externen Rechnungswesens besteht in erster Linie in einer **Dokumentationsfunktion**, wobei diese wiederum vor allem der **Aufgabe der Rechenschaftslegung** dient.

Als Hauptbestandteile des extern orientierten betrieblichen Rechnungswesens sind zuvor die Finanzbuchhaltung oder kurz Buchhaltung und der Jahresabschluß, bestehend aus Bilanz, Gewinn- und Verlustrechnung sowie ggf. Anhang und bei mittelgroßen und großen Kapitalgesellschaften der Lagebericht genannt worden. Dabei handelt es sich bei der **Finanzbuchhaltung** um eine **Zeitraumrechnung**. In ihr werden für einen bestimmten Zeitraum alle in Zahlenwerten festgestellten wirtschaftlichen Vorgänge (Geschäftsvorfälle), die sich zwischen Betrieb und Umwelt oder innerhalb des Betriebes ereignen, in chronologischer Reihenfolge unter Verwendung geeigneter Buchungstechniken aufgezeichnet. Die Durchführung der Finanzbuchhaltung beginnt mit der Gründung des Betriebes und endet mit seiner

Liquidation. Die Festlegung bestimmter Zeiträume aus der gesamten Lebensdauer des Unternehmens, meist in Form von Geschäftsjahren, erfolgt aus pragmatischen Gründen und aufgrund von Anforderungen externer Adressaten des betrieblichen Rechnungswesens.

Der **Jahresabschluß** verkörpert in seinen Komponenten Bilanz sowie Gewinn- und Verlustrechnung eine **Zeitpunktrechnung** und eine Zeitraumrechnung. In der Jahresbilanz werden zu einem bestimmten Zeitpunkt, zum Ende eines Geschäftsjahres, dem Bilanzstichtag, die in der Buchhaltung erfaßten Bestände an Vermögen Kapital einander gegenübergestellt. In der zugehörigen **Gewinn- und Verlustrechnung** werden für einen Zeitraum - das Geschäftsjahr - die kumulierten in der Buchhaltung erfaßten Aufwendungen und Erträge einander gegenübergestellt, um durch ihre Saldierung den erzielten Erfolg festzustellen. Dieser Erfolg stimmt mit dem in der Jahresbilanz ausgewiesenen überein.

22. Systematik der Rechnungslegungsvorschriften im Handelsrecht

Im **Dritten Buch des Handelsgesetzbuches (HGB)** sind mit Wirkung ab 1. Januar 1986 allgemeine sowie rechtsform- und größenspezifische **Rechnungslegungsvorschriften** mit zugehörigen Regelungen über Prüfung, Offenlegung, Formblätter, Strafen, Zwangs- und Bußgelder zusammengefaßt worden (Darstellung 6-2). Im I. Abschnitt des Dritten Buches des HGB sind die wesentlichen für alle Kaufleute gültigen Vorschriften enthalten, die zusätzlichen Regelungen für Kapitalgesellschaften finden sich im II. Abschnitt dieses Buches des HGB. In den Gesetzen für bestimmte Rechtsformen wie z. B. GmbHG und AktG sind zusätzlich noch rechtsformspezifische Vorschriften enthalten. Durch diese Systematisierung der Rechnungslegungsvorschriften, die weitgehend inhaltliche Mehrfachregelungen vermeiden soll, wird deutlich, daß sich die Anforderungen an die Rechnungslegung eines Unternehmens vorwiegend an den **Schutz- und Informationsbedürfnissen** der an diesem Unternehmen berechtigt Interessierten ausrichten sollen. So werden neben detaillierteren und umfassenderen Vorschriften für Kapitalgesellschaften generell - im Gegensatz zu allgemeineren Vorschriften für alle Kaufleute - die Aufstellungs-, Prüfungs- und Publizitätspflichten für Kapitalgesellschaften zusätzlich zunehmend umfangreicher in Abhängigkeit von ihrer Größe. Grundsätzlich ist also neben der **Rechtsform** eines Unternehmens auch die **Größe eines Unternehmens** maßgebend.

23. Größenabhängige Vorschriften für Kapitalgesellschaften

Es ist bereits darauf hingewiesen worden, daß **Kapitalgesellschaften** umfassenderen, detaillierteren und auch strengeren Rechnungslegungsvorschriften unterliegen als **Nichtkapitalgesellschaften**. Darüber hinaus sind zusätzlich aus Erleichterungsgründen bezüglich **mittelständischer Kapitalgesellschaften** die Rechnungslegungspflichten für Kapitalgesellschaften größenabhängig geregelt. Als Größenkriterien dienen nach § 267 HGB die Bilanzsumme, die Umsatzerlöse und die Anzahl der Beschäftigten. Die Zuordnung einer Kapitalgesellschaft in eine der drei Größenklassen entsprechend der folgenden Übersicht 6-2 erfolgt, wenn zwei der drei

I.	Abschnitt - Vorschriften für alle Kaufleute -	
	§§ 238-241	Buchführungspflicht, Inventur/Inventar
	§§ 242-256	Eröffnungsbilanz, Jahresabschluß • Allgemeine Vorschriften • Ansatzvorschriften • Bewertungsvorschriften
	§§ 257-261	Aufbewahrung und Vorlage
	§§ 262-263	Landesrecht
II.	Abschnitt - Kapitalgesellschaften -	
	§§ 264-289	Jahresabschluß und Lagebericht • Allgemeine Vorschriften • Bilanz • Gewinn- und Verlustrechnung • Bewertungsvorschriften • Anhang • Lagebericht
	§§ 290-315	Konzernabschluß und Konzernlagebericht
	§§ 316-324	Prüfung
	§§ 325-329	Offenlegung
	§ 330	Formblätter
	§§ 331-335	Straf- und Bußgeldvorschriften, Zwangsgelder
III.	Abschnitt - Eingetragene Genossenschaften -	
	§§ 336-339	Pflicht zur Aufstellung, Vorschriften zur Bilanz, Vorschriften zum Anhang, Offenlegung
IV.	Abschnitt - Unternehmen bestimmter Geschäftszweige	
	§§ 340	Kreditinstitute
	§§ 341	Versicherungsunternehmen

Darstellung 6-2: Drittes Buch HGB - Handelsbücher

Kriterien an zwei aufeinanderfolgenden Stichtagen erfüllt sind. Generell jedoch gilt eine Kapitalgesellschaft als große Kapitalgesellschaft nach § 267 Abs. 3 HGB, "wenn Aktien oder andere von ihr ausgegebene Wertpapiere an einer Börse in einem Mitgliedstaat der Europäischen Wirtschaftsgemeinschaft zum amtlichen Handel zugelassen oder in den geregelten Freiverkehr einbezogen sind oder die Zulassung zum amtlichen Handel beantragt ist".

Größenkategorie	Beschäftigten-zahl	Bilanzsumme	Umsatzerlöse
Kleine Kapitalgesellschaft	≤ 50	≤ 5,31 Mio. DM	≤ 10,62 Mio. DM
Mittelgroße Kapitalgesell-schaft	≤ 250	≤ 21,24 Mio. DM	≤ 42,48 Mio. DM
Große Kapitalgesellschaft	> 250	> 21,24 Mio. DM	> 42,48 Mio. DM

Darstellung 6-3: Größenkategorien der Kapitalgesellschaften

Bevor im folgenden auf Einzelheiten der Rechnungslegungsvorschriften eingegangen wird, sollen in einem kurzen Überblick die wesentlichen Erleichterungen für **kleine** gegenüber mittelgroßen und großen sowie für **mittelgroße** gegenüber **großen Kapitalgesellschaften** aufgezeigt werden. Diese Erleichterungen sollen die Gesellschaften in den jeweiligen Größenkategorien von beispielsweise zu großem Arbeitsaufwand im Bereich des Rechnungswesens, zu hohen Kosten z. B. im Zusammenhang mit Prüfungsarbeiten durch Abschlußprüfer, zu hohem Veröffentlichungsaufwand, da kein umfassendes Öffentlichkeitsinteresse anzunehmen ist, entlasten oder aber auch vor der Preisgabe zu detaillierter Informationen, die den Konkurrenten einen zu tiefen Einblick in das veröffentlichende Unternehmen gestatten würden, schützen. So müssen kleine gegenüber mittelgroßen und großen Kapitalgesellschaften Bilanz und Gewinn- und Verlustrechnung nur nach stark gestrafften Gliederungsschemata aufstellen, und sie haben erheblich weniger Pflichtangaben im Anhang zu machen. Ihre Buchhaltung und ihr Jahresabschluß unterliegen nicht der Pflichtprüfung. Die Aufstellungs- und Veröffentlichungsfristen sind mit sechs bzw. zwölf Monaten um jeweils drei Monate länger als die entsprechenden Zeiträume bei mittelgroßen und großen Kapitalgesellschaften. Offenlegungspflichtig, d. h. einreichungspflichtig beim Handelsregister, sind nur die stark gestraffte Bilanz und der Anhang, der keine Angaben zur nicht publizitätspflichtigen Gewinn- und Verlustrechnung enthalten muß. Im Bundesanzeiger ist nur bekanntzugeben, bei welchem Handelsregister und unter welcher Nummer die veröffentlichten Unterlagen einzusehen sind. Mittelgroße genießen gegenüber den großen Kapitalgesellschaften ebenfalls einige Erleichterungen. Dazu gehören im wesentlichen die Möglichkeit, eine gestraffte Gewinn- und Verlustrechnung aufzustellen, verminderte Pflichtangaben im Anhang, die Veröffentlichung der in vollem Pflichtgliederungsumfang aufgestellten Bilanz in einer etwas erweiterten gegenüber der für die kleine Kapitalgesellschaft geltenden Form, und es muß wie auch bei der kleinen Kapitalgesellschaft im Bundesanzeiger lediglich der Veröffentlichungshinweis auf das Handelsregister bekanntgemacht werden.

24. Die Grundsätze ordnungsmäßiger Buchführung und Bilanzierung

Das extern orientierte betriebliche Rechnungswesen mit seinen Hauptbestandteilen Finanzbuchhaltung und Jahresabschluß muß wegen seiner Informationsversorgungsfunktion in Form der Rechenschaftslegung des Betriebes gegenüber außenstehenden Dritten bestimmten Anforderungen genügen. Diese Anforderungen werden in Form von Regeln unter dem Begriff Grundsätze ordnungsmäßiger Buchführung und Bilanzierung zusammengefaßt.

Früher ist die Ansicht vertreten worden, daß die Grundsätze ordnungsmäßiger Buchführung und Bilanzierung (GoB) auf induktivem Wege, also aus der Anschauung und praktischen Übung ordentlicher Kaufleute gewonnen werden könnten. Heute wird dagegen in zunehmendem Maße die Auffassung vertreten, daß die Ermittlung und Festlegung der GoB in erster Linie auf deduktivem Wege erfolgen sollte, und zwar ausgehend von der jeweils verfolgten Zielsetzung des Jahresabschlusses. Es liegt jedoch kein allgemein akzeptiertes geschlossenes System von GoB vor. Allerdings hat *Leffson* ein System grundsätzlicher Forderungen der Rechenschaftslegung zusammengestellt, die von ihm als "obere Grundsätze ordnungsmäßiger Buchführung" bezeichnet werden. Aus diesen oberen Grundsätzen können auf deduktivem Wege Vorschriften als untere Grundsätze für die einzelnen Teilbereiche des extern orientierten betrieblichen Rechnungswesens abgeleitet werden. Nachfolgend ist das von *Leffson* entwickelte System dargestellt.

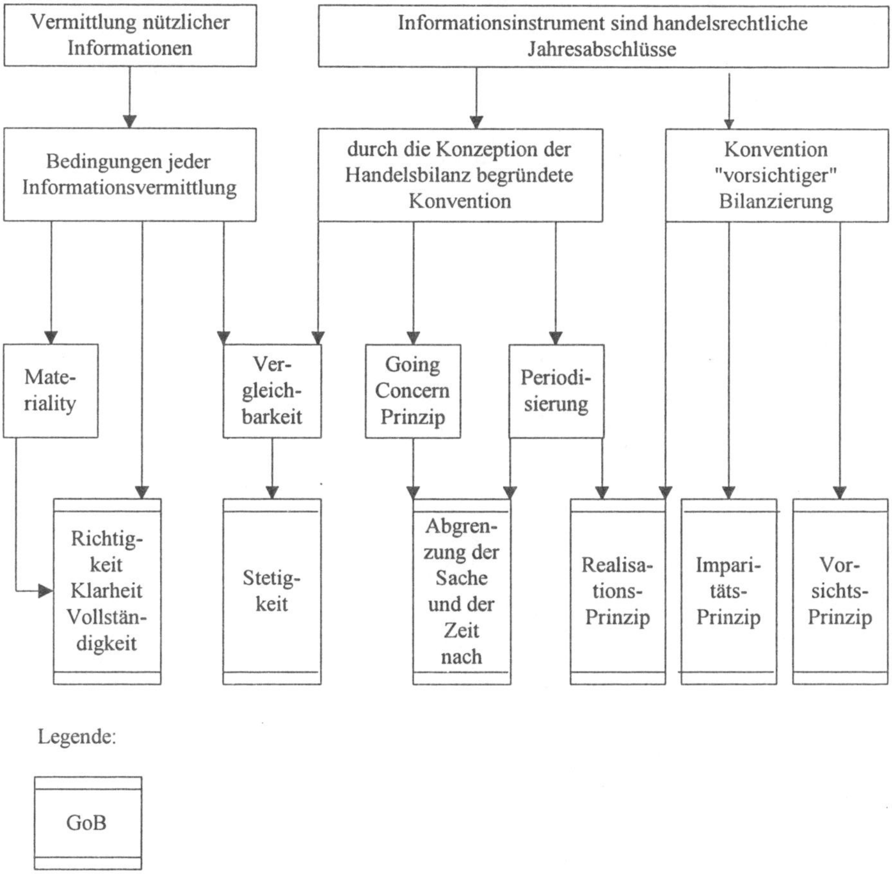

Darstellung 6-4: Das System der GoB nach *Leffson*

Das System von *Leffson* zeigt, daß solche Grundsätze sich nach den Informationswünschen richten. Beispielsweise ist für den Zweck der Dokumentation die Vollständigkeit der Geschäftsvorfälle zu verlangen; denn werden wichtige wirtschaftliche Vorgänge weggelassen, kann sich der Adressat kein sachgerechtes Bild vom Unternehmen machen.

25. Die Finanzbuchhaltung

In der Finanzbuchhaltung werden alle in Zahlenwerten festgestellten wirtschaftlich bedeutsamen Vorgänge (Geschäftsvorfälle), die sich zwischen Betrieb und Umwelt oder innerhalb des Betriebes ereignen, in chronologischer Reihenfolge unter Verwendung geeigneter Buchungstechniken aufgezeichnet. Als wirtschaftlich bedeutsam werden dabei alle Geschäftsvorfälle angesehen, die zu einer Änderung der Höhe oder der Zusammensetzung des Vermögens und des Kapitals eines Betriebes führen. Nach § 238 HGB ist jeder Kaufmann verpflichtet, Bücher zu führen und in diesen seine Handelsgeschäfte und die Lage seines Vermögens nach den Grundsätzen ordnungsmäßiger Buchführung ersichtlich zu machen. Im Rahmen dieses Lehrbuches wird ausschließlich die **kaufmännische Buchhaltung** von Unternehmen behandelt; die **kameralistische Buchhaltung** der öffentlichen Hand bleibt damit außerhalb der Betrachtung. Die kaufmännische Buchhaltung tritt in zwei grundsätzlichen Ausprägungen auf, der einfachen und der doppelten Buchhaltung.

Die **einfache Buchhaltung** besteht ausschließlich aus Bestandskonten, d. h. Vermögens-, Fremdkapital- und Eigenkapitalkonten, auf denen die eintretenden Geschäftsvorfälle nach chronologischen und sachlichen Gesichtspunkten gebucht werden. Der Reingewinn eines bestimmten Zeitraumes wird durch einen einfachen Vermögensvergleich festgestellt:

	Eigenkapital am Ende des Zeitraumes
./.	Eigenkapital zu Beginn des Zeitraumes
+	Kapitalentnahmen während des Zeitraumes
./.	Kapitaleinlagen während des Zeitraumes
=	Reingewinn

Die einfache Buchhaltung stellt die mindestens durchzuführende Buchhaltung im Einzelhandels- und im Handwerksbetrieb dar (*Schierenbeck*).

Die **doppelte Buchhaltung** weist neben den Bestandskonten der einfachen Buchhaltung eigenständige Erfolgskonten und in ihrer erweiterten Ausgestaltung innerhalb der Bestandskonten gesondert geführte Finanzkonten als Einnahme- und Ausgabekonten auf. Das Grundprinzip dieses Buchhaltungssystems, die **Doppik**, besteht darin, daß jeder Geschäftsvorfall auf mindestens zwei verschiedenen Konten, also doppelt gebucht wird. Grundlage dieser Buchung ist der **Buchungssatz**, der immer die Grundstruktur

Soll an Haben

aufweist. Im einfachsten Falle erfolgt die Buchung eines Geschäftsvorfalles auf nur zwei Konten, und zwar bei dem einen Konto im Soll, d. h. auf der linken Kontoseite, und bei dem anderen Konto im Haben, d. h. auf der rechten Kontoseite. In komplizierteren Fällen können mehrere Konten im Soll wie auch mehrere Konten im Haben angesprochen werden. Bei solchen zusammengesetzten Buchungssätzen muß wie bei einfachen die Summe der Sollbuchungen der Summe der Habenbuchungen entsprechen. Charakteristisch für das System der doppelten Buchhaltung ist die Tatsache, daß die Summe der Sollbuchungen innerhalb eines Zeitraumes immer mit der Summe der Habenbuchungen innerhalb dieses Zeitraumes übereinstimmen muß.

Wesentliches Element der doppelten Buchhaltung ist das **Konto**. Bei einem Konto handelt es sich um eine zweiseitige Aufstellung, die dazu dient, die betrieblichen Wertbewegungen aufzunehmen. Diese Wertbewegungen sind entweder Veränderungen des Vermögens oder Veränderungen des Kapitals des Betriebes. Daher hat jedes Konto eine Sollseite und eine Habenseite. Im System der doppelten Buchhaltung lassen sich zwei Gruppen von Grundkonten unterscheiden, nämlich Bestandskonten und Erfolgskonten.

Bestandskonten sind Vermögens- und Kapitalkonten, auf denen Bestände und deren Änderungen gebucht werden. **Erfolgskonten** sind Aufwands- und Ertragskonten, auf denen erfolgswirksame Vorgänge gebucht werden. Für alle Bestandskonten gilt die grundlegende Beziehung:

Anfangsbestand + Zugang - Abgang = Endbestand

In den aktiven Bestandskonten werden die Vermögenspositionen und den passiven Bestandskonten die Kapitalpositionen erfaßt. Für die Erfolgskonten gilt, daß Aufwendungen im Soll des jeweiligen Aufwandskontos, Erträge im Haben des jeweiligen Ertragskontos gebucht werden. Aufwands- und Ertragskonten enthalten weder Anfangs- noch Endbestände, da ihr Saldo am Geschäftsjahresende in die Gewinn- und Verlustrechnung und von dort als eigenkapitalerhöhender Gewinn oder eigenkapitalvermindernder Verlust über das Eigenkapitalkonto ausgebucht wird.

Die Menge der im System der doppelten Buchhaltung benötigten Konten ist im allgemeinen so groß und so heterogen, daß es unerläßlich ist, die Konten aus Gründen der Übersichtlichkeit in einer sinnvollen Weise zu gliedern. Ein solcher systematischer Organisations- und Gliederungsplan von Konten wird als **Kontenrahmen** bezeichnet. In Deutschland existieren nebeneinander der ältere **Gemeinschaftskontenrahmen** der Industrie (GKR) und der jüngere **Industrie-Kontenrahmen** (IKR), wobei den Bedürfnissen der unterschiedlichen Wirtschaftszweige entsprechend eine Vielzahl weiterer Kontenrahmen entwickelt worden ist.

Der **Gemeinschaftskontenrahmen** ist nach dem dekadischen System aufgebaut; er enthält zunächst die zehn **Kontenklassen** 0, 1, ..., 9. Jede Kontenklasse läßt sich wiederum in zehn **Kontengruppen**, jede Kontengruppe nachfolgend in zehn **Kontenarten** aufteilen. Diese Unterteilung kann nach den Bedürfnissen im konkreten Falle weiter fortgesetzt werden.

Die Kontenklassen des Gemeinschaftskontenrahmens sind inhaltlich wie folgt gekennzeichnet:

Kontenklasse
- 0: Anlagevermögen und langfristiges Kapital
- 1: Finanzumlaufvermögen und kurzfristige Verbindlichkeiten
- 2: neutrale Aufwendungen bzw. Erträge und kalkulatorische Kosten
- 3: Stoffe und Warenbestände
- 4: Kostenarten
- 5/6: Kostenstellen
- 7: Bestände an fertigen und unfertigen Erzeugnissen
- 8: Erträge
- 9: Abschluß

Im **Industrie-Kontenrahmen** (1971) findet sich dagegen die folgende abweichende inhaltliche Kennzeichnung der Kontenklassen:

Kontenklasse
- 0: Sachanlagen und immaterielle Anlagen
- 1: Finanzanlagen und Geldkonten
- 2: Vorräte, Forderungen und aktive Rechnungsabgrenzung
- 3: Eigenkapital, Wertberichtigungen und Rückstellungen

4: Verbindlichkeiten und passive Rechnungsabgrenzung
5: Erträge
6: Material- und Personalaufwendungen, Abschreibungen und Wertberichtigungen
7: Zinsen, Steuern und sonstige Aufwendungen
8: Eröffnung und Abschluß
9: Kosten- und Leistungsrechnung

26. Inventur und Inventar

Für eine ordnungsmäßige Buchführung und Bilanzierung ist die Durchführung einer (körperlichen) **Bestandsaufnahme** zum Bilanzstichtag (Inventur) und die Erstellung eines Bestandsverzeichnisses (Inventar) notwendig. Das **Inventar** ist ein Bestandsverzeichnis, in dem die durch die Inventur zu einem bestimmten Zeitpunkt festgestellten und tatsächlich vorhandenen Vermögensgegenstände und Verbindlichkeiten art-, mengen- und wertmäßig festgehalten sind. Nach § 240 HGB hat jeder Kaufmann bei Beginn seines Handelsgewerbes und für den Schluß eines jeden Geschäftsjahres ein solches Inventar aufzustellen.

Die **Inventur** ist die Bestandsaufnahme aller Vermögensgegenstände und Verbindlichkeiten nach Art, Menge und Wert zu einem bestimmten Zeitpunkt. Sie ist Voraussetzung für eine ordnungsmäßige Buchführung und Grundlage für den Jahresabschluß. Die Inventur dient auch einer Überprüfung der Buchbestände und der Zuverlässigkeit der Lagerbuchführung und gegebenenfalls der Verbrauchsfeststellung, wenn ein Kaufmann die Verbräuche nicht laufend aufzeichnet. (Der Verbrauch ergibt sich dann als Anfangsbestand zuzüglich Zugänge abzüglich Inventurbestand.)

Die Inventur erfolgt in der Regel durch **körperliche Bestandsaufnahme**. Diese Vorgehensweise ist allerdings nur bei Sachen (Sachanlagevermögen, Vorräten, Zahlungsmitteln und vom Betrieb verwahrten Wertpapieren) anwendbar. Aus diesem Grunde tritt neben die körperliche die **buchmäßige Bestandsaufnahme** bzw. die Aufnahme anhand von Urkunden. Die Bestandsermittlung der Vermögensgegenstände darf gemäß § 241 Abs. 1 HGB auch mit Hilfe anerkannter mathematisch-statistischer Verfahren aufgrund von Stichproben vorgenommen werden. Die Verfahren, wie beispielsweise das Verfahren der geschichteten Mittelwertschätzung oder gebundene Schätzverfahren, müssen den Grundsätzen ordnungsmäßiger Buchführung entsprechen. Weiterhin muß der Aussagewert eines auf diesem Wege ermittelten Inventars dem Aussagewert eines aufgrund einer körperlichen Bestandsaufnahme aufgestellten Inventars gleichkommen.

Bezüglich des **Zeitpunktes der Inventur** ist zwischen der **Stichtagsinventur**, der **vor- oder nachverlegten Stichtagsinventur** und der **permanenten Inventur** zu unterscheiden. Insbesondere die permanente Inventur hat große Vorteile, da jede Stichtagsinventur zu einem großen Arbeitsanfall innerhalb weniger Tage führt, der bei vielen Unternehmen Betriebsunterbrechungen zur Folge hat. Die permanente Inventur unterscheidet sich von einer Stichtagsinventur dadurch, daß die körperliche Aufnahme der Bestände über den gesamten Zeitraum verteilt werden kann und nicht für alle Wirtschaftsgüter zu einem Zeitpunkt, dem Stichtag am Ende des betreffenden Zeitraumes, vorgenommen wird. Voraussetzung der permanenten Inventur ist das Vorhandensein laufend geführter buchungsmäßiger Unterlagen (z. B. Lagerbücher, Lagerkartei), aus denen die aufgrund von Zu- und Abgängen eingetretenen Bestandsänderungen im Zeitablauf ersehen werden können.

Bei der vor- oder nachgelagerten Stichtagsinventur nach § 241 Abs. 3 HGB wird der Bestand auf einen Tag innerhalb der letzten drei Monate vor oder zwei Monate nach dem Schluß des Geschäftsjahrs in einem besonderen Inventar verzeichnet und bewertet. Der Wert des Bestandes zum Zeitpunkt der Inventur ist dann durch Anwendung eines den Grundsätzen ordnungsmäßiger Buchführung entsprechenden Fortschreibungs- oder Rückrechnungsverfahrens zu ermitteln. Die Einführung dieses **Wertnachweisverfahrens** bringt wie die permanente Inventur Vorteile, da es dem Unternehmen ermöglicht, die Arbeiten im Zusammenhang mit der Inventur auf einen größeren Zeitraum zu verteilen und dadurch seine übermäßige Belastung mit Inventurarbeiten zu einem einzigen Zeitpunkt zu vermeiden (*Wöhe*).

27. Der Jahresabschluß

271. Umfang und Zielsetzung des Jahresabschlusses

Nach § 242 HGB bilden **Bilanz** und **Gewinn- und Verlustrechnung** zusammen den Jahresabschluß, der nach den Grundsätzen ordnungsmäßiger Buchführung klar und übersichtlich aufzustellen ist (§ 243 HGB). Das bedeutet, daß jeder Kaufmann zum Ende eines jeden Geschäftsjahres zumindest neben einer Bilanz auch eine Gewinn- und Verlustrechnung zu erstellen hat. Der Jahresabschluß ist in einer dem ordnungsgemäßen Geschäftsgang entsprechenden Zeit - auszugehen ist von einem Zeitraum zwischen sechs und neun Monaten - in deutscher Sprache und in Deutscher Mark aufzustellen, und er ist von allen persönlich haftenden Gesellschaftern zu unterzeichnen.

Kapitalgesellschaften, Genossenschaften, Kreditinstitute, Versicherungsunternehmen und Unternehmen, die unter das Publizitätsgesetz fallen und nicht Einzelkaufleute oder Personengesellschaften sind			
Bilanz	Gewinn- und Verlustrechnung	Anhang	Lagebericht
Einzelkaufleute, Personengesellschaften und Unternehmen anderer Rechtsformen sofern keine Kapitalgesellschaften, Genossenschaften oder unter das Publizitätsgesetz fallende Unternehmen			

Darstellung 6-5: Vorschriften zur Aufstellung von Jahresabschluß und Lagebericht bei unterschiedlichen Rechtsformen

Wie bereits ausgeführt haben **Kapitalgesellschaften** umfangreichere Rechnungslegungsvorschriften zu erfüllen. So haben sie den Jahresabschluß um den **Anhang** zu erweitern und außerdem einen **Lagebericht** neben dem erweiterten Jahresabschluß innerhalb der ersten drei Monate des neuen Geschäftsjahres aufzustellen.

Der **Jahresabschluß der Kapitalgesellschaften** hat nach § 264 HGB im Rahmen der Grundsätze ordnungsmäßiger Buchführung ein den tatsächlichen Verhältnissen entsprechendes Bild der **Vermögens-, Finanz- und Ertragslage der Gesellschaft** zu vermitteln. Für die Nichtkapitalgesellschaften sowie für die Kapitalgesellschaften gelten also zwei ähnliche **Generalklauseln** für die Rechnungslegung. Diese Zielsetzung der Wiedergabe eines Bildes der tatsächlichen Verhältnisse der Gesellschaft hinsichtlich der Vermögens-, Finanz- und Ertragslage richtet sich nach den Einzelvorschriften. Die Generalklausel ist deshalb nur dann anzuwenden, wenn Zweifel bei der Auslegung und Anwendung einzelner Vorschriften entstehen oder Lücken im Gesetz zu schließen sind.

272. Aufbau und Inhalt des Jahresabschlusses

2721. Die Bilanz

- Der Begriff Bilanz und Bilanzarten

Neben der **Finanzbuchhaltung** verkörpert die **Bilanz** den historisch ältesten Bestandteil des betrieblichen Rechnungswesens. Der Begriff Bilanz ist aus der italienischen Sprache entlehnt, wo bilancia zweischalige Waage oder **Gleichgewicht** bedeutet. Im betriebswirtschaftlichen Sinne bildet die Bilanz eine Gegenüberstellung des in Geld ausgedrückten betrieblichen **Vermögens** und des **Kapitals** des Betriebes zu einem bestimmten Zeitpunkt. Die ausgewiesenen Vermögensteile werden auch als **Aktiva**, das Kapital auch als **Passiva** bezeichnet. Die Passivseite zeigt die **Herkunft** der finanziellen Mittel, die Aktivseite die **Verwendung** dieser finanziellen Mittel.

Das geforderte Gleichgewicht zwischen Aktiva (= Vermögen) und Passiva (= Kapital) wird durch Einbeziehung des Saldos zwischen den in der Regel nicht übereinstimmenden Größen Vermögen und Kapital erreicht. Übersteigt am Bilanzstichtag das Vermögen das Kapital des Betriebes, so ergibt sich als Saldo ein **Gewinn**, andernfalls ein **Verlust**. Formal ist damit also ein Jahresüberschuß unter den Passiva, ein Jahresfehlbetrag dagegen unter den Aktiva des Betriebes in der Bilanz auszuweisen. Neben dem Ausweis aller Vermögens- und Kapitalteile eines Unternehmens zu einem bestimmten Zeitpunkt entsprechend den gesetzlichen Vorschriften und den Grundsätzen ordnungsmäßiger Buchführung und Bilanzierung besteht die zweite Aufgabe der Bilanz darin, den Jahresüberschuß oder -fehlbetrag als den Erfolg der betrieblichen Tätigkeit in der Abrechnungsperiode zwischen zwei Bilanzstichtagen aufzuzeigen.

Bilanzen lassen sich nach verschiedenen Kriterien in Bilanzarten einteilen. Die wichtigsten dieser **Einteilungskriterien** sind die **Initiative zur Bilanzaufstellung**, die **Häufigkeit der Bilanzaufstellung** und der **Bilanzierungszeitraum**; weitere Kriterien, die hier nicht weiter verfolgt werden, sind der Adressatenkreis (externe -

interne Bilanzen), die Zahl der eingezogenen Unternehmen (Einzelbilanz - Gemeinschaftsbilanz - Konzernbilanz) und der Schwerpunkt der Information (Vermögensbilanz - Erfolgsbilanz - Liquiditätsbilanz) (*Wöhe*).

Vor Heranziehung der genannten Einteilungskriterien ist aber zunächst zwischen ordentlichen und außerordentlichen Bilanzen zu unterschieden. **Ordentliche Bilanzen** werden aufgrund gesetzlicher Vorschriften oder aufgrund vertraglicher Vereinbarungen in regelmäßigen Abständen zur Befriedigung bestimmter betriebsexterner Informationsbedürfnisse erstellt. **Außerordentliche Bilanzen**, in der Regel auch als **Sonderbilanzen** bezeichnet, werden einmalig oder unregelmäßig bei besonderen rechtlichen oder wirtschaftlichen Anlässen wie beispielsweise Gründung, Kapitalerhöhung, Kapitalherabsetzung, Umwandlung, Fusion, Auseinandersetzung, Liquidation oder Kreditwürdigkeitsprüfung aufgestellt.

Wird das Einteilungskriterium Initiative zur Bilanzaufstellung herangezogen, so ist zwischen gesetzlich vorgeschriebenen und vertraglich vereinbarten Bilanzen zu unterscheiden. Letztere werden vom Unternehmen in erster Linie für Kreditinstitute erstellt, die mit dem Betrieb als Fremdkapitalgeber in Verbindung stehen. Bei den gesetzlich vorgeschriebenen Bilanzen ist zwischen der Steuerbilanz und der Handelsbilanz als regelmäßig zu erstellenden und damit ordentlichen Bilanzen zu unterscheiden. Die **Steuerbilanz** ist in jährlichem Abstand für die staatliche Finanzverwaltung als Adressaten zum Zwecke der Ermittlung der Bemessungsgrundlagen für vermögens- und erfolgsabhängige Steuern aufzustellen, die der Betrieb oder seine Eigentümer aufgrund der entsprechenden Steuergesetze als Steuerschuldner an den Fiskus zu entrichten haben. Im Gegensatz zur Steuerbilanz wird die **Handelsbilanz** zur Befriedigung von Informationsbedürfnissen solcher Adressaten wie Unternehmer, geschäftsführende Organe, Gesellschafter, Gläubiger, Belegschaft, potentielle Anleger oder Kreditgeber, Konkurrenten, staatliche und wissenschaftliche Institutionen, Wirtschaftspresse und andere erstellt.

Die Verwendung des Einteilungskriteriums Häufigkeit der Bilanzaufstellung führt zu der grundlegenden Unterscheidung zwischen regelmäßigen Bilanzen und unregelmäßigen Bilanzen. Zu den **regelmäßigen Bilanzen** zählen in erster Linie die gesetzlich vorgeschriebenen Steuer- und Handelsbilanzen, aber auch vertraglich vereinbarte Quartalsbilanzen für ein Kreditinstitut fallen für die Dauer der Vertragsgültigkeit beispielhaft in die Kategorie der regelmäßigen Bilanzen. **Unregelmäßige Bilanzen** sind in erster Linie einmalige Bilanzen, und sie entsprechen damit den zuvor genannten außerordentlichen oder Sonderbilanzen, die lediglich bei besonderen und damit nicht regelmäßig auftretenden Anlässen rechtlicher oder wirtschaftlicher Art zu erstellen sind.

Das Einteilungskriterium Bilanzierungszeitraum führt zur Unterscheidung von Jahresbilanzen einerseits und unterjährigen Bilanzen andererseits. Die **Jahresbilanzen** sind in Form der gesetzlich vorgeschriebenen Steuer- und Handelsbilanz die wichtigste Art der ordentlichen Bilanzen. **Unterjährige Bilanzen** können in Form von Wochenbilanzen, Monatsbilanzen und Mehrmonatsbilanzen wie beispielsweise Quartals- oder Halbjahresbilanzen aufgestellt werden.

Nachfolgend werden ausschließlich die betriebswirtschaftlich bedeutsamsten Bilanzen betrachtet, und das sind die ordentlichen, regelmäßig einmal im Jahr zu erstellenden, vom Gesetzgeber vorgeschriebenen Handels- und Steuerbilanzen. Vom Inhalt her handelt es sich bei der Handelsbilanz wie bei der Steuerbilanz erstens um eine **Vermögensbilanz** in Form der Gegenüberstellung des Vermögens und des Kapitals des Betriebes, zweitens um eine **Erfolgsbilanz** aufgrund des Ausweises von Jahresüberschuß oder -fehlbetrag. Die Aufstellung der jährlichen Handels- und Steuerbilanz erfolgt vor allem aufgrund von Zielen, die der Gesetzgeber mit dem Zwang zur Aufstellung von jährlichen Handels- und Steuerbilanzen verfolgt.

- Aufgaben von Handels- und Steuerbilanz

Wöhe nennt die folgenden **sieben Aufgaben**, die Handels- und Steuerbilanz vom Gesetzgeber in erster Linie zugewiesen werden:

(1) **Schutz der Gläubiger** vor Fehlinformationen über die Vermögens-, Finanz- und Erfolgssituation des Unternehmens, die für sie mit Vermögensverlusten verbunden sein könnten;

(2) **Schutz der Gesellschafter** von Betrieben, deren Führung nicht durch Eigentümer, sondern durch Organe wie Vorstände oder Geschäftsführer erfolgt, vor Fehlinformationen, die zu einer Kürzung oder zeitlichen Verschiebung von Gewinnansprüchen führen;

(3) **Schutz der vertraglich am Gewinn beteiligten Arbeitnehmer** vor Kürzung oder zeitlicher Verschiebung ihrer Gewinnansprüche durch Bildung stiller Rücklagen über eine Unterbewertung von Vermögensteilen oder eine Überbewertung von Fremdkapital (z. B. Rückstellungen) des Unternehmens;

(4) **Schutz der Finanzbehörden** vor Fehlinformationen über die Steuerbemessungsgrundlagen;

(5) **Korrektur der Steuerbemessungsgrundlagen** durch steuerliche Sondervorschriften zur Realisierung außerfiskalischer Zielsetzungen wie beispielsweise strukturpolitische Begünstigungen bestimmter Wirtschaftszweige oder -regionen;

(6) **Schutz der am Betrieb interessierten Öffentlichkeit** wie potentielle Anleger, Kreditgeber oder Arbeitnehmer, insbesondere Führungskräfte, vor Fehlinformationen über die Vermögens-, Finanz- und Erfolgssituation des Unternehmens;

(7) **Schutz** des Betriebes **vor plötzlichem wirtschaftlichen Zusammenbruch** im Interesse der Belegschaft (Sicherung der Arbeitsplätze) und darüber hinaus der Volkswirtschaft vor Rückwirkungen eines Zusammenbruches auf andere Unternehmen, insbesondere wirtschaftlich abhängige Zulieferbetriebe.

- Gliederungsvorschriften für die Handelsbilanz

Da die Bilanz ein Bestandteil des extern orientierten betrieblichen Rechnungswesens ist, muß sie formal in einer Weise aufgebaut sein, die dem externen Adressaten die gewünschten Informationen in angemessenem Umfang zu liefern vermag und die überdies die Vergleichbarkeit der Bilanzen unterschiedlicher Unternehmen gewährleisten sollte. Um diesen Erfordernissen gerecht zu werden, hat der Gesetzgeber in Abhängigkeit von der Rechtsform (Nichtkapitalgesellschaften) und der Betriebsgröße (Kapitalgesellschaften) hinsichtlich des Bilanzaufbaus bestimmte **Mindestgliederungen** vorgeschrieben, von denen Abweichungen nur bei Vorliegen besonderer Umstände zulässig sind. Danach haben **Nichtkapitalgesellschaften** gemäß § 247 HGB in der Bilanz das Anlagevermögen gesondert vom Umlaufvermögen, das Eigenkapital gesondert vom Fremdkapital sowie gesondert die Rechnungsabgrenzungsposten auszuweisen und hinreichend aufzugliedern. Eine Beschränkung auf die wichtigsten Aufgliederungsposten könnte dann den in der folgenden Abbildung wiedergegebenen allgemeinen Formalaufbau der Bilanz in Kontoform ergeben.

Aktiva BILANZ zum ...	Passiva
Anlagevermögen	**Eigenkapital**
immaterielle Vermögensgegenstände	Kapitalkonto A
Sachanlagen	Kapitalkonto B
Finanzanlagen	Bilanzergebnis
Umlaufvermögen	**Rückstellungen**
Vorräte	**Verbindlichkeiten**
Forderungen	langfristige Verbindlichkeiten
Wertpapiere	kurzfristige Verbindlichkeiten
Zahlungsmittel	
(aktive) **Rechnungsabgrenzungsposten**	(passive) **Rechnungsbegrenzungsposten**

Darstellung 6-6: Formalaufbau der Bilanz für Nichtkapitalgesellschaften

Im Gegensatz zu den Nichtkapitalgesellschaften bleiben den Kapitalgesellschaften kaum Gestaltungsmöglichkeiten bei der Aufstellung der Bilanz. Nach § 266 HGB ist für **große Kapitalgesellschaften** die folgende Bilanzgliederung als Mindestgliederungsschema zwingend vorgeschrieben.

Diese Mindestgliederung kann unter Wahrung der Aussagefähigkeit nach unternehmensindividuellen Bedürfnissen, etwa aus Geschäftszweigerfordernissen, erweitert werden, muß dann aber in der gewählten Form kontinuierlich beibehalten werden, und es müssen zu jedem Abschlußstichtag zu jedem Posten der Bilanz die Vergleichszahlen des Vorjahres angegeben werden.

Bilanz der xyz-AG zum 31.12.20..

Aktiva

Ausstehende Einlagen
- davon eingefordert:

Aufwendungen für die Ingangsetzung und Erweiterung des Geschäftsbetriebs

A. Anlagevermögen
- I. Immaterielle Vermögensgegenstände
  1. Konzessionen, gewerbliche Schutzrechte und ähnliche Rechte und Werte sowie Lizenzen an solchen Rechten und Werten
  2. Geschäfts- oder Firmenwert
  3. geleistete Anzahlungen
- II. Sachanlagen
  1. Grundstücke, grundstücksgleiche Rechte und Bauten einschließlich der Bauten auf fremden Grundstücken
  2. technische Anlagen und Maschinen
  3. andere Anlagen, Betriebs- und Geschäftsausstattung
  4. geleistete Anzahlungen und Anlagen im Bau
- III. Finanzanlagen
  1. Anteile an verbundenen Unternehmen
  2. Ausleihungen an verbundene Unternehmen
  3. Beteiligungen
  4. Ausleihungen an Unternehmen, mit denen ein Beteiligungsverhältnis besteht
  5. Wertpapiere des Anlagevermögens
  6. sonstige Ausleihungen
     - Von den Ausleihungen Nummern 2, 4 und 6 sind durch Grundpfandrechte gesichert

B. Umlaufvermögen
- I. Vorräte
  1. Roh-, Hilfs- und Betriebsstoffe
  2. unfertige Erzeugnisse, unfertige Leistungen
  3. fertige Erzeugnisse und Waren
  4. geleistete Anzahlungen
- II. Forderungen und sonstige Vermögensgegenstände
  1. Forderungen aus Lieferungen und Leistungen
     - davon mit einer Restlaufzeit von mehr als 1 Jahr
  2. Forderungen gegen verbundene Unternehmen
     - davon mit einer Restlaufzeit von mehr als 1 Jahr
  3. Forderungen gegen Unternehmen, mit denen ein Beteiligungsverhältnis besteht
     - davon mit einer Restlaufzeit von mehr als 1 Jahr
  4. sonstige Vermögensgegenstände
- III. Wertpapiere
  1. Anteile an verbundenen Unternehmen
  2. eigene Anteile
  3. sonstige Wertpapiere
- IV. Schecks, Kassenbestand, Bundesbank- und Postgiroguthaben, Guthaben bei Kreditinstituten

C. Rechnungsabgrenzungsposten

Bilanzsumme

Passiva

A. Eigenkapital
- I. Gezeichnetes Kapital
- II. Kapitalrücklage
- III. Gewinnrücklagen
  1. gesetzliche Rücklage
  2. Rücklage für eigene Anteile
  3. satzungsmäßige Rücklagen
  4. andere Gewinnrücklagen
- IV. Gewinnvortrag/Verlustvortrag
- V. Jahresüberschuß/Jahresfehlbetrag

B. Sonderposten mit Rücklageanteil

C. Rückstellungen
1. Rückstellungen für Pensionen und ähnliche Verpflichtungen
2. Steuerrückstellungen
3. Rückstellung für latente Steuern
4. Sonstige Rückstellungen

D. Verbindlichkeiten
1. Anleihen
   - davon konvertibel:
   - davon Restlaufzeit bis zu 1 Jahr
2. Verbindlichkeiten gegenüber Kreditinstituten
   - davon Restlaufzeit bis zu 1 Jahr
3. erhaltene Anzahlungen auf Bestellungen
   - davon Restlaufzeit bis zu 1 Jahr
4. Verbindlichkeiten aus Lieferungen und Leistungen
   - davon Restlaufzeit bis zu 1 Jahr
5. Verbindlichkeiten aus der Annahme gezogener Wechsel und der Ausstellung eigener Wechsel
   - davon Restlaufzeit bis zu 1 Jahr
6. Verbindlichkeiten gegenüber verbundenen Unternehmen
   - davon Restlaufzeit bis zu 1 Jahr
7. Verbindlichkeiten gegenüber Unternehmen, mit denen ein Beteiligungsverhältnis besteht
   - davon Restlaufzeit bis zu 1 Jahr
8. sonstige Verbindlichkeiten
   - davon aus Steuern:
   - davon im Rahmen der sozialen Sicherheit:
   - davon Restlaufzeit bis zu 1 Jahr

E. Rechnungsabgrenzungsposten

Bilanzsumme

Darstellung 6-7: Mindestgliederungsschema der Bilanz für große Kapitalgesellschaften gemäß § 266 Abs.2 und 3 HGB

Kleine Kapitalgesellschaften dürfen eine wesentliche Straffung des großen Gliederungsschemas vornehmen, indem sie nur die mit Buchstaben und römischen Zahlen gekennzeichneten Posten ausweisen. Dieses auf etwa 20 Positionen reduzierte Bilanzschema kann dann allerdings, wie nachfolgend an einem Beispiel gezeigt wird, nur noch ein Mindestmaß an Informationen vermitteln.

Bilanz der ABC-GmbH zum 30.06.199...

Aktiva	Passiva
A. Ausstehende Einlagen	A. Eigenkapital
- davon eingefordert:	I. Gezeichnetes Kapital
B. Aufwendungen für die Ingangsetzung und Erweiterung des Geschäftsbetriebes	II. Kapitalrücklagen
	III. Gewinnrücklagen
C. Anlagevermögen	IV. Gewinnvortrag/Verlustvortrag
I. Immaterielle Vermögensgegenstände	V. Jahresüberschuß/Jahresfehlbetrag
II. Sachanlagen	B. Sonderposten mit Rücklageanteil
III. Finanzanlagen	C. Rückstellungen
D. Umlaufvermögen	D. Verbindlichkeiten
I. Vorräte	- davon Restlaufzeit bis zu 1 Jahr
II. Forderungen und sonstige Vermögensgegenstände	E. Rechnungsabgrenzungsposten
- davon mit einer Restlaufzeit von mehr als 1 Jahr	
III. Wertpapiere	
IV. Schecks, Kassenbestand, Bundesbank- und Postgiroguthaben, Guthaben bei Kreditinstituten	
E. Rechnungsabgrenzungsposten	
I. Abgrenzungsposten für latente Steuern	
II. sonstige Rechnungsabgrenzungsposten	
F. (Nicht durch Eigenkapital gedeckter Fehlbetrag)	
Bilanzsumme	Bilanzsumme

Darstellung 6-8: Bilanzschema für kleine Kapitalgesellschaften nach § 266 Abs. 1 HGB

Zur Erhellung der Finanzlage und zur Verdeutlichung der Kapitalverflechtungen zu anderen Unternehmen sind zumindest innerhalb des umfassenden Gliederungsschemas Forderungen mit einer Restlaufzeit von mehr als einem Jahr jeweils gesondert auszuweisen, erhaltene Anzahlungen sind entweder passivisch gesondert auszuweisen oder aktivisch von den entsprechenden Posten offen abzusetzen; geleistete Anzahlungen sind entsprechend ihrer Verwendung im Umlauf- bzw. im Anlagevermögen zu aktivieren, Verbindlichkeiten mit einer Restlaufzeit bis zu einem Jahr sind bei jedem Verbindlichkeitsposten gesondert zu vermerken, außerdem sind für Verbindlichkeiten gestellte Sicherheiten in der Bilanz oder im Anhang anzugeben, und letztlich sind Forderungen und Verbindlichkeiten aus Unternehmensbeziehungen, das sind Beziehungen zu Beteiligungsunternehmen und verbundenen Unternehmen, wiederum in jeder betreffenden Bilanzposition ersichtlich zu machen, wobei eine Beteiligung widerlegbar vermutet wird, wenn die bilanzierende Kapitalgesellschaft mindestens über einen Anteilsbesitz von 20 % des Nennkapitals einer Kapitalgesellschaft oder bei einer Personenhandelsgesellschaft überhaupt über Anteile verfügt.

- Bilanzierungsvorschriften

Die Erfüllung der oben erläuterten Aufgaben der Handels- und Steuerbilanz muß stets vor dem Hintergrund des Prinzips der kaufmännischen Vorsicht betrachtet werden, das als die oberste Leitlinie bei der Aufstellung betrieblicher Bilanzen anzusehen ist. Das **Prinzip kaufmännischer Vorsicht** dient in erster Linie drei Zielen: der Kapitalerhaltung, dem Gläubigerschutz und dem Schutz der Gesellschafter, die keinen Einfluß auf die Unternehmensführung und die Gestaltung des betrieblichen Rechnungswesens nehmen können (*Wöhe*).

Bei der Bilanzierung stellt sich der Betrieb die Frage, welche Vermögensgegenstände und welches Kapital in der Bilanz angesetzt werden dürfen (Bilanzierungswahlrecht) bzw. müssen (Bilanzierungspflicht) oder für welche dieser Positionen ein Verbot der Aufnahme in die Bilanz besteht. Man nennt die Bilanzierung daher auch **Ansatz dem Grunde** nach. Nachdem geklärt ist, welche Vermögenswerte und welches Kapital in die Bilanz aufgenommen werden, ist die Frage nach der Höhe ihres Wertansatzes zu stellen. Da die Bewertung der Vermögensgegenstände und des Kapitals die Höhe der angesetzten Bilanzpositionen bestimmt, wird sie auch **Ansatz der Höhe** nach genannt.

Da sich in der Bilanz durch die Gegenüberstellung aller Aktiva und Passiva als Saldo der Betriebserfolg in Form eines Jahresüberschusses oder eines Jahresfehlbetrags ermittelt, wird die Bedeutung des wertmäßigen Ansatzes der Vermögenswerte und des Kapitals eines Betriebes klar.

Ursprung aller Bilanzierungsgrundsätze und Bewertungsvorschriften im Handelsgesetzbuch sind die **Grundsätze ordnungsmäßiger Buchführung und Bilanzierung** (GoB). Aus dem Prinzip der kaufmännischen Vorsicht und den Grundsätzen der Bilanzklarheit, der Bilanzwahrheit (Bilanzvollständigkeit und -richtigkeit) sowie der Bilanzierungs- und Bewertungskontinuität sind letztlich sämtliche im Handelsgesetzbuch kodifizierten Wertansatz-, Bewertungs- und Darstellungsvorschriften entstanden bzw. abgeleitet worden.

So wird in § 243 HGB gefordert, daß der Jahresabschluß nach den Grundsätzen der Klarheit und der Übersichtlichkeit sowie nach dem Grundsatz der Zeitmäßigkeit aufzustellen ist.

§ 246 HGB enthält die Grundsätze der Vollständigkeit und des Verrechnungsverbotes, das einen abgeleiteten Grundsatz aus den Grundsätzen der Vollständigkeit und Klarheit darstellt.

Werden die Grundsätze ordnungsmäßiger Bilanzierung in formelle und materielle Bilanzierungsgrundsätze eingeteilt, dann bildet die Bilanzklarheit, zu der auch die Bilanzübersichtlichkeit gehört, einen formellen Bilanzierungsgrundsatz. Die Bilanzwahrheit einschließlich der Bilanzvollständigkeit und die Bilanzkontinuität ergeben zusammengenommen die materiellen Bilanzierungsgrundsätze.

Der **Grundsatz der Bilanzklarheit** als formeller Bilanzierungsgrundsatz soll gewährleisten, daß ein sachverständiger Leser der Bilanz durch sie einen möglichst sicheren Einblick in die Vermögens-, Finanz- und Ertragslage zum Bilanzstichtag erhält.

Der **Grundsatz der Bilanzwahrheit** als materieller Bilanzierungsgrundsatz nimmt auf den materiellen Gehalt der Bilanz Bezug. Die Bilanz muß diesem Grundsatz der Bilanzierung folgend vollständig und richtig aufgestellt sein. Vollständigkeit bedeutet dabei, daß nichts ausgelassen, aber auch nichts fingiert werden darf. Es muß allerdings betont werden, daß Bilanzwahrheit nicht als Forderung nach einer objektiv wahren Bilanz verstanden werden darf. Dieser Einsicht folgend wird der Begriff Wahrheit in diesem Zusammenhang auch zunehmend durch Begriffe wie Richtigkeit oder Wahrhaftigkeit des Bilanzierenden ersetzt (*Diederich*).

Der materielle **Grundsatz der Bilanzkontinuität**, der die Grundsätze der Bilanzidentität sowie der formalen und materiellen Bilanzkontinuität umfaßt, bezieht sich auf die Verknüpfung aufeinanderfolgender Bilanzen im Falle regelmäßiger Bilanzierung. Der Grundsatz der **Bilanzidentität** verlangt die formale und inhaltliche Übereinstimmung der Schlußbilanz einer Abrechnungsperiode mit der nachfolgenden Abrechnungsperiode. Die **formale Bilanzkontinuität** bedeutet, daß die Grundsätze und Vorschriften zu der Bilanzgliederung, die Abgrenzung der einzelnen Bilanzposten gegeneinander und ähnliches beibehalten werden müssen, sofern nicht zwingende wirtschaftliche Gründe wie beispielsweise eine wesentliche Vergrößerung des Betriebes oder eine grundlegende Änderung seines Leistungsprogrammes die formale Bilanzkontinuität nicht zulassen. Die **materielle Bilanzkontinuität** schließlich umfaßt zwei Prinzipien der Bilanzierung. Einerseits verlangt sie, daß die verwendeten Bewertungsgrundsätze in aufeinanderfolgenden Bilanzen unverändert bleiben (**Bewertungskontinuität**), um auf diese Weise die inhaltliche Vergleichbarkeit der Bilanzen verschiedener Abrechnungsperioden sicherzustellen. Andererseits besagt der Grundsatz der materiellen Bilanzkontinuität auch, daß die einmal in einer Bilanz angesetzten Werte für spätere Bilanzen maßgeblich sind (**Prinzip des Wertzusammenhanges**).

Nach § 240 Abs.1 HGB hat jeder Kaufmann bei Aufstellung des Inventars und der Bilanz sämtliche Vermögens- und Schuldenteile mit ihrem Wert anzugeben.

Mit dem **Vollständigkeitsgebot** nach § 246 HGB wird der Ansatz sämtlicher Vermögensgegenstände und sämtlicher Schulden zur Pflicht, soweit gesetzlich nichts Gegenteiliges geregelt ist. § 248 HGB verbietet so beispielsweise die Aktivierung von Gründungsaufwendungen und von Aufwendungen für die Eigenkapitalbeschaffung, ebenso dürfen für nicht entgeltlich erworbene immaterielle Vermögensgegenstände des Anlagevermögens keine Aktivposten gebildet werden. Ein Bilanzierungswahlrecht besteht in den Fällen, in denen ein Wertansatz erfolgen darf, aber nicht erfolgen muß; es bestehen Aktivierungswahlrechte in Fällen von Vermögensposten und Passivierungswahlrechte in Fällen von Schuldposten des Unternehmens. In den Fällen dagegen, in denen ein Wertansatz nicht erfolgen darf, besteht ein **Bilanzierungsverbot** für die betreffenden Vermögens- und Schuldposten.

Bei der Aufstellung der Bilanz gilt das Gebot der Vollständigkeit und ein generelles Saldierungsverbot. Als **Anlagevermögen** sind solche Vermögensgegenstände zu bilanzieren, die dazu bestimmt sind, dauernd dem Geschäftsbetrieb zu dienen, alle anderen Vermögensgegenstände gehören zum **Umlaufvermögen**. **Rechnungsabgrenzungsposten** sind Einnahmen bzw. Ausgaben vor dem Abschlußstichtag, die Ertrag bzw. Aufwand für einen bestimmten Zeitraum nach dem Abschlußstichtag darstellen; Rechnungsabgrenzungsposten dienen also der periodengerechten Erfolgsermittlung.

(Beispiel: Ein Unternehmen zahlt am 1. Juli eine Jahresversicherungsprämie in Höhe von 1 200,-- DM. In der Bilanz zum 31. Dezember ist ein aktivischer Rechnungsabgrenzungsposten in Höhe von 600,-- DM auszuweisen, da diese 600,-- DM als Aufwand dem Zeitraum vom 1. Januar bis 30. Juni des folgenden Jahres zuzurechnen sind. Ohne den Ausweis der 600,-- DM als Rechnungsabgrenzungsposten würde z. B. ein Jahresüberschuß ermittelt werden, der um eben den Betrag von 600,-- DM zu niedrig ausgewiesen würde.)

Auf der Passivseite, die über die Herkunft der Mittel Auskunft gibt, wird zwischen Eigen- und Fremdkapital unterschieden. Dabei ergibt sich das Eigenkapital als Residualgröße zwischen allen Vermögenswerten und allen Schulden des Unternehmens. Die Gliederungsstruktur des Eigenkapitals läßt einen Rückschluß auf die Herkunft der Eigenmittel und somit auf die Selbstfinanzierungskraft des Unternehmens zu. Das gezeichnete Kapital entspricht dem Stammkapital der GmbH bzw. dem Grundkapital der AG bzw. KGaA. Zur Darstellung der eingeforderten Einlagen bestehen, wie hier an einem Beispiel gezeigt wird, zwei Möglichkeiten.

Möglichkeit I			
Aktiva			Passiva
A. Ausstehende Einlagen auf das gezeichnete Kapital	800.000	A. Eigenkapital 1. Gezeichnetes Kapital	2.000.000
- davon eingefordert	(200.000)		
B. Anlagevermögen			
Möglichkeit II			
Aktiva			Passiva
A. Anlagevermögen		A. Eigenkapital	
		1. Gezeichnetes Kapital	2.000.000
B. Umlaufvermögen		- Nicht eingeforderte, ausstehende Einlagen	·/. 600.000
- Forderungen und sonstige Vermögensgegenstände		- Eingefordertes Kapital	1.400.000
- Eingefordertes, noch nicht eingezahltes Kapital	200.000		

Darstellung 6-9: Ausweis ausstehender Einlagen nach § 272 Abs.1 HGB

Einerseits können die eingeforderten Einlagen von dem Posten "Ausstehende Einlagen auf das gezeichnete Kapital" auf der Aktivseite offen abgesetzt werden, oder aber die nicht eingeforderten ausstehenden Einlagen werden passivisch vom gezeichneten Kapital abgesetzt, so daß passivisch insgesamt das eingeforderte Kapital ausgewiesen wird, und das eingeforderte aber noch nicht eingezahlte Kapital wird aktivisch innerhalb des Umlaufvermögens angesetzt.

Als **Kapitalrücklage**, ein Bestandteil des variablen Eigenkapitals, dürfen nur die erzielten Aufgelder bei der Ausgabe von Anteilen, Bezugsanteilen und Wandelschuldverschreibungen sowie Zuzahlungen für die Gewährung von Vorzugsrechten ausgewiesen werden. In der **Gewinnrücklage** sind nur Beträge zu passivieren, die aus Gewinn des Geschäftsjahres oder eines früheren Geschäftsjahres bestehen. Entsprechend dem Funktionsprinzip der Bilanz sind Verluste, die nicht mehr durch Eigenkapital ausgeglichen werden können, auf der Aktivseite gesondert als "nicht durch Eigenkapital gedeckter Fehlbetrag" darzustellen.

Rückstellungen dienen der Erfassung von Aufwendungen und Verlusten, die am Bilanzstichtag dem Grunde, aber nicht der Höhe nach bekannt sind, sowie von

Verbindlichkeiten und Lasten, die am Abschlußstichtag bereits bestehen, sich aber dem Betrage nach nicht genau bestimmen lassen oder deren Bestehen zweifelhaft ist. Rückstellungen müssen oder dürfen nur nach dem folgenden Katalog gebildet werden, und zwar für:

1. ungewisse Verbindlichkeiten,
2. drohende Verluste aus schwebenden Geschäften,
3. im Geschäftsjahr unterlassene Aufwendungen für Instandhaltungen, die im folgenden Geschäftsjahr innerhalb von 3 Monaten nachgeholt werden,
4. Aufwendungen für Abraumbeseitigung, die im folgenden Geschäftsjahr nachgeholt werden,
5. Kulanzleistungen,
6. laufende Pensionen, Anwartschaften auf Pensionen und ähnliche Verpflichtungen,
7. genau umschriebene Aufwendungen (z. B. Großreparaturen), sofern diese dem Geschäftsjahr oder einem früheren Geschäftsjahr zuzuordnen und am Bilanzstichtag als wahrscheinlich oder sicher, aber hinsichtlich ihrer Höhe oder des Zeitpunktes ihres Eintrittes unbestimmt sind,
8. Aufwendungen für unterlassene Instandhaltungen, die im folgenden Geschäftsjahr nach dem 3. Monat bis zum Ende des Geschäftsjahres nachgeholt werden.

Für die ersten sechs Positionen besteht ein **Ansatzzwang,** für die beiden letzten ein **Ansatzwahlrecht**. Unter der Bilanz, d. h. außerhalb der Bilanzsumme, sind bei Nichtkapitalgesellschaften summarisch in einem Betrag auch noch **Eventualverbindlichkeiten** aus den folgenden Haftungsverhältnissen auszuweisen:

- aus der Begebung und Übertragung von Wechseln,
- aus Bürgschaften,
- aus Wechsel- und Scheckbürgschaften,
- aus Gewährleistungsverträgen und
- aus der Bestellung von Sicherheiten für fremde Verbindlichkeiten.

Sofern mit einer Inanspruchnahme aus diesen Haftungsverhältnissen zu rechnen ist, werden aus diesen Eventualverbindlichkeiten Rückstellungen. Während Nichtkapitalgesellschaften die Haftungsverhältnisse in einem Betrag angeben dürfen, müssen Kapitalgesellschaften auch hier detailliertere Angaben machen; die verschiedenen Haftungsverhältnisse sind gesondert unter der Bilanz ausweisen.

- Bewertungsvorschriften

Wenn nun vorweg geklärt ist, ob für ein Vermögens- oder Kapitalteil des Unternehmens eine Bilanzierungspflicht oder ein Bilanzierungswahlrecht besteht, geht es anschließend um die Frage, mit welchem Wert der betreffende Vermögens- oder Kapitalposten in der Bilanz anzusetzen ist oder angesetzt werden darf, d. h. nach welchen Bewertungsvorschriften zu verfahren ist. Die Bewertungsvorschriften für die Handelsbilanz, die mit der Steuerbilanz über das Maßgeblichkeitsprinzip verbunden ist, lassen sich letztlich aus dem Prinzip der kaufmännischen Vorsicht ableiten, das bei der Bewertung eine Berücksichtigung aller sich für die Zukunft abzeichnenden Risiken verlangt. Das **Maßgeblichkeitsprinzip** beinhaltet, daß die Wertansätze in der Handelsbilanz für die Steuerbilanz maßgeblich sind, sofern nicht zwingende steuerrechtliche Vorschriften ein Abweichen von den Wertansätzen in der Handelsbilanz erfordern.

Als maßgebliche Bewertungsgrundsätze sind die **Grundsätze der kaufmännischen Vorsicht** (Realisationsprinzip, Imparitätsprinzip), des **Wertzusammenhanges**, der **Unternehmensfortführung** (Going-Concern-Prinzip) sowie der **stichtagsbezogenen Einzelbewertung** zu nennen. An erster Stelle unter diesen Grundsätzen steht als Ausdruck des Vorsichtsprinzips das um das **Imparitätsprinzip** erweiterte **Realisationsprinzip**. Diese beiden Prinzipien regeln den Realisationszeitpunkt von Gewinnen und Verlusten. Das Realisationsprinzip besagt im weitesten Sinne, daß Gewinne und Verluste erst dann im Jahresabschluß ausgewiesen werden dürfen, wenn sie durch den Umsatzprozeß oder das Befolgen von Bewertungsvorschriften tatsächlich entstanden sind. Dem Prinzip der Vorsicht entsprechend erfolgt jedoch eine Ungleichbehandlung von Gewinnen und Verlusten. So sind alle erkennbaren Risiken und Verluste, die bis zum Abschlußstichtag entstanden sind, auch wenn sie erst zwischen Abschlußstichtag und dem Tag der Aufstellung des Jahresabschlusses bekannt geworden sind, auszuweisen, d. h. zu antizipieren (Imparitätsprinzip). Gewinne hingegen dürfen nur und müssen dann ausgewiesen werden, wenn sie am Abschlußstichtag z. B. durch den Umsatzprozeß realisiert wurden (Realisationsprinzip i.e.S.). Somit schließt das Realisationsprinzip insbesondere die bilanzielle Berücksichtigung von Wertsteigerungen bei steigenden Marktpreisen für Teile des betrieblichen Vermögens aus, denn nach § 253 Abs. 1 HGB gilt für alle Kaufleute eine nicht überschreitbare **Wertobergrenze** bei der Bewertung von Vermögensgegenständen, nämlich die Anschaffungs- oder Herstellungskosten, gegebenenfalls vermindert um Abschreibungen. **Anschaffungskosten** werden im § 255 Abs. 1 HGB definiert als einem Vermögensgegenstand einzeln zuzuordnende Aufwendungen, die erbracht wurden, um diesen Vermögensgegenstand zu erwerben und ihn in einen betriebsbereiten Zustand zu versetzen. Mit **Herstellungskosten** sind solche Vermögensgegenstände zu aktivieren, die nicht auf dem Markt, also nicht von außen erworben, sondern selbst erstellt wurden. Zu den Herstellungskosten gehören nach § 255 Abs. 2 HGB die Materialeinzelkosten, die Fertigungseinzelkosten und die Sondereinzelkosten der Fertigung. Die Materialgemeinkosten, die Fertigungsgemeinkosten und der Wertverzehr des Anlagevermögens dürfen berücksichtigt werden. Ebenso können Verwaltungskosten sowie bestimmte Sozialkosten einbezogen werden. Vertriebskosten, auch Vertriebseinzelkosten, dürfen nicht eingerechnet werden.

Die Anschaffungs- oder Herstellungskosten der **Vermögensgegenstände des abnutzbaren Anlagevermögens** sind mit Hilfe **planmäßiger Abschreibungen**, die den Werteverzehr der Vermögensgegenstände auf deren Nutzungszeit verteilen sollen, zu vermindern. Als **planmäßige Abschreibungsmethoden** sind die leistungsbezogene Abschreibung, d. h. Abschreibung entsprechend der tatsächlich erfolgten Inanspruchnahme, und die zeitbedingten Abschreibungsverfahren, hauptsächlich die lineare Methode, d. h. Abschreibung mit jährlich gleichgroßen Raten über die gesamte Nutzungsdauer, und die degressive Methode, d. h. Abschreibung mit jährlich fallenden Abschreibungsraten, erlaubt und üblich. Zusätzlich zu den planmäßigen Abschreibungen auf die abnutzbaren Vermögensgegenstände des Anlagevermögens müssen alle Kaufleute bei einer nicht von den planmäßigen Abschreibungen erfaßten voraussichtlich dauernden weiteren Wertminderung außerplanmäßige Abschreibungen vornehmen. Ebenso sind nicht abnutzbare Vermögensgegenstände des Anlagevermögens bei voraussichtlich dauernder Wertminderung auf den niedrigeren Wert abzuschreiben.

Kostenarten	handelsrechtlich	steuerrechtlich
	§ 255 Abs. 2 u. 3 HGB	Abschnitt 33EStR
Materialeinzelkosten Fertigungseinzelkosten Sondereinzelkosten der Fertigung	müssen müssen müssen	müssen müssen müssen
Materialgemeinkosten Fertigungsgemeinkosten einschließlich Abschreibungen	können können	müssen müssen
Verwaltungskosten Aufwendungen für bestimmte soziale Leistungen/betriebl. Altersversorgung direkte Fremdkapitalzinsen	können können können	können können können
Vertriebskosten	dürfen nicht	dürfen nicht

Darstellung 6-10: Die Bestandteile der Herstellungskosten

Bei voraussichtlich nur vorübergehender Wertminderung dürfen Nichtkapitalgesellschaften auch außerplanmäßige Abschreibungen vornehmen (**gemildertes Niederstwertprinzip**), Kapitalgesellschaften dürfen lediglich innerhalb des Finanzanlagevermögens bei voraussichtlich nur vorübergehender Wertminderung auf den niedrigeren Wert abschreiben, im sonstigen Anlagevermögen sind bei voraussichtlich nur vorübergehender Wertminderung keine außerplanmäßigen Abschreibungen zulässig.

Entfällt der Grund für die außerplanmäßige Wertminderung, so dürfen Nichtkapitalgesellschaften den niedrigeren Wert fortschreiben (**Beibehaltungswahlrecht**), Kapitalgesellschaften haben hingegen grundsätzlich eine Zuschreibung vorzunehmen (**Wertaufholungsgebot**), wobei die planmäßigen Abschreibungen, die zwischenzeitlich vorzunehmen gewesen wären, entsprechend zu berücksichtigen sind. Das Wertaufholungsgebot für die Kapitalgesellschaften wird jedoch dann zum Wahlrecht, wenn der niedrigere Wertansatz bei der steuerrechtlichen Gewinnermittlung beibehalten werden kann und hierfür Voraussetzung ist, daß der niedrigere Wertansatz auch im handelsrechtlichen Jahresabschluß beibehalten wird.

Die **Vermögensgegenstände des Umlaufvermögens** sind mit den Anschaffungs- oder Herstellungskosten zu aktivieren, wobei es im Vorratsvermögen zur Findung dieses Wertes erlaubt ist, Vereinfachungen in Form bestimmter fiktiver **Verbrauchsfolgeverfahren** vorzunehmen. Die Anschaffungs- oder Herstellungskosten der Vorräte können anhand einer Durchschnittsmethode oder einer unterstellten Verbrauchsfolge, z. B. nach dem sogenannten Fifo-Verfahren (first in-first out-Verfahren) ermittelt werden, bei dessen Anwendung davon ausgegangen wird, daß die zuerst angeschafften Vermögensgegenstände als zuerst verbraucht bzw. veräußert anzusehen sind.

Ist der am Abschlußstichtag den Vermögensgegenständen des Umlaufvermögens beizulegende Wert, z. B. ein Börsenkurs oder Marktpreis, niedriger als die Anschaffungs- oder Herstellungskosten, so ist der niedrigere Wert zwingend anzusetzen (strenges Niederstwertprinzip). Um zu verhindern, daß in der nächsten Zukunft -hier geht man von drei Monaten aus - bei Vermögensgegenständen des Umlaufvermögens aufgrund von Wertschwankungen der Wertansatz dieser Vermögensgegenstände geändert werden muß, dürfen Abschreibungen vorgenommen werden. Nichtkapitalgesellschaften haben bei Wegfall des Wertminderungsgrundes ein Wertbeibehaltungwahlrecht, Kapitalgesellschaften unterliegen dem im Zusammenhang mit dem Anlagevermögen dargestellten Wertaufholungsgebot.

Neben der Möglichkeit, **stille Reserven** über die Ausnutzung des Beibehaltungswahlrechtes zu bilden, können Nichtkapitalgesellschaften sowohl im Anlage- wie auch im Umlaufvermögen generell stille Reserven legen, indem sie gemäß § 253 Abs. 4 HGB weitere Abschreibungen geltend machen, die in der Höhe begrenzt werden durch die Pflicht zur Anwendung des Vorsichtsgrundsatzes der vernünftigen kaufmännischen Beurteilung.

Vermögensgruppe	Planmäßige Abschreibungen für Wirtschaftsgüter mit zeitlich begrenzter Nutzungsdauer	Außerplanmäßige Abschreibungen			
		vorübergehender Wertminderung	dauernder Wertminderung	Antizipation zukünftiger Wertschwankungen	Ansatz des steuerlich zulässigen niedrigeren Wertes
Anlagevermögen	bei freier Methodenwahl im Rahmen GoB	für Finanzanlagevermögen möglich, für Sachanlagevermögen verboten	Abschreibungspflicht	verboten	Abschreibungswahlrecht
Umlaufvermögen	entfällt	Abschreibungspflicht	Abschreibungspflicht	Abschreibungswahlrecht	Abschreibungswahlrecht

Vermögensgruppe	Wegfall des Grundes der außerplanmäßigen Abschreibung		Wegfall der Voraussetzung der steuerlichen Sonderabschreibung
	Handelsbilanzwert = Steuerbilanzwert	Handelsbilanzwert < Steuerbilanzwert	
Abnutzbares Anlagevermögen	Pflicht bis zum beizulegenden Wert, höchstens bis zu den fortgeschriebenen Ak/Hk		
Nichtabnutzbares Anlagevermögen und Umlaufvermögen	Wahlrecht	Pflicht bis zum steuerlichen Wertansatz, darüber hinaus Wahlrecht	Pflicht bis zum beizulegenden Wert, höchstens bis zu den Ak/Hk

Darstellung 6-11: Abschreibungs- und Wertaufholungsregelung für Kapitalgesellschaften

Abschließend ist zur Darstellung der Bewertungsvorschriften für die Aktiva der Bilanz noch ein weiterer Abschreibungsgrund zu nennen, der für alle Kaufleute und für das Anlage- sowie das Umlaufvermögen gilt. Danach dürfen Vermögensgegenstände auf einen niedrigeren Wert abgeschrieben werden, der auf eine nur steuerrechtlich erlaubte Abschreibung zurückgeht. Dabei stellt das Steuerrecht jedoch die

Anforderung, daß dieser niedrigere Wert auch in der Handelsbilanz ausgewiesen wird. Mit dieser gegenseitigen Bedingung wird das **Maßgeblichkeitsprinzip**, das besagt, daß die Wertansätze der Handelsbilanz maßgeblich sind für die Wertansätze in der Steuerbilanz, zwar faktisch umgekehrt (sogenannte **umgekehrte Maßgeblichkeit**), formal kann es jedoch durch diese Gesetzesregelung als **Grundsatz der Bilanzierung** aufrechterhalten werden. Sollte die Voraussetzung für diese Art der Abschreibung fortfallen, gelten das Wertbeibehaltungswahlrecht für Nichtkapitalgesellschaften sowie das grundsätzliche Zuschreibungsgebot für Kapitalgesellschaften.

Tritt **bei den Aktiva** an die Stelle des Realisationsprinzips bei noch nicht realisierten Verlusten **das Niederstwertprinzip**, so hat das **Höchstwertprinzip bei den Passiva** die gleiche Aufgabe der Verlustantizipation. Das Höchstwertprinzip besagt, daß von zwei möglichen Wertansätzen stets der höhere passiviert werden muß. So sind Verbindlichkeiten zu ihrem Rückzahlungsbetrag, Rückstellungen mit dem Betrag nach vernünftiger kaufmännischer Schätzung anzusetzen. Das Eigenkapital ist mit seinem Nominalwert auszuweisen, gezeichnetes Kapital bei Kapitalgesellschaften zum Nennbetrag.

Die hier skizzierten Bewertungsvorschriften machen deutlich, daß der Gesetzgeber für den handelsrechtlichen Jahresabschluß das **Prinzip der nominellen Kapitalerhaltung** festgelegt hat. Für den Gesetzgeber gilt demnach das Leistungsvermögen eines Unternehmens als gesichert, wenn das nominelle Kapital von Periode zu Periode erhalten bleibt. Die **Bewertungsobergrenze** ist durch die historischen Anschaffungs- oder Herstellungskosten grundsätzlich fixiert, nur niedrigere Werte sind aus dem Prinzip der Vorsicht oder aus steuerlichen Erwägungen zwingend anzusetzen bzw. erlaubt. Geldwertschwankungen wie Inflation werden nicht berücksichtigt. Zur **Sicherung der Unternehmenssubstanz** ist ein Unternehmen bei der in modernen Volkswirtschaften anscheinend unvermeidlichen Inflationstendenz daher auf umfangreiche Gewinnthesaurierungen und auch, soweit zulässig, auf die Bildung stiller Reserven angewiesen.

- Der Anlagenspiegel

Neben der Einhaltung der Mindestgliederungsvorschriften haben alle Kapitalgesellschaften zusätzlich wie in der nachfolgenden Abbildung dargestellt für das Anlagevermögen einen sogenannten **Anlagenspiegel** wahlweise in der Bilanz oder im Anhang aufzustellen (Darstellung 6-12, S. 200).

Mit einer solchen die **Wertentwicklung des Anlagevermögens** darstellenden Übersicht wird ein besserer Einblick in die vorhandene Kapazität, deren technischen Stand sowie in die Abschreibungs- und Investitionspolitik und damit in die Vermögenslage des Unternehmens ermöglicht.

Anlagenbestand zum Geschäftsjahresbeginn zu historischen Anschaffungs-/ Herstellungskosten	Zugänge der Periode zu Anschaffungs-/ Herstellungskosten +	Abgänge der Periode zu historischen Anschaffungs-/ Herstellungskosten ·/.	Umbuchungen zu Anschaffungs-/ Herstellungskosten des Geschäftsjahres + ·/.	Abschreibungen kumuliert (und mit Zuschreibungen der Vorperiode saldiert) ·/.	Zuschreibungen des Geschäftsjahres +	Endbestand (=Restbuchwert) am	Abschreibungen des Geschäftsjahres (informativ)
DM	DM	DM	DM	DM	DM	DM	DM

Darstellung 6-12: Anlagenspiegel nach 268 Abs.2 HGB

2722. Die Gewinn- und Verlustrechnung

- Aufgaben der Gewinn- und Verlustrechnung

Die Gewinn- und Verlustrechnung bildet neben der Bilanz einen weiteren Rechnungsbestandteil des Jahresabschlusses. Die Aufgabe der Bilanz ist dargestellt worden als die Gegenüberstellung des in Geld ausgedrückten betrieblichen Vermögens und des Kapitals des Betriebes zu einem bestimmten Zeitpunkt und darausfolgend die Ermittlung des Jahresüberschusses oder -fehlbetrages für die verflossene Abrechnungsperiode als Saldo zwischen Vermögen und Kapital am Bilanzstichtag. Die Gewinn- und Verlustrechnung ermittelt ebenfalls den Erfolg der verflossenen Abrechnungsperiode, jedoch nicht durch Gegenüberstellung der Bestandsgrößen Vermögen und Kapital zum Schluß der Abrechnungsperiode, sondern durch Saldierung aller Erträge und Aufwendungen, die in der Abrechnungsperiode entstanden sind. Sowohl die Bilanz als auch die Gewinn- und Verlustrechnung basieren auf der Finanzbuchhaltung und sind miteinander verknüpft. Dies hat zur Folge, daß der in der Bilanz ausgewiesene Gewinn oder Verlust mit dem in der Gewinn- und Verlustrechnung ermittelten Jahreserfolg identisch sein muß. Die Gewinn- und Verlustrechnung bildet insofern eine Ergänzung der Bilanz, als sie über den reinen Ausweis des Jahreserfolges hinausgeht, indem sie auch die Zusammensetzung der Erfolgsgröße Gewinn oder Verlust erkennen läßt und auf diese Weise Einblicke in die eigentlichen Prozesse der Aufwandsentstehung und Ertragsbildung ermöglicht (*Schierenbeck*).

- Die Gestaltung der Gewinn- und Verlustrechnung

Für Nichtkapitalgesellschaften schreibt § 242 HGB die Aufstellung einer Gewinn- und Verlustrechnung vor, ohne jedoch eine Gliederung hierfür vorzugeben. Demnach hat jedes betroffene Unternehmen die Möglichkeit, im Rahmen der Grundsätze ordnungsmäßiger Buchführung und Bilanzierung sowie nach den allgemeinen gesetzlichen Aufstellungsvorschriften eine Gewinn- und Verlustrechnung so zu gestalten, daß den Adressaten des Jahresabschlusses ein möglichst guter Einblick in die Ertragslage des Unternehmens sowie die betriebstypischen Erfolgsquellen gewährt wird. Kapitalgesellschaften haben nach § 275 HGB die Gewinn- und Verlustrechnung zwingend in Staffelform alternativ nach dem Gesamtkosten- oder dem Umsatzkostenverfahren zu erstellen.

1.	Umsatzerlöse
2.	Erhöhung oder Verminderung des Bestands an fertigen und unfertigen Erzeugnissen
3.	andere aktivierte Eigenleistungen
4.	sonstige betriebliche Erträge
5.	Materialaufwand a) Aufwendungen für Roh-, Hilfs- und Betriebsstoffe und für bezogene Waren b) Aufwendungen für bezogene Leistungen
6.	Personalaufwand a) Löhne und Gehälter b) soziale Abgaben und Aufwendungen für Altersversorgung und Unterstützung - davon für Altersversorgung
7.	Abschreibungen a) auf immaterielle Vermögensgegenstände des Anlagevermögens und Sachanlagen sowie auf aktivierte Aufwendungen für die Ingangsetzung und Erweiterung des Geschäftsbetriebs b) auf Vermögensgegenstände des Umlaufvermögens, soweit diese die in der Kapitalgesellschaft üblichen Abschreibungen überschreiten
8.	sonstige betriebliche Aufwendungen
9.	Erträge aus Beteiligungen - davon aus verbundenen Unternehmen
10.	Erträge aus anderen Wertpapieren und Ausleihungen des Finanzanlagevermögens - davon aus verbundenen Unternehmen
11.	sonstige Zinsen und ähnliche Erträge - davon aus verbundenen Unternehmen
12.	Abschreibungen auf Finanzanlagen und auf Wertpapiere des Umlaufvermögens
13.	Zinsen und ähnliche Aufwendungen - davon an verbundene Unternehmen
14.	Ergebnis der gewöhnlichen Geschäftstätigkeit
15.	außerordentliche Erträge
16.	außerordentliche Aufwendungen
17.	außerordentliches Ergebnis
18.	Steuern vom Einkommen und vom Ertrag
19.	sonstige Steuern
20.	Jahresüberschuß/Jahresfehlbetrag

Darstellung 6-13: Gliederungsschema für das Gesamtkostenverfahren nach § 275 Abs. 2 HGB

Beim **Gesamtkostenverfahren** werden sämtlichen im Jahr angefallenen Erträgen sämtlichen Aufwendungen gegenübergestellt. Eine rechnerische Abgleichung des Jahresergebnisses zur Darstellung des periodengerechten Erfolges erfolgt durch Addition der Bestandserhöhungen sowie durch Subtraktion der Bestandsminderungen an "fertigen und unfertigen Erzeugnissen" sowie durch Addition der "anderen aktivierten Eigenleistungen" mit Herstellungskosten zu bzw. von den Umsatzerlösen. Nachfolgend ist die Mindestgliederung der Gewinn- und Verlustrechnung nach dem Gesamtkostenverfahren gemäß § 275 Abs. 2 HGB abgebildet.

Beim **Umsatzkostenverfahren** werden den Umsatzerlösen nicht die Gesamtaufwendungen der Periode gegenübergestellt, sondern nur diejenigen, die für umgesetzte Produkte entstanden sind.

1.	Umsatzerlöse
2.	Herstellungskosten der zur Erzielung der Umsatzerlöse erbrachten Leistungen
3.	Bruttoergebnis vom Umsatz
4.	Vertriebskosten
5.	allgemeine Verwaltungskosten
6.	sonstige betriebliche Erträge
7.	sonstige betriebliche Aufwendungen
8.	Erträge aus Beteiligungen - davon aus verbundenen Unternehmen
9.	Erträge aus anderen Wertpapieren und Ausleihungen des Finanzanlagevermögens - davon aus verbundenen Unternehmen
10.	sonstige Zinsen und ähnliche Erträge - davon aus verbundenen Unternehmen
11.	Abschreibungen auf Finanzanlagen und auf Wertpapiere des Umlaufvermögens
12.	Zinsen und ähnliche Aufwendungen - davon an verbundene Unternehmen
13.	Ergebnis der gewöhnlichen Geschäftstätigkeit
14.	außerordentliche Erträge
15.	außerordentliche Aufwendungen
16.	außerordentliches Ergebnis
17.	Steuern vom Einkommen und vom Ertrag
18.	sonstige Steuern
19.	Jahresüberschuß/Jahresfehlbetrag

Darstellung 6-14: Gliederungsschema für das Umsatzkostenverfahren nach § 275 Abs. 3 HGB

Beide Gliederungsschemata trennen das **Jahresergebnis** (Jahresüberschuß/Jahresfehlbetrag) in ein **Ergebnis der gewöhnlichen Geschäftstätigkeit** und ein **außerordentliches Ergebnis**. Aus betriebswirtschaftlicher Sicht entspricht das "Ergebnis der gewöhnlichen Geschäftstätigkeit" jedoch kaum einem periodengerechten Betriebsergebnis, da sich die "sonstigen betrieblichen Erträge und Aufwendungen" auf die gewöhnliche Geschäftstätigkeit beziehen und somit auch alle aperiodischen betrieblichen Posten mit umfassen, sofern sie nicht Ausdruck eines der beschriebenen außergewöhnlichen Ereignisse sind. So erscheinen z. B. Erträge aus über dem Buchwert veräußerten Anlagegütern oder Erträge aus der Auflösung von Rückstellungen im Betriebsergebnis und nicht im außerordentlichen Ergebnis. Die zum außerordentlichen Ergebnis zu zählenden außerordentlichen Erträge und außerordentlichen Aufwendungen sind Ausfluß eines für den normalen Geschäftsablauf höchst außergewöhnlichen Ereignisses bzw. rein zufällig, oder es ist in absehbarer Zeit nicht mit ihrer Wiederholung zu rechnen.

Die einzelnen Posten der beiden Verfahren unterscheiden sich außer in der abweichenden Zugrundelegung der periodenbezogenen Betriebsleistung insgesamt in sieben weiteren Posten. Das Gesamtkostenverfahren gliedert die getrennt ausgewiesenen betriebsbedingten Aufwendungen nach Aufwandsarten, das Umsatzkostenverfahren weist parallel zu diesen Positionen neben der Zusammenfassung von Aufwendungen in den Herstellungskosten noch Vertriebskosten und allgemeine Verwaltungskosten aus, Aufwendungen also, die nach Funktionsbereichen gegliedert sind. Kritiker werfen dem Umsatzkostenverfahren eine leichte Manipulierbarkeit der Aufwandsverteilung in diesen Positionen vor; beim Gesamtkostenverfahren wird kritisch angemerkt, daß es insgesamt einen Produktionserfolg zergliedere und darstelle, während beim Umsatzkostenverfahren positiv vermerkt wird, daß es die Ertragslage des Unternehmens auf der Grundlage eines Umsatz (Absatz-) erfolges als Ergebnis der Unternehmensbemühungen, marktgerechte Leistungen zu erbringen, verdeutliche.

Als weitere **Formalforderungen** an die Gewinn- und Verlustrechnung der Kapitalgesellschaften sind wie bei der Bilanz die Angabe von Vorjahreszahlen zu Vergleichszwecken zu nennen sowie einige Einzelangaben vorzunehmen. So müssen außerplanmäßige Abschreibungen des Anlagevermögens sowie Abschreibungen wegen vorweggenommener Wertschwankungen im Umlaufvermögen gesondert ausgewiesen werden oder im Anhang erläutert werden. Außerdem sind zwingend außerordentliche Aufwendungen und Erträge von nicht untergeordneter Bedeutung, speziell die darin enthaltenen außerperiodischen Größen, im Anhang zu interpretieren.

Kleinen und mittelgroßen Kapitalgesellschaften ist im § 276 HGB ein Wahlrecht eingeräumt, die Gewinn- und Verlustrechnung in zusammengefaßter Form aufzustellen. Sie müssen ihre Umsatzerlöse und gegebenenfalls ihre weiteren Betriebsleistungen nicht ausweisen, sondern können das Gliederungsschema mit der Größe "Rohergebnis" beginnen, d. h., sie können beim Umsatzkostenverfahren die Posten 1 bis 3 und den Posten 6, beim Gesamtkostenverfahren die Posten 1 bis 5 zusammenfassen. Beide Gliederungsschemata verlieren damit erheblich an Aussagekraft für die Beurteilung der Ertragslage der Gesellschaft im betriebstypischen Bereich.

2723. Der Anhang

Ein Anhang ist zwingend nur von Kapitalgesellschaften aufzustellen und bildet einen ergänzenden Bestandteil des Jahresabschlusses. Der Umfang der Berichterstattungspflichten im Anhang ist größenabhängig gestaffelt, jedoch ist eine äußere Form oder Gliederungsstruktur für den Anhang nicht vorgeschrieben. Damit der Anhang seine Funktion jedoch erfüllen kann, den Adressatenkreis des Jahresabschlusses ergänzend zur Bilanz und Gewinn- und Verlustrechnung zu informieren, ist er nach den Grundsätzen der Klarheit und Übersichtlichkeit in einer transparenten und nachvollziehbaren Form zu erstellen.

Grundsätzlich enthält der Anhang **zwei Arten von Angaben**: einerseits solche, für die die Alternative besteht, entweder direkt in der Bilanz bzw. Gewinn- und Verlustrechnung oder im Anhang aufgeführt zu werden, und andererseits solche, die ausschließlich im Anhang zu machen sind. Die letzteren sind äußerst umfangreich und auch teilweise sehr speziell, so daß hier nicht alle diese Angaben aufgezählt und näher erklärt werden können. So haben alle Kapitalgesellschaften z. B. Erklärungen zu Unterbrechungen der Darstellungsstetigkeit und zur Änderung von Bilanzierungs- und Bewertungsmethoden abzugeben und z. B. des weiteren zu erläutern, wie Fremdwährungspositionen umgerechnet wurden, ob Fremdkapitalzinsen in die Herstellungskosten einbezogen wurden, welche Beteiligungen (Name. Sitz, Anteil am Kapital, Eigenkapital, letztes Jahresergebnis) bestehen, welche Mutterunternehmen und Konzernabschlüsse bestehen u.v.m. Mittelgroße Kapitalgesellschaften haben zusätzlich beispielsweise anzugeben, wie sich ihre Arbeitnehmerzahl nach Gruppen gliedert, wie hoch bei Anwendung des Umsatzkostenverfahrens die Personalaufwendungen sind und welche Bezüge die jeweiligen geschäftsleitenden, beratenden und kontrollierenden Organe erhalten haben. Große Gesellschaften haben noch weitergehende Angaben zu machen. Beispielsweise haben sie die Umsatzerlöse nach Tätigkeitsbereichen und Regionen aufzugliedern, bei Anwendung des Umsatzkostenverfahrens zusätzlich noch den Materialaufwand und beispielsweise in der Bilanz nicht gesondert ausgewiesene bedeutende Rückstellungen anzugeben.

2724. Besonderheiten des Konzernabschlusses

Ein **Konzern** besteht aus rechtlich selbständigen Unternehmen, die sich wirtschaftlich von einer übergeordneten Einheit leiten lassen. Für einen solchen Zusammenschluß haben die einzelnen Jahresabschlüsse keinen ausreichenden Aussagewert, weil es der Leitung möglich ist, die Transaktionen zwischen den Einzelunternehmen nach ihrer Zwecksetzung zu beeinflussen. Der Konzernabschluß soll ein den tatsächlichen Verhältnissen entsprechendes Bild der Vermögens-, Finanz- und Ertragslage des Konzerns geben (§ 297 Abs. 2 Satz 2 HGB). Es steht der Zweck der **Information** im Vordergrund, Basis für die Ausschüttungen an Anteilseigner und für die Besteuerung ist weiterhin nur der Einzelabschluß. Grundlage für den Konzernabschluß ist die sogenannte **Einheitstheorie**, die alle Unternehmen im Konzern so betrachtet, als ob sie auch rechtlich unselbständige Unternehmen wären; vergleichbar mit Abteilungen in einem Einzelunternehmen. Daraus folgt, daß eine einfache Addition der Einzelabschlüsse der Konzernunternehmen nicht möglich ist, vielmehr müssen die wirtschaftlichen Verflechtungen zwischen den Unternehmen berücksichtigt werden. Mit dieser sogenannten **Konsolidierung** wird bezweckt, daß durch die Aufrechnung der Beziehungen zwischen den Einzelunternehmen der Konzern als eine wirtschaftliche Einheit transparent wird.

Eine Verpflichtung zur Aufstellung eines Konzernabschlusses ergibt sich für Kapitalgesellschaften aus dem HGB und für Personengesellschaften aus dem PublG. Während das PublG ausschließlich die **einheitliche Leitung** voraussetzt, wird nach

§ 290 HGB die einheitliche Leitung oder eine Leitung nach dem **Control-Konzept** verlangt. Ein Control-Konzept liegt dann vor, wenn das Mutterunternehmen die Mehrheit der Stimmrechte der Gesellschafter hat oder wenn sie Gesellschafter ist und die Mehrheit der Organe des Tochterunternehmens bestimmt oder wenn sich aus der Satzung oder einem Vertrag ein Beherrschungsrecht ergibt. Personengesellschaften müssen dann einen Konzernabschluß aufstellen, wenn sie neben der einheitlichen Leitung eine gewisse Größe überschreiten. In § 11 Abs. 1 PublG sind drei Kriterien angeben: die Konzernbilanzsumme größer als 125 Mio. DM, der Konzernumsatzerlös größer als 250 Mio. DM und die Zahl der Arbeitnehmer in den inländischen Unternehmen größer als 5.000; wobei für drei aufeinanderfolgende Stichtage jeweils mindestens zwei der drei Kriterien erfüllt sein müssen.

Generell sind in den Konzernabschluß das Mutterunternehmen und alle Tochterunternehmen einzubeziehen (Konsolidierungskreis), und zwar unabhängig davon, wo die Tochterunternehmen ihren Sitz haben. Der Gesetzgeber erlaubt jedoch ein Wahlrecht dann, wenn beispielsweise die Kosten für den Abschluß zu hoch wären oder die Anteile vom Mutterunternehmen nur gehalten werden, um sie weiterzuveräußern.

Der **Konzernabschluß** besteht aus der Konzernbilanz, der Konzern-Gewinn- und Verlustrechnung und dem Konzernanhang. Grundsätzlich gelten im Konzernabschluß die entsprechenden Vorschriften des Einzelabschlusses zur Gliederung, Bewertung und zum Ansatz in der Bilanz. Da sich der Konzernabschluß aus vielen Abschlüssen der Tochterunternehmen zusammensetzen kann, verlangt der Gesetzgeber, daß ein **einheitlicher Bilanzansatz** und eine **einheitliche Bewertung** vorgenommen wird. Verhindert wird somit eine Intransparenz, die durch das Nebeneinander unterschiedlicher Bewertungen entstehen würde.

Eine einfache Addition der Bilanzen der Tochterunternehmen ist nicht möglich, die Konsolidierung bezieht sich auf das Kapital und die Schulden, außerdem müssen Zwischenergebnisse eliminiert werden. Im Abschluß des Mutterunternehmens und der Tochterunternehmen sind die Beteiligungen der Mutter an der Tochter ausgewiesen, Zweck der **Kapitalkonsolidierung** ist es, beide Positionen gegeneinander aufzurechnen. Da es dem Prinzip der Einheitstheorie, daß alle Unternehmen im Konzern so behandelt werden, als ob sie nur ein Unternehmen wären, widersprechen würde, daß zwischen den Unternehmen Forderungen und Verbindlichkeiten existieren, werden diese durch die **Schuldenkonsolidierung** eliminiert. Bei Lieferungen zwischen selbständig operierenden Unternehmen kann der Preis über den Anschaffungs- und Herstellungskosten liegen, so daß das liefernde Unternehmen ein positives Zwischenergebnis ausweist. Als **Zwischenergebnis** wird ein Ergebnis bezeichnet, das aus Geschäften zwischen Konzernunternehmen entsteht, es muß nach der Einheitstheorie ebenfalls eliminert werden.

Die **Konzern-Gewinn- und Verlustrechnung** wird durch die Addition der Gewinn- und Verlustrechnungen der Einzelunternehmen ermittelt, wobei Erträge und Aufwendungen, die auf Geschäften zwischen den Konzernunternehmen beruhen, beseitigt werden. Konsolidiert werden dabei insbesondere Erlöse, die auf Innenumsätzen zwischen Konzernunternehmen beruhen, andere Erträge und Aufwendungen, z. B. Wertpapierverkäufe oder gebrauchte Anlagen, und Ergebnisübernahmen, wenn beispielsweise bei einer Tochter Gewinne entstehen, die an das Mutterunternehmen ausgeschüttet werden.

Die Aufgabe des **Konzernanhangs** entspricht der des Anhangs im Einzelabschluß, er soll die Konzernbilanz und -GuV erläutern und um Informationen ergänzen, die nicht in ihnen enthalten sind. So soll er z. B. informieren über Veränderungen im Konsolidierungskreis, Methoden der Konsolidierung oder die angewandten Verfahren der Währungsumrechnung.

28. Der Lagebericht

Der Lagebericht ist eine ergänzende Berichterstattung zum Jahresabschluß und Konzernabschluß von Kapitalgesellschaften. Nach § 289 HGB hat der Lagebericht auf sechs Bereiche einzugehen (für den Konzernlagebericht gelten nach § 315 HGB die ersten fünf Bereiche entsprechend):

1. auf den Geschäftsverlauf im Berichtsjahr,
2. auf die augenblickliche Lage des Unternehmens,
3. auf Vorgänge von besonderer Bedeutung, die nach dem Abschlußstichtag eingetreten sind,
4. auf die voraussichtliche Entwicklung der Gesellschaft sowie
5. auf ihre Forschungs- und Entwicklungstätigkeit, soweit es der Konkurrenzschutz zuläßt, sowie
6. die bestehenden Zweigniederlassungen der Gesellschaft.

Der Lagebericht ist im Umfang und in der Art der Darstellung so abzufassen, daß die **Lage der Gesellschaft** und der **Geschäftsverlauf** in einem den tatsächlichen Verhältnissen entsprechenden Bild dargestellt werden. Es sollen dabei auch allgemeine Angaben über die Wirtschaftslage des Geschäftszweiges gemacht werden. Die gesetzlichen Vertreter der Gesellschaft sind nicht verpflichtet in ihrem Bericht, genaue und absolute Zahlenangaben über die einzelnen Berichtspunkte anzugeben. Als ausreichend wird die Angabe von die tendenzielle Entwicklung erklärenden betrieblichen Größen und die Verwendung von Relativzahlen angesehen (*Wöhe*).

29. Prüfungs- und Offenlegungspflichten

Mittelgroße und große Kapitalgesellschaften müssen ihren Jahresabschluß und Lagebericht durch einen von der Gesellschafter- bzw. Hauptversammlung gewählten und vom Aufsichtsrat beauftragten Abschlußprüfer prüfen lassen. Ohne eine erfolgte **Prüfung** kann der Jahresabschluß nicht festgestellt werden. Kleine Kapitalgesellschaften unterliegen keiner **Prüfungspflicht**. Während grundsätzlich nur Wirtschaftsprüfer und Wirtschaftsprüfungsgesellschaften zum Abschlußprüfer bestellt werden können, dürfen mittelgroße Gesellschaften mit beschränkter Haftung auch von vereidigten Buchprüfern oder Buchprüfungsgesellschaften geprüft werden.

Die Prüfung hat sich auf die Buchhaltung, den Jahresabschluß und den Lagebericht zu erstrecken und soll feststellen, ob diese Bestandteile des externen Rechnungswesens nach den Grundsätzen ordnungsmäßiger Buchhaltung und Bilanzierung, nach den gesetzlichen Vorschriften sowie nach dem Gesellschaftsvertrag oder der Satzung geführt und erstellt wurden. Der Lagebericht ist zusätzlich daraufhin zu prüfen, ob durch seine Inhalte und Darstellungen nicht eine falsche Vorstellung von der Lage des Unternehmens erweckt wird. Insgesamt liegt also eine Ordnungs- und Satzungsmäßigkeitsprüfung vor.

Der Abschlußprüfer hat über das Ergebnis seiner Prüfung zu berichten. Dieses erfolgt für die Allgemeinheit durch die Erteilung eines in § 322 HGB erläuterten **Bestätigungsvermerkes**, der dem Jahresabschluß und Konzernabschluß hinzuzufügen ist. Er hat u. a. zu erklären, daß die Buchführung und der Jahresabschluß entsprechen den gesetzlichen Vorschriften erfolgt ist und daß der Jahresabschluß oder der Konzernabschluß unter Beachtung der Grundsätze ordnungsmäßiger Buchführung ein den tatsächlichen Verhältnissen entsprechendes Bild der Vermögens-, Finanz- und Ertragslage der Kapitalgesellschaft oder des Konzerns vermittelt.

Gegenüber der Kapitalgesellschaft hat der Abschlußprüfer einen **Prüfungsbericht** zu erstellen und diesen den gesetzlichen Vertretern der Gesellschaft vorzulegen. Er hat in seinem Bericht nach § 321 Abs.1 HGB die Posten des Jahresabschlusses aufzugliedern und zu erläutern sowie nachteilige Veränderungen der Vermögens-, Finanz- und Ertragslage und nicht unwesentliche Verluste aufzuführen und zu erläutern. Die gesetzlichen Vertreter haben den Prüfungsbericht je nach Rechtsform der Gesellschaft den Gesellschaftern (GmbH) oder dem Aufsichtsrat (AG) vorzulegen. Der Aufsichtsrat hat, auch wenn ein solcher bei der GmbH besteht, ebenfalls den Jahresabschluß und den Lagebericht zu prüfen und seinen Bericht über diese Prüfung den Gesellschaftern bzw. der Gesellschafterversammlung (Hauptversammlung) vorzulegen, die dann im Regelfall den Jahresabschluß feststellen bzw. feststellt. Unverzüglich nach Vorlage an die Gesellschafter, spätestens jedoch nach Ablauf des neunten Monats, bei kleinen Kapitalgesellschaften nach Ablauf von zwölf Monaten nach dem Abschlußstichtag haben die gesetzlichen Vertreter der Kapitalgesellschaft den Jahresabschluß mit dem Bestätigungsvermerk bzw. dem Vermerk über die Versagung, den Lagebericht, den Bericht des Aufsichtsrats sowie ggfs. den Vorschlag zur und den Beschluß über die Ergebnisverwendung beim Handelsregister am Sitze der Gesellschaft einzureichen. Große Kapitalgesellschaften müssen zusätzlich vorher die genannten Unterlagen im Bundesanzeiger veröffentlichen.

Neben der Veröffentlichungsfristverlängerung genießen kleine Gesellschaften weitere Erleichterungen. Sie müssen keine Gewinn- und Verlustrechnung und keinen Lagebericht veröffentlichen, der Anhang muß dementsprechend keine Angaben zur Gewinn- und Verlustrechnung enthalten. Mittelgroße Kapitalgesellschaften brauchen nur die für kleine Gesellschaften als Mindestgliederung vorgeschriebene, jedoch etwas erweiterte Bilanzform zu veröffentlichen. Die hier genannten Einzelheiten zeigt Darstellung 6-15 nochmals im Überblick.

	Jahresabschluß			Lagebericht	Handelsregister	Bundesanzeiger	Veröffentlichungsfrist	Bestätigungsvermerk	Vorschlag und Beschluß über die Verwendung des Jahresergebnisses
	Bilanz	G u V-Rechnung	Anhang						
große Kapitalgesellschaften	ja	ja	ja	ja	ja	ja	9 Monate	ja	ja
mittelgroße Kapitalgesellschaften	ja, erweitertes Kleinformat	ja, Beginn mit Rohergebnis erlaubt	ja, mit Erleichterungen	ja	ja	Hinweis auf HR-Veröffentlichung	9 Monate	ja	ja
kleine Kapitalgesellschaften	ja, Kleinformat	nein	ja, ohne G u V-Rechnungserläuterungen	nein	ja	Hinweis auf HR-Veröffentlichung	12 Monate	entfällt, da nicht prüfungspflichtig	ja

Darstellung 6-15: Umfang und Form der veröffentlichungspflichtigen Unterlagen von Kapitalgesellschaften nach §§ 325, 326, 327 HGB

3. Das intern orientierte betriebliche Rechnungswesen

31. Inhalt und Aufgabe des internen Rechnungswesens

Im vorangegangenen Abschnitt 11. dieses sechsten Teiles ist das intern orientierte betriebliche Rechnungswesen oder kurz interne Rechnungswesen als derjenige Teil des betrieblichen Rechnungswesens abgegrenzt worden, dessen Aufgabe in der **Informationsversorgung unternehmensinterner Adressaten** besteht. Wie im Bereich des externen Rechnungswesens handelt es sich bei den bereitzustellenden Informationen um zahlenmäßige Abbildungen des Wirtschaftsgeschehens zwischen dem Betrieb und seiner Umwelt sowie innerhalb des Betriebes. Im Falle des internen Rechnungswesens besteht die Aufgabe aber weit weniger in einer Dokumentationsaufgabe oder gar einer Aufgabe der Rechenschaftslegung, sondern vielmehr in der Aufgabe der **Deckung des Informationsbedarfes in betrieblichen Entscheidungs- oder Planungs- und Kontrollprozessen**. Demzufolge werden die Adressaten des internen Rechnungswesens in erster Linie durch denjenigen Personenkreis im Unternehmen gebildet, der mit der Durchführung der betrieblichen Entscheidungs- oder Planungsprozesse sowie Kontrollprozesse betraut ist. In einem früheren Abschnitt dieses Lehrbuches ist dieser Personenkreis als dispositiver Faktor oder auch als Management bezeichnet worden. Damit kann gesagt werden, daß die Aufgabe des internen Rechnungswesens in erster Linie darin besteht, den dispositiven Faktor oder das Management auf allen seinen Ebenen im Unternehmen mit denjenigen Informationen aus dem betrieblichen Rechnungswesen zu versorgen, die von ihm benötigt werden, um seine Aufgaben der Unternehmensführung im weitesten Sinne entsprechend dem verfolgten Formalziel bestmöglich erfüllen zu können.

Als Hauptbestandteil des intern orientierten betrieblichen Rechnungswesens ist zuvor die **Kosten- und Erfolgsrechnung** genannt worden. Der Begriff Kosten- und Erfolgsrechnung faßt drei Teilgebiete des internen Rechnungswesens zusammen, nämlich die Kostenrechnung, die Erlösrechnung und die kurzfristige Erfolgsrechnung andererseits. Die **Aufgabe der Kostenrechnung** besteht in erster Linie darin, **Kosteninformationen für dispositive Zwecke** zur Verfügung zu stellen, in zweiter Linie hat sie die Aufgabe, Informationen für die **Kontrolle der Wirtschaftlichkeit** des betrieblichen Geschehens bereitzustellen. Die Wirtschaftlichkeit ist ein Maß für die Einhaltung des zu Beginn des vorliegenden Lehrbuches gekennzeichneten ökonomischen oder Wirtschaftlichkeitsprinzips. In dessen Formulierung als Sparsamkeitsprinzip kann die Wirtschaftlichkeit beispielsweise als der Quotient

$$\frac{\text{Sollkosten}}{\text{Istkosten}}$$

bestimmt werden, der Werte aus dem Intervall von 0 (totale Unwirtschaftlichkeit) bis 1 (höchstmögliche Wirtschaftlichkeit) annehmen kann. Die Kontrolle der Wirtschaftlichkeit ist im Hinblick auf die Verwirklichung der verfolgten betrieblichen Zielsetzung von beträchtlicher Bedeutung, da eine niedrige Wirtschaftlichkeit in der Regel mit einem verminderten Zielerreichungsgrad verbunden ist. Aus diesem Grunde gilt es, vorhandene Unwirtschaftlichkeit in Teilbereichen des Unternehmens mit Hilfe der Kostenrechnung aufzudecken, um über das Erkennen der Ursachen ihres Entstehens und deren Beseitigung für eine höhere Wirtschaftlichkeit des betrieblichen Geschehens und damit gewöhnlich auch für eine höhere Zielerreichung sorgen zu können.

Die **Aufgaben der Erlösrechnung** entsprechen denen der Kostenrechnung. Sie soll Erlösinformationen für dispositive Zwecke bereitstellen. Die Erlösrechnung dient darüber hinaus der Planung und Kontrolle der Absatztätigkeit, indem sie beispielsweise Erlösinformationen über Kundengruppen und Marktsegmente liefert.

Die **kurzfristige Erfolgsrechnung** unterscheidet sich grundlegend von der Erfolgsrechnung im externen Rechnungswesen, wo der Jahreserfolg des Unternehmens in der Bilanz bzw. in der Gewinn- und Verlustrechnung unter Beachtung der einzuhaltenden Grundsätze und rechtlichen Vorschriften ermittelt wird. Die kurzfristige Erfolgsrechnung wird als Ergänzung der gesetzlich vorgeschriebenen jährlichen Abschlußrechnung auf der Grundlage von Aufwendungen und Erträgen unterjährlich (vierteljährlich, monatlich oder noch kurzfristiger) auf der Basis von Kosten und Erlösen für die Zwecke der Unternehmenssteuerung durchgeführt. Dies geschieht, weil

- die Ermittlung des Jahreserfolges in der Bilanz bzw. in der Gewinn- und Verlustrechnung aufgrund gesetzlicher Vorschriften sowie zu beachtender Grundsätze und in erster Linie im Interesse externer Adressaten, nicht aber der Unternehmensleitung erfolgt;
- die Information über den ermittelten Jahreserfolg für viele Informationsbedürfnisse der Unternehmensleitung im Kontrollbereich zu spät kommt;
- die Erfolgsquellen im einzelnen nicht erkennbar sind, da nur ein Bezug auf das Gesamtunternehmen, nicht aber auf Unternehmensbereiche, Produktgruppen oder einzelne Produkte vorgenommen wird;
- der Jahreserfolg im allgemeinen in Form einer Ist-Rechnung aufgestellt wird und deshalb aufgrund fehlender Soll-Werte keine echte Kontrolle des betrieblichen Erfolges in Form eines Soll-Ist-Vergleiches gestattet.

Nach dem Gesagten kann die **Aufgabe der kurzfristigen Erfolgsrechnung** dahingehend beschrieben werden, daß sie den Erfolg der betrieblichen Tätigkeit im Hinblick auf das angestrebte Ziel in kürzeren als jährlichen Abständen auf der Basis von Kosten und Erlösen differenziert nach einzelnen Erfolgsquellen, beispielsweise nach Erzeugnisarten, Erzeugnisgruppen oder betrieblichen Teilbereichen, festzustellen hat.

32. Der Kostenbegriff und der Erlösbegriff

Die Kosten bilden einen zentralen Begriff in der Betriebswirtschaftslehre, der dementsprechend in der Literatur Gegenstand intensiver Auseinandersetzungen gewesen ist, die auch heute noch keineswegs abgeschlossen sind. In diesem Lehrbuch erfolgt seinem Charakter als Einführung in die Betriebswirtschaftslehre entsprechend eine Beschränkung auf den heute in Theorie und Praxis weitgehend vorherrschenden **wertmäßigen Kostenbegriff**. Danach sind Kosten der bewertete Güterverzehr zur Erstellung und Verwertung von Leistungen, wobei unter Gütern Sach- und Dienstleistungen im allgemeinsten Sinne verstanden werden. Dieser Kostenbegriff geht historisch auf *Schmalenbach* zurück, der ihn vor dem Hintergrund der Bedingungen wirtschaftlicher Tätigkeit in den zwanziger Jahren entwickelte.

Der eben definierte wertmäßige Kostenbegriff ist durch **drei Merkmale** gekennzeichnet:

(1) Es muß ein **Verzehr von Gütern** vorliegen; die betreffenden Güter müssen im betrieblichen Prozeß der Leistungserstellung und -verwertung verbraucht oder gebraucht werden.

(2) Nur ein solcher Güterverzehr im Betrieb führt zu Kosten, der in einer Zweckverbindung mit der betrieblichen Leistungserstellung und -verwertung steht. Ein nicht **leistungsbezogener** Güterverzehr - wie beispielsweise ein Kursverlust bei spekulativ gehaltenen Aktien in einem Maschinenbauunternehmen - läßt keine Kosten für diesen Betrieb entstehen.

(3) Der Güterverzehr zum Zwecke der Leistungserstellung und -verwertung muß **bewertet** werden. Diese Bewertung des Güterverzehrs stellt ein beträchtliches theoretisches und praktisches Problem dar. Ohne an dieser Stelle auf die theoretische Problematik der Bewertung einzugehen, lassen sich drei gebräuchliche Wertansätze im Bereich der Kosten unterscheiden:
- **Anschaffungspreise** als tatsächlich gezahlte bzw. als durchschnittlich angesetzte Preise,
- **Tagespreise** als Preise im Verzehrs- oder Umsatzzeitpunkt bzw. als Wiederbeschaffungspreise,
- **Festpreise** als standardisierte, über einen längeren Zeitraum als konstant angesetzte Preise.

Die inhaltliche Bestimmung der Kosten entsprechend dem wertmäßigen Kostenbegriff ist insbesondere hinsichtlich der Unterscheidung zwischen Kosten und Aufwand wichtig. Der Aufwand, der in der Finanzbuchhaltung zur Erfassung des Werteverzehrs Verwendung findet, ist an gesetzlichen und anderen Vorschriften bzw. Grundsätzen orientiert und bezieht sich in diesem Rahmen insbesondere auf den gesamten Güterverzehr im Betrieb, nicht allein auf den leistungsbezogenen.

Zur Abgrenzung zwischen Aufwand und Kosten im Sinne des wertmäßigen Kostenbegriffes sei auf die Darstellung 6-1 aus dem vorangegangenen Abschnitt 12. verwiesen, aus der nun die beiden Elemente Aufwand und Kosten herausgenommen und im Hinblick auf ihre Verschiedenartigkeit eingehender untersucht werden.

<table>
<tr><td colspan="2">Aufwand</td><td></td></tr>
<tr><td>neutraler Aufwand</td><td>Zweckaufwand</td><td></td></tr>
<tr><td></td><td>Grundkosten</td><td>kalkulatorische Kosten</td></tr>
<tr><td></td><td colspan="2">Kosten</td></tr>
</table>

Darstellung 6-16: Gegenüberstellung von Aufwand und Kosten

Die Darstellung 6-16 zeigt, daß es einen Teil des Aufwandes, den **Zweckaufwand** gibt, der mit den entsprechenden Kosten, den **Grundkosten,** übereinstimmt. Darüber hinaus gibt es aber einen Teil des Aufwandes, den **neutralen Aufwand**, der keinen Eingang in die Kostenrechnung findet, da keine ihm entsprechenden Kosten existieren. Andererseits gibt es einen Teil der Kosten, die **kalkulatorischen Kosten**, denen in der Finanzbuchhaltung kein Aufwand gegenübersteht.

Beim neutralen Aufwand werden folgende Arten unterschieden (*Haberstock*):

(1) **betriebsfremder Aufwand** als Aufwand, der in keinerlei Beziehung zur betrieblichen Leistungserstellung und -verwertung steht wie beispielsweise Spenden für karitative Zwecke oder der oben erwähnte Kursverlust bei nicht betriebsnotwendigen Wertpapieranlagen;
(2) **periodenfremder Aufwand** als Aufwand, der zwar durch die betriebliche Leistungserstellung und -verwertung veranlaßt wird, der aber in einer anderen Periode entsteht als in der, in welcher der betreffende Güterverzehr erfolgt ist wie beispielsweise im Falle einer Gewerbesteuernachzahlung;
(3) **außerordentlicher Aufwand** als Aufwand, der zwar ebenfalls durch die betriebliche Leistungserstellung und -verwertung veranlaßt wird, der aber so außergewöhnlich ist, daß er nicht in die Kostenrechnung einbezogen wird, um das Rechnungsergebnis nicht grundlegend zu verfälschen, wie das etwa im Falle eines Großfeuerschadens gegeben wäre.

Im Bereich der kalkulatorischen Kosten lassen sich zwei Kategorien unterscheiden, nämlich Zusatzkosten und Anderskosten. **Zusatzkosten** sind solche Kosten, die ausschließlich in der Kostenrechnung Berücksichtigung finden, denen in der Finanzbuchhaltung also überhaupt kein Aufwand gegenübersteht. Beispiele für Zusatzkosten sind kalkulatorische Unternehmerlöhne, Eigenkapitalzinsen, kalkulatorische Mieten und kalkulatorische Wagnisse. **Anderskosten** sind dagegen Kosten, denen zwar ein Aufwand in der Finanzbuchhaltung gegenübersteht, der aber in der Regel geringer ist als die in der Kostenrechnung in Ansatz gebrachten Kosten. Als Beispiel seien hier Abschreibungen genannt, die in der Finanzbuchhaltung entsprechend gesetzlichen Vorschriften berücksichtigt werden, die aber in der Kostenrechnung aufgrund wirtschaftlicher Überlegungen höher angesetzt werden, um den tatsächlichen Güterverzehr wertmäßig richtig zu erfassen.

Der **Erlösbegriff** soll entsprechend dem Kostenbegriff in seiner wertmäßigen Interpretation definiert werden. Danach ist der Erlös die bewertete leistungsbezogene Güterentstehung. Der wertmäßige Erlösbegriff ist somit durch **drei Merkmale** gekennzeichnet:

(1) **Güterentstehung** erfolgt durch den Umwandlungsprozeß der eingesetzten Güter in die erstellten Leistungen; hierbei kann es sich um Markt-, Betriebsleistungen und innerbetriebliche Leistungen handeln.
(2) Erlöse im Betrieb entstehen nur für Güterentstehungen, die dem **Sachziel** dienen. Ein Kursgewinn bei spekulativ gehaltenen Aktien in einem Maschinenbauunternehmen ist nicht leistungsbezogen und wird nicht in der Erlösrechnung berücksichtigt.
(3) Die Güterentstehung, die in einer Beziehung zum Sachziel steht, muß **bewertet** werden. Für die Wahl des Wertansatzes bestehen wie bei den Kosten keine Vorschriften, der wertmäßige Erlösbegriff zeichnet sich durch die Offenheit der Wertkomponente aus. Es lassen sich drei gebräuchliche Wertansätze im Bereich der Erlöse unterscheiden:
    - **Absatzpreise** als tatsächlich bezahlte Preise,
    - **Absatzpreise** zum zukünftig, erwarteten Umsatzzeitpunkt,
    - **Festpreise** als standardisierte, über einen längeren Zeitraum als konstant angesetzte Preise.

Der wertmäßige Erlösbegriff ist gegenüber dem Ertragsbegriff abzugrenzen. Der Ertrag, der in der Finanzbuchhaltung zur Erfassung der Güterentstehung Verwendung findet, ist an gesetzlichen und anderen Vorschriften bzw. Grundsätzen orientiert und bezieht sich auf die gesamte Güterentstehung im Betrieb, nicht allein auf die leistungsbezogene.

Ertrag		
neutraler Ertrag	Zweckertrag	
	Grunderlös	kalkulatorischer Erlös
	Erlös	

Darstellung 6-17: Gegenüberstellung von Ertrag und Erlös

Ein Teil der Erträge, die neutralen Erträge, werden nicht in die Erlösrechnung einbezogen und ein Teil der Erlöse, die kalkulatorischen Erlöse, werden nicht in der Finanzbuchhaltung erfaßt.

Neutrale Erträge treten in mehreren Arten auf:

(1) **betriebsfremder Ertrag**, der in keinerlei Beziehung zum Sachziel steht wie beispielsweise Erträge aus Mietshäusern oder der oben erwähnte Kursgewinn bei nicht betriebsnotwendigen Wertpapieranlagen;

(2) **periodenfremder Ertrag**, der in einer anderen Periode entsteht als in der, in welcher die betreffende Güterentstehung erfolgt ist wie beispielsweise im Falle einer Steuerrückvergütung;

(3) **außerordentlicher Ertrag**, der so außergewöhnlich ist, daß er nicht in die Erlösrechnung einbezogen wird, um den Periodenerfolg nicht grundlegend zu verfälschen, wie das beim Verkauf einer Maschine über den Restbuchwert gegeben wäre.

Im Bereich der kalkulatorischen Erlöse lassen sich zwei Kategorien unterscheiden, nämlich Zusatzerlöse und Anderserlöse. **Zusatzerlöse** sind solche Erlöse, die ausschließlich in der Erlösrechnung Berücksichtigung finden, denen in der Finanzbuchhaltung also überhaupt kein Ertrag gegenübersteht. **Anderserlöse** sind dagegen Erlöse, denen zwar ein Ertrag in der Finanzbuchhaltung gegenübersteht, der aber in der Regel geringer ist als die in der Erlösrechnung in Ansatz gebrachten Erlöse. Werden z. B. die bewerteten Bestandserhöhungen von Halb- und Fertigerzeugnissen als kalkulatorische Erlöse bezeichnet, handelt es sich um Anderserlöse. Bewertet man nämlich die auf Lager produzierten Leistungen, die im externen Rechnungswesen mit ihren Herstellungskosten angesetzt werden, mit zu erwartenden Absatzpreisen, so erbringen diese Leistungen Anderserlöse. **Zusatzerlöse** stehen überhaupt keine Erträge gegenüber, wie z. B. selbsterstellte Patente, die im Unternehmen eingesetzt werden, in der Finanzbuchhaltung aber nicht berücksichtigt werden.

33. Kosten- und Erfolgsrechnungssysteme

Um die verschiedenartigen Aufgaben der Kosten- und Erfolgsrechnung (im folgenden vereinfachend: Kostenrechnung) erfüllen zu können, sind Angaben darüber notwendig, welche Kosten (Erlöse) und in welcher Weise diese erfaßt und weiterverrechnet werden sollen. Das Ergebnis einer systematischen Festlegung solcher

Erfassungs- und Weiterverarbeitungsvorschriften für die Kosten wird als Abrechnungssystem oder Kostenrechnungssystem bezeichnet. Sie können stets durch zwei Merkmale beschrieben werden, nämlich

(1) den **Zeitbezug der Kosten** oder den **Grad der Kostennormierung** und
(2) den **Sachumfang der Kosten**.

Nach dem Zeitbezug der Kosten werden vergangenheitsbezogene oder Istkosten, gegenwartsorientierte oder Normalkosten und zukunftsbezogene oder Plankosten unterschieden. Dementsprechend werden die zugehörigen Kostenrechnungen als **Istkostenrechnung**. **Normalkostenrechnung** und **Plankostenrechnung** bezeichnet. Es erscheint jedoch sachgerechter, hier das Unterscheidungsmerkmal im Grad der Kostennormierung zu erblicken, da auch schon in der Istkostenrechnung manche Kostenarten Durchschnittscharakter (z. B. verrechnete kalkulatorische Wagnisse) oder Plancharakter (z. B. planmäßige Abschreibungen bei unbekannter Nutzungsdauer der Abschreibungsobjekte) haben. Demnach weist die Istkostenrechnung den geringsten und die Plankostenrechnung den höchsten Grad der Kostennormierung auf.

Zeitbezug / Sachumfang	Istkostenrechnung	Normalkostenrechnung	Plankostenrechnung
Vollkostenrechnung	traditionelle Kostenrechnung	Rechnung mit durchschnittlichen Kosten	starre PKR flexible PKR auf Vollkostenbasis
Teilkostenrechnung	Direct Costing stufenweise Fixkostendeckungsrechnung Riebels Rechnung mit relativen Einzelkosten und Deckungsbeiträgen		flexible PKR auf Teilkostenbasis Grenzplankostenrechnung

Darstellung 6-18: Kostenrechnungssysteme

Nach dem Sachumfang der Kosten wird unterschieden, ob alle oder nur Teile der in einer Abrechnungsperiode angefallenen Kosten auf die Produkteinheiten zugerechnet werden. Die zugehörigen Kostenrechnungen werden **Vollkostenrechnung** und **Teilkostenrechnung** genannt. Das Kennzeichen der Vollkostenrechnung besteht darin, daß sämtliche Kosten einer Periode erfaßt und den einzelnen Leistungen des Unternehmens zugerechnet werden. Demgegenüber zeichnen sich Teilkostenrechnungen dadurch aus, daß zwar auch alle Kosten einer Periode erfaßt werden, nicht aber alle, sondern diese Kosten nur teilweise auf Produkteinheiten weiterverrechnet werden. Bei diesem Teil handelt es sich um die für den jeweiligen Zweck, der mit der Kostenrechnung verfolgt wird, **relevanten Kosten**. Die Bezeichnung Teilkostenrechnung darf aber nicht zu der Annahme verleiten, daß eine solche Kostenrechnung zu einer Reduktion der insgesamt in einer Abrechnungsperiode zu berücksichtigenden Kosten führt oder führen könnte. Es werden lediglich aus der Weiterverrechnung der Kosten diejenigen herausgelassen, die für den jeweils verfolgten Kostenrechnungszweck nicht relevant sind. Um die Vorteile beider

Vorgehensweisen auszunutzen und gleichzeitig die mit ihnen jeweils verbundenen Nachteile zu vermeiden, ist vorgeschlagen worden, die Kostenrechnung als **kombinierte Voll- und Teilkostenrechnung** durchzuführen.

Ein Kostenrechnungssystem wird durch Angabe der in ihm verwendeten Kostenrechnung nach den beiden Merkmalen Zeitbezug der Kosten oder Grad der Kostennormierung und Sachumfang determiniert. In der nachfolgenden Abbildung sind die sechs denkbaren Kostenrechnungssysteme dargestellt, wobei für fünf dieser Kostenrechnungssysteme in Theorie und Praxis entwickelte konkrete Ausprägungsformen angegeben sind. Das sechste Feld der Matrix ist unbesetzt, da eine Normalkostenrechnung als Teilkostenrechnung zwar theoretisch denkbar, für die betriebliche Praxis aber weitestgehend ohne Bedeutung ist.

34. Die Teilsysteme der Kosten- und Erfolgsrechnung

341. Überblick

Die Grundstruktur der verschiedenen Systeme der Kosten- und Erfolgsrechnung ist weitgehend identisch. Die Durchführung der Kostenrechnung vollzieht sich in der Regel in den drei aufeinanderfolgenden Stufen Kostenartenrechnung, Kostenstellenrechnung und Kostenträgerrechnung, und es wird, um die kurzfristige Erfolgsrechnung aufstellen zu können, zusätzlich die Erlösrechnung benötigt. In den folgenden Kapiteln wird diese Vorgehensweise überwiegend anhand der traditionellen Kostenrechnung dargestellt

Bei der traditionellen Kostenrechnung handelt es sich um eine **Vollkostenrechnung auf Istkostenbasis**, also um ein Kostenrechnungssystem, in dem sämtliche Kosten einer Abrechnungsperiode erfaßt und auf die Leistungseinheiten weiterverrechnet werden und in dem es sich bei den erfaßten Kosten um vergangenheitsbezogene oder hinsichtlich des Grades der Kostennormierung nur in Ausnahmefällen um normierte, d. h. geplante handelt.

In der **Kostenartenrechnung** geht es zunächst um die Beantwortung der Frage: "Welche Kosten sind in welcher Höhe angefallen?" In der Kostenartenrechnung geht es demzufolge in erster Linie um die systematische Erfassung sämtlicher Kosten der Abrechnungsperiode, die zum Zwecke der betrieblichen Leistungserstellung und -verwertung entstanden sind. Diese Erfassung erfolgt einerseits durch die Übernahme der Grundkosten aus der Finanzbuchhaltung unter Zuhilfenahme der Lohn- und Gehalts-, Material- sowie Anlagenabrechnung und andererseits durch die Ermittlung der zu berücksichtigenden kalkulatorischen Kosten.

Die **Kostenstellenrechnung** gibt Auskunft hinsichtlich der Frage: "Wo sind welche Kosten in welcher Höhe angefallen?" Damit erfolgt in der Kostenstellenrechnung eine Verrechnung der Kosten zu den betrieblichen Bereichen, wo sie entstanden sind. Dies gilt allerdings nur für solche Kosten, die sich den Kostenträgern in Form der einzelnen Leistungen des Unternehmens nicht direkt zurechnen lassen. Die den Kostenträgern direkt zurechenbaren Kosten werden als Kostenträger-Einzelkosten bezeichnet; die in der Kostenstellenrechnung verarbeiteten Kosten heißen dementsprechend Kostenträger-Gemeinkosten. Unter einer **Kostenstelle** wird ein kostenrechnerisch selbständig abzurechnender betrieblicher Teilbereich verstanden. Die Verrechnung der Gemeinkosten auf die Kostenstellen erfolgt aus zwei Gründen: erstens soll so die Möglichkeit geschaffen werden, sie in geeigneter Weise von den Kostenstellen auf die Kostenträger weiterzuverrechnen; zweitens sind die Kostenstellen abrechnungstechnische Einheiten im Hinblick auf die Durchführung von Kostenkontrollen zur Überprüfung der Wirtschaftlichkeit der betrieblichen Tätigkeit.

Die die traditionelle Kostenrechnung abschließende **Kostenträgerrechnung** beantwortet die Frage: "Wofür sind die Kosten in welcher Höhe angefallen?" In dieser Erscheinungsform wird die Kostenträgerrechnung als **Kostenträgerstückrechnung** bezeichnet, da ihre Aufgabe hier darin besteht, den einzelnen Kostenträgern in Form der einzelnen Leistungen des Unternehmens diejenigen Kosten zuzurechnen, die durch ihre Erstellung und gegebenenfalls Verwertung veranlaßt worden sind. Die Kostenträgerstückrechnung trägt auch die Bezeichnung **Kalkulation**, und dementsprechend werden die Verfahren der Kostenträgerstückrechnung oft **Kalkulationsverfahren** genannt.

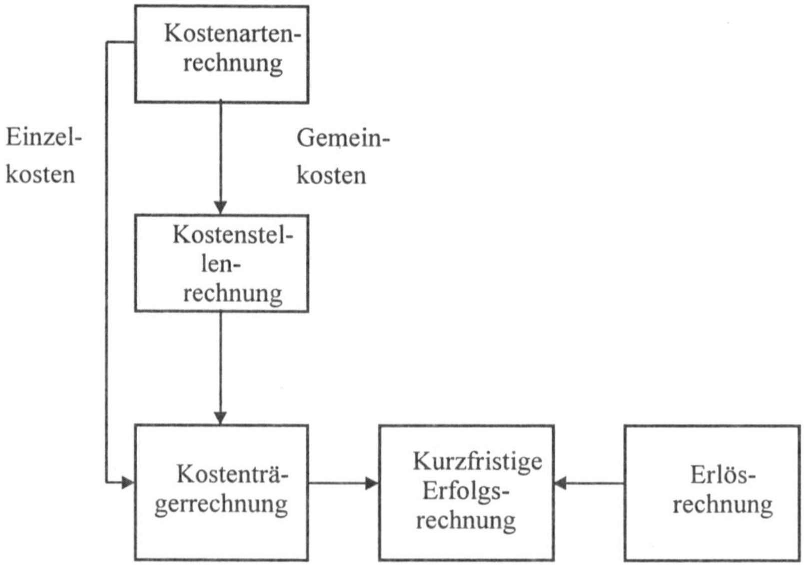

Darstellung 6-19: Ablauf der Kosten- und Erfolgsrechnung

Das Prinzip der traditionellen Kostenrechnung besteht darin, sämtliche Kosten einer Abrechnungsperiode den einzelnen Leistungen des Betriebes in dieser Periode zuzurechnen. Dies geschieht, indem diesen Leistungen zunächst die Kostenträger-Einzelkosten direkt zugerechnet und anschließend die Kostenträger-Gemeinkosten über sogenannte Kalkulationszuschlagssätze indirekt angelastet werden. Entsprechend dieser Vorgehensweise wird die traditionelle Kostenrechnung auch als eine "Durchrechnung" aller Kosten einer Abrechnungsperiode auf die Kostenträger in Form der betrieblichen Leistungen dieser Periode bezeichnet; gelegentlich wird in diesem Zusammenhang auch von "Kostenüberwälzung" gesprochen.

Die **Erlösrechnung** dient vornehmlich der Erfassung und Zurechnung der Erlöse auf die Leistungseinheiten. Sie stellt zwar das Pendant zur Kostenrechnung dar, ihre Durchführung erfolgt jedoch nicht in gleicher Weise. Die Erlöserfassung erfolgt nämlich erlösträgerbezogen und nicht wie in der Kostenrechnung zuerst kostenartenbezogen, bevor die Kosten auf Kostenstellen und Kostenträger weiterverrechnet werden. Eine Unterscheidung in Erlösarten-, Erlösstellen- und Erlösträgerrechnung hat sich daher weder in der Theorie noch in der Praxis durchgesetzt. Allerdings ist zu beachten, daß zwischen den Erlösträgern Verbundheitsbeziehungen bestehen können, die eine direkte erlösträgerbezogene Zurechnung erschweren.

Die **kurzfristige Erfolgsrechnung** soll Aufschluß geben, inwieweit die betrieblichen Leistungen zum Erfolg des Unternehmens beigetragen haben. Für eine differenzierte Analyse der Erfolgsquellen werden die Informationen über die Produkte aus der Kostenrechnung und der Erlösrechnung benötigt.

342. Kostenartenrechnung

Die Kostenartenrechnung soll sämtliche Güterverzehre, die bei der Erstellung und Verwertung der betrieblichen Leistungen (Kostenträger) anfallen, systematisch und lückenlos erfassen und nach verschiedenen Kriterien einteilen. Ausgehend von der wertmäßigen Definition der Kosten wird unter einer **Kostenart** der unter einem gleichen Merkmal untergeordnete leistungsbezogene bewertete Verzehr von Gütern verstanden. Die Erfassung der Kosten eines Betriebes während einer Abrechnungsperiode erfolgt unter Zuhilfenahme der Daten aus der Finanzbuchhaltung, insbesondere der Lohn- und Gehalts- sowie der Material- und Anlagenabrechnung. Die Gliederung der Kosten richtet sich nach den Aufgaben der Kosten- und Erfolgsrechnung und kann in unterschiedlicher Weise vorgenommen werden; die Darstellung 6-20 zeigt die wichtigsten Möglichkeiten auf.

Gliederungskriterium	Beispiele	Erläuterungen
Art der verzehrten Güter	Personalkosten, Betriebsmittelkosten, Materialkosten	Die konkreten Kostenarten hängen von der Branche ab.
Art der Verrechnung auf Kostenträger	Einzel- und Gemeinkosten	Einzelkosten lassen sich direkt den Kostenträgern zurechnen, für Gemeinkosten gilt dies nicht.
Verhalten bei Beschäftigungsänderungen	Fixe Kosten, variable Kosten	Variable Kosten verändern sich mit der Beschäftigung, fixe Kosten hingegen nicht.
Herkunft der verzehrten Güter	Primär- und Sekundärkosten	Primäre Kosten entstehen für von außen bezogene Güter, sekundäre Kosten für innerbetriebliche Leistungen.

Darstellung 6-20: Gliederung der Kosten

Die Einteilungskriterien können auch kombiniert verwendet werden. So läßt sich beispielsweise das Gehalt eines Angestellten der Finanzbuchhaltung nach den einzelnen Kriterien den folgenden Kostenarten zuordnen: Personalkosten, Gemeinkosten, fixe Kosten und primäre Kosten.

Beim Einsatz von kostenstellenorientierten Gliederungskriterien ist das **Gebot der Reinheit** der Kostenart meist verletzt. So werden z. B. in einer Kostenart Schlossereikosten Material- und Personalkosten miteinander vermischt, und eine getrennte Verrechnung oder Analyse ist dann nicht mehr möglich.

Als ein bedeutendes Kriterium hat sich die Art der verzehrten Güter durchgesetzt, da z. B. für den Zweck der Wirtschaftslichkeitskontrolle eine genaue Kenntnis der verzehrten Einsatzgüter notwendig ist. Die Gliederung der Kostenarten findet ihren Niederschlag im **Kontenrahmen**. Der Kontenrahmen enthält die systematische Einteilung aller Konten des betrieblichen Rechnungswesens; er gilt überbetrieblich für einen Wirtschaftszweig. Auf der Grundlage eines Kontenrahmens wird im Unternehmen der **Kontenplan** entwickelt; er stellt die individuelle Gestaltung des Kontenrahmens für das Unternehmen dar, um so die speziellen Gegebenheiten im Unternehmen berücksichtigen zu können. Die Einteilung nach den verzehrten Gütern läßt sich beispielhaft an der Systematik der Kostenarten des **Gemeinschaftskontenrahmens für die Industrie** zeigen:

Kontenklasse 4:

40-42	Stoffkosten (Roh-, Hilfs- und Betriebsstoffe)
43	Löhne und Gehälter
44	Sozialkosten
45	Instandhaltung, Dienstleistungen
46	Steuern, Gebühren, Beiträge, Versicherungsprämien
47	Mieten, Verkehrs-, Büro-, Werbekosten
48	Kalkulatorische Kosten

Die **Erfassung** der einzelnen Kostenarten erfolgt entweder getrennt nach der Mengen- und Preiskomponente oder in einem Betrag, wie z. B. bei Steuern und Gebühren. Da im Rahmen dieses Buches nicht auf alle Kostenarten eingegangen werden kann, sollen an zwei ausgewählten Kostenarten die grundsätzlichen Erfassungsprobleme der Kostenartenrechnung aufgezeigt werden.

Zu den **Materialkosten** zählen die Roh-, Hilfs- und Betriebsstoffe sowie die fremdbezogenen Fertigteile. Die verbrauchten Güter werden durch unterschiedliche Methoden gemessen. In der Praxis weit verbreitet ist die direkte Erfassung des Materialverbrauchs durch einen **Materialentnahmeschein**, d. h., bei jedem Materialausgang vom Lager wird ein entsprechender Beleg ausgestellt. Die **Inventurmethode** ermittelt den Verbrauch aus den Bestandsveränderungen und den Zugängen nach der allgemeinen Lagergleichung:

Anfangsbestand + Zugänge - Endbestand = Verbrauch

Eine weitere Möglichkeit ist die **Rückrechnung** (retrograde Methode), bei der auf der Grundlage der erstellten Leistungsmengen die verbrauchten Mengen ermittelt werden. Dies stellt eine indirekte Form des Messens dar, da vom Soll (geplante Mengen an Material pro Leistungseinheit) auf die tatsächliche Menge geschlossen wird.

Die **Bewertung** des Güterverbrauchs kann beispielsweise mit Anschaffungs-, Wiederbeschaffungs- oder Festpreisen erfolgen. Die Anschaffungspreise sind die tatsächlich auf dem Beschaffungsmarkt bezahlten Preise, sie lassen sich leicht den Rechnungen entnehmen. Schwanken die Beschaffungspreise, so setzt sich der Lagerbestand aus Materialien zusammen, die zu unterschiedlichen Preisen beschafft wurden. Bei einem Verbrauchsvorgang stellt sich dann die Frage, welchen Preis man ansetzen soll. Bei der Bewertung mit **Istpreisdurchschnitten** werden durchschnittliche Anschaffungspreise zugrunde gelegt, bei der **selektiven Istpreisbewertung** werden Annahmen über die Verbrauchsfolge getroffen. So werden z. B. beim LIFO-Verfahren (last in, first out) die zuletzt beschafften Materialien als zuerst verbraucht angesehen.

Im Zentrum der kalkulatorischen Kostenarten stehen die kalkulatorischen Abschreibungen und Zinsen. **Kalkulatorische Abschreibungen** sind Kosten für den Güterverzehr von langfristig nutzbaren Produktionsfaktoren, insbesondere Betriebsmitteln. Sie sollen den Verschleiß von Betriebsmitteln wie maschinellen Anlagen und Fahrzeugen in der Kostenrechnung abbilden. Ihre Ermittlung setzt verschiedene Informationen voraus:

1. **Anschaffungsbetrag**:
   a) Anschaffungswert; b) Wiederbeschaffungswert; c) Tageswert;
2. **Liquidationserlös**: a) Verkaufswert; b) Schrottwert;
3. **Nutzungsdauer** bzw. **-potential**: a) Gesamtnutzungsdauer; b) Gesamtnutzungspotential;
4. **Abschreibungsmethode**: a) nutzungsabhängig; b) linear; c) degressiv; d) progressiv.

Die jährliche Abschreibung im folgenden Zahlenbeispiel ergibt sich aus der Differenz von Anschaffungsbetrag und Liquidationserlös, diese **Abschreibungssumme** ist auf die Gesamtnutzungszeit zu verteilen. Die Art der Verteilung und damit die Höhe der jährlichen **Abschreibungsraten** richtet sich nach dem ausgewählten Verfahren, die Tabelle zeigt beispielhaft die Ermittlung der zeitabhängigen Abschreibungsbeträge nach der linearen und der degressiven Methode.

Jahr	Lineare Abschreibung		Degressive Abschreibung	
	Abschreibung	Restbuchwert	Abschreibung	Restbuchwert
1.	40.000,--	180.000,--	50.000,--	170.000,--
2.	40.000,--	140.000,--	45.000,--	125.000,--
3.	40.000,--	100.000,--	40.000,--	85.000,--
4.	40.000,--	60.000,--	35.000,--	50.000,--
5.	40.000,--	20.000,--	30.000,--	20.000,--
Anschaffungsbetrag 220.000,- DM Liquidationserlös 20.000,- DM Nutzungsdauer 5 Jahre				

Darstellung 6-21: Beispiel zur Ermittlung von Abschreibungen

343. Kostenstellenrechnung

In der Kostenartenrechnung werden sämtliche Kosten des Unternehmens erfaßt und gegliedert, im zweiten Schritt werden in der Kostenstellenrechnung die Gemeinkosten den Orten ihrer Entstehung zugeordnet. Die Kostenstellenrechnung soll drei Aufgaben dienen:

1. Kostenplanung,
2. Kostenkontrolle und
3. Kalkulation der betrieblichen Leistungen.

In den Kostenstellen entstehen die Kosten für den Leistungserstellungs- und Leistungsverwertungsprozeß; es ist daher zweckmäßig, die Kostenplanung und –kontrolle dort durchzuführen, wo sie beeinflußt werden können. Kostenstellen werden für die Kalkulation benötigt, weil ein Teil der Kosten sich nicht direkt den Kostenträgern zurechnen läßt.

Unter einer **Kostenstelle** wird ein kostenrechnerisch selbständig abzurechnender betrieblicher Teilbereich verstanden, der nicht unbedingt mit einer Einheit entsprechend der räumlichen, organisatorischen oder funktionalen Gliederung des Unternehmens übereinzustimmen braucht (*Haberstock*). Die Kostenstellen in einem Unternehmen lassen sich in unterschiedlicher Weise einteilen, dabei sind die folgenden Prinzipien der Kostenstelleneinteilung zu beachten:

(1) für den Zweck der Kalkulation müssen sich **Maßgrößen der Kostenverursachung** (Bezugsgrößen) ermitteln lassen;
(2) die Kostenstelle soll ein **eigenständiger Verantwortungsbereich** sein;
(3) die Kostenstellen sollen **klar** voneinander abgegrenzt sein und damit die Erfassung und Buchung der Kosten **einfach** und **genau** sein kann.

Die Kostenstelleneinteilung sollte nur so differenziert vorgenommen werden daß es wirtschaftlich gerechtfertigt ist, und die Übersichtlichkeit gewahrt bleibt. Wie die konkrete Einteilung des Unternehmens in Kostenstellen vorgenommen wird, hängt von den unternehmensindividuellen Gegebenheiten ab, so z. B. von der Unternehmensgröße, dem Leistungsprogramm und dem organisatorischen Aufbau. Die Kostenstelleneinteilung knüpft in der Regel am organisatorischen Aufbau des Unternehmens an, da in ihm Aufgaben- und Verantwortungsbereiche gebildet werden. Für die Zwecke der Kostenrechnung, insbesondere die Kalkulation, hat sich darüber hinaus eine weitere Einteilung der Kostenstellen in Vor- und Endkostenstellen entwickelt. Sie wird nach abrechnungstechnischen Gesichtspunkten vorgenommen; so werden die Kosten der **Vorkostenstellen** auf Vor- oder Endkostenstellen verrechnet, die Kosten der **Endkostenstellen** werden hingegen direkt den Kostenträgern zugerechnet.

Das in der betrieblichen Praxis gebräuchlichste Instrument der Kostenstellenrechnung bildet der **Betriebsabrechnungsbogen**, obwohl gegenüber dieser tabellarischen Form mit zunehmendem Einsatz der elektronischen Datenverarbeitung die Vornahme der Kostenstellenrechnung in Kontoform stark an Bedeutung gewinnt. Die Aufgaben des Betriebsabrechnungsbogens sind:

1. die verursachungsgerechte Zurechnung der **primären Gemeinkosten** auf die Kostenstellen;

2. die Durchführung der **innerbetrieblichen Leistungsverrechnung**, um die sekundären Gemeinkosten auf die Kostenstellen zu verteilen;
3. die Bildung der **Kalkulationssätze**.

Der Betriebsabrechnungsbogen zeigt horizontal die verschiedenen Gemeinkostenarten und vertikal die Kostenstellen auf.

Kostenstelle Kostenarten	Vorkostenstellen	Endkostenstellen
primäre Gemeinkosten		
sekundäre Gemeinkosten		

Darstellung 6-22: Schema des Betriebsabrechnungsbogens

Die Verteilung der primären Gemeinkosten auf Vor- und Endkostenstellen wird auf der Grundlage von Bezugsgrößen vorgenommen. **Bezugsgrößen** sind Maßgrößen der Kostenverursachung, die eine funktionale Beziehung zwischen der Leistung in der Kostenstelle, den Kostenträgern und den Kosten aufzeigen. **Direkte Bezugsgrößen** werden entweder aus den erzeugten Leistungseinheiten abgeleitet oder während der Leistungserstellung erfaßt. Sie stellen einen Maßstab der Kostenstellenleistung dar, mit dessen Hilfe die Gemeinkostenplanung und -kontrolle durchgeführt werden kann.

Es sei daran erinnert, daß der wesentliche Unterschied zwischen Teil- und Vollkostenrechnungen die Anpassung an Beschäftigungsänderungen ist. Bezugsgrößen, die einen funktionalen möglichst proportionalen Zusammenhang zwischen Kostenstellenleistung und den Kosten herstellen sollen, benötigen hierzu eine Aufteilung der Kostenstellenkosten in fixe und variable Kosten. Während für variable Kosten häufig ein proportionaler Zusammenhang zu einer Bezugsgröße zu finden ist, wird dies für fixe Kosten nicht möglich sein.

Die **innerbetriebliche Leistungsverrechnung** hat die Aufgabe die Gemeinkosten der Vorkostenstellen auf diejenigen Vor- und Endkostenstellen zu verteilen, die von ihnen Leistungen empfangen haben. **Sekundäre Gemeinkosten** setzen sich aus den primären Gemeinkosten der Vorkostenstellen zusammen. Vorkostenstellen erbringen Leistungen, die ausschließlich im betrieblichen Leistungserstellungsprozeß verwendet werden. Solche Leistungen können auch Gebrauchsgüter, wie z.B. selbsterstellte Anlagen, sein. Im Rahmen der innerbetrieblichen Leistungsverrechnung werden nur solche Leistungen berücksichtigt, für die die Erzeugung und der Verbrauch in der gleichen Periode liegen.

Ein großes Problem bei der Durchführung der innerbetrieblichen Leistungsverrechnung ist die **Leistungsverflechtung** zwischen einzelnen Vorkostenstellen. Wenn eine Vorkostenstellen mit einer anderen Vorkostenstelle im gegenseitigen Leistungsaustausch steht, dann ist es nicht möglich, einen Kostensatz für ihre Leistungen zu ermitteln, solange sie nicht den Kostensatz der anderen Vorkostenstelle kennt. Dieses Problem läßt sich exakt nur simultan, beispielsweise mit Hilfe eines linearen Gleichungssystems (Gleichungsverfahren) lösen. In Theorie und Praxis haben sich zwei Näherungsverfahren entwickelt:

1. Anbauverfahren und
2. Stufenverfahren

Das **Anbauverfahren** vernachlässigt die wechselseitigen Leistungsbeziehungen vollständig. Der Kostensatz wird berechnet, indem die primären Kosten der Vorkostenstelle durch die an die Endkostenstellen abgegebenen Leistungen dividiert werden. Beim **Stufenverfahren** werden für die Vorkostenstellen sukzessiv die Kostensätze ermittelt, wobei möglichst mit einer Vorkostenstelle begonnen werden sollte, die keine oder nur geringe Leistungen von anderen Vorkostenstellen empfängt. Die Kosten werden bei diesem Verfahren auf die Endkostenstellen und alle noch nicht abgerechneten Vorkostenstellen umgelegt.

Mit Hilfe der innerbetrieblichen Leistungsverrechnung werden die sekundären Gemeinkosten auf die Endkostenstellen verteilt. Den Abschluß der Kostenstellenrechnung bildet die Aufgabe der **Ermittlung von Kalkulationssätzen**, denn die Gemeinkosten sollen auf Kostenträger verteilt werden. Die Kosten aller Endkostenstellen werden auf die Kostenträger weiterverrechnet, indem die Beanspruchung der Kostenstelle durch eine einzelne Leistungseinheit gemessen wird. Hierzu sind die Bezugsgrößen notwendig, die, wie bereits gefordert, ein Maßstab der Kostenstellenleistung sein sollen. Diese Eigenschaft ist für die Kalkulation allerdings nicht ausreichend, hinzukommen muß die eindeutige Beziehung zum Kostenträger. So läßt sich in einem zentralen Schreibbüro die Bezugsgröße Anzahl der geschriebenen Seiten zur Leistungsmessung verwenden, eine Beziehung zu einer einzelnen Produkteinheit wird jedoch nicht herzustellen sein. Eine für Fertigungskostenstellen typische Bezugsgröße, die beide Aufgaben erfüllt, ist die Maschinenstunde. Als Bezugsgrößen der Kostenzurechnung werden neben Mengen- auch Wertgrößen verwendet. Typische **Mengengrößen** sind Maschinenzeiten, Rüstzeiten, Materialgewicht und Stückzahlen, als **Wertgrößen** werden Einzelmaterialkosten oder Umsatz verwendet. Für eine Bezugsgröße lautet der Kalkulationssatz allgemein:

$$\frac{\text{Gemeinkosten}}{\text{Bezugsgröße}}$$

Dieser Kalkulationssatz kann im Rahmen der Kostenträgerrechnung bei den Verfahren der Zuschlagskalkulation genutzt werden.

344. Kostenträgerrechnung

Kosteninformationen über die betrieblichen Leistungen haben für die Unternehmensführung einen hohen Stellenwert, da Produkte zu den wichtigsten Entscheidungsobjekten im Unternehmen gehören. Die Kostenträgerrechnung soll Informationen über alle im Unternehmen erstellten Leistungen liefern. Sie gibt Antwort auf die Frage, für welche Produkte die Kosten angefallen sind. Die Kostenträgerrechnung teilt sich in zwei Bereiche

1. die Kostenträgerzeitrechnung und
2. die Kostenträgerstückrechnung (Kalkulation).

Die **Kostenträgerzeitrechnung** ist eine periodische Rechnung, die wöchentlich, monatlich oder vierteljährlich aufgestellt wird. Sie ist eine Zusammenstellung aller in der Abrechnungsperiode für die betrieblichen Leistungen angefallenen Kosten, wobei ein getrennter Ausweis nach einzelnen Leistungsarten erfolgt. Die Kostenträgerzeitrechnung ist damit die Vorstufe zur kurzfristigen Erfolgsrechnung.

Die **Kostenträgerstückrechnung (Kalkulation)** hat als Betrachtungsobjekt die Leistungs**einheit**, es werden stückbezogene Kosten geliefert: **Selbstkosten je Leistungseinheit**. Gegenstand der Kalkulation sind neben den Marktleistungen, die noch nicht abgesetzten Leistungen und die innerbetrieblichen Leistungen. Informationen über die Stückkosten werden z. B. zur Preisbeurteilung benötigt und sie sind für die Bewertung der Lagerbestände sowie der aktivierbaren eigenerstellten Leistungen notwendig.

Divisionskalkulation	Zuschlagskalkulation
Divisionskalkulation im engeren Sinne - einstufig - zweistufig - mehrstufig	summarische Zuschlagskalkulation - kumulative Betriebszuschlagskalkulation - elektive Betriebszuschlagskalkulation
Äquivalenzziffernkalkulation - einstufig - zweistufig - mehrstufig	differenzierende Zuschlagskalkulation - kumulative Kostenstellenzuschlagskalkulation - elektive Kostenstellenzuschlagskalkulation

Darstellung 6-23: Systematik der Kalkulationsverfahren

Die bekanntesten und gebräuchlichsten Kalkulationsverfahren sind die **Divisionskalkulation**, die **Äquivalenzziffernkalkulation** und die **Zuschlagskalkulation**, jeweils in einer Mehrzahl von Erscheinungsformen. Für die Kuppelproduktion, wie sie z. B. in der chemischen Industrie auftritt, werden besondere Kalkulationsverfahren eingesetzt, die im folgenden vernachlässigt werden.

Die verschiedenen Verfahren der **Divisionskalkulation** teilen, die in der Periode erstellten bzw. am Markt abgesetzten Leistungen, durch die Kosten, die in dieser Abrechnungsperiode angefallen sind. Werden die in einer Periode gefertigten Produkte durch die gesamten Kosten der Periode geteilt, dann handelt es sich um die **einstufige Divisionskalkulation**. Diese sehr einfache Form der Kalkulation setzt ein Einproduktunternehmen voraus, wie die Produktion von Strom in einem Elektrizitätswerk, und es dürfen weder Veränderungen der Lagerbestände bei unfertigen Erzeugnissen, einschließlich der Roh-, Hilfs- und Betriebsstoffe, noch bei fertigen Erzeugnissen auftreten.

Bei der **zweistufigen Divisionskalkulation** wird die Voraussetzung aufgehoben, daß keine Veränderungen im Lagerbestand der fertigen Erzeugnisse auftreten: Absatzmenge und Produktionsmenge sind also unterschiedlich hoch. Es werden den produzierten Mengen die Herstellkosten und den abgesetzten Mengen die Verwaltungs- und Vertriebskosten gegenübergestellt. Für die auf dem Lager liegenden, fertigen Erzeugnisse sind die Herstellkosten anzusetzen. Die **mehrstufige Divisonskalkulation** wird eingesetzt, wenn der Leistungserstellungsprozeß in einem Einproduktunternehmen mehrstufig abläuft und Veränderungen im Lagerbestand der unfertigen Erzeugnisse auftreten. Zum Problem werden in dieser Fertigungsstruktur die unterschiedlich hohen Produktionsmengen der einzelnen Stufen. Es gibt zwei Möglichkeiten, Stückkosten zu ermitteln. Die eine Möglichkeit ist eine für jede Stufe getrennte Berechnung der Kosten je Leistungseinheit mit der abschließenden Addition aller Stufen, zum zweiten erfolgt in jeder Fertigungsstufe die Berücksichtigung der eingesetzten Vorprodukte. Zu beachten ist für die mehrstufige Divisionskalkulation, daß für ihre Durchführung eine Kostenstellenrechnung notwendig ist.

Mit Hilfe der **Äquivalenzziffernkalkulation** läßt sich die Technik der Divisionskalkulation auch für die Mehrproduktfertigung anwenden. An die Beziehung zwischen den Produkten ist jedoch die Bedingung geknüpft, daß die Kosten für die einzelnen Produkte in einem festen Verhältnis zueinander stehen. In der Regel trifft dies auf Sortenprodukte wie Bier, Ziegel oder Zement zu. Für die Ermittlung der Äqivalenzziffer werden Bezugsgrößen gesucht, die als Verteilungsgrundlage dienen können. Verhalten sich die Kosten der Leistungen beispielsweise proportional zur beanspruchten Maschinenzeit oder zum Einsatzgewicht, lassen sich auf dieser Basis Äquivalenzziffern ermitteln. Die Stückkosten werden analog zu den Verfahren der Divisionskalkulation durch Division der Produktmengen durch die Kosten errechnet, anstatt der Produktmengen werden die mit den Äquivalenzziffern gewichteten Produktmengen angesetzt.

Die Verfahren der **Zuschlagskalkulation** werden immer dann eingesetzt, wenn die Leistungserstellung im Unternehmen so heterogen ist, daß eine verursachungsgerechte Zurechnung der Kosten mit den Verfahren der Divisionskalkulation nicht mehr möglich ist. In der Regel sind dies Unternehmen die mehrere Produkte in Serien- oder Einzelfertigung herstellen. Die Grundidee der Zuschlagskalkulation ist es, neben den direkt zurechenbaren Kosten (Einzelkosten) die Gemeinkosten auf der Basis von Kalkulationssätzen den Kostenträgern zuzurechnen. Die Ermittlung von Kalkulationssätzen wurde bereits bei der Behandlung der Kostenstellenrechnung erläutert. Die Verfahren der Zuschlagskalkulation lassen sich in die summarische und die differenzierende Zuschlagskalkulation einteilen.

Die **summarischen Zuschlagskalkulationen** (Betriebszuschlagskalkulationen) zeichnen sich dadurch aus, daß für die Ermittlung der Kalkulationssätze keine Kostenstellenrechnung notwendig ist. Im Falle der **kumulativen Betriebszuschlagskalkulation** wird nur ein Kalkulationssatz ermittelt, indem die Summe aller Gemeinkosten auf die Einzellöhne oder die Summe der Einzelkosten bezogen wird. In der **elektiven Betriebszuschlagskalkulation** wird hingegen die Summe der Gemeinkosten aufgeteilt, z. B. in Material-, Fertigungs-, Verwaltungs- und Vertriebsgemeinkosten, so daß mehrere Kalkulationssätze aufgestellt werden. Die summarischen Zuschlagskalkulationen sind grobe Verfahren, da der vorausgesetzte Zusammenhang zwischen der Zuschlagsgrundlage und den Gemeinkosten meist nicht gegeben ist.

Die **differenzierenden Zuschlagskalkulationen** (Kostenstellenzuschlagskalkulation) versuchen diesen Mangel zu beseitigen, indem sie auf der Grundlage der Kostenstellenstruktur im Unternehmen für die einzelnen Kostenstellen Kalkulationssätze ermittelt. Bei der **kumulativen Kostenstellenzuschlagskalkulation** wird die Zurechnung der Gemeinkosten auf die Kostenträger durch genau einen Kalkulationssatz für jede Kostenstelle erreicht. Wenn es nicht gelingt eine einzige Bezugsgröße für eine Kostenstelle zu finden, da eine Reihe von Kostenarten sich nicht proportional zur Bezugsgröße verhalten, dann müssen zwei oder mehrere Bezugsgrößen verwendet werden. Die **elektive Kostenstellenzuschlagskalkulation** (Bezugsgrößenkalkulation) ist dadurch charakterisiert, daß für eine Kostenstelle mehrere Kalkulationssätze berechnet werden. Die folgende Abbildung zeigt das Grundschema der differenzierenden Zuschlagskalkulation ohne die Aufteilung in einzelne Kostenstellen.

<table>
<tr><td>Materialeinzelkosten</td><td rowspan="2">Materialkosten</td><td rowspan="5">Herstellkosten</td><td rowspan="8">Selbstkosten</td></tr>
<tr><td>Materialgemeinkosten</td></tr>
<tr><td>Fertigungslohn</td><td rowspan="3">Fertigungs-
kosten</td></tr>
<tr><td>Fertigungsgemeinkosten</td></tr>
<tr><td>Sondereinzelkosten der Fertigung</td></tr>
<tr><td colspan="3">Verwaltungsgemeinkosten</td></tr>
<tr><td colspan="3">Vertriebsgemeinkosten</td></tr>
<tr><td colspan="3">Sondereinzelkosten des Vertriebs</td></tr>
</table>

Darstellung 6-24: Grundschema einer differenzierenden Zuschlagskalkulation

Die dargestellten Verfahren der Kalkulation zeigen, daß sich für die speziellen Bedingungen in den Unternehmen jeweils unterschiedliche Verfahren anbieten. Die Kalkulation in der traditionellen Kostenrechnung leidet allerdings an dem grundsätzlichen Mangel, keine Trennung in fixe und variable Kosten vorzunehmen. Da zwischen den Bezugsgrößen und den Kosten ein proportionaler Zusammenhang bestehen soll, ist eine solche Aufteilung der Kosten jedoch erforderlich.

345. Erlösrechnung

In der Erlösrechnung sind analog zur Kostenrechnung, Erlöse zu erfassen, zu gliedern und auf Betrachtungsobjekte zuzurechnen. Die Aufgaben der Kostenrechnung, nämlich Zahlenmaterial für dispositive Zwecke und für die Wirtschaftlichkeitskontrolle bereitzustellen, gelten auch für die Erlösrechnung. Sie muß aus diesem Grund Informationen für die **Erlösplanung** und **-kontrolle** liefern. Als Besonderheit gegenüber den Kosten ist jedoch zu beachten, daß die Möglichkeiten eines Unternehmens, die Erlöse zu beeinflussen, wesentlich geringer sind. Die Unternehmensführung benötigt Informationen über die Erlöse, da in vielen industriellen Unternehmen einem steigenden Fixkostenblock, der kurzfristig nicht abgebaut werden kann, Erlöse gegenüberstehen, die auf Veränderungen der Absatzmärkte relativ schnell reagieren.

Die Teilsysteme der Erlösrechnung dienen der Erfassung der durch die Leistungserstellung und Leistungsverwertung entstehenden Güter und der Zurechnung auf Leistungseinheiten. Die Erfassung und Zurechnung von Erlösen entspricht jedoch nicht dem Vorgehen in der Kostenrechnung, da die **Erlösarten-** und die **Erlösträgerrechnung** eng miteinander verbunden sind.

Die Einteilungsmöglichkeiten in der **Erlösartenrechnung** lassen erkennen, daß es nicht wie bei der Kostenrechnung eine der Kostenartenrechnung entsprechende

Erlösartenrechnung gibt, die neben der Erlösstellen- und Erlösträgerrechnung gesondert stehen kann. Der Grund liegt darin, daß eine Gliederung der Erlösarten nach dem Kriterium Art der entstehenden Leistung dem Kriterium zur Bildung der Erlösträger entspricht. Als **Erlösarten** bieten sich daher die verschiedenen Komponenten des Erlöses an, wie z. B. Basiserlös, Erlösminderungen und Erlösberichtigungen. Da die **Erlöserfassung** für den einzelnen Erlösträger erfolgt, ist der in der Kostenrechnung vorgenommene progressive Rechengang nicht möglich.

Die **Erlösträgerrechnung** dient der Zuordnung der Erlöse auf die Leistungseinheiten; so werden beispielsweise, um den Erfolg eines Produkts zu berechnen, neben den Stückkosten auch die Stückerlöse benötigt. Dies erfordert ein **retrogrades** Vorgehen, indem die Erlöse auf Erlösträger zugerechnet werden. **Erlösträger** können auf dem Absatzmarkt verwertete Leistungen, noch nicht abgesetzte, für den Verkauf bestimmte Leistungen und innerbetriebliche Leistungen sein. Das schwierigste Problem ist die **Zurechnung** der Erlöse auf einzelne Leistungsarten. Es gilt eine Unterscheidung wie in der Kostenrechnung, nämlich die in **Einzel-** und **Gemeinerlöse**. Einzelerlöse sind einem Erlösträger direkt zurechenbar, Gemeinerlöse sind nur einem übergeordneten Kalkulationsobjekt zuzuordnen. So werden oft für **Teilleistungen** Einzelpreise ausgewiesen, die Teilleistungen aber nur gemeinsam abgesetzt. So werden z. B. für Bildschirm, Tastatur und Festplatteneinheit eines PC jeweils Preise angegeben, die Mehrzahl der Kunden kauft die Teilleistungen jedoch zusammen. Der Erlös in diesem Beispiel fällt für alle Teilleistungen gemeinsam an, Entscheidungen müssen daher über das Leistungsbündel getroffen werden. Die Probleme der Zurechenbarkeit lassen sich auf Angebots- und Nachfrageverbundenheiten zurückführen, die in vielen Formen in der Erlösrechnung auftreten. **Angebotsverbundenheiten** beruhen auf der Produkt- und Preispolitik des Unternehmens, so z. B. die Preisspaltung auf viele Teilleistungen in der Bauwirtschaft, bei Kreditinstituten oder in der Eisen- und Stahlindustrie. Die **Nachfrageverbundenheiten** beruhen auf den Präferenzen der Kunden, die z. B. bestimmte Kombinationen von Teilleistungen bevorzugen. Die Nachfrageverbundenheiten veursachen größere Probleme als der Angebotsverbund, da das Verhalten der Nachfrager nicht im direkten Einflußbereich des Unternehmens liegt. Wenn **Erlösverbundenheiten** in Form von Angebots- und Nachfrageverbundenheiten auftreten, müssen die einzelnen Teilleistungen zu einem Erlösträger zusammengefaßt werden.

Eine **Erlösstellenrechnung** soll die organisatorischen Bereiche im Unternehmen aufzeigen, denen die Erlöse zuzurechnen sind. Solche Informationen werden benötigt, um für Teilbereiche einen Erfolg zu ermitteln, wie dies z. B. im Rahmen einer **Profit-Center-Organisation** notwendig ist. An dieser Stelle wird nochmals der unterschiedliche Rechengang von Kostenrechnung und Erlösrechnung deutlich: die Erlösstellenrechnung benötigt für die Zurechnung auf Bereiche im Unternehmen die Informationen aus der Erlösträgerrechnung. Erlöse können jedoch nur Organisationseinheiten zugerechnet werden, die für den gesamten Prozeß der Güterentstehung verantwortlich sind. Es ist aus diesem Grund nicht möglich, eine isolierte Zurechnung in einer funktionalen Organisationsstruktur, z. B. nur auf den Absatzbereich, vorzunehmen.

346. Die kurzfristige Erfolgsrechnung

Als weiteres wichtiges Teilgebiet des intern orientierten betrieblichen Rechnungswesens ist neben der Kostenrechnung und Erlösrechnung die kurzfristige Erfolgsrechnung genannt worden. Sie stellt ein Instrument zur Planung und Kontrolle des Erfolges dar, das aufgrund der im Abschnitt 31 genannten Unzulänglichkeiten der gesetzlich vorgeschriebenen jährlichen Abschlußrechnung auf der Basis von Aufwendungen und Erträgen entwickelt worden ist. Die **Aufgaben der kurzfristigen Erfolgsrechnung** bestehen vor allem in einer laufenden Kontrolle des betrieblichen Erfolges im Hinblick auf das verfolgte Unternehmensziel und darin, dem Management Informationen für seine dispositiven Zwecke, insbesondere für seine Entscheidungen in den Bereichen Leistungserstellung und Leistungsverwertung zur Verfügung zu stellen (*Haberstock*).

Im Gegensatz zur jährlichen Abschlußrechnung wird in der kurzfristigen Erfolgsrechnung nicht der **Unternehmenserfolg** insgesamt, sondern auf der Grundlage von Kosten und Erlösen der sogenannte **Betriebserfolg** ermittelt, "der das Ergebnis der 'eigentlichen' (typischen) betrieblichen Leistungserstellung und -verwertung wiedergibt." (*Haberstock*) Daher wird dem im gesamten Unternehmenserfolg enthaltenen **neutralen Ergebnis** in der kurzfristigen Erfolgsrechnung oder auch Betriebsergebnisrechnung keine Beachtung geschenkt. Zudem wird die kurzfristige Erfolgsrechnung aus Gründen der Aktualität der bereitzustellenden Informationen nicht jährlich, sondern unterjährlich, meistens **monatlich**, gelegentlich aber auch noch kurzfristiger erstellt.

In der Literatur erfolgt häufig eine Gleichsetzung der Begriffe kurzfristige Erfolgsrechnung und **Kostenträgerzeitrechnung**, dem Gegenstück zur Kostenträgerstückrechnung innerhalb der Kostenträgerrechnung. Dabei wird allerdings nicht beachtet, daß die Kostenträgerzeitrechnung ihrer Aufgabe als Teilgebiet der Kostenrechnung entsprechend lediglich - getrennt nach verschiedenen den jeweils verfolgten Rechnungszwecken entsprechenden Gesichtspunkten - die insgesamt in der zugrundeliegenden Abrechnungsperiode angefallenen Kosten ermittelt. Sie kann insofern nicht der Bestimmung des Betriebserfolges dienen, da sie nur die eine der beiden Erfolgskomponenten, die **Kosten**, in die Rechnung einbezieht. Erst die kurzfristige Erfolgsrechnung gestattet dies, da sie neben den Kosten auch die zweite Erfolgskomponente, die **Erlöse**, berücksichtigt und somit über die Saldierung der beiden Erfolgskomponenten die Ermittlung eines Gewinnes oder Verlustes zuläßt.

Im Hinblick auf die Vorgehensweise der kurzfristigen Erfolgsrechnung können zwei grundlegende Verfahren unterschieden werden: das Gesamtkostenverfahren und das Umsatzkostenverfahren. Das **Gesamtkostenverfahren** ermittelt den Betriebserfolg für eine Abrechnungsperiode, indem von den jeweiligen Umsatzerlösen die zugehörigen Gesamtkosten abgezogen werden und dieses Ergebnis sodann um die entsprechenden (positiven oder negativen) Bestandsänderungen korrigiert wird. In Kontoform geschrieben stellt sich diese Vorgehensweise folgendermaßen dar:

Betriebserfolg
(nach dem Gesamtkostenverfahren)

Gesamtkosten (nach **Kostenarten** gegliedert) Bestandsverringerungen Gewinn (als Saldo)	Umsatzerlöse (nach **Leistungsarten** gegliedert) Bestandserhöhungen Verlust (als Saldo)

Die Verfahren der kurzfristigen Erfolgsrechnung sollen den **Absatzerfolg** des Unternehmens ermitteln, d. h., es soll aufgezeigt werden, wie erfolgreich die Leistungen des Unternehmens auf dem Markt sind. Für die **Zurechnung** der Kosten und der Erlöse **auf die Periode** ist daher ausschließlich die Absatzmenge heranzuziehen. Auf der Erlösseite ist dies problemlos, da nur für die abgesetzten Leistungen Erlöse anzusetzen sind. Es entstehen in der Periode aber auch Kosten für auf Lager produzierte Leistungen, so daß den Erlösen der abgesetzten Leistungen die Kosten der produzierten Leistungen gegenüberstehen. Um den Absatzerfolg ermitteln zu können, werden diese **auf Lager produzierten Leistungen** mit **Herstellkosten** bewertet. Produzierte, noch nicht abgesetzte Leistungen werden also erfolgsneutral berücksichtigt.

Dem Gesamtkostenverfahren werden **abrechnungstechnische Vorteile** zugeschrieben, da es in seinem Aufbau der Gliederung der Gewinn- und Verlustrechnung des Jahresabschlusses entspricht. Werden bei monatlicher Durchführung der kurzfristigen Erfolgsrechnung nach dem Gesamtkostenverfahren die zwölf Monatsergebnisse eines Geschäftsjahres zusammengefaßt und wird diesem Ergebnis das neutrale Ergebnis hinzugefügt, so ergibt sich der Jahreserfolg der Gewinn- und Verlustrechnung. Diesem Vorteil steht jedoch ein **entscheidender Nachteil in der Aussagefähigkeit** gegenüber. Das Gesamtkostenverfahren gestattet nur eine Aussage über den kurzfristigen Erfolg der "eigentlichen" betrieblichen Tätigkeit insgesamt, eine Feststellung des Beitrages einzelner Leistungsarten oder Gruppen von Leistungsarten zu diesem Erfolg ist nicht möglich. Es wird zwar auf der Erlösseite nach Leistungsarten gegliedert, auf der Kostenseite wird jedoch nach der Art der verzehrten Güter aufgeteilt. Insoweit ist eine kurzfristige Erfolgsrechnung auf der Grundlage des Gesamtkostenverfahrens unbefriedigend, da sie zwar durch die Ermittlung unterjährlicher Betriebserfolge bestimmten dispositiven Zwecken gerecht zu werden vermag, aber aufgrund ihres Aufbaus ebenso wie die Jahreserfolgsrechnung keine Informationen über die Quellen des Betriebserfolges zu liefern in der Lage ist.

Das **Umsatzkostenverfahren** als das zweite grundlegende Verfahren der kurzfristigen Erfolgsrechnung besteht darin, daß den Umsatzerlösen der jeweiligen Abrechnungsperiode die **Kosten der umgesetzten Leistungen** dieser Periode gegenübergestellt werden. Dieses Vorgehen gewährleistet, daß nur der Absatzerfolg berechnet wird. In der zunächst zu behandelnden Ausprägungsform des Umsatzkostenverfahrens werden diese Kosten durch die auf Vollkostenbasis ermittelten Selbstkosten der umgesetzten, d. h. verkauften betrieblichen Leistungen gebildet. Unter Verwendung der Kontoform stellt sich die Vorgehensweise des Umsatzkostenverfahrens folgendermaßen dar:

Betriebserfolg
(nach dem Umsatzkostenverfahren)

volle Selbstkosten der umgesetzten Leistungen (nach **Kostenträgern** gegliedert)	Umsatzerlöse (nach **Leistungsart** gegliedert)
Gewinn (als Saldo)	Verlust (als Saldo)

Im Unterschied zum Gesamtkostenverfahren beinhaltet das Umsatzkostenverfahren einen **abrechnungstechnischen Nachteil**: bei monatlicher Durchführung der kurzfristigen Erfolgsrechnung nach dem Umsatzkostenverfahren müssen die zusammengefaßten zwölf Monatsergebnisse eines Geschäftsjahres korrigiert um das neutrale Ergebnis nicht den Jahreserfolg der Gewinn- und Verlustrechnung ergeben. Diese Tatsache liegt darin begründet, daß die Lagerbestände bzw. Lagerbestandsveränderungen in der Jahresabschlußrechnung und im Umsatzkostenverfahren der kurzfristigen Erfolgsrechnung unter Umständen mit unterschiedlichen Wertansätzen berücksichtigt werden. Nur wenn die Bestandsveränderungen erfolgsneutral zu Herstellkosten bewertet werden, führt das Umsatzkostenverfahren auf Vollkostenbasis zum selben Ergebnis wie das Gesamtkostenverfahren und damit letztlich auch zum Betriebsergebnis der Jahresabschlußrechnung. Dem abrechnungstechnischen Nachteil des Umsatzkostenverfahrens steht aber sein **entscheidender Vorteil einer höheren Aussagefähigkeit** im Vergleich zum Gesamtkostenverfahren gegenüber. Mit Hilfe des Umsatzkostenverfahrens läßt sich nämlich feststellen, in welchem Ausmaß einzelne Leistungsarten oder Gruppen von Leistungsarten zum Betriebserfolg in der Abrechnungsperiode beigetragen haben. Damit vermag die kurzfristige Erfolgsrechnung auf Basis des Umsatzkostenverfahrens dem Management wertvolle Informationen zur sachlichen Begründung von Entscheidungen in den Bereichen Leistungserstellung und Leistungsverwertung zu liefern, da die Quellen des Betriebserfolges aufgezeigt werden.

35. Die Deckungsbeitragsrechnung

Im vorangegangenen Abschnitt ist das Umsatzkostenverfahren auf Vollkostenbasis als mögliche Vorgehensweise bei der kurzfristigen Erfolgsrechnung dargestellt worden. Sein entscheidender Vorteil wurde in der Tatsache gesehen, daß es mit Hilfe dieses Verfahrens möglich ist, die Beiträge der einzelnen Leistungsarten oder Gruppen von Leistungsarten zum Betriebserfolg zu ermitteln. Aus Sicht der Theorie der Kostenrechnung weist dieses Verfahren der kurzfristigen Erfolgsrechnung aber noch einen schwerwiegenden Nachteil auf. Dieser besteht darin, daß die gesamten Kosten der Abrechnungsperiode nach bestimmten, in der Regel logisch nicht einwandfrei begründbaren Kriterien auf die jeweiligen Bezugsobjekte in Form von beispielsweise einzelnen Leistungsarten oder Gruppen von Leistungsarten verteilt werden. Ein Verteilung der fixen Kosten auf die Leistungseinheiten führt zu Zeiten, in denen die Beschäftigung des Unternehmens zurückgeht, zu höheren Stückkosten. Orientiert sich ein Unternehmen in seiner Preispolitik an den vollen Selbstkosten, so besteht die Gefahr, sich aus dem Markt zu kalkulieren. Die fixen Kosten werden für kurzfristige Entscheidungen als irrelevant angesehen, weil sie in den für solche Entscheidungen typischen Zeiträumen nicht zu beeinflussen sind.

Um diesem Mangel abzuhelfen, sind die Teilkostenrechnungen, entwickelt worden. Wird die kurzfristige Erfolgsrechnung auf Basis von Teilkosten durchgeführt, dann spricht man vom **Umsatzkostenverfahren auf Teilkostenbasis** oder von der **Deckungsbeitragsrechnung**. (Meist werden darüber hinaus auch die Begriffe Deckungsbeitragsrechnung und **Teilkostenrechnung** synonym verwendet; eine solche Gleichsetzung ist allerdings nur solange zutreffend, wie der Rechnungszweck der Teilkostenrechnung in einer Erfolgsermittlung besteht; hat sie dagegen die weiter zu fassende Aufgabe der Bereitstellung von Informationen für dispositive Zwecke, kann es sich bei einer Teilkostenrechnung auch um eine reine Kostenrechnung handeln.)

Die verschiedenen Verfahren der Deckungsbeitragsrechnung lassen sich einteilen in solche, die durch die Unterscheidung von variablen und fixen Kosten begründet werden, und solche, die die Kosten in Einzel- und Gemeinkosten differenzieren, die zum Schluß dieses Kapitels dargestellt werden. **Variable Kosten** sind solche Kosten, die in ihrer Höhe von der **Beschäftigung** als der erstellten Leistungsmenge in einer Periode abhängen. **Fixe Kosten** sind dagegen beschäftigungsunabhängige Kosten, und ihre Höhe ist damit für eine bestimmte Periode unabhängig von der erstellten Leistungsmenge fest gegeben. Deckungsbeitragsrechnungen unterscheiden sich von den Systemen, die auf vollen Kosten beruhen, durch die konsequente Trennung der variablen von den fixen Kosten. Die in den vorherigen Kapiteln behandelte Kostenarten-, Kostenstellen-, Kostenträgerrechnung, Erlösrechnung und kurzfristige Erfolgsrechnung sind auch Teilsysteme in einer Deckungsbeitragsrechnung, nur die getrennte Verrechnung von fixen und variablen Kosten führt zu einer anderen Vorgehensweise. Die Aufspaltung der Kosten in ihre variablen und fixen Teile wird als **Kostenauflösung** bezeichnet, sie wird für jede Kostenart in einer Kostenstelle durchgeführt. In der Kostenstellenrechnung werden die fixen Kosten nicht bei der innerbetrieblichen Leistungsverrechnung berücksichtigt, ebenso erfolgt die Bestimmung der Kalkulationssätze ausschließlich auf Basis der variablen Kosten, was darauf hinweist, daß nur mit den variablen Kosten kalkuliert wird.

Bei den **Deckungsbeitragsrechnungen auf der Basis von variablen und fixen Kosten** sind nach der Art der Behandlung der fixen Kosten **zwei grundsätzliche Varianten** zu unterscheiden. Bei der ersten handelt es sich um die Deckungsbeitragsrechnung auf Basis von variablen Kosten mit **globaler Fixkostenbehandlung**, die gewöhnlich als (einfaches) **Direct Costing** bezeichnet wird. Die Vorgehensweise des Direct Costing als Verfahren der kurzfristigen Erfolgsrechnung besteht darin, daß den **Umsatzerlösen** eines Bezugsobjektes, beispielsweise einer Leistungsart, die **variablen Kosten** dieses Bezugsobjektes gegenübergestellt werden; die Differenz aus beiden Größen liefert den **Deckungsbeitrag** dieses Bezugsobjektes, der bisweilen auch als sein **Bruttoerfolg** bezeichnet wird. Der Deckungsbeitrag eines Produktes zeigt an, inwieweit dieses Produkt dazu beiträgt die fixen Kosten des Unternehmens zu decken und einen Beitrag zum Gewinn des Unternehmens zu leisten. Den zusammengefaßten Deckungsbeiträgen aller Bezugsobjekte werden dann die **Fixkosten in einem Block** gegenübergestellt; die Differenz liefert den **Betriebserfolg** der Abrechnungsperiode. Die Beurteilung der einzelnen Bezugsobjekte im Hinblick auf ihren Beitrag zum Betriebserfolg wird aufgrund ihrer jeweiligen Deckungsbeiträge vorgenommen; auf eine Verrechnung der Fixkosten auf die einzelnen Bezugsobjekte wird verzichtet, da sie als negative Erfolgskomponente des gesamten Unternehmens angesehen werden.

	Umsatzerlöse
	- variable Selbstkosten der umgesetzten Leistungen
=	Deckungsbeitrag
	- fixe Kosten
=	Betriebserfolg

Deckungsbeiträge von Produkten werden z. B. für Entscheidungen über die Förderung einzelner Produkte in einem Produktionsprogramm oder bei der Entscheidung über einen Zusatzauftrag verwendet. Eine Grundregel für ein Unternehmen, das nicht ausgelastete Kapazitäten zur Verfügung hat, lautet: jeder Auftrag, der einen positiven Deckungsbeitrag aufweist, ist anzunehmen. Dies beruht auf der Überlegung, daß es bei Unterbeschäftigung besser ist, einen Teil der Fixkosten zu decken, anstatt auf den Auftrag völlig zu verzichten.

Bei der zweiten Variante der Deckungsbeitragsrechnung auf Basis von variablen und fixen Kosten handelt es sich um diejenige mit **differenzierender Fixkostenbehandlung**, die als **stufenweise Fixkostendeckungsrechnung** bezeichnet wird und entsprechend dem Grad der Fixkostendifferenzierung in verschiedenen Erscheinungsformen auftritt. Die Vorgehensweise der stufenweisen Fixkostendeckungsrechnung ist zunächst identisch mit der des Direct Costing, d. h., es werden Deckungsbeiträge als Differenzen zwischen Umsatzerlösen und variablen Kosten gebildet. Sodann werden die Fixkosten jedoch nicht als Block diesen Deckungsbeiträgen gegenübergestellt, sondern die gesamten Fixkosten werden nach ihrer Zurechenbarkeit aufgespalten. Von *Agthe* wurde 1959 beispielsweise eine Aufspaltung in **Erzeugnisfixkosten**, **Erzeugnisgruppenfixkosten**, **Bereichsfixkosten** und **Unternehmensfixkosten** vorgeschlagen; diese Aufspaltung wurde von *Mellerowicz* erweitert durch die zusätzliche Ausgrenzung von Kostenstellenfixkosten innerhalb der Bereichsfixkosten. Die weitere Vorgehensweise besteht dann darin, die zuvor ermittelten Deckungsbeiträge stufenweise zu aggregieren, um die der Stufe zugehörigen anteiligen Fixkosten abzuziehen und so neue Deckungsbeiträge zu bilden. Diese werden anschließend auf der nächsten Stufe in derselben Weise unter Verwendung der anteiligen Fixkosten dieser Stufe weiterverarbeitet, bis auf der letzten Stufe von den dort aggregierten Deckungsbeiträgen die Unternehmensfixkosten abgezogen werden und damit der Betriebserfolg der Abrechnungsperiode ermittelt ist. Der **Vorteil** der stufenweisen Fixkostendeckungsrechnung besteht darin, daß nicht nur die Erfolgsbeiträge der verschiedenen Leistungsarten bestimmt werden können, sondern darüber hinaus die Erfolgsbeiträge von Gruppen von Leistungsarten, von Kostenstellen sowie von betrieblichen Teilbereichen. Die Gewinnung dieser Informationen ist allerdings mit einem erhöhten **Aufwand** für die Durchführung der kurzfristigen Erfolgsrechnung verbunden.

Die **Deckungsbeitragsrechnung auf der Grundlage von Einzel- und Gemeinkosten** ist verfahrenstechnisch grundsätzlich identisch mit der stufenweisen Fixkostendeckungsrechnung. Nach dem Begründer dieser Vorgehensweise in der kurzfristigen Erfolgsrechnung wird sie auch als *Riebelsche* Rechnung mit relativen Einzelkosten und Deckungsbeiträgen bezeichnet. **Einzelkosten** sind solche Kosten, die einzelnen **Bezugsobjekten** wie beispielsweise Leistungsarten oder Gruppen von Leistungsarten oder auch betrieblichen Teilbereichen wie etwa Kostenstellen eindeutig und zweifelsfrei zugerechnet werden können. Für **Gemeinkosten** eines Bezugsobjektes ist diese eindeutige und zweifelsfreie Zurechenbarkeit nicht gegeben, was allerdings nicht ausschließt, daß Gemeinkosten eines Bezugsobjektes einem anderen Bezugsobjekt als Einzelkosten eindeutig und zweifelsfrei zuzurechnen sind. Der Begriff **relative Einzelkosten** spiegelt Riebels grundlegende Idee wieder, daß alle Kosten letztlich als Einzelkosten aufgefaßt werden können, da sie sich dem Unternehmen als Ganzen stets eindeutig und zweifelsfrei zurechnen lassen. Werden aber andere Bezugsobjekte - etwa Leistungsarten oder Gruppen von Leistungsarten - für die Kostenzurechnung gewählt, dann lassen sich diesen Bezugsobjekten immer nur Teile der Kosten als Einzelkosten zurechnen, während die restlichen Kosten nicht zurechenbare Gemeinkosten darstellen. Die Menge der als Einzelkosten zurechenbaren Kosten wird in der Regel um so umfangreicher, je weiter die Bezugsobjekte der Kostenzurechnung an das Bezugsobjekt Unternehmen als Ganzes heranrücken, dem wie gesagt alle Kosten als Einzelkosten zugerechnet werden können. Der **Vorteil** dieser Form der kurzfristigen Erfolgsrechnung besteht aus theoretischer Sicht darin, daß an keiner Stelle der Rechnung eine willkürliche und damit nicht eindeutige und zweifelsfreie Zurechnung von Kosten auf Bezugsobjekte vorgenommen wird. Diesem Vorteil steht allerdings der **Nachteil** eines erheblichen Aufwandes für die Durchführung der Rechnung entgegen; diese Tatsache hat dazu geführt, daß die *Riebelsche* Rechnung mit relativen Einzelkosten und Deckungsbeiträgen in der betrieblichen Praxis bis heute nicht die ihr aufgrund ihrer theoretischen Bedeutung zukommende Beachtung und Verbreitung gefunden hat.

36. Die Plankostenrechnung

Plankostenrechnungen zeichnen sich dadurch aus, daß die in ihnen verwendeten Kosten auf Basis von **Planmengen** und **Planpreisen** ermittelt werden, ihre Ermittlung soll ohne Berücksichtigung der Vergangenheit mit Hilfe betriebswirtschaftlicher und ingenieurwissenschaftlicher Methoden erfolgen. Sie erfüllen damit eine wesentliche Anforderung an **entscheidungsorientierte** Kosten- und Erfolgsrechnungen, indem sie **zukunftsorientiert** sind.

Plankostenrechnungen sind auf Basis von Vollkosten oder Teilkosten möglich, als wesentliche **Systeme** lassen sich unterscheiden:

1. die starre Plankostenrechnung (auf Vollkostenbasis);
2. die flexible Plankostenrechnung auf Vollkostenbasis;
3. die flexible Plankostenrechnung auf Grenzkostenbasis.

Die Kostenplanung läuft in allen Systemen ähnlich ab, so daß zuerst ein grober Überblick gegeben werden soll. Die **Einzelkosten** werden je Kostenträger geplant; multipliziert man diese stückbezogenen Einzelkosten mit den geplanten Stückzahlen, ergibt sich die Summe der Einzelkosten. Die **Gemeinkosten** werden in den Kostenstellen geplant, die Ausführungen zur Kostenstellenrechnung haben gezeigt, daß hierzu Bezugsgrößen, als Maßstab der Kostenstellenleistung, herangezogen werden müssen. Mit ihrer Hilfe wird die Planbeschäftigung festgelegt, die benötigt wird, um die gesamten Plankosten in der Kostenstelle zu ermitteln. Die Bezugsgröße dient, wie bereits ausgeführt, auch als Grundlage der Kalkulation. Das Ergebnis der Kostenstellenplanung ist ein Kostenplan, aus dem die Plankalkulationssätze entnommen werden können. Den Abschluß bildet die Plankalkulation, die die geplanten Selbstkosten aufgrund der geplanten Einzelkosten sowie den Plankalkulationssätzen für die Gemeinkosten berechnet.

Ein wichtiger Zweck der Plankostenrechnung ist die Wirtschaftlichkeitskontrolle in den Kostenstellen. Im Rahmen des **Soll-Ist-Vergleichs** werden den geplanten die tatsächlich realisierten Kosten gegenübergestellt, um **Unwirtschaftlichkeiten** im Betriebsprozeß aufzudecken. Dies ist allerdings nur dann möglich, wenn nicht nur eine Abweichung festgestellt wird, sondern die **Ursachen** für das Auftreten der Abweichung erkannt werden. Da sich die Möglichkeiten der Kostenkontrolle bei den starren gegenüber den flexiblen Plankostenrechnungen sehr unterscheiden, wird die Kostenkontrolle erst bei der Darstellung der einzelnen Systeme erläutert.

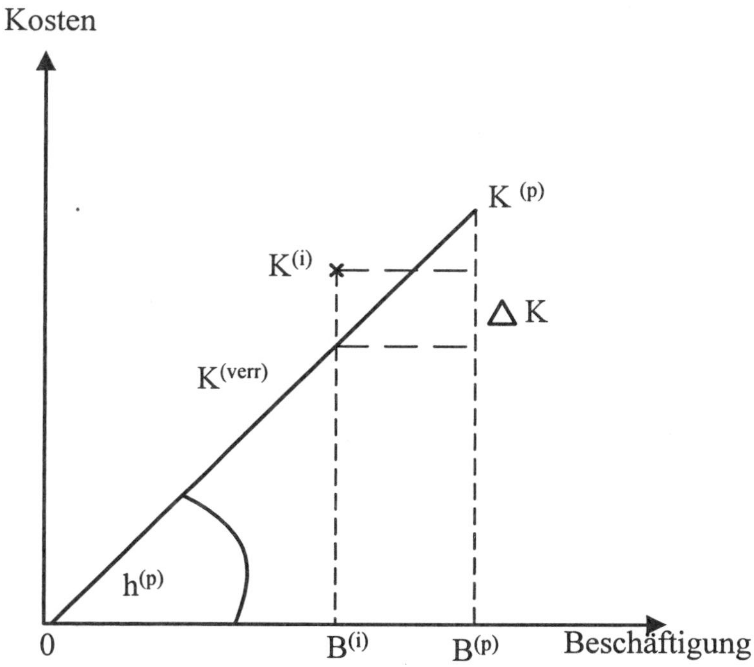

$B^{(i)}$ = Ist-Beschäftigung
$B^{(p)}$ = Plan-Beschäftigung
$K^{(i)}$ = Istkosten

$K^{(p)}$ = Plankosten
$K^{(verr)}$ = verrechnete Plankosten
$h^{(p)}$ = Plankalkulationssatz auf Vollkosten

Darstellung 6-25: Starre Plankostenrechnung

Bei der **starren Plankostenrechnung** werden die Kostenvorgaben für die Kostenstellen nur für die Planbeschäftigung ermittelt. Da keine Anpassung an Beschäftigungsänderungen vorgesehen ist, werden die Kosten auch nicht in ihre variablen und fixen Bestandteile getrennt. In der Kostenstellenplanung werden Kalkulationssätze auf Basis von Vollkosten ermittelt, indem die gesamten Plankosten durch die Planbeschäftigung geteilt wird. Mit diesem Plankalkulationsatz werden die Produkte, die während der Abrechnungsperiode in der Kostenstelle bearbeitet werden, belastet. Für die Kostenkontrolle werden diese verrechneten Plankosten den realisierten Kosten gegenübergestellt, wobei die realisierten Kosten preisbereinigt sind. Wenn in den folgenden Abschnitten **Istkosten** erwähnt werden, sind damit die mit **Planpreisen** bewerteten **Istmengen** gemeint.

Die Abbildung zeigt die mangelnde Aussagefähigkeit der Kostenkontrolle der starren Plankostenrechnung. Da eine Anpassung der Plankosten an Beschäftigungsänderungen nicht möglich ist, können keine Aussagen über die Kostenabweichung ΔK gemacht werden. Insbesondere ist nicht bekannt, wie sich die Kosten aufgrund der Beschäftigungsabnahme hätten entwickeln müssen. Die starre Plankostenrechnung liefert nur im Falle, daß die Plan- mit der Istbeschäftigung übereinstimmt, eine aussagefähige Gesamtabweichung. Ein weiterer Nachteil ist die Verwendung von Vollkosten für die Kalkulation und für die Unterstützung betrieblicher Entscheidungen mit ihren bekannten Gefahren. Als wichtigster Vorteil dieses Systems wird häufig darauf hingewiesen, daß überhaupt geplant und die Orientierung an der Vergangenheit aufgegeben wird.

Die **flexiblen Plankostenrechnungen** lassen eine Anpassung an Beschäftigungsänderungen zu, da in den Kostenstellen eine Aufspaltung in fixe und variable Kosten erfolgt. Für jede **Kostenstelle** können die Sollkosten ermittelt werden, dies sind die Plankosten für die verschiedenen Istbeschäftigungen. Sollkosten und Plankosten entsprechen sich nur, wenn Ist- und Planbeschäftigung übereinstimmen. Wird in einer Plankostenrechnung nur eine Einflußgröße als flexibel betrachtet, dann spricht man von einer einfach flexiblen Rechnung. Die Flexibilität der Plankostenrechnung kann sich auch auf andere Einflußgrößen als die Beschäftigung beziehen, es handelt sich dann um mehrfach flexible Plankostenrechnungen; im folgenden wird nur die Einflußgröße Beschäftigung betrachtet.

In der **flexiblen Plankostenrechnung auf Vollkostenbasis** wird in der Kostenstelle eine Trennung in fixe und variable Kosten vorgenommen, um die Sollkosten für diese Kostenstelle zu bestimmen. Für die Kalkulation der Gemeinkosten wird jedoch ein Kalkulationssatz auf Basis der gesamten Kosten der Kostenstelle ermittelt. Die Kostenplanung in der flexiblen Plankostenrechnung auf Vollkostenbasis entspricht bis auf die Kostenauflösung dem Vorgehen in der starren Plankostenrechnung. In der Kostenkontrolle bestehen jedoch bedeutsame Unterschiede.

Für jede Kostenstelle müssen zuerst die Istkosten und die Istbeschäftigung erfaßt werden, so daß sich für jede Kostenart die Istkosten den Sollkosten gegenüberstellen lassen. Die Sollkosten einer Kostenstelle

$$K^{(s)} = K_f^{(p)} + K_v^{(p)}\, B^{(i)}/B^{(p)}$$

setzt sich aus den Fixkosten und den gesamten variablen Kosten zusammen. Der letzte Term zeigt, daß sich bei Beschäftigungsänderung die Sollkosten automatisch anpassen. Da es sich um eine Vollkostenrechnung handelt, werden die Produkte wie in der starren Plankostenrechnung während der Abrechnungsperiode mit den vollen Kosten belastet. Die verrechneten Plankosten

$$K^{(verr)} = h^{(p)}\, B^{(i)}$$

beruhen auf dem Plankalkulationssatz auf Vollkostenbasis. Es entsteht eine Differenz zwischen der Kostenstellenrechnung und der Kostenträgerrechnung, die in der Literatur als Beschäftigungsabweichung ΔB bezeichnet wird. Sie tritt immer dann auf, wenn Plan- und Istbeschäftigung nicht übereinstimmen, und sie zeigt an, wieviel fixe Kosten bei Unterbeschäftigung (Überbeschäftigung) zuwenig (zuviel) auf die Kostenträger verrechnet werden. Die für die Wirtschaftlichkeitskontrolle wichtigere Abweichung ist jedoch die globale Verbrauchsabweichung

$$\Delta V = K^{(i)} - K^{(s)},$$

die aufzeigt, wie hoch die Mengenabweichung der Güterverbräuche bewertet mit Planpreisen ist. Sie kann Ausgangspunkt für weiterführende Analysen sein, um die Ursachen für die Abweichung zu ermitteln. Solche Spezialabweichungen setzen voraus, daß weitere Einflußgrößen in der Plankostenrechnung berücksichtigt werden, wie z. B. die Intensität in einer Fertigungskostenstelle. Die folgende Abbildung zeigt die dargestellten Zusammenhänge noch einmal graphisch auf.

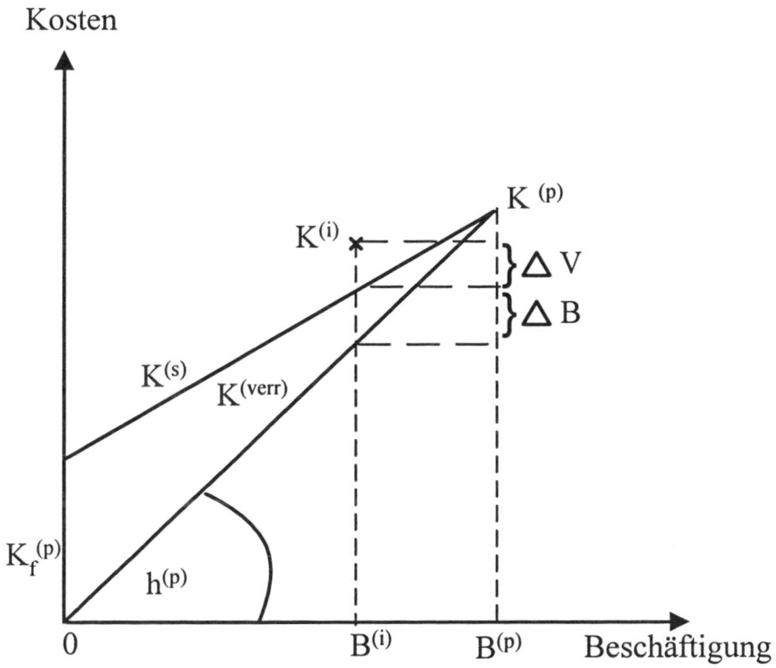

$B^{(i)}$ = Ist-Beschäftigung
$B^{(p)}$ = Plan-Beschäftigung
$K^{(i)}$ = Istkosten
$K^{(s)}$ = Sollkosten

$K_f^{(p)}$ = fixe Plankosten
$K^{(p)}$ = Plankosten
$K^{(verr)}$ = verrechnete Plankosten
$h^{(p)}$ = Plankalkulationssatz auf Vollkosten

Darstellung 6-26: Flexible Plankostenrechnung auf Vollkostenbasis

Die Beurteilung der flexiblen Plankostenrechnung auf Vollkostenbasis im Hinblick auf die Wirtschaftlichkeitskontrolle fällt positiv aus. Es ist mit Hilfe dieser Rechnung möglich, Abweichungen zu ermitteln und auf ihre Ursachen zurückzuführen. Ein schwerwiegender Nachteil ist jedoch die Verwendung von Vollkosteninformationen für die Kalkulation und als Grundlage von Entscheidungen; insofern ist kein Fortschritt gegenüber der starren Plankostenrechnung gegeben.

Die **flexible Plankostenrechnung auf Teilkostenbasis** (Grenzplankostenrechnung) behebt diesen Mangel, indem sie die Kalkulationssätze in den Kostenstellen auf Basis nur der variablen Plankosten ermittelt. In der Kostenplanung besteht daher bis auf die unterschiedlichen Kalkulationssätze kein Unterschied zur flexiblen Plankostenrechnung auf Vollkostenbasis. Auch die Kostenkontrolle wird analog zu diesem System durchgeführt. Da in der flexiblen Plankostenrechnung auf Teilkostenbasis die Produkte, die die Kostenstellen durchlaufen, nur mit den variablen Kosten belastet werden, sind die verrechneten Kosten gleich den variablen Sollkosten. Eine Beschäftigungsabweichung fällt aus diesem Grund nicht an. Bis auf diesen eher verrechnungstechnischen Unterschied bietet die flexible Plankostenrechnung auf Teilkostenbasis keine weiteren Vorteile im Rahmen der Kostenkontrolle.

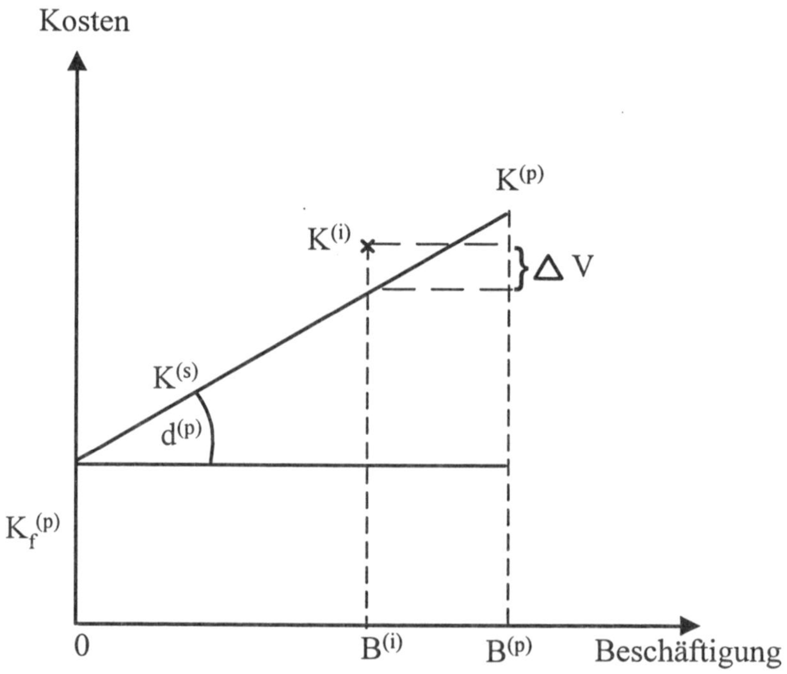

$B^{(i)}$ = Ist-Beschäftigung
$B^{(p)}$ = Plan-Beschäftigung
$K^{(i)}$ = Istkosten
$K^{(s)}$ = Sollkosten

$K_f^{(p)}$ = fixe Plankosten
$K^{(p)}$ = Plankosten
$d^{(p)}$ = Plankalkulationssatz auf Teilkosten

Darstellung 6-27: Flexible Plankostenrechnung auf Teilkostenbasis

In einer flexiblen Plankostenrechnung auf Teilkostenbasis wird auf eine Proportionalisierung der Fixkosten verzichtet, um die Fehler der Vollkostenrechnung zu vermeiden. Sie realisiert innerhalb der Systeme der Plankostenrechnungen am konsequentesten den Gedanken der Entscheidungsorientierung. Sie hat in der industriellen Praxis insbesondere in der Form der Grenzplankostenrechnung eine weite Verbreitung gefunden.

Fragen zur Lernkontrolle:

1. Erklären Sie die Begriffe Unternehmensrechnung und betriebliches Rechnungswesen.
2. Nennen Sie die unternehmensinternen und unternehmensexternen Aufgaben des betrieblichen Rechnungswesens.
3. Welche Interessen haben die unterschiedlichen Adressaten des betrieblichen Rechnungswesens?
4. Grenzen Sie die Begriffe Bestandsgröße und Stromgröße gegeneinander ab, und geben Sie für beide Beispiele aus dem Bereich des betrieblichen Rechnungswesens.
5. Kennzeichnen Sie die Bestandteile der externen Rechnungslegung.
6. Was verstehen Sie unter dem Begriff Grundsätze ordnungsmäßiger Buchführung und Bilanzierung?
7. Stellen Sie das zeitliche und sachliche Beziehungsgefüge zwischen der Finanzbuchhaltung, der Inventur, dem Inventar und dem Jahresabschluß dar.
8. Erläutern Sie die Unterschiede zwischen der einfachen und der doppelten Buchhaltung.
9. Worin besteht die praktische Bedeutung eines normierten Kontenrahmens?
10. Wie sieht die Grobstruktur einer Bilanz aus?
11. Erklären Sie die Notwendigkeit der Rechnungsabgrenzungsposten anhand eines einfachen Beispiels.
12. Geben Sie Beispiele für unterschiedliche Bilanzarten nach den Kriterien Häufigkeit, Initiative und Bezugszeitraum der Bilanzaufstellung.
13. Welche sieben Hauptaufgaben weist der Gesetzgeber der Handels- sowie der Steuerbilanz zu?
14. Gliedern Sie die Ihnen bekannten Bilanzierungsgrundsätze in formelle und materielle Grundsätze, und diskutieren Sie die Zweckmäßigkeit dieser Einteilung.
15. Erläutern Sie die Begriffe Bilanzierungspflicht, Bilanzierungswahlrecht und Bilanzierungsverbot.
16. Was besagen Realisations-, Niederstwert-, Höchstwert- und Imparitätsprinzip?
17. Vergleichen Sie den Informationsgehalt von Bilanz einerseits und Gewinn- und Verlustrechnung andererseits.
18. Wozu dienen der Anhang und der Lagebericht als Bestandteil bzw. als Ergänzung des Jahresabschlusses?
19. Nennen Sie die Aufgaben der Kostenrechnung, der Erlösrechnung und der kurzfristigen Erfolgsrechnung als den drei Hauptkomponenten des internen betrieblichen Rechnungswesens.
20. Definieren Sie den Begriff Wirtschaftlichkeit.
21. Verdeutlichen Sie die unterschiedliche Zielsetzung der kurzfristigen Erfolgsrechnung im Vergleich zur Gewinn- und Verlustrechnung.

22. Erläutern Sie die drei Merkmale des wertmäßigen Kostenbegriffs, und grenzen Sie die Begriffe Aufwand und Kosten gegeneinander ab.
23. Was ist hinsichtlich ihrer Erfassung der Unterschied zwischen Grundkosten und kalkulatorischen Kosten?
24. Definieren Sie die Begriffe betriebsfremder Aufwand, periodenfremder Aufwand und außerordentlicher Aufwand als die drei Arten des neutralen Aufwandes.
25. Grenzen Sie den Ertrag vom Erlös ab, und erläutern Sie den Begriff der kalkulatorischen Erlöse.
26. Was verstehen Sie unter einem Kostenrechnungssystem?
27. Nennen und erläutern Sie kurz die drei Stufen der traditionellen Kostenrechnung. Wie lauten die Fragestellungen in den einzelnen Stufen?
28. Welche Möglichkeiten kennen Sie, die Kosten einzuteilen?
29. Welche Informationen benötigt man, um die Abschreibungsraten zu ermitteln?
30. Erläutern Sie die Begriffe Haupt- und Hilfskostenstelle.
31. Welche Aufgaben hat der Betriebsabrechnungsbogen zu erfüllen?
32. Kennzeichnen sie die verschiedenen Verfahren der innerbetrieblichen Leistungsverrechnung.
33. Welche Aufgaben werden mit der Kalkulation verfolgt, und welche Verfahren sind hierfür entwickelt worden?
34. Beschreiben sie das Grundschema einer differenzierenden Zuschlagskalkulation.
35. Erläutern Sie an selbstgewählten Beispielen das Zurechnungsproblem in der Erlösträgerrechnung.
36. Kennzeichnen Sie die Vor- und Nachteile des Umsatz- und des Gesamtkostenverfahrens auf Vollkostenbasis als Erfolgsanalyseverfahren.
37. Wie errechnet sich der Periodengewinn beim einfachen Direct Costing?
38. Erläutern Sie die Vorgehensweise bei der mehrstufigen Fixkostendekkungsrechnung.
39. Beschreiben Sie die grundlegende Idee der *Riebelschen* Rechnung mit relativen Einzelkosten und Deckungssbeiträgen.
40. Nennen sie die drei Formen der Plankostenrechnung, und zeigen Sie deren wesentliche Unterschiede bei der Kostenkontrolle auf?

Literaturhinweise zum 6. Teil:

Coenenberg, Adolf G., Jahresabschluß und Jahresabschlußanalyse, 15. Aufl., Landsberg a. L., 1994

Dellmann, Klaus, Kosten- und Leistungsrechnungen, in: M. Bitz u.a. (Hrsg.), Vahlens Kompendium der Betriebswirtschaftslehre, Band 1, 4. Aufl., München, 1998, S. 587-676

Diederich, Helmut, Allgemeine Betriebswirtschaftslehre, 7. Aufl., Stuttgart, Berlin, Köln, 1992

Haberstock, Lothar, Grundzüge der Kosten- und Erfolgsrechnung, 3. Aufl., München, 1982

Kilger, Wolfgang, Einführung in die Kostenrechnung, 3. Aufl., Wiesbaden, 1987

Kloock, Josef/Sieben, Günter/Schildbach, Thomas, Kosten- und Leistungsrechnung, 8. Aufl., Düsseldorf, 1999

Leffson, Ulrich, Die Grundsätze ordnungsmäßiger Buchführung, 7. Aufl., Düsseldorf, 1987

Männel, Wolfgang, Erlösrechnung, in: K. Chmielewicz, M. Schweitzer (Hrsg.), Handwörterbuch des Rechnungswesens, 3. Aufl., Stuttgart, 1993, Sp. 562-580

Ordelheide, Dieter, Externes Rechnungswesen, in: M. Bitz u.a. (Hrsg.), Vahlens Kompendium der Betriebswirtschaftslehre, Band 1, 4. Aufl., München, 1998, S. 475-586

Schierenbeck, Henner, Grundzüge der Betriebswirtschaftslehre, 13. Aufl., München, Wien, 1998

Weber, Helmut Kurt, Betriebswirtschaftliches Rechnungswesen: Band 1: Bilanz und Erfolgsrechnung, 4. Aufl., München, 1993

Wilkens, Klaus, Kosten- und Leistungsrechnung, 8. Aufl., München, Wien, 1997

Wöhe, Günter, Einführung in die Allgemeine Betriebswirtschaftslehre, 19. Aufl., München, 1996

7. Teil: Die Besteuerung des Unternehmens

1. Vorbemerkung

Jedes Unternehmen in der Bundesrepublik Deutschland hat von einigen Ausnahmen aufgrund besonderer Tatbestände abgesehen Steuern an den Staat zu entrichten. Die Höhe der zu zahlenden Steuern hängt von der **steuerlichen Leistungsfähigkeit** ab, wobei als wichtigste Indikatoren steuerlicher Leistungsfähigkeit Einkommen, Konsum und Vermögen des Steuerpflichtigen gelten (*Wagner*). Für den Betrieb bedeutet die Verpflichtung zur Steuerzahlung den Abfluß von Zahlungsmitteln, die deswegen nicht für andere betriebliche oder private Zwecke verwendet werden können und die auch den Eigentümern des Betriebes nicht zur Verfügung stehen. Es läßt sich nicht von vornherein ausschließen, daß betriebliche Entscheidungen die Höhe der vom Betrieb zu zahlenden Steuern beeinflussen, und diese zentrale Problematik läßt die Frage entstehen, inwieweit die Besteuerung des Unternehmens in eine Darstellung der Betriebswirtschaftslehre einbezogen werden sollte (*Wagner*).

Ein Blick in die einschlägige Literatur zur Allgemeinen Betriebswirtschaftslehre zeigt, daß diese Frage von Ausnahmen abgesehen verneint wird, zumindest was eine geschlossene betriebswirtschaftliche Theorie der Elemente der Besteuerung des Unternehmens angeht. Andererseits werden Fragen der Besteuerung durchweg angesprochen, wenn es um die Behandlung spezieller Teilfragen im Rahmen der Allgemeinen Betriebswirtschaftslehre, beispielsweise solche im Zusammenhang mit der Wahl der Rechtsform des Betriebes oder der betrieblichen Standortwahl geht. In diesem Lehrbuch wird die oben schon angedeutete Auffassung vertreten, daß die Tatsache der Verpflichtung zur Zahlung von Steuern betriebswirtschaftlich die Konsequenz des Abflusses von Zahlungsmitteln hat, die dadurch anderen Verwendungsrichtungen des Betriebes und seiner Eigentümer entzogen werden, und Steuerzahlungen daher wie alle anderen Auszahlungen auch Gegenstand allgemeiner betriebswirtschaftlicher Betrachtungen sein sollten. Die Betriebe der heutigen Zeit leben nicht in einem steuerlosen System, und eine Vernachlässigung der Besteuerung des Unternehmens würde eine Betriebswirtschaftslehre entstehen lassen, die einen wesentlichen praktischen Aspekt dieser wissenschaftlichen Disziplin außer Betracht läßt.

2. Die wichtigsten deutschen Steuerarten

Die etwa 50 Einzel-Steuerarten des gegenwärtigen Steuerrechts der Bundesrepublik Deutschland können nach verschiedenen Kriterien eingeteilt werden. Zunächst lassen sich direkte von indirekten Steuern unterscheiden. **Direkte Steuern** sind solche Steuern, die vom jeweiligen Steuerpflichtigen bei Vorliegen des entsprechenden Steuertatbestandes direkt an die zuständige Finanzverwaltung als den Steuergläubiger zu entrichten sind. Bei **indirekten Steuern** handelt es sich dagegen um solche, die vom Steuerpflichtigen nur indirekt in Verbindung mit anderen wirtschaftlichen Handlungen über Zahlungen an andere Wirtschaftseinheiten, nicht aber in Form direkter Zahlungen an den Fiskus als Steuergläubiger entrichtet werden.

Weiterhin kann zwischen Personensteuern (Subjektsteuern) und Sachsteuern (Objektsteuern, Realsteuern) unterschieden werden. Innerhalb der **Personensteuern** sind insbesondere die **Einkommensteuer**, die einschließlich der **Kirchensteuer** von natürlichen Personen erhoben wird, die von juristischen Personen zu zahlende **Körperschaftsteuer**, die **Vermögensteuer** und die **Erbschaftsteuer** von Bedeutung. (Die **Lohnsteuer**, die grundsätzlich auf alle Einkünfte aus nichtselbständiger Arbeit erhoben wird, bildet keine eigene Steuerart, sondern lediglich eine besondere Erhebungsform der Einkommensteuer, die Lohnsteuer wird vom Arbeitgeber von den Einkünften aus nichtselbständiger Arbeit einbehalten und an die Finanzverwaltung als den Gläubiger der Lohnsteuerschuld abgeführt.) Die in erster Linie zu erwähnenden Steuerarten im Bereich der **Sachsteuern** werden von der **Gewerbesteuer**, der **Kfz-Steuer** und der **Grundsteuer** gebildet. Diese Steuerarten tragen die Bezeichnung Sachsteuern, weil die Verpflichtung zur Steuerzahlung nicht an eine Person, sondern an den stehenden Gewerbebetrieb, das zugelassene Kraftfahrzeug bzw. an den Grundbesitz, also an Sachen geknüpft ist.

Steueraufkommen 1997

davon direkte Steuern	in Mrd. DM	in % der direkten Steuern	in % des gesamten Steueraufkommens
Lohnsteuer	298,4	61,2	35,3
Einkommensteuer	6,5	1,3	0,8
Körperschaftsteuer	35,6	7,3	4,2
Gewerbesteuer	48,6	10,0	5,8
Kapitalertragsteuer	29,1	6,0	3,4
Kfz-Steuer	14,4	3,0	1,7
Grundsteuer	15,2	3,1	1,8
Zölle	6,9	1,4	0,8
Grunderwerbsteuer	0,3	0,1	0,0
Erbschaftsteuer	4,1	0,8	0,5
Solidaritätszuschlag	25,9	5,3	3,1
sonstige ca.	2,9	0,6	0,3
	487,9	100,0	57,8

Darstellung 7-1: Aufkommen an direkten Steuern in der Bundesrepublik Deutschland

Eine weitere mögliche Unterscheidung innerhalb der Steuern ist die in Verkehrsteuern und Verbrauchsteuern, je nachdem ob die Verpflichtung zur Steuerzahlung aus einem bestimmten Wirtschaftsverkehr oder aus dem Verbrauch bestimmter Wirtschaftsgüter entsteht. Innerhalb der **Verkehrsteuern** kommt der **Umsatzsteuer** als „genereller Verkehrsteuer“ die größte Bedeutung zu, die allerdings den Verbrauchsteuern nahesteht. Als weitere wichtige Verkehrsteuern sind die Grunderwerbsteuer, die Versicherungsteuer, die Feuerschutzsteuer und die Rennwett- und Lotteriesteuer zu nennen. Die **Verbrauchsteuern** nehmen Bezug auf die steuerliche Leistungsfähigkeit, die in der Verwendung von Einkommen für den persönlichen Lebensbedarf zum Ausdruck kommt. Unter den Verbrauchsteuern sind vor allem die **Mineralölsteuer**, die **Tabaksteuer**, die **Branntweinsteuer**, die **Kaffeesteuer** und die **Biersteuer** zu erwähnen.

Steueraufkommen 1997

davon indirekte Steuern	in Mrd. DM	in % der indirekten Steuern	in % des gesamten Steueraufkommens
Umsatzsteuer	240,9	67,6	28,5
Mineralölsteuer	66,0	18,5	7,8
Tabaksteuer	21,2	5,9	2,5
Versicherungsteuer	14,1	4,0	1,7
Branntweinsteuer	4,6	1,3	0,5
Rennwett- und Lotteriesteuer	2,9	0,8	0,3
Kaffeesteuer	2,2	0,6	0,3
Biersteuer	1,7	0,5	0,2
Schaumweinsteuer	1,1	0,3	0,1
Feuerschutzsteuer	0,7	0,2	0,1
sonstige ca.	1,0	0,3	0,1
	356,4	100,0	42,2

Darstellung 7-2: Aufkommen an indirekten Steuern in der Bundesrepublik Deutschland

3. Allgemeine Kennzeichnung der Besteuerung

Jede Steuer beruht auf **Rechtsgrundlagen**, so beispielsweise die Einkommensteuer auf dem Einkommensteuergesetz, die Körperschaftsteuer auf dem Körperschaftsteuergesetz usw. Zu den Rechtsgrundlagen einer Steuer gehören also einerseits **Steuergesetze**, andererseits die entsprechenden **Durchführungsverordnungen**. Durchführungsverordnungen sind Erlasse der Bundesregierung, die die Steuergesetze ergänzen. Sie sind für die Rechtsprechung der Finanzgerichte ebenso verbindlich wie die Steuergesetze selbst. Dagegen verkörpern **Steuerrichtlinien** Verwaltungsanweisungen des Bundesministers der Finanzen an untergeordnete Finanzbehörden, sie stellen für Steuerpflichtige und Finanzgerichte keine verbindlichen Rechtsnormen dar.

In jedem Steuergesetz müssen Bestimmungen enthalten sein über

1. das **Steuersubjekt**, d. h. über den Steuerschuldner;
2. das **Steuerobjekt**, d. h. über die Gegebenheit, die als Voraussetzung für das Entstehen der Verpflichtung zur Steuerzahlung erfüllt sein muß, beispielsweise das Betreiben eines Gewerbebetriebes als Steuerobjekt der Gewerbeertrag und der Gewerbekapitalsteuer, das Halten eines Kraftfahrzeuges als Steuerobjekt der Kraftfahrzeugsteuer usw.;
3. die **Bemessungsgrundlage**, d. h. über die Quantifizierung des Steuerobjektes;
4. den **Steuertarif**, d. h. über den Steuersatz, der auf die Bemessungsgrundlage der jeweiligen Steuer anzuwenden ist.

Mit den Rechtsgrundlagen in Form von Steuergesetzen und den zugehörigen Durchführungsverordnungen sowie Steuerrichtlinien und den vier genannten in den

Steuergesetzen enthaltenen Bestimmungen kann die Besteuerung bezüglich jeder einzelnen Steuerart gekennzeichnet werden. Neben den genannten Bestimmungen enthalten Steuergesetze noch weitere Regelungen wie etwa hinsichtlich des Zeitpunktes der Steuerzahlung oder den konkreten Empfänger der jeweiligen Steuerzahlung. Auf die damit in Verbindung stehenden betriebswirtschaftlichen Probleme wird jedoch im Rahmen des vorliegenden Lehrbuches nicht eingegangen.

4. Einzelne Steuerarten

41. Einkommensteuer

Rechtsgrundlagen der Einkommensteuer (ESt) sind das **Einkommensteuergesetz 1990 (EStG 1990)** in der Fassung vom 7. September 1990 sowie **die Einkommensteuer-Durchführungsverordnung (EStDV)** in der Fassung vom 28. Juli 1992 und die **Einkommensteuer-Richtlinien**.

Der Einkommensteuer unterliegen als Steuersubjekte alle **natürlichen Personen**, die im Inland einen Wohnsitz oder ihren gewöhnlichen Aufenthalt haben, mit ihrem gesamten zu versteuernden Einkommen (§ 1 EStG). Gegenüber dieser unbeschränkten Einkommensteuerpflicht besteht eine beschränkte Einkommensteuerpflicht für solche natürlichen Personen, die ihren Wohnsitz oder gewöhnlichen Aufenthalt im Ausland haben, und zwar bezüglich ihrer inländischen Einkünfte, soweit nicht ein von der Bundesrepublik Deutschland geschlossenes **Doppelbesteuerungsabkommen** eine andere Regelung vorsieht.

Steuerobjekt, also Gegenstand der Einkommensteuer ist das Einkommen der natürlichen Personen. Dieses setzt sich aus sieben **Einkunftsarten** zusammen. Bei diesen handelt es sich um

1. Einkünfte aus Land und Forstwirtschaft,
2. Einkünfte aus Gewerbebetrieb,
3. Einkünfte aus selbständiger Arbeit,
4. Einkünfte aus nichtselbständiger Arbeit,
5. Einkünfte aus Kapitalvermögen,
6. Einkünfte aus Vermietung und Verpachtung sowie
7. sonstige Einkünfte.

Die Einkunftsarten 1. bis 3. werden als **Gewinneinkunftsarten** bezeichnet, während es sich bei den Einkunftsarten 4. bis 7. um **Überschußeinkunftsarten** handelt. Im Rahmen der Betriebswirtschaftslehre sind vor allem die Gewinneinkunftsarten von Bedeutung. Zur Ermittlung der Gewinneinkünfte sind im Einkommensteuergesetz verschiedene Vorgehensweisen zugelassen. Unter ihnen ist der **Betriebsvermögensvergleich**, der im allgemeinen in Gewerbebetrieben Anwendung findet, besonders wichtig. Die Ermittlung der Gewinneinkünfte mit Hilfe eines Betriebsvermögensvergleiches setzt voraus, daß der Steuerpflichtige jährlich eine **Steuerbilanz** aufstellt, um so die jährlichen Veränderungen des in der Steuerbilanz ausgewiesenen Reinvermögens zu ermitteln.

Bemessungsgrundlage für die Einkommensteuer ist das **zu versteuernde Einkommen**. Dieses zu versteuernde Einkommen im Sinne des Einkommensteuergesetzes ergibt sich zunächst als die Summe aus den sieben Einkunftsarten. Davon sind eine Vielzahl von Posten abzuziehen und einige wenige Posten hinzuzufügen. Diese Posten werden hier nicht im einzelnen angegeben, da ständige Gesetzesänderungen dafür sorgen, daß das Berechnungsschema für die Ermittlung des zu versteuernden Einkommens kaum jemals länger als ein Jahr unverändert bleibt.

Auf das zu versteuernde Einkommen ist ein **progressiver Einkommensteuertarif** anzuwenden, der von einer bestimmten Höhe des zu versteuernden Einkommens an durch einen konstant bleibenden Höchststeuersatz, davor durch einen steigenden Grenzsteuersatz gekennzeichnet ist. Der Eingangsteuersatz betrug im Jahr 1999

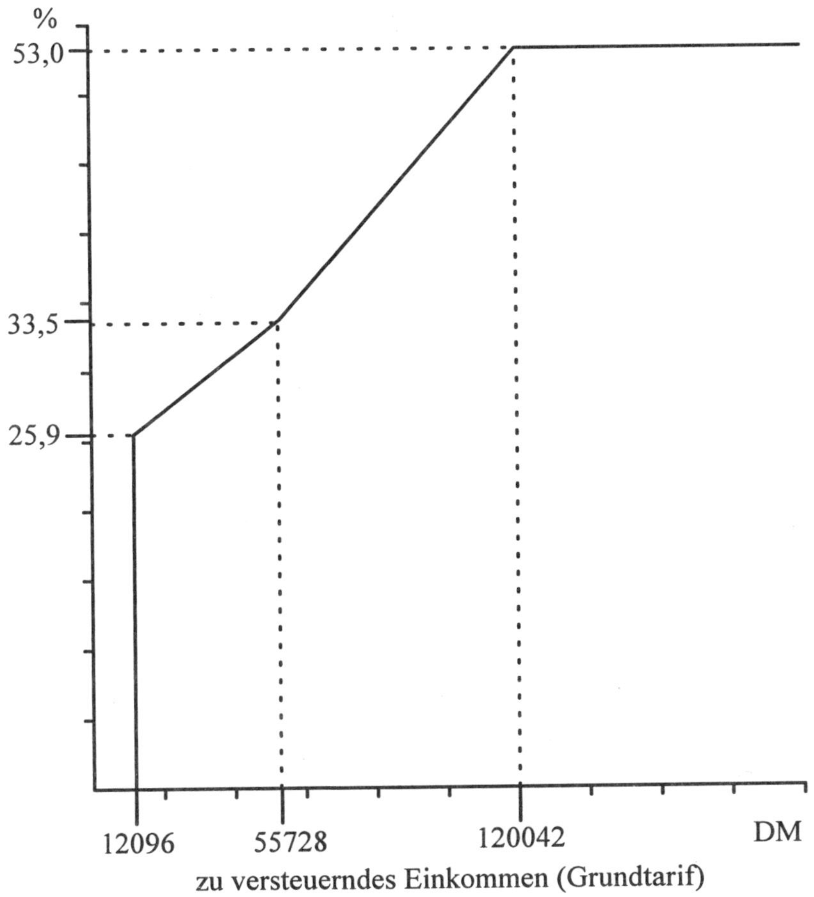

Darstellung 7-3: Grenzsteuerbelastung der Einkommensteuer nach dem Grundtarif (Stand 1998)

(2000) 23,9% (22,9%). Ab dem Jahr 2002 beträgt er 19,9% (Stand 1999). Der Höchststeuersatz betrug im Jahr 1999 (2000) 53% (51%). Ab dem Jahr 2002 beträgt er 48,5% (Stand 1999). Der Grundfreibetrag stellt das steuerfreie Existenzminimum jeder einkommensteuerpflichtigen Person dar. Dieser Grundfreibetrag betrug im Jahr 1999 (2000) 12.095,- DM (13.499,- DM). Ab dem Jahr 2002 beträgt er 14.093,- DM (Stand 1999). Nach dem deutschen Einkommensteuergesetz können vier Tarifzonen in Abhängigkeit vom zu versteuernden Einkommen unterschieden werden:

Nullzone:
  Einkommen < Grundfreibetrag
untere Progressionszone:
  Grundfreibetrag < Einkommen < Ende der unteren Progressionszone
obere Progressionszone:
  Ende der unteren Progressionszone < Einkommen < Ende der oberen Progressionszone
Proportionalzone:
  Ende der oberen Progressionszone < E

Die Darstellung 7-3 soll die Einkommensteuerbelastung für bestimmte Einkommen nach dem Grundtarif verdeutlichen.

42. Kirchensteuer

Rechtsgrundlagen der Kirchensteuer sind nach Art. 140 Grundgesetz nach wie vor die Artikel 136, 137, 138, 139 und 141 der Verfassung des Deutschen Reiches vom 11. August 1919. In Art. 137 heißt es dort: „Die Religionsgemeinschaften, welche Körperschaften des öffentlichen Rechtes sind, sind berechtigt, auf Grund der bürgerlichen Steuerlisten nach Maßgabe der landesrechtlichen Bestimmungen Steuern zu erheben."

Steuersubjekte der Kirchensteuer und damit steuerpflichtig sind die Angehörigen der steuererhebenden Religionsgemeinschaften vom Zeitpunkt ihrer Aufnahme in die Religionsgemeinschaft an. Steuerobjekt, also Gegenstand der Kirchensteuer ist die Tatsache, daß der Kirchensteuerpflichtige zur Zahlung von Einkommensteuer verpflichtet ist. Der **Kirchensteuertarif** ist uneinheitlich, er schwankt je nach Bundesland und Religionsgemeinschaft zwischen 8% und 9%.

43. Körperschaftsteuer

Rechtsgrundlage der Körperschaftsteuer (KSt) ist **das Körperschaftsteuergesetz 1991 (KStG 1991)** vom 11. März 1991. Danach sind als Steuersubjekte alle im KStG aufgeführten Körperschaften unbeschränkt körperschaftsteuerpflichtig, deren Sitz oder Ort der Geschäftsleitung sich im Inland befindet. Betriebswirtschaftlich am bedeutendsten sind unter diesen die in den Rechtsformen **Aktiengesellschaft** und **Gesellschaft mit beschränkter Haftung** geführten Unternehmen. Dabei erstreckt sich die Körperschaftsteuerpflicht auf sämtliche Einkünfte solcher inländischen **juristischen Personen**. Eine beschränkte Körperschaftsteuerpflicht betrifft vor allem solche juristischen Personen, deren Geschäftsleitung im Ausland angesiedelt ist. Hier sind nur die inländischen Einkünfte der betreffenden juristischen Personen körperschaftsteuerpflichtig. Nach § 5 KStG gilt eine Befreiung von der Körperschaftsteuer unter anderem für Berufsverbände und politische Parteien.

Gegenstand der Besteuerung ist bei der Körperschaftsteuer das **zu versteuernde Einkommen** der körperschaftsteuerpflichtigen juristischen Person. Die Höhe des zu versteuernden Einkommens ermittelt sich nach den gesetzlichen Vorschriften des Einkommen- **und** des Körperschaftsteuergesetzes. Dabei sind allerdings nur sechs verschiedene Einkunftsarten zu unterscheiden, da juristische Personen keine Einkünfte aus nichtselbständiger Arbeit erzielen können. Das zu versteuernde Einkommen des Körperschaftsteuerpflichtigen, also in der Regel der Kapitalgesellschaft, basiert auf dem **Steuerbilanzgewinn**, wobei dieser jedoch mit Hilfe von Abzugs und Hinzurechnungsbeträgen entsprechend den Bestimmungen des Körperschaftsteuergesetzes zu modifizieren ist.

Die **Tarifbelastung** mit Körperschaftsteuer beträgt als Regelsatz 40%. Die Tarifbelastung gilt jedoch nur dann für die zu entrichtende Körperschaftsteuer, wenn die körperschaftsteuerpflichtigen Gewinne einbehalten werden. Wenn dagegen die Gewinne bzw. Teile davon an die Eigentümer der Körperschaft, bei der AG also an die Aktionäre und bei der GmbH an die Gesellschafter, ausgeschüttet werden, dann gilt an Stelle der Tarifbelastung die **Ausschüttungsbelastung** in Höhe von 30% des Ausschüttungsbetrages.

Das Körperschaftsteuergesetz geht fiktiv davon aus, daß die Gewinnverwendung grundsätzlich in zwei Phasen abläuft. Zunächst wird der gesamte Gewinn als einbehalten angesehen und der Tarifbelastung von 40% unterworfen. Der verbleibende Betrag bildet zusammen mit einbehaltenen Gewinnen vergangener Jahre das **verwendbare Eigenkapital**, aus dem dann Ausschüttungen vorgenommen werden können. Bei der Ausschüttung wird eine Körperschaftsteuerentlastung in Höhe von 10% vorgenommen, so daß die beim Ausschüttungsempfänger zufließenden Beträge (Dividenden) stets mit 30% Körperschaftsteuer, der Ausschüttungsbelastung, belegt sind.

Die geschilderte Vorgehensweise wird anhand der folgenden Übersicht verdeutlicht. Dabei wird angenommen, daß das gesamte körperschaftsteuerpflichtige Einkommen in Höhe von 100 ausgeschüttet wird.

	körperschaftsteuerpflichtiges Einkommen	100
./.	Körperschaftsteuer-Tarifbelastung (40%)	-40
=	verwendbares Eigenkapital	60
+	Körperschaftsteuer-Minderung (40%-30% bzw. 10/60 des verwendbaren Eigenkapitals)	10
=	Bardividende	70
+	Ausschüttungsbelastung (30%)	30
=	zu versteuerndes Ausschüttungseinkommen (=Bruttoausschüttung)	100

Darstellung 7-4: Vorgehensweise bei der Körperschaftsteuerberechnung im Falle von Ausschüttung

Für den Ausschüttungsempfänger stellen die erhaltenen Ausschüttungsbeträge einschließlich der darauf entrichteten Körperschaftsteuer Einkommen im Sinne des Einkommensteuergesetzes dar; allerdings wird die entrichtete Körperschaftsteuer auf die zu zahlende Einkommensteuer angerechnet. Der oben verwendete Begriff **Bardividende** ist in diesem Zusammenhang irreführend, denn dieser Betrag wird nochmals gekürzt, und zwar um die **Kapitalertragsteuer** in Höhe von 25% der Bardividende. Die Kapitalertragsteuer stellt neben der Lohnsteuer eine weitere besondere Erhebungsform der Einkommensteuer dar. Nach Abzug der Kapitalertragsteuer erhält der Ausschüttungsempfänger eine **Nettoausschüttung**, deren Höhe 75% der oben ermittelten Barausschüttung von 70, also 52,5 beträgt; der Differenzbetrag von 17,5 ist als einbehaltene Kapitalertragsteuer von der Körperschaft an die Finanzverwaltung zu entrichten.

Zur Veranschaulichung der geschilderten Vorgehensweise und zur Darstellung des seit dem 1. Januar 1977 gültigen **Anrechnungsverfahrens** der Körperschaftsteuer auf die zu entrichtende Einkommensteuer diene das in der folgenden Übersicht wiedergegebene Zahlenbeispiel.

Dazu wird der Inhaber einer GmbH betrachtet, der von dieser eine Nettoausschüttung in Höhe von 52.500 DM sowie zwei **Steuerbescheinigungen** über entrichtete Körperschaftsteuer in Höhe von 30.000 DM und einbehaltene Kapitalertragsteuer in Höhe von 17.500 DM erhält. Der Ausschüttungsempfänger ist verheiratet, beide Eheleute erzielen keine weiteren Einkünfte und beantragen in ihrer Einkommensteuererklärung Zusammenveranlagung. Sie können einkommensteuerliche Abzugsbeträge in Höhe von 5.000 DM geltend machen.

	Nettoausschüttung	52.500
+	anzurechnende Körperschaftsteuer	30.000
+	anzurechnende Kapitalertragsteuer	17.500
=	Summe der Einkünfte	100.000
./.	Abzugsbeträge	5.000
=	zu versteuerndes Einkommen	95.000
	Einkommensteuer lt. Splitting Tabelle 1998	20.462
./.	anzurechnende Körperschaftsteuer	30.000
./.	anzurechnende Kapitalertragsteuer	17.500
=	Einkommensteuer-Erstattung	27.038
+	Nettoausschüttung	52.500
=	verfügbares Einkommen	79.538

Darstellung 7-5: Vorgehensweise bei der Einkommensbesteuerung nach Körperschaft- und Einkommensteuer

Die Übersicht zeigt, daß die Körperschaftsteuer im Anrechnungsverfahren wie auch die Kapitalertragsteuer für den Ausschüttungsempfänger lediglich eine **Einkommensteuervorauszahlung** darstellen. Die Tatsache, daß sich im obigen Beispiel eine nennenswerte Einkommensteuer-Erstattung ergibt, ist darauf zurückzuführen, daß die Verwendung der Splitting-Tabelle bei gemeinsamer Veranlagung der Eheleute und das Fehlen weiterer Einkünfte einen durchschnittlichen Einkommensteuersatz von nur etwa 20% gegenüber einer Vorauszahlungsquote von 47,5% liefert. Bei höheren zu versteuernden Einkommen und Verwendung der Grundtabelle darf nicht mit so hohen Erstattungsbeträgen gerechnet werden.

Darüber hinaus ist eine rechtsformneutrale Unternehmensteuer in der Diskussion, die die Körperschaftsteuer, die Einkommensteuer auf Gewerbeeinkünfte und die Gewerbesteuer zu einer Unternehmensteuer zusammenfassen soll. Das Gesamtaufkommen dieser Unternehmensteuer soll in etwa dem Steueraufkommen der bisherigen drei Steuerarten entsprechen. Als Steuertarif wird ein Steuersatz von 35% angepeilt (Stand 1999).

44. Gewerbesteuer

Rechtsgrundlagen der Gewerbesteuer sind das **Gewerbesteuergesetz 1991 (GewStG 1991)** in der Fassung vom 21. März 1991 und die **Gewerbesteuer-Durchführungsverordnung (GewStDV)** vom 21. März 1991, nach der die Bundesregierung mit Zustimmung des Bundesrates Rechtsverordnungen über die Abgrenzung der Steuerpflicht, Ermittlung der Besteuerungsgrundlagen und Festsetzung der Steuermeßbeträge zu erlassen berechtigt ist, soweit dies für die Gleichmäßigkeit der Besteuerung und die Vermeidung von Unbilligkeiten in Härtefällen erforderlich ist.

Die **Gewerbesteuer** gehört zu den Sachsteuern und knüpft als solche hinsichtlich des Steuerobjektes an das Bestehen eines im Inland betriebenen Gewerbebetriebes an. Während damit also das Steuerobjekt als stehender Gewerbebetrieb eine Sache darstellt, ist das Steuersubjekt stets eine Person, nämlich der Unternehmer, für dessen Rechnung das Gewerbe betrieben wird. Dabei kann es sich um eine juristische Person in Form einer Kapitalgesellschaft, um eine Gesellschaft natürlicher Personen in Form einer Personengesellschaft oder um eine natürliche Person in der Erscheinung eines Einzelunternehmers handeln.

Hinsichtlich des Steuerobjektes **Gewerbebetrieb** sind drei Fälle zu unterscheiden:

1. **Gewerbebetrieb kraft gewerblicher Tätigkeit**; eine solche Tätigkeit ist gegeben, wenn die folgenden vier Voraussetzungen gleichzeitig vorliegen: (a) Selbständigkeit, (b) Nachhaltigkeit, (c) Gewinnerzielungsabsicht und (d) Teilnahme am allgemeinen wirtschaftlichen Verkehr. Bestimmte Tätigkeiten wie die Ausübung von Land und Forstwirtschaft, die Ausübung eines freien Berufes oder eine andere selbständige Arbeit im Sinne des Einkommensteuerrechts sind ausgenommen.
2. **Gewerbebetrieb kraft Rechtsform**; Kapitalgesellschaften sind immer Gewerbebetriebe, Personengesellschaften sind es immer dann, wenn die Gesellschafter ohne Einschränkungen am Gewinn, am Vermögen und am Risiko beteiligt sind (Mitunternehmerschaften) und eine gewerbliche Tätigkeit ausgeübt wird.

3. **Gewerbebetriebe kraft wirtschaftlicher Betätigung**; als Gewerbebetriebe gelten auch sonstige juristische Personen des privaten Rechts und nichtrechtsfähige Vereine, soweit sie einen wirtschaftlichen Geschäftsbetrieb unterhalten.

Die Gewerbesteuer umfaßte die **Gewerbeertragsteuer** und die **Gewerbekapitalsteuer**. Der Bundesrat hat am 5.9.1997 der völligen Abschaffung der Gewerbekapitalsteuer zum 1.1.1998 im gesamten Bundesgebiet zugestimmt. Darauf hatten sich die damalige Regierung und Opposition im Vermittlungsausschuß geeinigt. Die Gewerbekapitalsteuer wurde in den neuen Bundesländern ohnehin nicht erhoben.

Als **Bemessungsgrundlage** der Gewerbeertragsteuer dient der **Gewerbeertrag**. Ausgangspunkt für die Ermittlung des Gewerbeertrages ist der nach den Vorschriften des Einkommensteuergesetzes bzw. Körperschaftsteuergesetzes zu bestimmende Gewinn aus Gewerbebetrieb. Diese Größe ist um bestimmte sich aus dem Gewerbesteuergesetz ergebende Hinzurechnungen und Kürzungen zu modifizieren. Bei natürlichen Personen und bei Personengesellschaften wird darüber hinaus ein Freibetrag von 48.000 DM in Anrechnung gebracht.

Der Tarif der Gewerbeertragsteuer schreibt vor, daß auf die Bemessungsgrundlage die **Steuermeßzahl** von in der Regel 5% anzuwenden ist. Das Ergebnis liefert den **Steuermeßbetrag** für die Gewerbeertragsteuer, auf den dann der **Hebesatz** angewendet wird. Dieser Hebesatz wird von der Gemeinde festgelegt, in der der Gewerbebetrieb geführt wird. Seine Höhe beträgt gegenwärtig im Normalfalle 300% bis 400%. Demnach ergibt sich die zu entrichtende Gewerbeertragsteuer als das Produkt aus Steuermeßzahl, Hebesatz und Gewerbeertrag.

45. Vermögensteuer

Aufgrund eines Beschlusses des Bundesverfassungsgerichtes vom 22.06.1995 kann die **Vermögensteuer** wegen ihrer teilweisen Verfassungswidrigkeit seit 1997 nicht mehr erhoben werden. Es ist jedoch nicht auszuschließen, daß für die Zukunft an eine Neuregelung bezüglich einer Steuerart im Sinne der Vermögensteuer gedacht wird.

46. Umsatzsteuer

Rechtsgrundlagen der Umsatzsteuer sind das Umsatzsteuergesetz 1993 (UStG 1993) in der Fassung vom 27. April 1993, die Umsatzsteuer-Durchführungsverordnung 1993 (UStDV 1993) in der Fassung vom 27. April 1993 und die Umsatzsteuer-Richtlinien 1996 (UStR 1996) vom 7. Dezember 1995.

Die Umsatzsteuer stellt eine **Belastung des Konsums** dar. Die meisten Konsumumsätze werden zwischen Unternehmen und Konsumenten getätigt, und der Fiskus bedient sich daher der Unternehmen für die Erhebung und Abführung der Umsatzsteuer (*Wagner*). Damit sind Steuersubjekte bezüglich der Umsatzsteuer Unternehmer, worunter nach § 2 Abs. 1 UStG (natürliche oder juristische) Personen zu verstehen sind, die eine gewerbliche oder berufliche Tätigkeit selbständig ausüben. Dabei ist unter gewerblicher oder beruflicher Tätigkeit jede nachhaltige Tätigkeit zur Erzielung von Einnahmen, nicht von Gewinn, zu verstehen. Wegen des hinsichtlich der Umsatzsteuerpflicht geltenden Bestimmungsland sind im grenzüberschreitenden Wirtschaftsverkehr Exportumsätze von der Umsatzsteuer zu befreien und Importe mit Einfuhrumsatzsteuer zu belasten (*Wagner*). Bezüglich der Einfuhrumsatzsteuer gilt, daß jeder umsatzsteuerpflichtig ist, der Gegenstände in das inländische Zollgebiet importiert, unabhängig davon, ob er Unternehmer ist oder nicht.

Gegenstand der Umsatzbesteuerung sind nach § 1 UStG als Steuerobjekte (steuerbare Umsätze)

- **Lieferungen und sonstige Leistungen**, die ein Unternehmer im Inland im Rahmen eines Unternehmens gegen Entgelt erbringt;
- **Eigenverbrauch** eines Unternehmers im Inland;
- Lieferungen und sonstige Leistungen, die körperschaftsteuerpflichtige Vereinigungen im Rahmen ihres Unternehmens an ihre Anteilseigner oder diesen nahestehende Personen ohne Entgelt ausführen;
- **Einfuhr** von Gegenständen in das Zollgebiet.

Nach § 4 UStG sind zahlreiche **steuerbare Umsätze** steuerbefreit. Diese lassen sich gliedern in

- **Befreiungen, die den Vorsteuerabzug zulassen**; hierzu zählen in erster Linie die Exportumsätze,
- **Befreiungen, die den Vorsteuerabzug nicht zulassen**; in diesen Bereich fallen beispielsweise Umsätze des Geld und Kapitalverkehrs, Umsätze, die mit anderen Verkehrsteuern im Zusammenhang stehen, Umsätze, die aus Struktur-, sozial- und kulturpolitischen Gründen befreit sind, und Steuerbefreiungen bei der Einfuhr bestimmter Wirtschaftsgüter (§ 5 UStG).

Wenn Umsätze an andere Unternehmen ausgeführt werden, darf nach § 9 UStG auf einige, wirtschaftlich allerdings wesentliche, Steuerbefreiungen verzichtet werden; in diesem Falle erfolgt eine **Option für die Umsatzsteuer**. Sinnvoll ist eine derartige Option unbedingt dann, wenn der Leistungsempfänger zum Vorsteuerabzug berechtigt ist; sie kann aber auch in anderen Fällen wirtschaftlich zweckmäßig sein.

Bemessungsgrundlage der Umsatzsteuer sind die steuerpflichtigen Umsätze; diese sind gemäß §§ 10 und 11 UStG wie folgt zu ermitteln:

1. Für Lieferungen und Leistungen bemißt sich der Umsatz nach **dem vereinbarten Entgelt**. Unter Entgelt ist alles bis auf die Umsatzsteuer zu verstehen, was der Leistungsempfänger aufwendet, um die Leistung zu erhalten.
2. Beim Eigenverbrauch sind der **Einkaufspreis** zuzüglich Nebenkosten für den Gegenstand oder einen gleichartigen Gegenstand oder die **Selbstkosten** als Bemessungsgrundlage der Umsatzsteuer anzusetzen.
3. Im Rahmen der Einfuhr ist der Wert der Umsätze den jeweiligen zollrechtlichen Vorschriften entsprechend zu ermitteln.

Nach § 12 UStG wird der steuerpflichtige Umsatz zur Zeit im Regelfall mit 16% besteuert, begünstigte Umsätze unterliegen einem Steuersatz von 7%. (Begünstigt sind Lebensmittel, Druckerzeugnisse mit Ausnahme jugendgefährdender Schriften, Leistungen von Zahntechnikern, Zirkusvorführungen und eine Vielzahl anderer Leistungen.)

Zur Ermittlung der **Umsatzsteuerschuld** ist von der Umsatzsteuer als „Ausgangssteuer", die sich als Produkt aus steuerpflichtigem Umsatz und anzuwendendem Steuersatz ergibt, die „Vorsteuer" abzuziehen. Übersteigt die Vorsteuer die Ausgangssteuer, so entsteht eine Umsatzsteuerforderung gegenüber dem Fiskus. Die Ermittlung der **abziehbaren Vorsteuer** erfolgt entsprechend § 15 UStG. Als abziehbare Vorsteuer gilt dabei grundsätzlich die in Rechnungen gesondert ausgewiesene Umsatzsteuer für Lieferungen und Leistungen, die von anderen Unternehmen an das umsatzsteuerpflichtige Unternehmen ausgeführt worden sind, sowie die entrichtete Einfuhrumsatzsteuer für Gegenstände, die für das umsatzsteuerpflichtige Unternehmen importiert worden sind. Unzulässig ist der Vorsteuerabzug für Lieferungen und Leistungen sowie Einfuhren, die zur Durchführung folgender Umsätze verwendet werden: steuerfreie Umsätze (ohne Exportumsätze); Umsätze außerhalb des Erhebungsgebietes, die steuerfrei wären, wenn sie im Erhebungsgebiet ausgeführt würden; unentgeltliche Umsätze, die steuerfrei wären, wenn sie gegen Entgelt ausgeführt würden.

Fragen zur Lernkontrolle:

1. Nennen Sie die wichtigsten Indikatoren der steuerlichen Leistungsfähigkeit.
2. Was verstehen Sie unter direkten Steuern, was unter indirekten Steuern?
3. Erläutern Sie kurz die verschiedenen Arten von Personen und Sachsteuern.
4. Kennzeichnen Sie die notwendigen Regelungen und Bestimmungen eines jeden Besteuerungsvorganges.
5. Erklären Sie die Begriffe Steuersubjekt, Steuerobjekt, Bemessungsgrundlage und Steuertarif.
6. Welche Einkunftsarten unterliegen der Einkommensteuer?
7. Was wird unter dem körperschaftsteuerlichen Anrechnungsverfahren verstanden?
8. Wie wird die Gewerbeertragsteuer errechnet?
9. Kennzeichnen Sie den Gegenstand der Umsatzbesteuerung.

Literaturhinweise zum 7. Teil:

Kruschwitz, Lutz, Investitionsrechnung, 7. Aufl., Berlin, New York, 1998

Müller-Merbach, Heiner, Einführung in die Betriebswirtschaftslehre, 2. Aufl., München, 1976

Schierenbeck, Henner, Grundzüge der Betriebswirtschaftslehre, 13. Aufl., München, Wien, 1998

Wagner, Franz W., Besteuerung, in: M. Bitz u.a. (Hrsg.), Vahlens Kompendium der Betriebswirtschaftslehre, Band 2, 4. Aufl., München, 1999, S. 439-504

Sachwortregister

ABC-Analyse 110f.
Ablauforganisation 66, 71-73
Absatz 13f., 26, 33, 69, 89, 112, 136-138, 149, 152, 203
- direkter 152
- indirekter 152
Absatzkette 152
Absatzmarkt 56f., 115, 137-139, 141f., 145, 152, 225f.
Absatzpolitik 137, 141, 143
Absatzrisiko 134
Absatzweg 152
Absatzwerbung 154f.
Abschreibung 102, 123, 196, 198, 219
- degressive 219
- kalkulatorische 219
- lineare 219
- zeitabhängige 219
Abschreibungsmethode 97f., 100, 219
Abstraktion 7, 10f.
- isolierende 7
Abweichungsanalyse 28-30
Akkordlohn 166f.
Aktie 21, 42, 47-49, 51, 55, 64, 83-85, 168, 179, 211f.
Aktiengesellschaft
- Organe der 48, 59
Aktiengesellschaft (AG) 41, 47-49, 55, 82, 84f., 168, 246
Aktienoptionsplan 168
Aktionär 21, 47-49, 54f., 83, 168, 247
Aktiva 186, 189-192, 194, 198f.
Amortisationsrechnung 97, 101f.
Anbieter 57, 134, 136, 138, 143f., 150
Angebot 5f., 57, 65, 75, 138
Anhang 177, 179f., 185f., 191, 199, 203f., 207f.
Anlagenspiegel 199f.
Anlagevermögen 61, 183, 189-191, 193f., 197-199
Annuitätenmethode 102-104
Anschaffungskosten 196
Äquivalenzziffernkalkulation 223f.
Arbeitsentgelt 167, 169
Arbeitsgemeinschaft 40, 51
Arbeitsgestaltung 22, 158
Arbeitsleistung 157f., 165-168
- Bestimmungsfaktor der 158f.
Arbeitsteilung 6f., 32, 130
Assessment Center 160-162
Aufbauorganisation 66f., 69-73
Aufsichtsrat 42, 46, 48f., 80, 206f.
Auftragsproduktion 134f.
Aufwand 174f., 193f., 211f., 231
- außerordentlicher 212
- betriebsfremder 212
- neutraler 211
- periodenfremder 212
Ausbildung 163
Ausführungssystem 18f., 32, 35
Ausgabe 48f., 57, 81, 83, 85, 101f., 174f., 193f.
Ausschuß 67, 127, 166f.
Außenfinanzierung 33f., 75, 82, 84, 86f.
Auszahlung 82, 85, 174f.
Autonomieprinzip 8

Beibehaltungswahlrecht 197
Bemessungsgrundlage 82, 166, 187, 243, 245, 250-252
Beschaffung 13f., 18, 26, 33, 45-48, 50, 75-82, 107-119, 126f.
Beschaffungsbedarf 108
Beschaffungsmärkte 56, 108f., 114
Beschäftigung 3, 5, 32, 77, 134, 176, 217, 229f., 234
Beschäftigungsrisiko 134
Beschreibung 9, 17, 75

Bestand 109, 113f., 175, 178, 183-185
- eiserner 113, 118
Bestandsgröße 175f., 200
Bestandskonto 182f.
Bestandsrechnung 176
Bestätigungsvermerk 207f.
Bestellkosten 116
Bestellmenge 115-119
- optimale 115-117
Besteuerung 45-47, 82, 204, 243
Beteiligungsfinanzierung 82, 84, 87
Betrieb 6-9, 17f.
Betriebsabrechnungsbogen (BAB) 220f.
Betriebsaufbau 9, 13
Betriebsaufspaltung 42
Betriebsbereitschaft 125, 127
Betriebsbuchhaltung 176f.
Betriebserfolg 82, 192, 227-231
Betriebsergebnis 202, 229
Betriebsgröße 61f., 65, 77, 188
Betriebsleistung 120f., 125f., 134f., 203, 212
Betriebsmittel 121-127, 157, 166f.
- Potentialfaktoren 122
- Repetierfaktoren 122f., 126
Betriebsprozeß 9, 13, 21, 88, 101, 108, 114f., 121, 233
Betriebsrat 159
Betriebsstoff 57, 88, 107, 122f., 126, 190, 201, 218, 223
Betriebsverfassungsgesetz 44, 47-49
Betriebswirtschaft 7, 37
Betriebswirtschaftslehre 5f.
- Allgemeine 13f.
- Aufgaben der 10
- Gliederung 14
- Spezielle 13
Bewegungsrechnung 176
Bewertungsvorschrift 179, 192, 195f., 198f.
Bezugsgröße 167, 220-222, 224f., 232
Bezugsrecht 48, 83, 85
BGB-Gesellschaft 40
Bilanz 54, 185-200
- Gliederung der 188f.
Bilanzart 186
Bilanzierungsgrundsätze 192
Bilanzierungspflicht 192, 195
Bilanzierungsverbot 193
Bilanzierungsvorschrift 192
Bilanzierungswahlrecht 192f., 195
Bilanzklarheit 192
Bilanzkonsolidierung 54
Bilanzkontinuität 192f.
Bilanzwahrheit 192
Bruttoinvestition 91
Buchhaltung 177f., 180, 182f., 206

Chance 92, 163
Chargenfertigung 132f.
Controlling 32, 37
Controllingsystem 31f., 36f.

Darlehen 43, 80, 84
Deckungsbeitragsrechnung 229-232
Dienstleistung 7f., 120
Dienstleistungsbetrieb 120, 125, 152
Direct Costing 214, 230f.
Diskontkredit 85
Disposition 66, 125f.
dispositiver Faktor 121f., 209
Distribution 34, 139, 143, 151
- akquisitorische 151-153
- physische 151
Distributionskanal 151f.
Distributionsorgan 151f.
Divisionskalkulation 223f.
Doppelbesteuerungsabkommen 244
Doppelgesellschaft 42, 58
Doppik 182

Effektivverzinsung 104
Eigenbetrieb 42
Eigenfinanzierung 75
Eigenkapital 43, 45, 47f., 54, 75, 79-84, 168, 182f., 189-191, 194, 199, 204, 247

- Erhöhung des 43, 46, 48, 81-83, 187
Einführungswerbung 154
Einkommensteuer 44f., 49, 242-246, 248f.
Einkommensteuervorauszahlung 248
Einkunftsarten 244f., 247
Einliniensystem 68f.
Einnahme 101f., 174-176, 182, 193, 251
Einzahlung 102, 174, 175
Einzelbeschaffung 111f.
Einzelfertigung 129, 132, 224
Einzelkosten 145, 214, 217, 224, 231f.
Einzelunternehmen 40, 43, 45f., 55, 79, 204f.
Elastizität 124, 130f.
Entscheidung 3, 4, 18, 19, 23-26
- konstitutive 39, 58
Entscheidungsalternative 23-25
Entscheidungsmodell 25
Entscheidungsprozeß 19, 23-24,
Erbschaftsteuer 242
Erfolgsbeteiligung 168
Erfolgskonto 182f.
Erfolgsrechnung 209-217, 227-229, 232
- kurzfristige 140, 209f., 215, 217, 223, 227-231
Ergebniskontrolle 28f.
Erkenntnisgewinnung 1, 6, 9-13, 18
Erkenntnisobjekt 1-3, 5-10, 13
Erkenntnisziel 1-3, 8-10, 13
- Erklärung 2, 3-5, 9, 11
- Gestaltung 1, 9
Erlös 97-99, 174f.
Erlösartenrechnung 225
Erlösrechnung 209f., 212-215, 217, 225-227, 230
Erlösstellenrechnung 226
Erlösträgerrechnung 217, 225f.
Erlösverbundenheit 226
Ersatzinvestition 90, 91
Ertrag 62, 174f., 178, 183f., 193, 200-203, 205, 212f.
Erweiterungsinvestition 90f.
erwerbswirtschaftliches Prinzip 8
Eventualverbindlichkeiten 195
Expansionswerbung 155

Fachlaufbahn 164
Falsifikation 12
feed back control 28, 37
feed forward control 28, 37
Fertigung 89, 130, 196f., 225
- handwerkliche 130f.
- Organisationsformen der 129-131
Fertigungstypen 131
Fertigungsverfahren 129
Festpreis 211f.
Finanzbuchhaltung 97, 175-177, 180f., 186, 200, 211-213, 215, 217f.
finanzielles Gleichgewicht 76f.
Finanzierung 14, 26, 50, 69, 75, 77, 79, 81, 87-89, 107, 143, 146
Finanzierungsart 75, 79-81, 84
Finanzierungsmatrix 75f., 79
Finanzinvestition 88f., 101
Fixkostendeckungsrechnung, stufenweise 231
Fließbandfertigung 131
Fließfertigung 130f.
Folgeinvestition 89-91
Formalziel 8, 17, 39, 65, 120, 122, 136, 209
Fremdfinanzierung 75, 84, 86
Fremdkapital 46, 75, 79, 81f., 84f., 87
Führung 18, 42, 157, 188
Führungslaufbahn 164
Führungssystem 18f., 32, 35, 122
Fungibilität 48, 84
Funktionsbereiche 26, 50, 71, 75, 93, 107, 115
Fusion 50, 53-55, 187
- von Kapitalgesellschaften 55

Geldvermögen 175f.

Gelegenheitsgesellschaft 40, 51, 58
Gemeinkosten 145, 215, 217f., 220-222, 224, 230-232, 234
Gemeinschaftskontenrahmen (GKR) 183
Gemischtfertigung 131
Generalklausel 186
Gesamtkostenverfahren 201-203, 227-229
Gesamtvermögen 43-45, 175f.
Geschäftsführer 46, 188
Geschäftsführung 42, 44
Gesellschaft mit beschränkter Haftung
- Organe der 46, 58
Gesellschaft mit beschränkter Haftung (GmbH) 41f., 45-49, 194, 207, 246-248
Gesellschafter 40-42, 44-48, 78, 80, 84
Gesellschafterversammlung 46, 207
Gesellschaftsvertrag 40, 44f., 206
Gesetz gegen Wettbewerbsbeschränkung 52, 53
Gewerbebetrieb 242, 244, 249f.
Gewerbeertragsteuer 250
Gewerbekapitalsteuer 250
Gewerbesteuer 57, 242, 249f.
Gewinn- undVerlustrechnung 177-180, 183, 185, 200-203, 207, 210, 228f.
- Aufgaben der 200
Gewinngemeinschaft 40, 51
Gewinnpoolung 51
Gewinnrücklage 47f., 80f., 190f., 194
Gewinnschuldverschreibung 84f.
Gewinnstreben 92f., 103
Gewinnthesaurierung 80, 87
Gewinnvergleichsrechnung 97, 99-102
Gewinnverteilung 44f.
Gleichordnungskonzern 53f., 59
GmbH & Co KG 41f., 45
Grenzplankostenrechnung 214, 236f.
Grundkapital 47f., 80f., 83, 194
Grundkosten 211, 215
Grundsätze ordnungsmäßiger Buchführung (GoB) 180f., 186, 192, 198, 200, 207
Grundsteuer 57, 242
Gründungsinvestition 89, 91
Güter
- frei 4, 9, 88, 159, 161
- immateriell 88, 183, 189, 193, 201
- knapp 4, 7, 174
- materiell 17, 24, 88, 192f.
Güterverbrauch 235
Güterverzehr 90, 210-212, 217, 219

Haftung 40-48, 78, 206
Handelsbetrieb 62, 112, 120, 142, 151f.
Handelsbilanz 187, 195, 199
Handelsmakler 153
Handelsregister 40, 44, 55, 180, 207f.
Handelsvertreter 151, 153
Handlungsregeln 10, 13
Hauptfunktionen
- betriebliche 14, 18, 50, 76
Hauptversammlung 42, 48, 55, 80, 83, 206, 207
Haushalt 6-8, 146
Hebesatz 57, 250
Herstellungskosten 196-200, 202-205, 213
Hilfsstoff 107, 122, 126
Höchstwertprinzip 199
Holding-Gesellschaft 53
Humanfaktor 123
Hypothese 1f., 11f.

Illiquidität 78
Imparitätsprinzip 196
Improvisation 24, 66
Induktion 11
Informationsauswertung 139f.
Informationsgewinnung 139f.

Informationssystem 19, 30-32, 35f., 173
Informationsversorgung 173, 177, 209
Innenfinanzierung 34, 75, 79, 81f., 87
Insolvenz 78
Insolvenzplan 78f.
Insolvenzverwalter 78
Instanz 29, 67-70, 122
Interessengemeinschaft 51
Intervention 153f.
Interview 12, 160f.
Interzession 153f.
Inventar 179, 184f.
Inventur 179, 184f.
Investition 88-95, 97
Investitionsarten 89, 91
Investitionsentscheidung 89, 92-96
Investitionsobjekt 89-92
Investitionsprogramm 94
Investitionsrechnung 96f., 100, 102
- dynamische Verfahren der 102
- klassische Verfahren der 97
Investment-Center-Organisation 70
Investor 92
Istkostenrechnung 214

Jahresabschluß 44, 49, 80, 177-186
Jahresbilanz 178, 187
Jahresergebnis 202, 204
Just in Time-Beschaffung 112

Kalkulation 222-225, 232, 234f.
- Äquivalenzziffernkalkulation 223f.
- Divisionskalkulation 223f.
- Zuschlagskalkulation 222-225,
Kalkulationssatz 221, 222f., 233f.
Kalkulationszinsfuß 102, 104
Kapazität 77, 97, 124, 130, 199
Kapitalbedarf 64, 75-77, 84, 86
Kapitalbeteiligung 168
Kapitalerhaltung 192, 199
Kapitalerhöhung 48, 81-83, 187
- Formen der 82, 87
- ordentliche 48, 83
Kapitalertragsteuer 47, 49, 248
Kapitalgesellschaft 40-42, 46f.
Kapitalproblem 109
Kapitalrücklage 47, 80, 190f., 194
Kapitalumschlaggeschwindigkeit 77
Kapitalwertmethode 102-104
Karriere 160, 164
Kartell 40, 51f., 59
Kartellarten 52f., 59
Kasse 175f.
Käufermarkt 137f.
Kirchensteuer 242, 246
Kommanditgesellschaft (KG) 41, 45f., 58
Kommanditist 41f., 45
Kommissionär 153
Komplementär 45
Konditionen 51, 141, 143, 146
Konkurrenz 22, 145
Konsortium 40, 51
Konsum 241
Kontenklasse 183, 218
Kontenrahmen 183, 218
Konto 85, 182
Kontokorrentkredit 85
Kontrolle 14, 18f., 27-30, 36f.
Kontrollprozesse 27, 209
Konzentration 50, 53
Konzern 53f., 204f.
Konzernabschluß 54, 179, 204-207
Konzernanhang 54, 205
Konzernbilanz 54, 187, 205f.
Konzernlagebericht 179, 206
Konzernrechnungslegung 54
Kooperation 50f., 53
Koordination 31f., 71
Körperschaft, öffentlich-rechtlich 40-43
Körperschaftsteuer 41, 47, 49, 242f., 246-249
- Anrechnungsverfahren 47, 248
Kosten 174-177, 210-212
- Anderskosten 212
- Einzelkosten 145, 214, 217, 224, 231f.

- entscheidungsrelevante 97f., 115
- fixe 145, 217f., 221, 229-231, 234-236
- Gemeinkosten 145, 215, 217f., 220-222, 224, 230-232, 234
- Materialkosten 9, 217f., 225
- primäre 2, 138, 153, 161, 218, 220-222
- sekundäre 217, 221
- Selbstkosten 145, 223, 225, 228f., 231, 233, 251
- variable 145, 217, 221, 225, 230f., 234, 236

Kostenarten 217-219
Kostenartenrechnung 215, 217f., 220, 225
Kostenrechnung 213f.
- Aufgaben der 225
- traditionelle 214, 216

Kostenrechnungssystem 214f.
Kostenstelle 220-222, 230-234, 236
- End- 220-222
- Vor- 220-222

Kostenstellenrechnung 222-224
Kostenträgerstückrechnung 216, 222f., 227
Kostenträgerzeitrechnung 222f., 227
Kostenvergleichsrechnung 97-100
Kreditfinanzierung 43, 84-87
Kurzfristige Erfolgsrechnung 140, 209f., 215, 217, 223, 227-231

Lagebericht 44, 49, 54, 177, 179, 185f., 206f.
Lagerbestand 113f., 116, 219, 223, 229
Lagerhaltung 111-115, 118, 127, 134
Lagerkosten 112, 116
Leistungsbereitschaft 158, 165
Leistungserstellung 119-123
- Faktoren der 121
- Formen der 127, 129, 132
- handwerkliche 130
- Organisationsformen der 129-131
- Verfahren der 127, 129

Leistungserstellungstypen 129, 131-133
Leistungsfähigkeit 7, 52, 80, 95, 124, 241f.
Leistungslohn 166
Leistungsobjekt 121f., 125f., 130, 132, 134f., 149f., 157
Leistungspotential 123-125
Leistungsvermögen 90f., 124, 158, 166, 199
- qualitatives 124
- quantitatives 124

Leistungsverwertung 136-139
Leitungsbefugnis 40, 43, 71
Leitungshilfsstelle 67f., 73
Lieferantenkredit 84, 144
Liquidität 21, 77
Lohnformen 167
Lohnsteuer 242, 248
Lombardkredit 85

Management 19, 122, 168, 209, 227, 229
Managementsystem 19
Marketing-Logistik 151
Markt 7-9, 139
Marktanalyse 139
Marktbeobachtung 139,
Marktforschung 137-140
Marktkomponenten 6
Marktleistung 120f., 125f., 134f., 223
Massenfertigung 132
Maßgeblichkeitsprinzip 195, 199
Matrix-Organisation 69f., 73
Mehrfachfertigung 129, 132
Mehrliniensystem 68-70, 73
Meldebestand 113f., 118
Mengenproblem 108f.
Menschenbild 157
Methode der internen Zinsfüße 102, 104f.
Methoden 10-12
Methodologie 1-3
Mindestlohn 167
Ministererlaubnis 54

Mitbestimmung 22, 40, 44-49, 58
Mitbestimmungsgesetz 47f.

Nachfrage 5f., 21, 52, 115, 138f.
Nachfrager 138, 142-145, 148f., 151, 226
Nachschußpflicht 47, 59
Naturwissenschaft 3
Nettoinvestition 91
Niederstwertprinzip 197-199
Normalkostenrechnung 214f.
Nutzwertanalyse 40

Offene Handelsgesellschaft (OHG) 44f., 47, 58
Öffentlichkeitsarbeit 153f.
Optimalkapazität 124
Optionsanleihe 83-85
Organisation 14, 19, 26, 65f., 70f., 73

Partiefertigung 132
Passiva 186, 189-192, 194, 199
Pensionsrückstellung 81
Personalauswahl 160f.
Personalbeschaffung 107, 159f., 164
Personalentwicklung 159, 161-164
Personalkosten 9, 217f.
Personalplanung 159, 163f.
Personalzusatzkosten 169
Personengesellschaft 40-42, 46, 55, 78-80, 82, 84, 185, 204, 249f.
Personensteuern 242
Plankostenrechnung 214, 232-236
- flexible 232-236
- starre 232-235
Planung 23-29
- Fristigkeit der 26f., 36
Planungsstufen 26, 36
Potentialfaktoren 122
Präferenzpolitik 143, 149
Prämienlohn 166, 167
Preisbestimmung 144
- konkurrenzorientierte 144f.
- kostenorientierte 144
- nachfrageorientierte 144f.
Preisdifferenzierung 145f.
Preispolitik 141, 143f., 226, 229
Primärforschung 139f.
Produktdifferenzierung 147
Produktdiversifikation 147
Produktelimination 147f.
Produktgestaltung 148
Produktinnovation 147f.
Produktion 121
Produktionsfaktor 123-126
- elementare 121-123, 125f.
Produktivität 49, 168
Produktlebenszyklus 148f., 154
Produkt-Management 69f.
Produktvariation 147-149
Profit-Center-Organisation 70, 226
Prognose 140
Programmgestaltung 143, 147
Programmvariation 147
Projekt-Management 69f.
Prozeßgestaltung 143, 149-151
Prozeßkontrolle 28f., 36
Prüfungsbericht 207
Public Relations 153f.
Publizität 47, 49
Publizitätsgesetz 44, 61f., 185

Rabatt 146
Rabattkartell 52
Rationalisierungsinvestition 90f.
Rationalisierungskartell 52
Rationalprinzip 4
Raumüberbrückungsproblem 108f.
real time control 29
Realisationsprinzip 196
Realisationsprozesse 32-35
Realsteuer 57, 242
Rechnungsabgrenzungsposten 189-191, 193f.
Rechnungswesen 173-176
- Aufgaben des 21
- externes 177
- Gliederung des 173, 176
- Grundbegriffe des 174f.
- internes 209
Rechtsformen 39

Regelsystem 18, 29
Regiebetrieb 42
Reihenfertigung 130
Reinvestition 91
Reisender 152
Rentabilität 100
Rentabilitätsvergleichsrechnung 97, 100f.
Repetierfaktoren 122f., 126
Reserve 198f.
- stille 198
Return on Investment 100
Risiko 28, 43, 92, 138, 166, 195, 196, 249
Rohstoff 126
RSU-Analyse 110
Rückflußfinanzierung 79f.
Rückkopplung 18, 29
Rücklagen 80f., 83, 188, 190
- gesetzliche 81, 190
Rückstellung 81, 183, 188-191, 194f., 199, 203f.

Sachinvestition 88
Sachleistung 119f.
Sachleistungsbetrieb 119, 126
Sachsteuern 242, 249
Sachziel 8, 17, 20f.
Sales Promotion 155
Schuldscheindarlehen 84, 86
Schuldverschreibungen 51, 86
Sekundärforschung 139f.
Selbstfinanzierung 79, 81
Serienfertigung 132
Sortenfertigung 132
Sortimentsproblem 108f.
Sozialleistung 165, 168
Sozialwissenschaften 2f., 12
Spezialisierungskartell 52
Staatliche Rahmenbedingungen, Einflußgrößen der 56-58
Stabilisierungswerbung 155
Stab-Linien-System 68, 73
Stammkapital 46, 194
Standort 39, 55-58, 121, 132
Standortfaktoren 56-59
Standortfaktorenlehre 56
Standortlehre 55f.
Standortplanung 56
Standortspaltung 55
Stelle 67-69
Steuer 14, 82, 184, 187, 190f., 201f., 218, 241-243
- direkte 242
- indirekte 241, 243
Steuerarten 241f., 244, 249f.
Steueraufkommen 249
steuerbare Umsätze 251
Steuerbilanz 187f., 192, 195, 199, 244
Steuerlehre 14
Steuerobjekt 243f.
Steuersubjekt 243f.
Steuertarif 243, 249
Stiftung 43
Stille Gesellschaft 41
Stromgröße 175f.
Strukturkrisenkartell 52
System 17

Tagespreis 211
Team 68
Teilkostenrechnung 214f., 230
Teilmarkt 139, 145
Teilschuldverschreibung 85
Test 160f.
Tochterunternehmen 205
Typungskartell 52

Überschuldung 78
Überschußfinanzierung 79f., 87
Umlaufvermögen 61, 189-191, 193f., 197f., 201-203
Umsatzkostenverfahren 201-204, 227-230
Umsatzsteuer 242, 250-252
Unternehmen 8
Unternehmenserfolg 75, 168, 174, 227
Unternehmensrechnung 30f., 173f.
Unternehmensverlagerung 55

Unternehmenszusammenschlüsse
39, 50f., 59
Unternehmung 8, 73
Unterordnungskonzern 53f.

Validität 161
Verbrauchsfolgeverfahren 197
Verbrauchsteuern 242
Vergütung 157, 159, 165-168
Verkäufermarkt 137f.
Verkaufsförderung 155
Verkaufsgesellschaft 152
Verkaufsniederlassung 152
Verkehrsteuern 242, 251
Vermögen 176
- betriebsnotwendiges 175
Vermögensteuer 242, 250
Verschmelzung 50, 53-55
Volkswirtschaftslehre 5-7
Vollkostenrechnung 214f., 221, 234,
236
Vorratsbeschaffung 111f.
Vorratsproduktion 134
Vorsicht 160, 192, 195f., 199
Vorstand 42, 48, 80, 83, 188
Vorsteuer 252

Wandelanleihe 83-85
Wandelschuldverschreibung 83-85,
194
Weiterbildung 158, 163, 168
Werbebotschaft 154
Werbemittel 154
Werbeobjekt 154
Werbesubjekt 154
Werbeträger 154
Werbung 154
Werbungtreibender 154
Werkstattfertigung 130f.
Werkstoffe 121f., 126f., 132, 166-
168
Werkstoffzeit 126
Wertaufholungsgebot 197f.
Wettbewerbsbeschränkung 52f., 55
Wirtschaft 5-8
Wirtschaften 3-7
Wirtschaftlichkeit 7, 26, 52, 127,
209, 216
Wirtschaftlichkeitsprinzip 3-5, 157,
209
Wirtschaftseinheit 5-9
- Betrieb als 5, 39
- konsumierende 8
- produzierende 7
Wirtschaftsprüfungs- und
Treuhandwesen 14
Wirtschaftswissenschaften 1-6, 12
Wirtschaftszweiglehren 14
Wissenschaft 1-3, 7f.

XYZ-Analyse 110f.

Zeitlohn 166, 168
Zeitproblem 109, 126
Ziele 20-22
Ziele des Investors 92
Zielsystem 20-22
Zusatzkosten 212
Zuschlagskalkulation 222-225
Zweckaufwand 211